U0270596

全国机械行业高等职业教育“十二五”规划教材

高等职业教育教学改革精品教材

数控机床电气控制与系统维护

主　编　宋运伟

副主编　李　琦

参　编　魏　林　冯海侠　郎丽香

机 械 工 业 出 版 社

本书是全国机械职业教育教学指导委员会的立项规划教材，是根据国家教育部的高等职业教育教学大纲及机电技术应用领域技能型紧缺人才培养培训工作的需要而编写的。全书内容从数控机床的认知入手，以数控机床的电气控制和系统维护为主线，详细地讲授了数控机床的电气控制、数控装置及其接口、数控机床进给驱动系统、数控机床主轴驱动系统和数控机床的 PLC 控制。此外，本书还综合分析了数控机床故障的诊断与排除、数控机床的维护与保养的技术与方法。在教材的编写过程中，完全依据机电行业最新的国家标准和规范，紧密地结合当前高等职业教育人才培养的目标及教学特点，既突出应用能力的培养，又力争简明扼要。

本书可作为高等职业院校数控技术、电气自动化技术及机电设备类专业的教材，还可供工厂及社会各行业从事电气设计和维护工作人员的培训和自学参考。

本教材配有电子教案，凡使用本书作为教材的教师可登录机械工业出版社教育服务网（http：//www.cmpedu.com）下载，或发送电子邮件至 cmpgaozhi@sina.com 索取。咨询电话：010－88379375。

图书在版编目（CIP）数据

数控机床电气控制与系统维护/宋运伟主编. —北京：机械工业出版社，2013.4（2017.1 重印）
全国机械行业高等职业教育“十二五”规划教材
高等职业教育教学改革精品教材
ISBN 978-7-111-41202-1

Ⅰ.①数… Ⅱ.①宋… Ⅲ.①数控机床－电气控制－高等职业教育－教材②数控机床－电气设备－维修－高等职业教育－教材 Ⅳ.①TG659.023

中国版本图书馆 CIP 数据核字（2013）第 138493 号

机械工业出版社（北京市百万庄大街 22 号 邮政编码 100037）
策划编辑：边 萌 责任编辑：边 萌 杨作良
版式设计：霍永明 责任校对：刘 岚
封面设计：鞠 杨 责任印制：杨 曦
北京天时彩色印刷有限公司印刷
2017 年 1 月第 1 版第 2 次印刷
184mm×260mm · 16.5 印张 · 404 千字
3 001—4 900 册
标准书号：ISBN 978-7-111-41202-1
定价：35.00元

前　言

本书是全国机械职业教育教学指导委员会的立项规划教材，是根据高等职业教育教学大纲及机电技术应用领域技能型紧缺人才培养培训工作的需要，并参照相关专业技术行业职业技能鉴定规范和考核标准而编写的。“数控机床电气控制与系统维护”是数控技术、电气自动化技术及机电设备类专业的一门重要专业课，课程的宗旨是为机电行业培养具有数控机床电气控制基本知识和实际操作技能的工艺技术人员和施工人员。

本书根据“以服务为宗旨，以就业为导向，以能力为本位”的职业教育办学方针，针对高等职业院校学生的知识基础与学习特点来进行编写，是一本理论实践一体化的教材。因此，在创新教材的编写过程中，编者深入生产一线，了解我国现行机电工业技术的新发展及社会对数控电气专业知识的基本需求，紧紧围绕国家及行业企业对数控专业电气技术人才的能力需求，本着实用性、实时性、易读性和够用适度的原则，对所收集到的素材进行了精心的提炼和加工，以基本电气元件、基本控制环节、常用控制电路及安装调试为主线来组织各知识模块的编写。同时，本书兼收并蓄了兄弟院校的成功经验，既注重行业特色，又注重市场需求；既考虑到通用性，又考虑到一定程度的专门化。全书以理论知识结合项目和任务的模式编排，不强调传统的学科体系，而是将知识点与项目、任务有机地结合，在项目、任务的教学过程中完成技能的训练，由浅入深，循序渐进，达到学以致用的目的。

全书共分8个项目，基本涵盖了数控机床电气控制的基础知识和基本技能，并注意介绍在数控机床电气控制中应用的新技术、新工艺及常用的数控机床维护保养知识。内容包括：数控机床的认识、数控机床的电气控制、数控装置及其接口、数控机床进给驱动系统、数控机床主轴驱动系统、数控机床的PLC控制、数控机床故障的诊断与排除、数控机床的维护与保养。本书是在严格执行国际电工委员会和相关国家标准或最新的行业规范的前提下组织编写的。

本书由渤海船舶职业学院宋运伟教授担任主编，负责全书的组织和统稿工作并编写项目2、4；李琦担任副主编并编写项目1、3、5、6；参编魏林编写项目7；冯海侠编写项目8；郎丽香编写附录。

在本书的编写过程中，沈阳机床集团技术部为我们提供了许多符合现行工厂实际的最新素材，中航黎明锦化机集团有限责任公司、九江职业技术学院、武汉船舶职业技术学院及武汉华中数控股份有限公司的同志也提出了指导性的意见，为本教材的编写提供了有力的保障，在此一并表示诚挚的感谢。

通过本书的学习，读者基本了解数控机床的基本结构和电气控制的基本原理，掌握数控机床电气系统的安装调试和电气控制方面的故障分析与查找的技能，能进行简单的系统设计、故障分析诊断和维护。

由于电气技术及数控技术的发展迅速，且编者水平有限，疏漏之处左所难免，敬请广大读者批评指正。

编　者

目　录

【基 础 篇】

项目1　数控机床的认知

数控机床是现代机械制造工业的重要技术装备。数控技术随着微电子技术、计算机技术、自动控制技术的发展而得到了飞跃的发展。目前，几乎所有传统机床都进行了数字化改造，有了相应的数控品种，数控机床正逐渐取代常规机床而成为机械工业技术改造的首选设备。随着数控技术的广泛应用，数控机床的保有量也在逐年上升，对数控机床操作员、维护员的需求量也越来越大。那么什么是数控机床？数控机床都有哪些类型？其工作原理又是什么？通过本项目的学习，相信大家会对这些问题的答案有一个初步的理解和认识。

任务1.1　认识数控机床

【知识目标】

（1）了解数控机床产生的背景。

（2）掌握数控机床的分类及特点。

【技能目标】

（1）能现场识别各种数控机床并了解其加工原理。

（2）会分析数控机床的组成及各部分的功用。

【任务描述】

通过数控机床的发展历史的介绍，将各种常见数控机床的分类、工作特点及系统组成呈现给大家，使同学们能够了解并掌握数控机床的组成部分及工作原理。

【知识链接】

（一）数控机床的产生

1. 产生的背景及发展历史

随着社会生产和科学技术的迅猛发展，对机械产品的精度和机床的加工效率提出了越来越高的要求。特别是汽车、造船、航空、航天、军事等领域所需要的机械零件和模具的加工精度要求高、形状复杂，采用传统的普通机床已难以适应高精度、高效率、多样化、形状复杂工件的加工要求。为解决上述这些问题，一种新型机床——数控（Numerical Control，NC）机床应运而生。这种新型机床具有加工精度高、适应能力强、加工质量稳定和生产效率高等优点。它综合应用了计算机技术、自动控制技术、伺服驱动技术、液压与气动技术、精密测量技术和新型机械结构等多方面的技术成果。

1947年，美国帕森斯公司在研制加工直升机叶片轮廓检验用样板的机床时，首先提出了应用计算机控制机床来加工样板曲线的设想。后来受美国空军的委托，帕森斯公司与麻省理工学院伺服机构研究所协作，于1952年成功地研制出世界上第一台数控机床——3坐标数控镗铣床。当时该设备所用的电子器件是电子管。

1958年，美国一家公司研制出带刀架和自动换刀装置的加工中心。此时已开始采用晶体管器件和印制电路板。同年，我国开始研制数控机床。

1965年以后，数控装置开始采用小规模集成电路，使数控装置的体积减小、可靠性提高，但仍然是一种硬件逻辑数控系统。

1966年，日本的发那科（FANUC）公司研制出全集成电路化的数控装置。

1967年，英国首先把几台数控机床连接成柔性加工系统，这就是最初的柔性制造系统（Flexible Manufacturing System，FMS）。

1970年，在美国芝加哥国际机床展览会上，首次出现了用小型电子计算机控制的数控机床，这是世界上第一台电子计算机控制的数控机床（Computer Numerical Control，CNC）。

1974年以后，随着集成电路技术的发展，微处理器被直接应用于数控装置，从而使数控技术和数控机床得到了迅速的普及和发展。特别是近年来大规模集成电路、超大规模集成电路和计算机技术的发展，使数控装置的性能和可靠性得到了极大的提高。

在20世纪80年代后期，出现了以加工中心为主体，再配上工件自动检测与装卸装置的柔性制造单元（Flexible Manufacturing Center，FMC）。FMC和FMS技术是实现计算机集成制造系统（Computer Integrated Manufacturing System，CIMS）的重要基础。

数控机床出现至今的50多年里，它随着科技特别是微电子、计算机技术的进步而不断发展。数控系统的发展表现为图1-1所示的几个阶段。

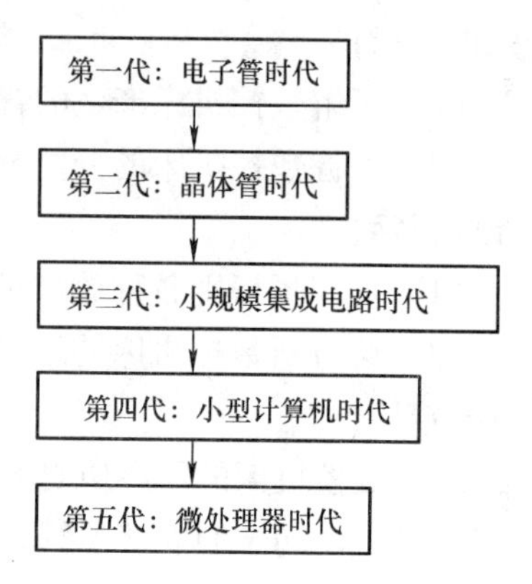

图1-1 数控系统的发展阶段

2. 数控技术产生和发展的内在动力

伴随着市场竞争的日趋激烈，产品更新换代加快，大批量产品越来越少，小批量产品生产的比重越来越大，机械工业迫切需要一种精度高、柔性好的加工设备来满足上述需求。

3. 数控技术产生和发展的技术基础

电子技术和计算机技术的飞速发展，为数控机床的进步提供了坚实的技术基础。数控技术正是在这种背景下诞生和发展起来的。它的产生给自动柔性化技术带来了新的概念，推动了加工自动化技术的发展。

（二）数控机床的分类及特点

数控机床按用途可分为数控车床、数控铣床、数控钻床、数控磨床、数控镗铣床等。

1. 数控车床

数控车床主要用于加工回转体零件，其外形与普通车床类似，按主轴位置可分为数控卧式车床、数控立式车床，如图1-2、图1-3所示。其中数控卧式车床是应用数量最大的数控车床种类，图1-4所示为某数控卧式车床外形与组成部件。

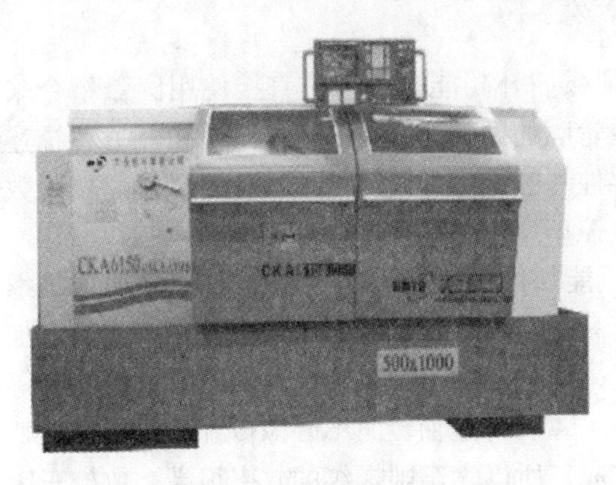

图1-2　数控卧式车床

图1-3　数控立式车床

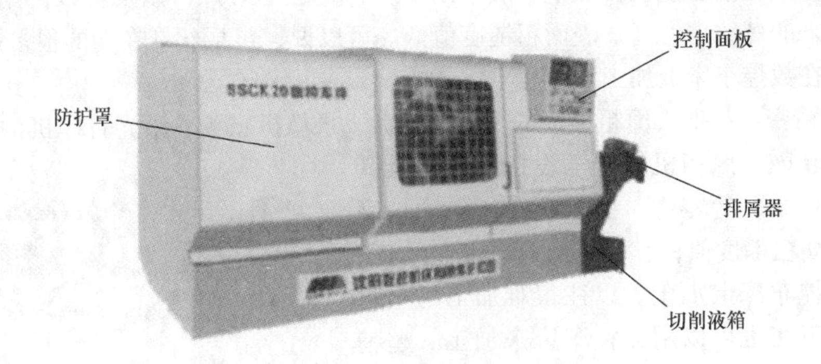

图1-4　某数控卧式车床外形与组成部件

数控车床与传统车床相比，比较适合于车削具有以下要求和特点的回转体零件。

（1）精度要求高的零件　由于数控车床的刚性好，制造和对刀精度高以及能方便地进行人工补偿甚至自动补偿，所以它能够加工尺寸精度要求高的零件，在有些场合可以以车代磨。此外，由于数控车削时刀具运动是通过高精度插补运算和伺服驱动来实现的，所以它能加工对直线度、圆度、圆柱度要求很高的零件。

（2）表面粗糙度要求高的零件　数控车床能加工出表面粗糙度值低的零件，不仅是因为机床的刚性好和制造精度高，还由于它具有恒线速度切削功能。在材质、精车留量和刀具已定的情况下，表面粗糙度取决于进给速度和切削速度。使用数控车床的恒线速度切削功能，就可选用最佳线速度来切削端面，这样切出的表面粗糙度值既低又一致。数控车床还适合于车削各部位表面粗糙度要求不同的零件。表面粗糙度值低的部位可以用减小进给速度的方法来达到，而这在传统车床上是做不到的。

（3）轮廓形状复杂的零件　数控车床具有圆弧插补功能，所以可直接使用圆弧指令来加工圆弧轮廓。数控车床也可加工任意平面曲线轮廓的回转体零件，既能加工可用方程描述的曲线，也能加工列表曲线。如果说车削圆柱零件和圆锥零件既可选用传统车床也可选用数控车床，那么车削复杂回转体零件就只能使用数控车床。

（4）带有特殊类型螺纹的零件　传统车床所能切削的螺纹相当有限，它只能加工等螺距的直、锥面，米制、寸制螺纹，而且一台车床只限定加工若干种螺距。数控车床不但能加工任何等螺距直、锥面，米制、寸制和端面螺纹，而且能加工增螺距、减螺距，以及要求等螺距、变螺距之间平滑过渡的螺纹。数控车床加工螺纹时主轴转向不必像传统车床那样交替变换，它可以一刀又一刀不停顿地循环，直至完成，所以它车削螺纹的效率很高。数控车床还配有精密螺纹切削功能，再加上一般采用硬质合金成形刀片，以及可以使用较高的转速，所以车削出来的螺纹精度高、表面粗糙度值低。可以说，包括丝杠在内的很多螺纹零件，都完全适合于在数控车床上加工。

（5）超精密、超低表面粗糙度的零件　磁盘、录像机磁头、激光打印机的多面反射体、复印机的回转鼓、照相机等光学设备的透镜及其模具以及隐形眼镜等零件，要求超高的轮廓精度和超低的表面粗糙度值，它们更适合于在高精度、高功能的数控车床上加工。以往很难加工的塑料散光透镜，现在也可以用数控车床来加工。超精加工的轮廓精度可达到0.1μm，表面粗糙度值可达*Ra*0.02μm。超精车削零件的材质以前主要是金属，现已扩大到塑料和陶瓷。

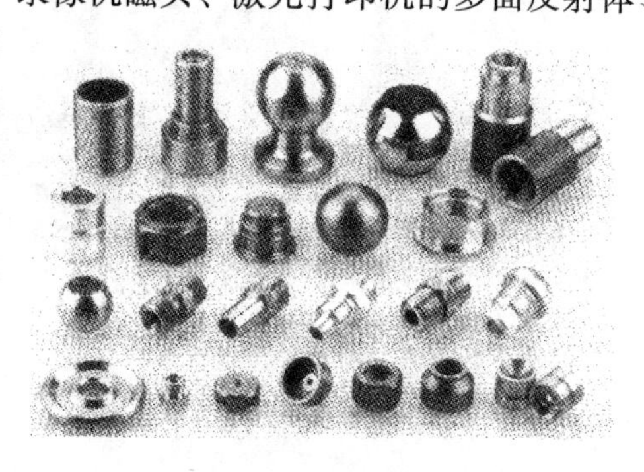
图1-5　数控车削常见零件

数控车削常见零件如图1-5所示。

2. 数控铣床

数控铣床是一种加工功能很强的数控机床，目前迅速发展起来的加工中心、柔性加工单元等都是在数控铣床、数控镗床的基础上产生的，两者都离不开铣削方式。由于数控铣削工艺最复杂，需要解决的技术问题也最多，因此，人们在研究和开发数控系统及自动编程语言的软件系统时，也一直把铣削加工作为重点。

（1）数控铣床的分类　数控铣床按主轴的位置可分为三种。

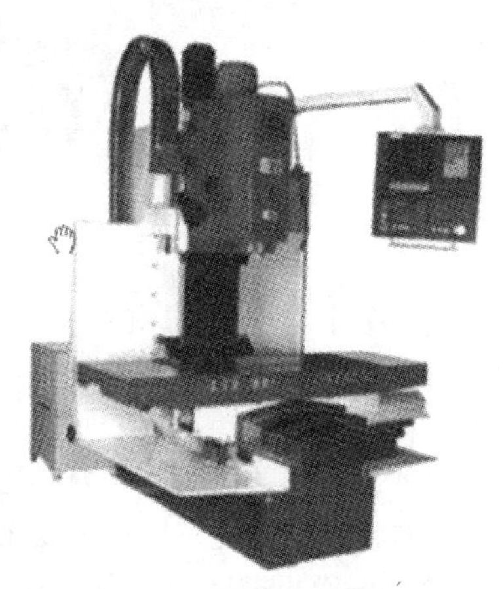
图1-6　数控立式铣床

1）数控立式铣床　图1-6所示为数控立式铣床。数控立式铣床在数量上一直占据数控铣床的大多数，应用范围也最广。从机床数控系统控制的坐标数量来看，目前3坐标数控立铣仍占大多数；一般可进行3坐标联动加工，但也有部分机床只能进行3个坐标中任意2个坐标联动加工（常称为2.5坐标加工）。此外，还有机床主轴可以绕X、Y、Z坐标轴中的其中一个或2个轴作数控摆角运动的4坐标和5坐标数控立铣。

2）数控卧式铣床　图1-7所示为数控卧式铣床，与通用卧式铣床相同，其主轴轴线平行于水平面。为了扩大加工范围和扩充功能，数控卧式铣床通常采用增加数控转盘或万能数控转盘来实现4坐标、5坐标加工。这样，不但工件侧面上的连续回转轮廓可以加工出来，而且可以实现在一次安装中，通过转盘改变工位，进行“四面加工”。

3）数控立卧两用铣床　图1-8所示为数控立卧两用铣床。目前这类数控铣床已不多见，由于这类铣床的主轴方向可以更换，能达到在一台机床上既可以进行立式加工，又可以进行卧式加工，而同时具备上述两类机床的功能，其使用范围更广，功能更全，选择加工对象的余地更大，给用户带来不少方便。特别是生产批量小、品种多，又需要立、卧两种方式加工时，用户只需购买一台这样的机床就行了。

图1-7　数控卧式铣床

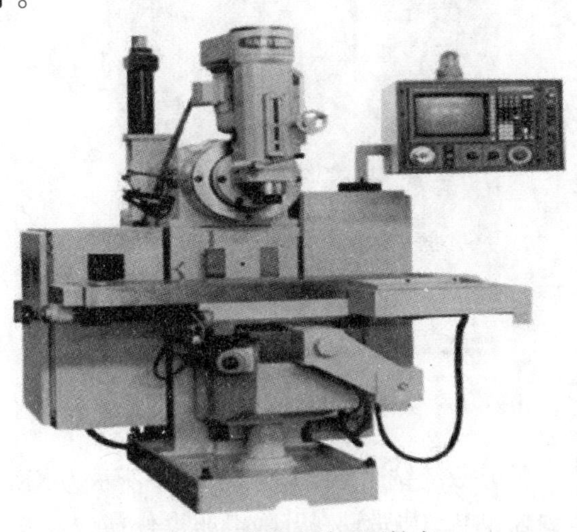

图1-8　数控立卧两用铣床

此外，数控铣床按构造还可分为数控工作台升降式铣床、数控主轴头升降式铣床及数控龙门式铣床。

（2）数控铣床的加工范围　数控铣床用途广泛，不仅可以加工各种平面、沟槽、螺旋槽、成形表面和孔，而且还能加工各种平面曲线和空间曲线等复杂型面，适合于各种模具、凸轮、板类及箱体类零件的加工，同时也可以对工件进行钻、扩、铰、锪和镗加工以及攻螺纹等。数控铣床主要加工零件的类型如下。

1）平面类零件　加工面平行、垂直于水平面或加工面与水平面或垂直面的夹角为定角的零件称为平面类零件，如图1-9所示。

图1-9　数控铣床加工的平面类零件

目前，在数控铣床上加工的绝大多数零件属于平面类零件。平面类零件的特点是，各个加工面都为平面，或可以展开成为平面。平面类零件是数控铣削加工对象中最简单的一类，一般只需用3坐标数控铣床的2坐标联动就可以把它们加工出来。

2）变斜角类零件　加工面与水平面的夹角呈连续变化的零件称为变斜角类零件，如图1-10所示。这类零件多数为飞机零件，如飞机上的整体梁、框、缘条与肋等，此外还有检验夹具与装配型架等。变斜角类零件的变斜角加工面不能展开为平面，但在加工中，加工面与铣刀圆周接触的瞬间为一条直线。此类零件最好利用4坐标和5坐标数控铣床的摆动主轴箱功能来加工，在没有上述机床时，也可用3坐标数控铣床进行3坐标近似加工。

3）曲面类（立体类）零件　加工面为空间曲面的零件称为曲面类零件，如图1-11所示。此类零件的特点之一是加工面不能展开为平面，其次是加工面与铣刀始终为点接触。此类零件一般采用3坐标数控铣床加工。

图1-10　数控铣床加工的变斜角类零件

图1-11　数控铣床加工的曲面类零件

（3）数控铣床的结构　图1-12所示为XKA5750数控滑枕升降台铣床各部分名称。工作台由伺服电动机带动在升降滑座上作横向（X轴）左右移动；伺服电动机带动升降滑座作垂直（Z轴）上下移动；滑枕做纵向（Y轴）进给运动。

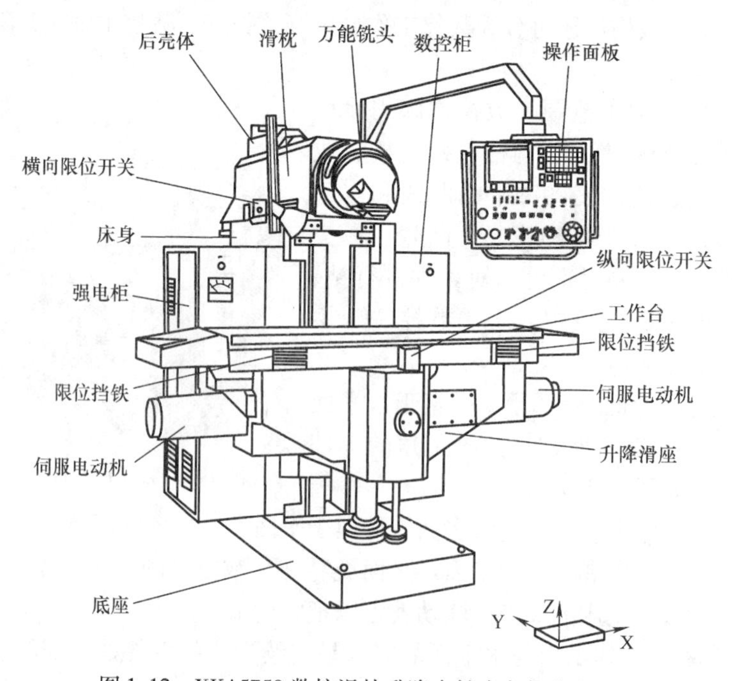

图1-12　XKA5750数控滑枕升降台铣床各部分名称

3. 加工中心

加工中心机床又称多工序自动换刀数控机床。它主要是指具有自动换刀及自动改变工件加工位置功能的数控机床，能对需要做铣削、镗孔、铰孔、攻螺纹等作业的工件进行多工序的自动加工。有些加工中心机床总是以回转体零件为加工对象，如车削中心，但大多数加工中心机床是以非回转体零件为加工对象，其中较为常见、具有代表性的是自动换刀数控卧式镗铣床。

（1）加工中心的特点　加工中心具有至少三个轴的点位/直线切削控制能力，现在已经具有3个轴以上的连续控制能力，能进行轮廓切削。

具有自动刀具交换装置（ATC），这是加工中心机床的典型特征，是多工序加工的必要条件。自动刀具交换装置的功能对整机加工效率有很大影响。

加工中心的另一特征是具有分度工作台和旋转工作台，后者能以很小的当量（如5°/脉冲）任意分度。这种转动的工作台与卧式主轴相配合，对于工件的各种垂直加工面有最好的接近程度。主轴外伸少，改善了切削条件，也利于切屑处理，所以大多数加工中心机床都使用卧式主轴与旋转工作台来相配合，以便在一次装夹后完成各垂直面的加工。

除自动换刀功能外，加工中心机床还具有选择各种进给速度和主轴转速的能力及各种辅助功能，以保证加工过程的自动化。此外还设有刀具补偿指令、固定加工循环指令、重复指令等功能以简化程序编制工作。现在加工中心机床的控制系统已经能够进行自动编程。

加工中心机床将零件加工的各分散工序集中在一起，在一次装夹后进行多工序的连续加工，从而提高了加工精度和加工效率，缩短了生产周期，降低了加工成本，也减少了占地面积。加工中心机床对车间和加工工厂的计划调度以及管理也起到了促进作用。此外，加工中心也解决了自动更换刀具的问题并具有高度自动化的多工序加工管理功能，它是构成柔性制造系统的重要单元。

（2）加工中心的分类　按加工范围分类常见的有车削加工中心、钻削加工中心、镗铣加工中心、磨削加工中心、电火花加工中心等。一般镗铣类加工中心简称加工中心。

按机床结构分类有立式加工中心、卧式加工中心和五面加工中心；按加工中心立柱的数量分类有单柱式和双柱式（龙门式）加工中心及柔性制造单元。

按加工中心运动坐标数和同时控制的坐标数分，有3轴2联动、3轴3联动、4轴3联动、5轴联动等。3轴、4轴是指加工中心具有的运动坐标数，联动是指数控系统可控制同时运动的坐标数。

加工中心按精度分类可分为普通加工中心和精密加工中心。

立式加工中心的组成见图1-13所示。

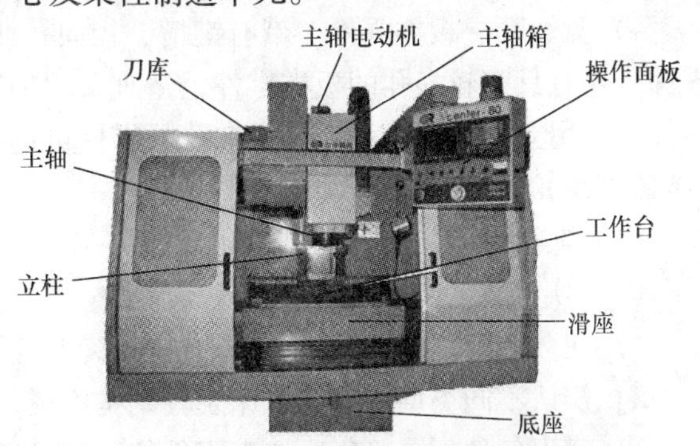

图1-13　立式加工中心的组成

（3）加工中心的主要加工对象　加工中心适宜于加工形状复杂、工序多、要求较高、需用多种类型的普通机床和众多刀具夹具且经多次装夹和调整才能完成加工的零件。加工的主要对象有箱体类零件、复杂曲面零件、异形零件、盘套板类零件等四类。

1）箱体类零件　箱体类零件是指具有一个以上的孔系，并有较多型腔的零件。这类零件在机械、汽车、飞机等行业较多，如汽车的发动机气缸体、变速器箱体，机床的主轴箱，齿轮泵壳体等。箱体类零件在加工中心上加工，一次装夹可以完成普通机床加工的60%～95%的工序内容，零件各项精度一致性好，质量稳定，同时可缩短生产周期，降低成本。对于加工工位较多，工作台需多次旋转角度才能完成的零件，一般选用卧式加工中心；当加工的工位较少，且跨距不大时，可选立式加工中心，从一端进行加工。图1-14所示为箱体类零件。

2）复杂曲面零件　在航空航天、汽车、船舶、国防等领域的产品中，复杂曲面零件占有较大的比重，如叶轮、螺旋桨、各种曲面成形模具等。就加工的可能性而言，在不出现加工干涉区或加工盲区时，复杂曲面一般可以采用球头铣刀进行3坐标联动加工，加工精度较高，但效率较低。如果工件存在加工干涉区或加工盲区，就必须考虑采用4坐标或5坐标联动的机床。图1-15为叶轮零件实物。

图1-14　箱体类零件

图1-15　叶轮零件实物

3）异形零件　异形零件是外形不规则的零件，大多需要点、线、面多工位混合加工，如支架、基座、样板、靠模等。异形零件的刚性一般较差，夹压及切削变形难以控制，加工精度也难以保证，这时可充分发挥加工中心工序集中的特点，采用合理的工艺措施，一次或两次装夹，完成多道工序或全部的加工内容。

4）盘、套、板类零件　带有键槽、径向孔或端面有分布孔系以及有曲面的盘套或轴类零件，还有具有较多孔的板类零件，适宜采用加工中心加工。端面有分布孔系和包含曲面的零件宜选用立式加工中心；有径向孔的零件可选卧式加工中心。

【技能训练】

（1）实训地点：数控实训中心及相关工厂的数控加工车间。

（2）实训内容：

1）在数控实训中心及工厂企业进行参观，感受数控机床所处的环境。

2）辨认不同类型的数控机床及其结构组成。

3）辨识各种不同机床所加工零件的种类及特点。

4）采用上网查询、向技术人员咨询等方式搜集市面常见数控机床的型号、技术参数、功能指标等内容。

【总结与提高】

（1）数控机床与普通机床在性能上有什么不同？

（2）数控机床为了保证达到高性能在结构上采取了哪些措施？

（3）与普通车床比较，数控车床在结构上有哪些特点？

任务1.2 数控机床的组成及工作原理

【知识目标】

熟知数控机床的组成、工作原理与工作流程；掌握插补的概念与原理。

【技能目标】

（1）能现场识别并掌握数控机床的各组成部分，明确其功能。

（2）能现场认识各型数控机床的加工原理。

（3）掌握逐点比较法插补的计算方法。

【任务描述】

学习数控机床的各组成部分的功能；熟悉数控机床的工作原理与工作流程；掌握逐点比较法的插补原理与计算过程。

【知识链接】

（一）数控机床的组成

数控机床一般由输入/输出装置、数控装置、进给伺服驱动系统、机床电气控制装置、测量反馈装置和机床本体（组成机床本体的各机械部件）组成。图1-16所示为数控机床组成示意图。

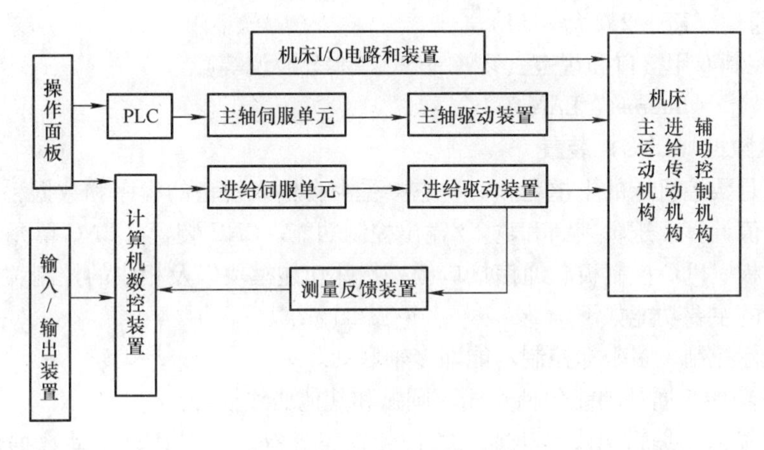

图1-16 数控机床组成示意图

1. 输入/输出装置

操作面板是操作人员与数控装置进行信息交流的工具，其组成部分有按钮站、状态指示灯、按键阵列、显示器等。图1-17所示为FANUC一款数控系统的操作面板。

（1）控制介质 人与数控机床之间建立某种联系的中间媒介物就是控制介质，又称为信息载体。常用的控制介质有CF卡、U盘、磁盘和磁带。

（2）人机交互设备 数控机床在加工运行时，通常都需要操作人员对数控系统进行状态干预，对输入的加工程序进行编辑、修改和调试，对数控机床运行状态进行显示等，也就是数控机床要具有人机联系的功能。具有人机联系功能的设备统称为人机交互设备。常用的

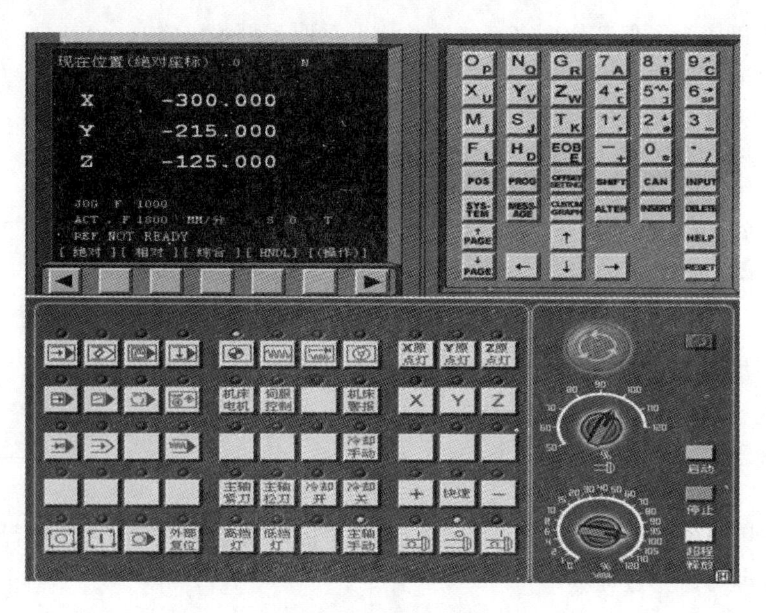

图 1-17　FANUC 一款数控系统的操作面板

人机交互设备有键盘、显示器、光电阅读机等。现代的数控系统除采用输入/输出设备进行信息交换外，一般都具有用通信方式进行信息交换的能力，它们是实现 CAD/CAM 的集成以及实现 FMS 和 CIMS 的基本技术。采用的通信方式有主要：

1）串行通信（RS－232 等串口）。

2）自动控制专用接口和规范（DNC 方式、MAP 协议等）。

3）网络技术（Internet、LAN 等）。

2. 计算机数控（CNC）装置

数控装置是数控机床的中枢与核心，它接受来自输入设备的程序和数据，并按输入信息的要求完成数值计算、逻辑判断和输入/输出控制功能。CNC 装置（CNC 单元）由计算机系统、位置控制板、PLC 控制板、通信接口板、特殊功能模块以及相应的控制软件组成。

数控装置的主要功能如下：

（1）多坐标控制　多坐标控制功能即多轴联动。

（2）插补功能　插补功能包括直线、圆弧和其他曲线插补。

（3）程序输入、编辑和修改功能　数控装置应具有人机对话、手动数据输入、上位机通信输入等功能。

（4）故障自诊断功能　由于数控系统是一个十分复杂的系统，为使系统故障停机时间减至最少，数控装置中设有各种诊断软件，对系统运行情况进行监视，及时发现故障，并在故障出现后迅速查明故障类型和部位，发出报警，把故障源隔离到最小范围。

（5）补偿功能　补偿主要包括刀具半径补偿、刀具长度补偿、传动间隙补偿、螺距误差补偿等。

（6）信息转换功能　这主要包括 EIA/ISO 代码转换、寸制/米制转换、坐标转换、绝对值/增量值转换等。

（7）多种加工方式选择功能　该功能可以实现多种加工方式循环、重复加工、凸凹模加工和镜像加工等。

（8）辅助功能　辅助功能也称M功能，用来规定主轴的起停和转向，切削液的接通和断开以及刀具的更换等。

（9）显示功能　用CRT或液晶屏来显示程序、参数、各种补偿量、坐标位置、故障源以及图形等。

（10）通信和联网功能　数控装置还应具有通信和联网功能。

3. 进给伺服驱动系统

进给伺服驱动系统由伺服控制电路、功率放大电路和伺服电动机组成。伺服驱动的作用，是把来自数控装置的位置移动指令转变成机床工作部件的运动，使工作台按规定轨迹移动或精确定位，加工出符合图样要求的工件，即把数控装置送来的微弱指令信号，放大成能驱动伺服电动机的大功率信号。

常用的进给驱动电动机有步进电动机、直流伺服电动机和交流伺服电动机。根据接收指令的不同，电动机驱动有脉冲式和模拟式。模拟式伺服驱动方式按驱动电动机的电源种类，可分为直流伺服驱动和交流伺服驱动。步进电动机采用脉冲式驱动方式，交、直流伺服电动机采用模拟式驱动方式。

4. 机床电气控制装置

机床电气控制主要是由机床控制器——PLC与机床I/O电路来实现。PLC（可编程序控制器，用于数控机床上也称PMC，即可编程序机床控制器）用于完成与逻辑运算有关的顺序动作的I/O控制。机床I/O电路和装置是用来实现I/O控制的执行部件，是由继电器、电磁阀、行程开关、接触器等组成的。图1-18所示为数控机床电气控制柜组成示意图。数控装置与机床电气设备间的连接关系应符合国际标准《ISO 4336—1981（E）机床数字控制——数控装置和数控机床电气设备之间的接口规范》。

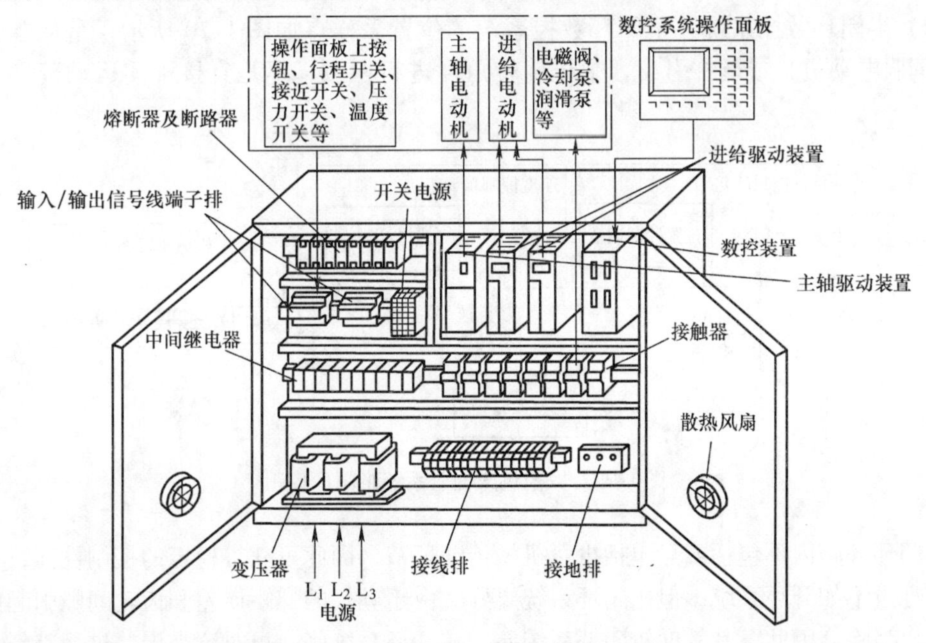

图1-18　数控机床电气控制柜组成示意图

5. 测量反馈装置

该装置由测量部件和相应的测量电路组成，其作用是检测速度和位移，并将信息反馈给数控装置。常用的测量部件有脉冲编码器、旋转变压器、感应同步器、光栅等。

数控机床的测量装置安装在数控机床的工作台或丝杠上。按有无测量装置，数控系统可分为开环和闭环系统，而按测量装置安装的位置不同可分为闭环与半闭环数控系统。开环控制系统无测量装置，其控制精度取决于步进电动机和丝杠的精度；闭环控制系统的精度取决于测量装置的精度，因此，测量装置是高性能数控机床的重要组成部分。

（1）开环数控系统　图 1-19 所示为开环数控系统，它没有位置测量装置，信号流是单向的（数控装置至进给系统）。开环数控系统稳定性好，但因无位置反馈，精度相对闭环系统来讲不高，其精度主要取决于驱动系统和机械传动机构的性能和精度。一般开环数控系统以步进电动机作为伺服驱动元件。

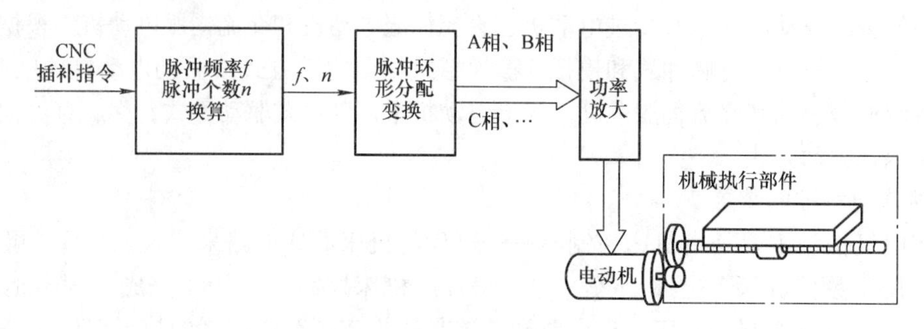

图 1-19　开环数控系统

这类系统具有结构简单、工作稳定、调试方便、维修容易、价格低廉等优点，在精度和速度要求不高、驱动力矩不大的场合得到广泛应用，一般用于经济型数控机床。

（2）半闭环数控系统　半闭环数控系统的位置采样点如图 1-20 所示，是从驱动装置（常用伺服电动机）或丝杠引出，采样旋转角度进行检测，不是直接检测运动部件的实际位置。

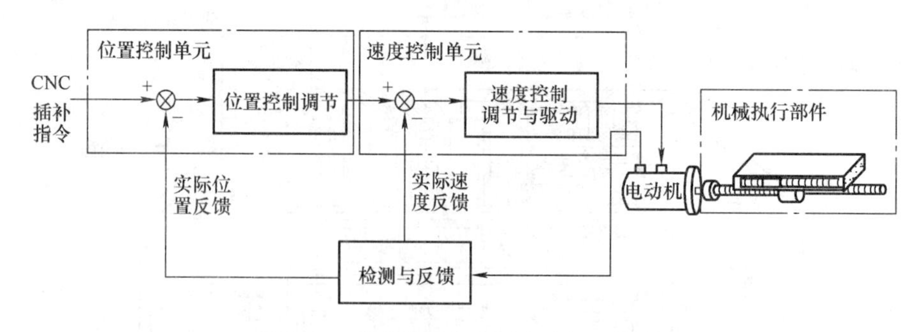

图 1-20　数控机床伺服系统半闭环控制

半闭环环路内不包括或只包括少量机械传动环节，因此可获得稳定的控制性能，其系统的稳定性虽不如开环系统，但比闭环系统要好。由于丝杠的螺距误差和齿轮间隙引起的运动误差难以消除，因此，其精度较闭环系统差，较开环系统好。可对这类误差进行补偿，因而半闭环数控系统仍可获得满意的精度。

半闭环数控系统结构简单、调试方便、精度也较高，因而在现代数控机床中得到了广泛应用。

(3) 闭环数控系统　闭环数控系统的位置采样点如图1-21实线所示，直接对运动部件的实际位置进行检测。

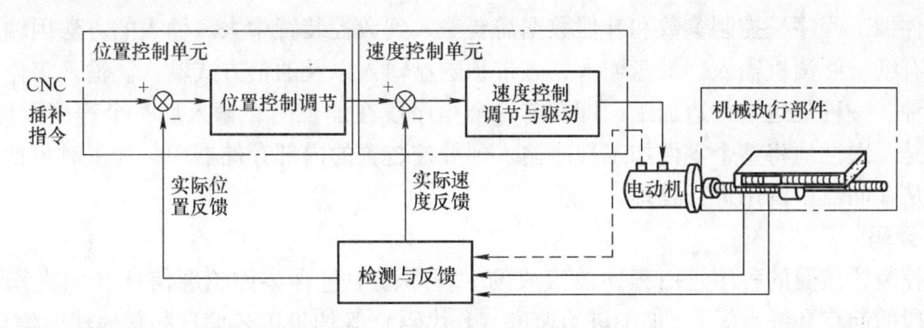

图1-21　数控机床伺服系统闭环控制

从理论上讲闭环控制可以消除整个驱动和传动环节的误差、间隙和失动量，具有很高的位置控制精度。由于位置环内许多机械传动环节的摩擦特性、刚性和间隙都是非线性的，故很容易造成系统的不稳定，使闭环系统的设计、安装和调试都相当困难。闭环数控系统主要用于精度要求很高的镗铣床、超精车床、超精磨床以及较大型的数控机床等。

6. 机床本体

机床本体是数控机床的主体，是用于完成各种切削加工的机械部分，包括床身、立柱、主轴、进给机构、刀架、刀库等。机床是被控制的对象，其运动的位移和速度以及各种开关量是被控制的。数控机床采用高性能的主轴及进给伺服驱动装置，其机械传动结构得到了简化。

为了保证数控机床功能的充分发挥，还有一些配套部件（如冷却、排屑、防护、润滑、照明、储运等一系列装置）和辅助装置（如编程机和对刀仪等）。

（二）数控机床的工作原理与流程

数控机床工作时根据所输入的数控加工程序（NC程序），由数控装置控制机床部件的运动形成零件加工轮廓，从而满足零件形状的要求。机床运动部件的运动轨迹取决于所输入的数控加工程序，数控加工程序是根据零件图样及加工工艺要求编制的。数控机床的工作流程如图1-22所示。

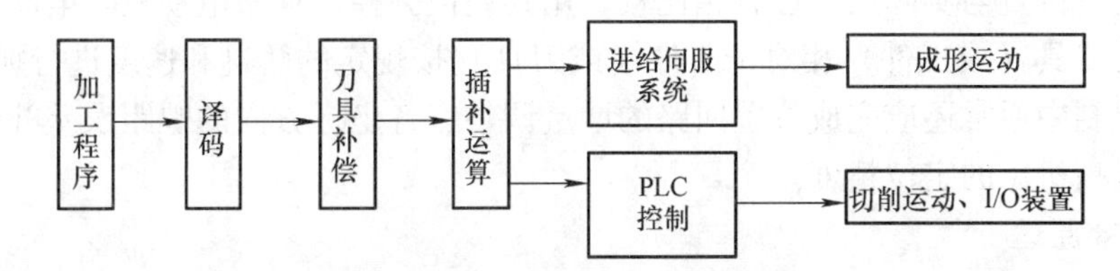

图1-22　数控机床的工作流程

1. 数控加工程序的编制

在零件加工前，首先根据被加工零件图样所规定的零件形状、尺寸、材料及技术要求等，确定零件的工艺过程、工艺参数、几何参数以及切削用量等，然后根据数控机床编程手册规定的代码和程序格式编写零件加工程序单。早期的数控机床还需将零件加工程序清单由穿孔机制成穿孔带以备加工零件用。对于较简单的零件，通常采用手工编程；对于形状复杂的零件，则在编程机上进行自动编程，或者在计算机上用CAD/CAM软件自动生成零件加工程序。

零件加工程序、控制参数和补偿数据需要输入到数控装置中去。输入的方法因输入设备而异，有纸带阅读机输入、键盘输入、磁带和磁盘输入以及通信方式输入。输入工作方式通常有两种。一种是边输入边加工，即在前一个程序段在加工时，输入后一个程序段的内容；另一种是一次性地将整个零件加工程序输入到数控装置的内部存储器中，加工时再把一个个程序段从存储器中调用进行处理。

2. 译码

数控装置接受的程序是由程序段组成的。程序段中包含零件轮廓信息（如直线还是圆弧、线段的起点和终点等)、加工进给速度（F代码）等加工工艺信息和其他辅助信息（M、S、T代码等)。计算机不能直接识别它们，译码程序就像一个翻译，按照一定的语法规则将上述信息解释成计算机能够识别的数据形式，并按一定的数据格式存放在指定的内存专用区域。在译码过程中对程序段还要进行语法检查，有错误则立即报警。

3. 刀具补偿

零件加工程序通常是按零件轮廓轨迹编制的。刀具补偿的作用是把零件轮廓轨迹转换成刀具中心的运动轨迹。刀具补偿包括刀具半径补偿和刀具长度补偿。

4. 插补运算

插补运算的目的是控制加工运动，使刀具相对于工件作出符合零件轮廓轨迹的相对运动。具体地说，插补运算就是数控装置根据输入的零件轮廓数据，通过计算把零件轮廓描述出来。数控装置边计算，边根据计算结果向各坐标轴发出运动指令，使机床在相应的坐标方向上移动一个单位位移量，将工件加工成所需的轮廓形状。所以说，插补就是在已知曲线的种类、起点、终点的条件下，在曲线的起、终点之间进行“数据点的密化”。在每个插补周期内运行一次插补程序，形成一个个微小的直线数据段。插补完一个程序段（即加工一条曲线）通常需要经过若干次插补周期。需要说明的是，只有辅助功能（换刀、换档、切削液等）完成之后才能允许插补。

5. 位置控制和机床加工

插补的结果是产生一个周期内的位置增量，位置控制的任务是在每个插补周期内，将插补计算出的指令位置与实际反馈位置相比较，用其差值去控制伺服电动机。电动机使机床的运动部件带动刀具（或工件）相对于工件（或刀具）按规定的轨迹和速度进行加工。

在位置控制中通常还应完成位置回路的增量调整、各坐标方向的螺距误差补偿和方向间隙补偿，以提高机床的定位精度。

（三）插补原理

1. 概述

数控加工中的零件形状各式各样，有由直线、圆弧组成的零件轮廓，也有由自由曲线、曲面、方程曲线和曲面体构成的零件轮廓，这些复杂的零件轮廓最终还是要用直线或圆弧进行逼近。为了满足几何尺寸精度的要求，刀具中心轨迹应与零件轮廓形状一致，在实际应用中一般采用一小段直线或圆弧去逼近已知轨迹，从而使控制算法简单、计算量减少。

数控系统的主要任务之一就是控制执行机构按预定的轨迹运动，一般情况是已知运动轨迹的起点坐标、终点坐标和运动轨迹的曲线方程，由数控系统实时地计算出各个中间点的坐标，这一过程通常称为“插补”。插补计算出运动轨迹的中间点的坐标值，机床伺服系统根据坐标值控制各坐标轴协调运动，走出预定轨迹。

插补工作可以由硬件或软件完成。早期的硬件数控系统有专门的插补器来完成插补工作。数控装置采用电压脉冲作为插补点坐标增量输出，每一个脉冲都在相应的坐标轴上产生一个基本长度单位的运动。这些脉冲用来驱动控制系统中的电动机，每发送一个脉冲就使工件相对刀具移动的一个基本长度单位，这个基本长度单位称为脉冲当量。脉冲当量的大小决定了加工精度。

软件插补功能应用于现代 CNC 系统中。软件插补方法可分为基准脉冲插补法和数据采样插补法。基准脉冲插补模拟硬件插补原理，把每次插补运算产生的指令脉冲输出到伺服系统中，用以驱动工作台运动。输出的脉冲频率取决于执行一次运算所需的时间。该方法的特点是插补程序比较简单，但进给速度受到一定限制，所以用在速度要求不高的数控系统中。常见的基准脉冲插补方法有逐点比较法、数字积分法（DDA）等。

软件插补的另一种方法是数据采样法。采用数据采样插补法的数控系统，其位置的控制通过计算机及测量装置构成闭环，插补结果输出的不是脉冲而是数据。计算机通过对反馈电路的定时采样，得到采样数据和指令数据的差值，用于驱动伺服电动机。采样周期一般取 10ms 左右。采样周期太短计算机来不及处理，太长会损失信息从而影响伺服系统的精度。这种方法的特点是所产生的最大速度不受计算机最大运算速度的限制，但插补程序较为复杂。

为了得到 CNC 系统所需要的响应速度和分辨力，也为减轻计算机插补运算的负担，可以将插补任务交由计算机软件和附加的硬件插补器共同承担。软件插补完成粗插补，把工件轮廓按 10～20ms 的周期插补成若干大段，而由硬件插补器完成精插补，即对粗插补输出的小直线段进行细插补，形成输出脉冲，完成数据段的加工。这种方法的特点是可降低对计算机运算速度的要求，并腾出更多的存储空间用于存储零件程序，可以大大缓和实时插补与多任务之间的矛盾。

下面以逐点比较法为例，介绍插补运算的基本原理与过程。

2. 逐点比较法

所谓逐点比较法，就是每走一步都要将加工轨迹的瞬时坐标与给定的曲线相比较，判断其偏差，然后决定下一步的走向。走步的方向总是向着逼近给定曲线的方向：如果实际轨迹点在给定曲线的上方，下一步就向给定曲线的下方走；如果实际轨迹点在给定的曲线里面，下一步就向给定曲线的外面走。如此每走一步，算一次偏差，比较一次，决定下一步的走向，以逼近给定的曲线，直至加工结束。

逐点比较法是以阶梯折线来逼近直线和圆弧等曲线的，它与规定的加工直线或圆弧之间的最大误差为一个脉冲当量，因此只要把脉冲当量取得足够小，就可达到加工精度的要求。

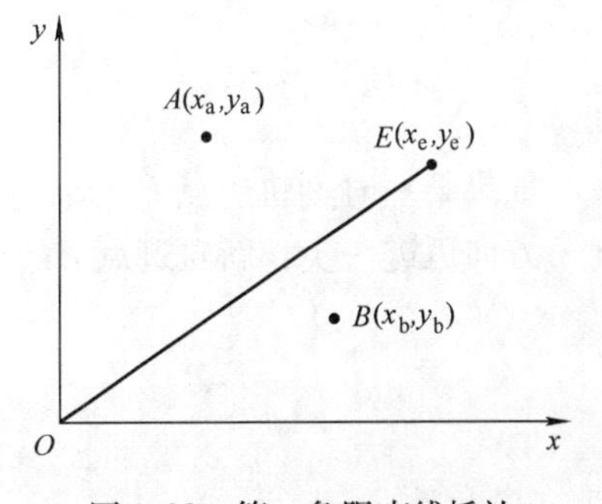

图 1-23　第一象限直线插补

（1）逐点比较法的直线插补原理

1）第一象限的直线插补　在图 1-23 所示的 xy 平面

第一象限内有直线段 OE，以原点为起点，以 E（x_e，y_e）为终点，直线方程为

$$\frac{y}{x}=\frac{y_e}{x_e}$$

改写为 $yx_e-xy_e=0$

如果加工轨迹脱离直线，则轨迹点的 x、y 坐标不满足上述直线方程。在第一象限中，对位于直线上方的点 A，有

$$y_a x_e-x_a y_e>0$$

对位于直线下方的点 B，则有

$$y_b x_e-x_b y_e<0$$

因此，可以取判别函数 F 来判断点与直线的相对位置。F 为

$$F=yx_e-xy_e$$

当轨迹点落在直线上时，$F=0$；

当轨迹点落在直线上方时，$F>0$；

当轨迹点落在直线下方时，$F<0$。

称 $F=yx_e-xy_e$ 为“直线插补偏差判别式”或“偏差判别函数”，F 的数值称为“偏差”。

例如，图1-24所示的待加工直线 OA，运用下述法则，根据偏差判别式，求得图中近似直线（由折线组成）。若刀具轨迹点的位置 P（x_i，y_j）处在直线上方（包括在直线上），即满足 $F_{i,j}\geqslant 0$ 时向 x 轴方向发出一个正向运动的进给脉冲（$+\Delta x$），使刀具沿 x 轴坐标动一步（一个脉冲当量 δ），逼近直线；若刀具轨迹点的位置 P（x_i，y_j）处在直线下方，即满足 $F_{i,j}<0$ 时，向 y 轴发出一个正向运动的进给脉冲（$+\Delta y$），使刀具沿 y 轴移动一步逼近直线。

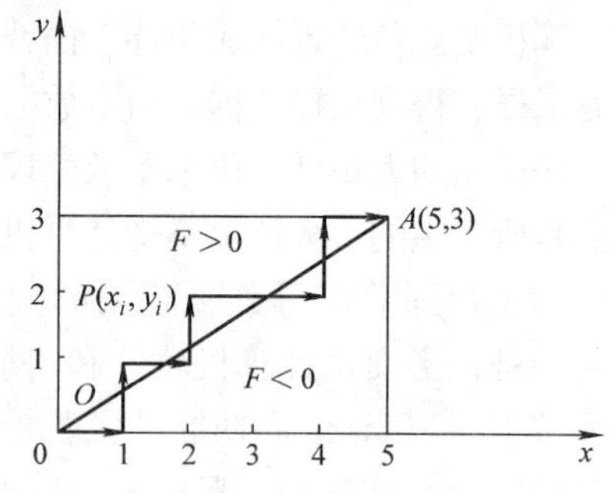

图1-24　直线插补轨迹

但是按照上述法则进行运算判别，要求每次进行判别式 $F_{i,j}$ 的运算——乘法与减法运算，这在具体电路或程序中实现不是最方便的。一个简便的方法是：每走一步到新轨迹点，轨迹偏差用前一点的轨迹偏差递推出来，这种方法称“递推法”。

若 $F_{i,j}\geqslant 0$ 时，则向 x 轴发出一进给脉冲，刀具从这点向 x 方向迈进一步，新轨迹点 P（x_{i+1}，y_j）的偏差值为

$$\begin{aligned}F_{i+1,j}&=x_e y_j-(x_i+1)y_e\\&=x_e y_j-x_i y_e-y_e\\&=F_{i,j}-y_e\end{aligned}$$

即

$$F_{i+1,j}=F_{i,j}-y_e \tag{1-1}$$

如果某一时刻轨迹点 P（x_i，y_j）的 $F_{i,j}<0$ 时，则向 y 轴发出一进给脉冲，刀具从这点向 y 方向迈进一步，新轨迹点 P（x_i，y_{j+1}）的偏差值为

$$\begin{aligned}F_{i,j+1}&=x_e(y_j+1)-x_i y_e\\&=x_e y_j-x_i y_e+x_e\\&=F_{i,j}+x_e\end{aligned}$$

即

$$F_{i,j+1}=F_{i,j}+x_e \tag{1-2}$$

由式（1-1）及式（1-2）可以看出，新轨迹点的偏差值完全可以用前一点的偏差递推出来。

综上所述，逐点比较法直线插补的全过程，每走一步都有以下四个节拍：

第一节拍——偏差判别 判别刀具当前位置相对于给定轮廓的偏离情况，以此决定刀具移动方向。

第二节拍——进给 根据偏差判别结果，控制刀具相对于工件轮廓进给一步，即向给定的轮廓靠拢，减少偏差。

第三节拍——偏差计算 由于刀具已改变了位置，因此应计算出刀具当前位置的新偏差，为下一次判别做准备。

第四节拍——终点判别 判别刀具是否已到达被加工轮廓线段的终点。若已到达终点，则停止插补；若未到达终点，则继续插补。如此不断重复上述四个节拍就可以加工出所要求的轮廓。

逐点比较法第一象限直线插补程序流程图如图1-25所示。

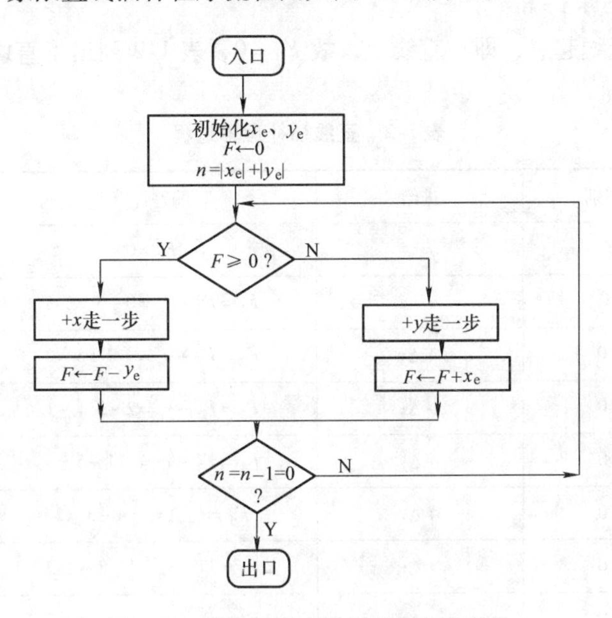

图1-25 第一象限直线插补程序流程图

2）不同象限的直线插补 对第二象限，只要用$|x|$取代x，就可以变换到第一象限。至于输出驱动，应使x轴向步进电动机反向旋转，而y轴步进电动机仍为正向旋转。

同理，第三、四象限的直线也可以变换到第一象限。插补运算时，用$|x|$和$|y|$代替x、y。输出驱动则是：在第三象限，点在直线上方，向$-y$方向进给，点在直线下方，向$-x$方向进给；在第四象限，点在直线上方，向$-y$方向进给，点在直线下方，向$+x$方向进给。四个象限的进给方向如图1-26所示。

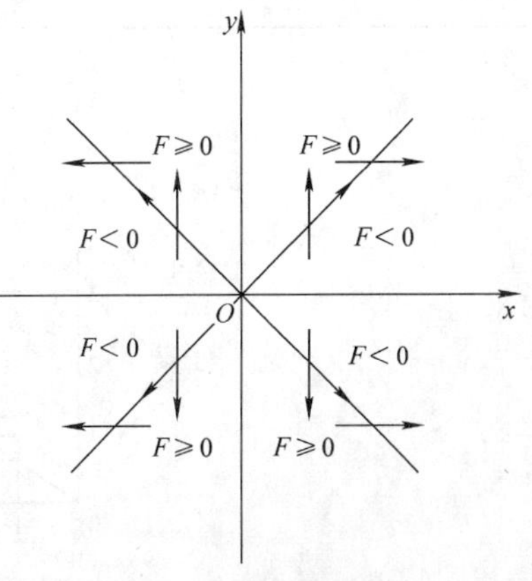

图1-26 四象限进给方向

现将直线插补四种情况的偏差计算与进给方向列

于表 1-1 中，其中用 L 表示直线，四个象限分别用数字 1、2、3、4 标注。

表 1-1　直线插补四种情况的偏差计算与进给方向

线　型	偏　差	偏 差 计 算	进给方向与坐标
L1，L4	$F\geqslant 0$	$F\leftarrow F-\lvert y_e\rvert$	$+\Delta x$
L2，L3	$F\geqslant 0$		$-\Delta x$
L1，L2	$F<0$	$F\leftarrow F-\lvert x_e\rvert$	$+\Delta y$
L3，L4	$F<0$		$-\Delta y$

【例 1-1】 欲加工第一象限直线 OA，终点坐标为 $x_e=5$，$y_e=3$，试用逐点比较法插补该直线。

解： 总步数 $n=5+3=8$

开始时刀具在直线起点，即在直线上，故 $F_0=0$，表 1-2 列出了直线插补运算过程，插补轨迹见图 1-27。

表 1-2　直线插补运算过程

序　号	偏差判别	进给	偏差计算	终点判别
0			$F_0=0$	$n=5+3=8$
1	$F_0=0$	$+\Delta x$	$F_1=F_0-y_e=0-3=-3$	$n=8-1=7$
2	$F_1<0$	$+\Delta y$	$F_2=F_1+x_e=-3+5=2$	$n=7-1=6$
3	$F_2>0$	$+\Delta x$	$F_3=F_2-y_e=2-3=-1$	$n=6-1=5$
4	$F_3<0$	$+\Delta y$	$F_4=F_3+x_e=-1+5=4$	$n=5-1=4$
5	$F_4>0$	$+\Delta x$	$F_5=F_4-y_e=4-3=1$	$n=4-1=3$
6	$F_5>0$	$+\Delta x$	$F_6=F_5-y_e=1-3=-2$	$n=3-1=2$
7	$F_6<0$	$+\Delta y$	$F_7=F_6+x_e=-2+5=3$	$n=2-1=1$
8	$F_7>0$	$+\Delta x$	$F_8=F_7-y_e=3-3=0$	$n=1-1=0$

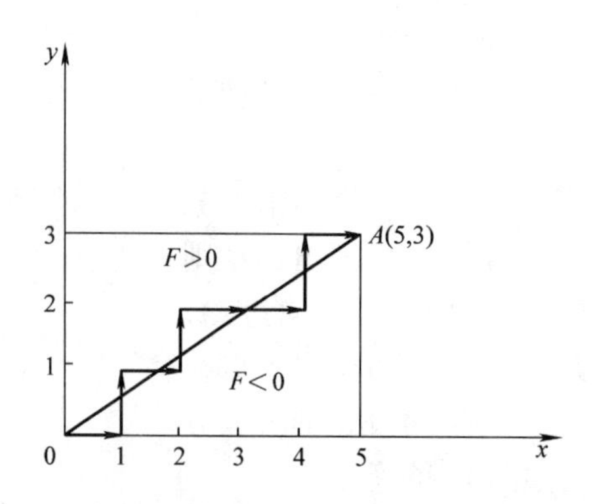

图 1-27　例题 1-1 所加工轮廓直线

(2) 逐点比较法圆弧插补

1) 逐点比较法的圆弧插补原理　加工一个圆弧，很容易令人想到用轨迹点到圆心的距离与该圆弧的名义半径相比较来反映加工偏差。设要加工图1-28所示第一象限逆时针走向的圆弧（逆圆）AB，其半径为R，以原点为圆心，起点坐标为A（x_0，y_0）。在xy坐标平面第一象限中，点P（x_i，y_j）的加工偏差有以下三种情况。

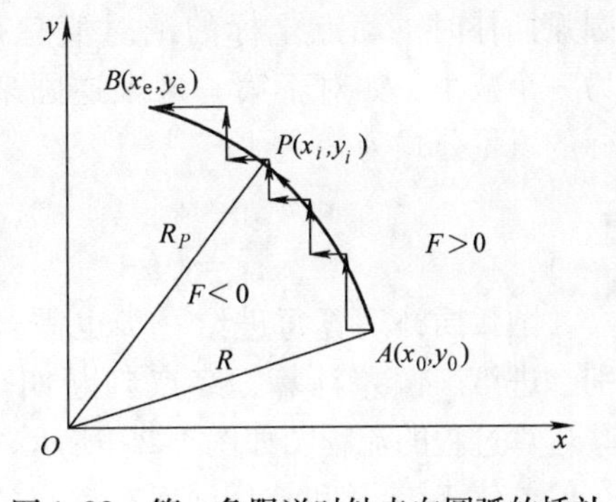

图1-28　第一象限逆时针走向圆弧的插补

若点P（x_i，y_j）正好落在圆弧上，则下式成立

$$x_i^2+y_j^2=x_0^2+y_0^2=R^2$$

若点P（x_i，y_j）落在圆弧外侧，则$R_P>R$，即

$$x_i^2+y_j^2>x_0^2+y_0^2$$

若点P（x_i，y_j）落在圆弧内侧，则$R_P<R$，即

$$x_i^2+y_j^2<x_0^2+y_0^2$$

将上面各式分别改写为下列形式

$$(x_i^2-x_0^2)+(y_j^2-y_0^2)=0\quad（在圆弧上）$$

$$(x_i^2-x_0^2)+(y_j^2-y_0^2)>0\quad（在圆弧外侧）$$

$$(x_i^2-x_0^2)+(y_j^2-y_0^2)<0\quad（在圆弧内侧）$$

取加工偏差判别式

$$F_{i,j}=(x_i^2-x_0^2)+(y_j^2-y_0^2)$$

若点P（x_i，y_j）在圆弧外侧或圆弧上，即满足$F_{i,j}\geqslant 0$的条件时，向x轴发出一负向运动的进给脉冲（$-\Delta x$）；若点P（x_i，y_j）在圆弧内侧，即满足$F_{i,j}<0$的条件时，则向y轴发出一正向运动的进给脉冲（$+\Delta y$）。为了简化偏差判别式的运算，仍用递推法来推算下一步新的加工偏差。

设点P（x_i，y_j）在圆弧外侧或在圆弧上，则加工偏差为

$$F_{i,j}=(x_i^2-x_0^2)+(y_j^2-y_0^2)\geqslant 0$$

故x轴须向负向进给一步（$-\Delta x$），移到新的点P（x_{i+1}，y_j），其加工偏差为

$$\begin{aligned}F_{i+1,j}&=(x_i-1)^2-x_0^2+y_j^2-y_0^2\\&=x_i^2-2x_i+1+y_j^2-y_0^2-x_0^2\\&=F_{i,j}-2x_i+1\end{aligned}\qquad(1\text{-}3)$$

设点P（x_i，y_j）在圆弧的内侧，则$F_{i,j}<0$。那么y轴须向正向进给一步（$+\Delta y$），移到新的点P（x_i，y_{j+1}），其加工偏差为

$$\begin{aligned}F_{i,j+1}&=x_i^2-x_0^2+(y_j+1)^2-y_0^2\\&=x_i^2-x_0^2+y_j^2+2y_j+1-y_0^2\\&=F_{i,j}+2y_i+1\end{aligned}\qquad(1\text{-}4)$$

由式（1-3）及式（1-4）可以看出，新点的偏差值可以用前一点的偏差值递推出来。递推法把圆弧偏差运算式由二次方运算化为加法和乘2运算，而对二进制来说，乘2运算是容易实现的。

2) 圆弧插补的运算过程　圆弧插补的运算过程与直线插补的过程基本一样，不同的是，

圆弧插补时，动点坐标的绝对值总是一个增大，另一个减小。如对于第一象限逆圆来说，动点坐标的增量公式为

$$x_{i+1}=x_i-1$$
$$y_{j+1}=y_j+1$$

圆弧插补运算每进给一步也需要进行偏差判别、进给、偏差计算、终点判断四个工作节拍，其运算过程的流程图如图1-29所示。运算中F寄存偏差值$F_{i,j}$；x和y分别寄存动点的坐标值，开始分别存放x_0和y_0；n寄存终点判别值：

$$n=|x_e-x_0|+|y_e-y_0|$$

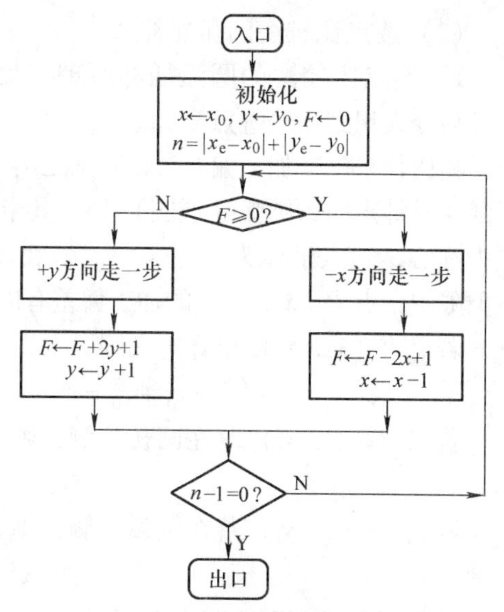

图1-29　第一象限逆圆插补运算流程图

【例1-2】　设有第一象限逆圆弧AB，起点为A（5，0），终点为B（0，5），用逐点比较法插补AB。

解：　$n=|5-0|+|0-5|=10$

开始加工时刀具在起点，即在圆弧上，$F_0=0$。插补运算过程见表1-3，插补轨迹见图1-30。

表1-3　圆弧插补运算过程

序号	偏差判别	进给	偏差计算	终点判别
0			$F_0=0$　$x_0=5$，　$y_0=0$	$n=10$
1	$F_0=0$	$-\Delta x$	$F_1=F_0-2x+1=0-2\times5+1=-9$　$x_1=4$，　$y_1=0$	$n=10-1=9$
2	$F_1<0$	$+\Delta y$	$F_2=F_1+2y+1=-9+2\times0+1=-8$　$x_2=4$，　$y_2=1$	$n=8$
3	$F_2<0$	$+\Delta y$	$F_3=-8+2\times1+1=-5$　$x_3=4$，　$y_3=2$	$n=7$
4	$F_3<0$	$+\Delta y$	$F_4=-5+2\times2+1=0$　$x_4=4$，　$y_4=3$	$n=6$
5	$F_4=0$	$-\Delta x$	$F_5=0-2\times4+1=-7$　$x_5=3$，　$y_5=3$	$n=5$
6	$F_5<0$	$+\Delta y$	$F_6=-7+2\times3+1=0$　$x_6=3$，　$y_6=4$	$n=4$
7	$F_6=0$	$-\Delta x$	$F_7=0-2\times3+1=-5$　$x_7=2$，　$y_7=4$	$n=3$
8	$F_7<0$	$+\Delta y$	$F_8=-5+2\times4+1=4$　$x_8=2$，　$y_8=5$	$n=2$
9	$F_8>0$	$-\Delta x$	$F_9=4-2\times2+1=1$　$x_9=1$，　$y_9=5$	$n=1$
10	$F_9>0$	$-\Delta x$	$F_{10}=1-2\times1+1=0$　$x_{10}=0$，　$y_{10}=5$	$n=0$

3）圆弧插补的象限处理与坐标变换

① 圆弧插补的象限处理　上面仅讨论了第一象限的逆圆弧插补，实际上圆弧所在的象限不同，顺逆不同，则插补公式和进给方向均不同。圆弧插补有八种情况，如图1-31所示。

根据图1-31可推导出用代数值进行插补计算的公式如下

沿$+x$方向走一步

$$x_{i+1}=x_i+1$$
$$F_{i+1}=F_i+2x_i+1 \tag{1-5}$$

沿$+y$方向走一步

$$y_{i+1}=y_i+1$$

$$F_{i+1} = F_i + 2y_i + 1 \tag{1-6}$$

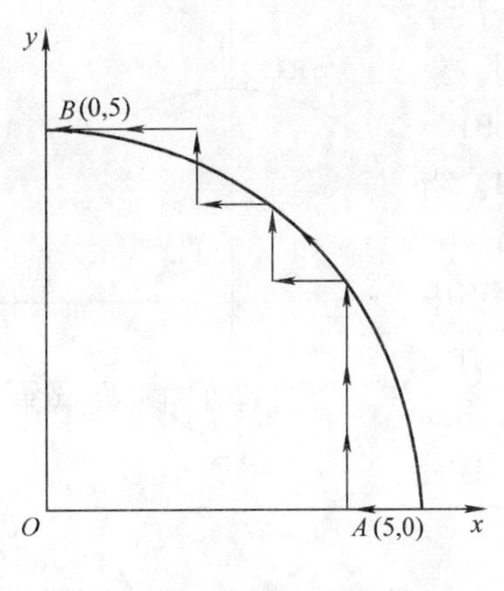

图1-30　圆弧插补轨迹

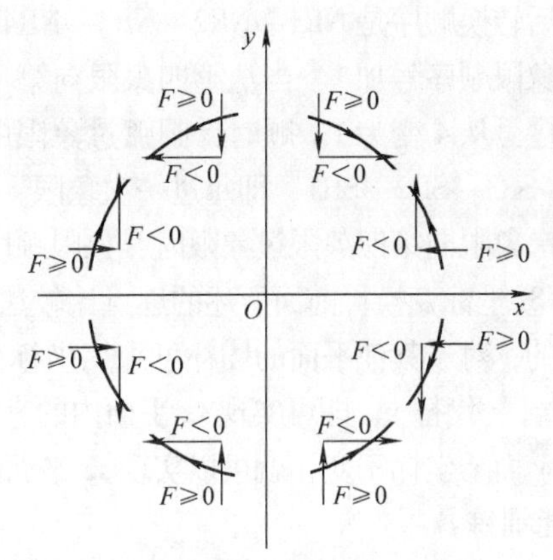

图1-31　圆弧插补的八种情况

沿 $-x$ 方向走一步

$$x_{i+1} = x_i - 1$$
$$F_{i+1} = F_i - 2x_i + 1 \tag{1-7}$$

沿 $-y$ 方向走一步

$$y_{i+1} = y_i - 1$$
$$F_{i+1} = F_i - 2y_i + 1 \tag{1-8}$$

现将圆弧八种情况偏差计算及进给方向列于表1-4中，其中用R表示圆弧，S表示顺时针，N表示逆时针，四个象限分别用数字1、2、3、4标注。例如SR1表示第一象限顺圆，NR3表示第三象限逆圆。

表1-4　*xy* 平面内圆弧插补的进给与偏差计算

线　型	偏　差	偏差计算	进给方向与坐标
SR2，NR3	$F \geq 0$	$F \leftarrow F + 2x + 1$ $x \leftarrow x + 1$	$+\Delta x$
SR1，NR4	$F < 0$		
NR1，SR4	$F \geq 0$	$F \leftarrow F - 2x + 1$ $x \leftarrow x - 1$	$-\Delta x$
NR2，SR3	$F < 0$		
NR4，SR3	$F \geq 0$	$F \leftarrow F + 2y + 1$ $y \leftarrow y + 1$	$+\Delta y$
NR1，SR2	$F < 0$		
SR1，NR2	$F \geq 0$	$F \leftarrow F - 2y + 1$ $y \leftarrow y - 1$	$-\Delta y$
NR3，SR4	$F < 0$		

② 圆弧自动过象限　所谓圆弧自动过象限，是指圆弧的起点和终点不在同一象限内，如图1-32所示。为实现一个程序段的完整功能，需设置圆弧自动过象限功能。

要完成过象限功能，首先应判别何时过象限。过象限有一显著特点，就是过象限时刻正好是圆弧与坐标轴相交的时刻，因此在两个坐标值中必有一个为零，判断是否过象限只要检查是否有坐标值为零即可。

过象限后，圆弧线型也改变了，以图1-32为例，由SR2变为SR1。但过象限时象限的转换是有一定规律的。当圆弧起点在第一象限时，逆时针圆弧过象限后转换顺序是 NR1→NR2→NR3→NR4→NR1，每过一次象限，象限顺序号加 1。当从第四象限向第一象限过象限时，象限顺序号从 4 变为 1。顺时针圆弧过象限的转换顺序是 SR1→SR4→SR3→SR2→SR1，即每过一次象限，象限顺序号减 1。当从第一象限向第四象限过象限时，象限顺序号从 1 变为 4。

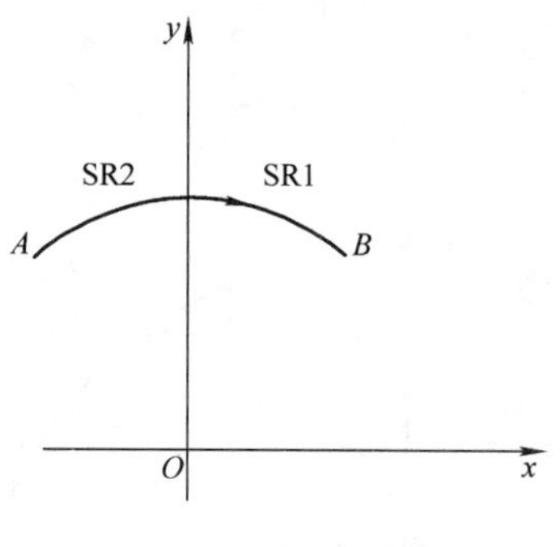

图 1-32 圆弧过象限

③ 坐标变换 前面所述的逐点比较法插补是在 xy 平面中讨论的，对于其他平面的插补可采用坐标变换方法实现。用 y 代替 x，z 代替 y，即可实现 yz 平面内的直线和圆弧插补；用 z 代替 y 而 x 坐标不变，就可以实现 xz 平面内的直线与圆弧插补。

【技能训练】

（1）实训地点：数控实训中心及工厂企业。

（2）实训内容：

1）辨认不同类型数控机床的各组成部分，明确各部分功能。

2）在现场指出数控加工的基本步骤与过程。

【总结与提高】

（1）简述数控机床的工作原理与工作流程。

（2）若直线的起点为坐标原点，终点坐标分别为 A（9，4）、B（5，10），试用逐点比较法进行直线插补运算，并画出插补轨迹。

（3）若顺时针圆弧的起点、终点的坐标如下：

1）A（0，5），B（5，0）

2）A（6，8），B（10，0）

试用逐点比较法进行圆弧插补运算，并画出插补轨迹。

任务 1.3 熟悉典型数控系统

【知识目标】

熟悉机械制造业中广泛应用的数控系统的特点及应用。

【技能目标】

（1）掌握 FANUC 数控系统的基本特征与应用。

（2）掌握 SIEMENS 数控系统的基本特征与应用。

（3）掌握华中数控系统的基本特征与应用。

【任务描述】

在日常的生产中经常提到的 FANUC 和 SIEMENS 都是数控系统的代表，两个品牌都拥有众多的产品类型。如何对这么多的产品进行辨别？其中最常用的又是哪些？其特点是什么？通过对各典型系统的介绍，读者应能在实践中找到问题的答案。

【知识链接】

（一）FANUC 数控系统

日本 FANUC 公司是生产数控系统和工业机器人的著名厂家，该公司自 20 世纪 60 年代生产数控系统以来，已经开发出40种左右的系列品种，包括FS6系列、F10/11/12系列、F0/0－Mate系列、FS15系列、FS16系列、FS18系列等。

FANUC公司数控系统的产品特点包括：

1）新的产品已采用模块化结构，取代传统FANUC公司数控系统的大板结构。

2）采用专用大规模集成电路（LSI），以提高集成度、可靠性，减小体积和降低成本。

3）产品应用范围广。每一CNC装置上可配多种控制软件，适用于多种机床。

4）不断采用新工艺、新技术。如表面安装技术（SMT）、多层印制电路板、光导纤维等。

5）CNC装置体积减小，采用面板装配式、内装式PMC（可编程序机床控制器）。

6）在插补、加减速、补偿、自动编程、图形显示、通信、控制和诊断方面不断增加新的功能。

常见新功能如下所述：

① 插补功能：除直线、圆弧、螺旋线插补外，还有假想轴插补、极坐标插补、圆锥面插补、指数函数插补、渐开线插补、样条插补等。

② 切削进给的自动加减速功能：除插补后直线加减速，还有插补前加减速。

③ 补偿功能：除螺距误差补偿、丝杠反向间隙补偿之外，还有坡度补偿、线性度补偿及各种新的刀具补偿功能。

④ 故障诊断功能：采用人工智能，系统具有推理软件，以知识库为根据查找故障原因。

⑤ CNC装置面向用户开放的功能：以用户特制宏程序、MMC等功能来实现。

⑥ 支持多国语言显示。

⑦ 备有多种外设：如FANUC PPR，FANUC FA Card，FANUC FLOPPY CASSETE，FANUC PROGRAM FILE Mate等。

⑧ 已推出MAP（制造自动化协议）接口，使CNC通过该接口实现与上一级计算机通信。

⑨ 现已形成多种版本。

下面以常用的FANUC－0I C/0I Mate C系列为例介绍FANUC系统的典型结构。

1. FANUC－0I C/0I Mate C系统的选型和配置

2004年FANUC公司在21I系统（一体型）基础上开发出高可靠、普及型和性能价格比卓越的0I C/0I Mate C系统，2006年6月以后又对系统的硬件和软件进行了升级。0I C系统在基本单元基础上可以选择增加两个扩展功能板；0I Mate C系统只有基本单元，无扩展功能板。

FANUC－0I C/0I Mate C系统是一款具有很高性价比的超薄一体型CNC系统，其中FANUC－0I C系统功能强大，最多可控制4轴。简化版本FANUC－0I Mate C系列产品有用于车床的FANUC－0I Mate TC，可实现2轴2联动；用于铣床、加工中心的FANUC－0I Mate MC可实现3轴3联动。

（1）FANUC－0I MC系统的选型和配置　图1-33所示为FANUC－0I MC系统的配置图。

1）系统功能选择　系统功能包有A包和B包两种选择。2007年4月以后0I MC系统具备5个CNC轴控制功能（选择功能）和4轴联动。根据机床特点和加工需要，系统可以

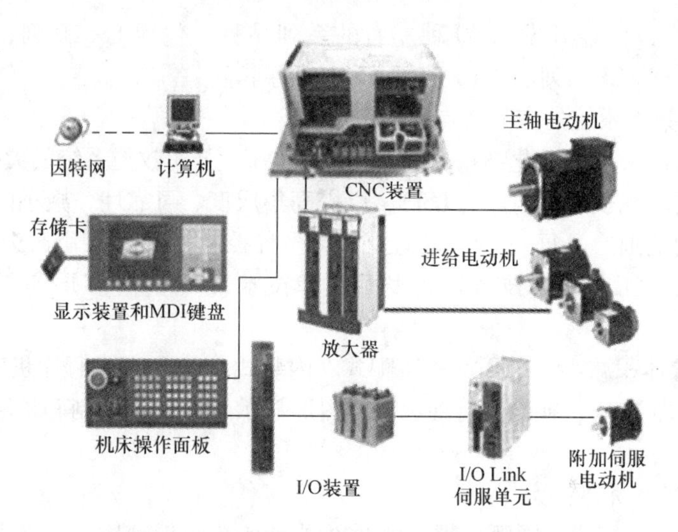

图 1-33 FANUC－0I MC 系统的配置图

选择扩展功能板如串行通信（DNC2）功能板、以太网板、高速串行总线（HSSB）功能板及数据服务器功能板，但具体使用时只能从中选择两个扩展功能板。

2）显示装置和 MDI 键盘 系统 A 包功能的显示装置标准为 8.4in（英寸）彩色 LCD，选择配置为 10.4in 高分辨率的彩色 LCD；系统 B 包则为 7.2in 黑白 LCD。MDI 键盘标准配置为小键盘，选择配置为全键盘。显示器与 MDI 键盘形式有水平方式和垂直方式两种。

3）伺服放大器和电动机 系统 A 包标准为 αi 伺服模块驱动 αi 系列主轴电动机和进给伺服电动机；系统 B 包标准为 βi/βiS 伺服单元驱动 βiS 系列主轴电动机和进给伺服电动机。

4）I/O 装置 根据机床特点和要求选择各种 I/O 装置，如外置 I/O 单元、分线盘式 I/O 模块及机床面板 I/O 板等。

5）机床操作面板 可以选择系统标准操作面板，也可以根据机床的特点选择机床厂家的操作面板。

6）附加伺服轴 这是系统的选择配置，需要 I/O Link βi 系列伺服放大器和 βiS 伺服电动机，最多可以选择 8 个附加伺服轴，每个伺服轴占用 128 个输入/输出点，根据机床 I/O Link 使用的点数来确定。

（2）FANUC 0I Mate MC 系统的选型和配置

1）系统功能选择 系统功能包为 B 包功能，具备 3 个 CNC 轴控制功能和 3 轴联动。系统只有基本单元，无扩展功能。

2）显示装置和 MDI 键盘 系统显示装置为 7.2in 黑白 LCD，MDI 键盘标准配置为小键盘，显示器与 MDI 键盘形式有水平方式和垂直方式两种。

3）伺服放大器和电动机 系统伺服为 βi 伺服单元（电源模块、主轴模块和进给模块为一体）驱动 βi 系列主轴电动机和 βi 进给伺服电动机。2007 年 4 月以后系统伺服为 βiS 伺服单元驱动 βiS 系列主轴电动机和 βiS 进给伺服电动机。

4）I/O 装置 根据机床特点和要求选择各种 I/O 装置，如外置 I/O 单元、分线盘式 I/O 模块及机床面板 I/O 板等。

5）机床操作面板 可以选择系统标准操作面板，也可以根据机床的特点选择机床厂家的操作面板。

6）附加伺服轴 这是系统的选择配置，需要 I/O Link βi 系列伺服放大器和 βiS 伺服电动机，只能选择 1 个附加轴。

（3） FANUC－0I Mate TC 系统的选型和配置

1）系统功能选择 系统功能包为 B 包功能，具备 2 个 CNC 轴控制功能和 2 轴联动。系统只有基本单元，无扩展功能。

2）显示装置和 MDI 键盘 系统显示装置为 7.2in 黑白 LCD，MDI 键盘标准配置为小键盘，显示器与 MDI 键盘形式有水平方式和垂直方式两种。

3）伺服放大器和电动机 系统主轴驱动标准为变频器驱动电动机或变频专用电动机，系统进给伺服为 βi 伺服单元驱动 βi 进给伺服电动机。选择配置的系统伺服为 βiS 伺服单元驱动 βiS 系列主轴电动机和 βiS 进给伺服电动机。

4）I/O 装置 根据机床特点和要求选择各种 I/O 装置，如外置 I/O 单元、分线盘式 I/O 模块及机床面板 I/O 板等。

5）机床操作面板 可以选择系统标准操作面板，也可以根据机床的特点选择机床厂家的操作面板。

6）附加伺服轴 这是系统的选择配置，需要 I/O Link βi 系列伺服放大器和 βiS 伺服电动机，只能选择 1 个附加轴。

2. FANUC－0I C/0I Mate C 系统功能连接

图 1-34 为 FANUC－0I C/0I Mate C 系统（2006 年 6 月以后）接口图。接口的功能如下：

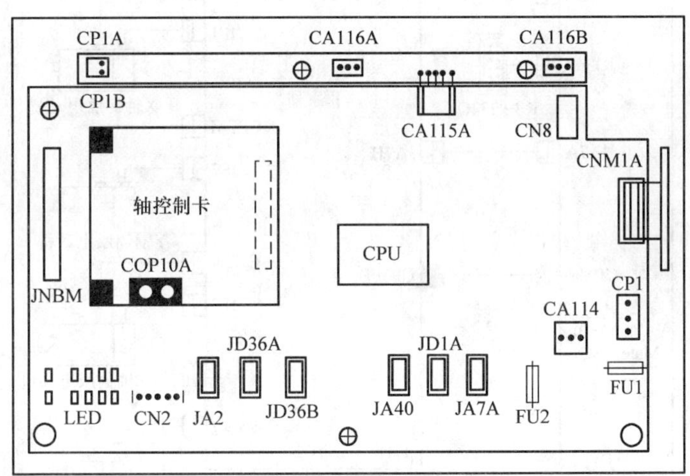

图 1-34 FANUC－0I C/0I Mate C 系统接口

CP1：外接直流稳压电源（DC 24V）。

CA114：系统电池接口（3V 锂电池）。

FU1：系统 DC 24V 输入熔断器（5A）。

FU2：系统内部 DC 24V 输出熔断器（1A）。

JA7A（SP/POS）：串行主轴/主轴位置编码器信号接口。当主轴为串行主轴时，与主轴放大器的 JA7B 连接，实现主轴模块与 CNC 系统的信息传递；当主轴为模拟量主轴时，该接口又是外接主轴编码器的接口。

JD1A（I/O Link）：外接的I/O卡或I/O模块信号接口。

JA40（SP/HD1）：模拟量主轴的速度/高速跳转信号接口，将CNC系统输出的速度信号（0～10V）与变频器的模拟量频率设定端相连接。

JD36B（RS-232-2）：串行通信接口（2、3通道）。

JD36A（RS-232-1）：串行通信接口（0、1通道）。

JA2（MDI）：系统MDI操作键盘接口。

CN2：系统操作软键信号接口。

JNBM：系统扩展功能板（CH1和CH2）插槽，0i C系统有此功能（如高速通信板和数据服务器板），0i Mate C系统无此功能（没有扩展功能板）。

COP10A：系统伺服高速总线通信FSSB接口（光缆），与伺服放大器的COP10B连接。

CNM1A：系统存储卡插座。

CN8：系统视频信号及图形显示信号插座。

CA116B、CA116A：系统风扇插座（DC 24V）。

CA115A：风扇、灯电源和辅助板连接插座。

CP1A、CP1B：LCD显示装置的灯管插座。

下面以数控铣床为例，说明系统的具体连接。系统采用FANUC 0i Mate MC系统，如图1-35所示。

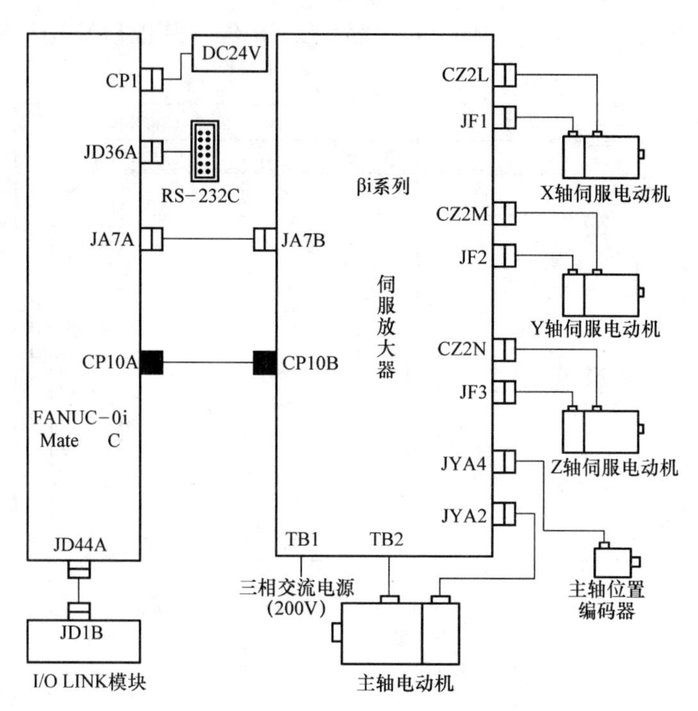

图1-35 FANUC 0i Mate MC系统的连接图

（二）SIEMENS数控系统

SIEMENS公司是著名的数控系统生产厂家，产品有SINUMERIK3、8、810、820、850、

880、840、802 等系列。

1. 系统功能特点

SIEMENS 系列数控系统在功能上，特别是在多轴控制、通信、PLC 及编程方面具有特色。SIEMENS 公司为了适应柔性制造系统（FMS）和计算机集成制造系统（CIMS）的需要，在 810/820、850/880 系统中采用通道结构，使控制轴数可达 20～30 个，其中包括多主轴控制，并可实现 12 个工位的联动控制。产品采用模块化结构，模块由多层印制电路板制成，在一种 CNC 系列中采用标准硬件模块，用户可选择不同模块组合来满足各种机床的要求。在一种硬件上配置多种软件，使它具有多种工艺类型，满足多种机床的需要，并成为系列产品。

在 CNC 产品中采用了通信中央处理单元，使其具有很强的数据管理、传送和处理能力以及与上级计算机通信的功能，易于进入 FMS，数据传送用 RS－232C/20mA 接口（V24）。

SIEMENS 公司开发了总线结构的 SINEC H1 工业局域网络，可连接成 FMC 和 FMS。SIEMENS公司的 CNC 产品采用 SIMATIC S5、S7 系列可编程序控制器或内装式可编程序控制器，用 STEP5、STEP7 编程语言。功能强大的 PLC 可以满足各种机床与 CNC 之间的大量信息交换要求，同时显著提高了信息传递的速度。

2. 典型系统简介

（1）SINUMERIK 810/820 系列数控系统　20 世纪 80 年代中期，SIEMENS 公司推出了 SINUMERIK 810/820 系列数控系统。这两种数控系统在体系结构和功能上相似，其系列产品分为 M、T、G 型。M 型用于镗床、铣床和加工中心，T 型用于车床，G 型用于磨床。SINUMERIK 810/820 系列数控系统一般适用于中小型机床。

SINUMERIK 810/820 系列数控系统由 CPU 模块、位置控制模块、系统程序存储器模块、文字图形处理模块、接口模块、I/O 模块、CRT 显示器及操作面板组成。主 CPU 为 80186，采用通道式结构，有主通道和辅助通道。用 RS－232C 接口进行数据传输和通信，可使编程和操作简便、运行可靠、维修方便。操作者可利用软功能键在 CRT 上调用软件菜单内容，输入加工程序，还可以快速模拟运行加工程序。

20 世纪 90 年代中期，SIEMENS 公司推出了全数字式数控系统 SINUMERIK 810D。该系统采用 ASIC 芯片将 CNC 和驱动控制集成在驱动模块（SIMODRIVE）中，也就是说 SINUMERIK 810D 数控系统没有驱动接口。810D 采用 32 位微处理器，内装高性能 SIMATIC S7 PLC，五个集成数字式 SIMODRIVE 611 驱动控制和三个内装 SIMODRIVE 611 功率单元，只要配置一个电源模块，即可组成一个数控车床配置（1 个主轴和 2 个进给轴）。

（2）SINUMERIK 802 系列数控系统　20 世纪 90 年代中后期，SIEMENS 公司推出 SINUMERIK 802 系列数控系统，其中 802S 和 802C 是经济型数控系统，可带 3 个进给轴。802S 采用带有脉冲及方向信号的步进驱动接口，可配接 STEPDRIVE C/C＋步进驱动器和五相步进电动机或 FM STEPDRIVE 步进驱动器和 1FL3 系列三相步进电动机；802C 则包含有－10～10V 接口，可配接 SIMODRIVE 611 驱动装置。802S/802C 除 3 个进给轴外，都有一个－10～10V 的接口，用于连接主轴驱动。SINUMERIK 802S/802C 包括操作面板、机床控制面板、NC 单元及 PLC 模块，可安装在通用的安装导轨上。

SINUMERIK 802D 是数字式的数控系统，可控制最多 4 个数字进给轴和 1 个主轴。CNC 通过 PROFIBUS 总线与 I/O 模块和数字驱动模块（SIMODRIVE 611 Universal E）相连接，主轴通过模拟接口控制。

SINUMERIK 802S/802C/802D 采用 SIMATIC S7-200 PLC 指令集对系统内部 PLC 进行编程。

(3) SINUMERIK 840D 数控系统 SINUMERIK 840D 是 90 年代后期的全数字化高度开放式数控系统，它与以往数控系统的不同点是数控与驱动的接口信号是数字量的。它的人机界面更易操作，更易掌握，软件内容更加丰富。它具有高度模块化及规范化的结构，它将 CNC 和驱动控制集成在一块板子上，将闭环控制相关的全部硬件和软件集成在 $1cm^2$ 的面积中，便于编程、操作和监控。840D 的计算机化、驱动的模块化和驱动接口的数字化，这三化代表着当今数控系统的发展方向。840D 与 611D 伺服驱动模块及 S7-300 PLC 模块构成的全数字化数控系统，其 I/O 模块可扩展到 2048 个输入/输出点，PLC 程序可以极高的采样速率监视数字输入，向数控机床发送停止/起动命令。该系统可应用于众多数控加工领域，能实现钻、车、铣、磨等数控功能。

840D 数控系统主要性能及特点有以下几个方面：

1）控制类型 840D 采用 32 位微处理器，实现 CNC 控制，可完成 CNC 连续轨迹控制以及内部集成式 PLC 控制。

2）机床配置 840D 最多可控制 31 个轴（最多 31 个主轴）。其插补功能有样条插补、三阶多项式插补、控制值互联和曲线表插补，这些功能为加工各类曲线曲面类零件提供了便利条件，此外还具备进给轴和主轴同步操作的功能。

3）操作方式 操作方式主要有 AUTOMATIC（自动）、JOG（手动）、TEACH IN（交互式程序编制）、MDA（手动过程数据输入）。

4）操作部分硬件 840D 系统提供标准的 PC 软件、硬盘、奔腾处理器，用户可在 Windows 98/2000 下开发自定义的界面。此外，两个通用接口 RS-232C 可使主机与外设进行通信，用户还可通过磁盘驱动器接口和打印机并行接口完成程序存储、读入及打印工作。

5）数据通信部分 840D 系统配有 RS-232C/TTY 通用操作员接口，加工过程中可同时通过通用接口进行数据输入/输出。此外，用 PCIN 软件还可以进行串行数据通信，通过 RS-232C 接口可方便地使 840D 与编程器或普通的个人计算机连接起来，进行加工程序、PLC 程序、加工参数等各种信息的双向通信。用 SINDNC 软件可以通过标准网络进行数据传送，还可以用 CNC 高级编程语言进行程序的协调。

3. SIEMENS 系统的典型结构

下面以常见的 SINUMERIK 802D 系统为例，介绍 SIEMENS 数控系统的典型结构。

SINUMERIK 802D 是数字式数控系统，它将面板控制单元（PCU）、键盘、机床控制面板（MCP）和通信集成在一个部件上，通过 PROFIBUS 总线与 I/O 模块 PP72/48 和驱动装置（SIMODRIVE 611UE）相连接，系统连接图如图 1-36 所示。

1）全功能键盘有竖起结构和水平结构可选择。

2）I/O 模块 PP72/48 与 PROFIBUS 连接，提供 72 点数字输入和 48 点数字输出（24V，0.25A）。PLC 功能相当于 SIMATICS S7-200，有 2048 个标志位，32 个定时器和 32 个计数器。

3）机床控制面板除了操作机床所需的全部按键和开关外，还提供了 6 个用户定义键。机床控制面板用两条扁平电缆连接到 I/O 模块上。

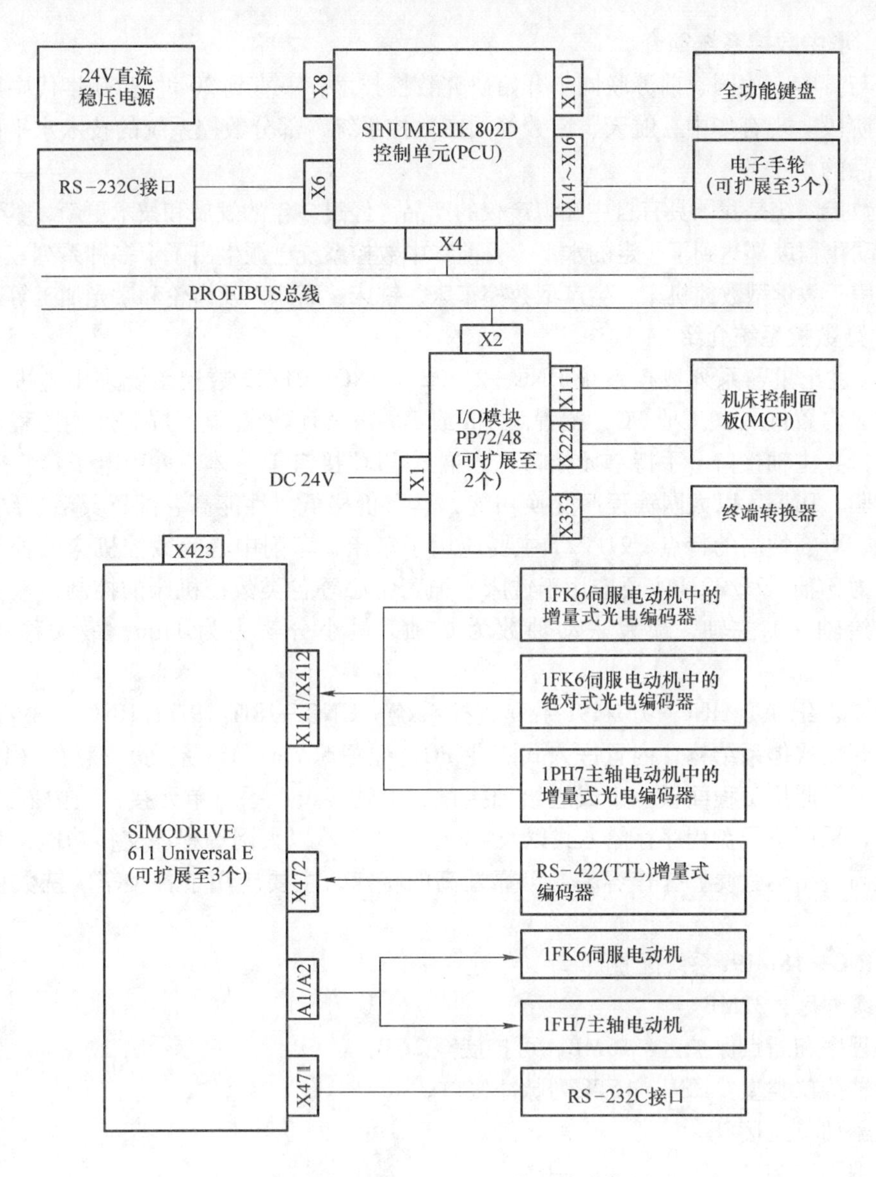

图1-36　SINUMERIK 802D的系统连接图

4）增量式光电编码器输出信号为sin/cos $1V_{(P-P)}$，0～65535脉冲/r，最高频率350kHz；绝对式编码器带EnDat接口；主轴编码器输出TTL差分信号。

5）和SINUMERIK 802D相适配的数字式驱动装置为SIMODRIVE 611 Universal E。进给轴采用1FK6系列交流伺服电动机。根据电动机功率的大小，驱动装置选用所需的电源模块和功率模块。驱动装置中的控制模块为插入式闭环控制单元，带有PROFIBUS接口，控制电动机的最高频率可达1.4GHz。

6）IFK6系列交流伺服电动机是三相交流永磁同步电动机，带有内装增量式或绝对式光电编码器。1PH7系列主轴电动机是4极笼型异步电动机，内装用于检测电动机转速和转子位置的编码器。

（三）华中数控系统简介

我国与日本、德国、前苏联同步开始研究数控技术，一直到20世纪60年代中期仍处于研制开发阶段。现有华中、航天、广数等国产数控系统，部分数控系统的技术水平已达到国际同类产品的水平。

华中数控系统是我国具有自主知识产权的产品。经过多年的发展和技术更新，其可靠性和精度及自动化程度都达到了一定的水平。目前华中数控系统已派生出了十多种系列三十多个产品，广泛用于教学型数控机床，生产型数控车床、铣床、磨床以及齿轮和激光加工等设备。

1. 典型数控系统介绍

（1）“世纪星”系列数控系统HNC—21/22　HNC—21/22数控系统采用先进的开放式体系结构，内置嵌入式工业PC，配置8.4in或10.4in彩色液晶显示屏和通用工程面板，集进给轴接口、主轴接口、手持单元接口、内嵌式PLC接口于一体，采用电子盘程序存储方式以及软驱、DNC、以太网等程序交换功能，具有价格低、性能高、配置灵活、结构紧凑、操作容易、可靠性高的特点。21/22T主要应用于车床、车削中心等数控机床的控制，最大联动轴数为3轴。21/22M主要应用于铣床、加工中心等各类数控机床的控制，最大控制轴数为6进给轴+1主轴，最大联动轴数为6轴，最小分辨力为1μm，最大移动速度为24m/min。

（2）“世纪星”HNC—18i/19i系列数控系统　HNC—18iT/19iT、HNC—18iM/19iM采用先进的开放式体系结构，内置嵌入式工业PC，配置5.7in（18i系列）/彩色（19i系列）液晶显示屏和通用工程面板，集成进给轴接口、主轴接口、手持单元接口、内嵌式PLC接口于一体，采用电子盘程序存储方式以及CF卡、DNC、以太网等程序交换功能，具有价格低、性能高、结构紧凑、操作容易、可靠性高的特点，主要应用于各类车、铣数控机床的控制。

1）HNC—18i/19i系统配置

程序缓冲区：32MB。

零件程序和断点保护区：16MB，可扩展至2GB。

进给轴接口类型：HSV—16系列脉冲接口。

主轴驱动单元接口。

主轴编码器接口。

开关量输入/输出接口：32输入/24输出。

手持单元接口。

RS－232C接口。

标准PC键盘接口。

以太网接口。

手持单元。

2）CNC功能

最大控制轴数：3进给轴+1主轴。

联动轴数：3轴（铣）/2轴（车）。

最小分辨力：1μm。

最大移动速度：16m/min（与驱动单元、机床相关）。

直线、圆弧、螺纹功能。

自动加减速控制（直线/抛物线）。

参考点返回。

坐标系设定。

MDI 功能。

M、S、T 功能。

加工过程图形静态仿真和实时跟踪。

内部二级电子齿轮。

简单车削循环（车）。

复合车削循环（车）。

固定铣削循环（铣）。

2. 功能特点

（1）基于通用工业微计算机的开放式体系结构　华中数控系统采用工业微计算机作为硬件平台，使系统硬件可靠性得到保证。与通用微计算机兼容，能充分利用 PC 软、硬件的丰富资源，使得华中数控系统的使用、维护、升级和二次开发非常方便。

（2）先进的控制软件技术和独创的曲面插补算法　华中数控系统以软件创新，用单 CPU 实现了国外多 CPU 结构的高档系统的功能。华中数控系统可进行多轴多通道控制，其联动轴数可达到 9 轴。国际首创的多轴曲面插补技术能完成多轴曲面轮廓的直接插补控制，可实现高速、高精度和高效的曲面加工。

（3）友好的用户界面　华中数控系统采用汉字菜单操作，并提供在线帮助功能和良好的用户界面。系统提供宏程序功能，具有形象直观的三维图形仿真校验和动态跟踪，使用操作十分方便。

综上所述，华中数控系统具有高性能、低价位、易使用、高质量、多品种、易开发的特点，从而使国产数控系统跟上了国际数控系统发展的步伐。

【技能训练】

（1）实训地点：数控实训中心及工厂企业。

（2）实训内容：

1）在数控实训中心及工厂企业进行参观，了解实际生产中常见的数控系统的类型。

2）辨认不同数控系统的组成，并比较它们之间的功能特点。

【总结与提高】

（1）简要说明 FANUC 数控系统和 SIEMENS 数控系统的特点。

（2）说明数控系统常用的工作方式与功能。

项目2　数控机床的电气控制

机床电气控制系统是机床电力拖动及自动控制系统的基本组成部分，被广泛地应用在各种数控机床及柔性制造单元的配电装置和电力拖动控制系统中。随着电气控制技术的不断发展，数控技术人员除了掌握数控机床的编程和操作外，还必须掌握数控机床电气控制系统的组成和工作特点，以充分发挥数控机床的作用、判断数控机床的工作性能。在故障发生时，数控技术人员应能简单分析故障原因并进行及时处理，避免故障的扩大并及时与维修人员进行沟通，为数控机床的故障处理提供足够的信息，从而保证数控机床长期稳定地无故障运行。

通过本项目的学习，学生能够基本了解并掌握数控机床常用电气控制系统的结构、工作原理、电路逻辑、主要技术参数、使用场合及设计选用方法。

任务2.1　数控机床常用电器的认知

【知识目标】

（1）掌握数控机床常用低压电器的定义及分类。

（2）掌握数控机床常用电器的结构及基本特点。

（3）掌握数控机床常用电器的主要性能参数。

【技能目标】

（1）能现场识别各种数控机床电气元器件。

（2）会运用数控机床电器的基本知识分析数控机床电气元器件的组成及各部分的功用。

（3）能根据数控机床电器的设计要求，完成相关部分的电气元器件的设计选型。

【任务描述】

通过对常用数控机床电器的基础知识介绍，帮助学生正确识别常见数控机床电气元器件的类型，了解其组成部分，掌握电气机构及工作特点。

【知识链接】

随着控制技术的不断发展，数控机床的配电系统容量不断扩大，其机床电器的额定容量等级也有相应提高的趋势。由于现代微电子技术在数控机床电器中的广泛应用，数控机床电器正朝着无触点、长寿命、高可靠及智能化的方向发展。

由于广泛应用于数控机床电气控制系统的主要电气元器件都属于低压电器的范畴，因此，有必要重点掌握各种低压电器的基础知识。掌握数控机床电器的结构和工作原理，不但有利于机床电器及控制系统的故障分析，而且也是掌握和学好数控机床电气控制技术的重要基础。

（一）电器的定义和分类

电器是用于接通和断开电路或对电路和电气设备进行保护、控制和调节的电工器件。凡是用于交流电压1000V以下及直流电压1500V以下电路中的电器都被称为低压电器。作为数控机床电气系统重要组成部分的机床电器，其种类繁多，结构各异，用途广泛，功能多样，因而其分类方法也多种多样。下面是常用数控机床电器的分类方法。

1. 按其在电路中的作用来划分

(1) 控制类电器　控制类电器包括接触器、开关电器、控制继电器、主令电器等，其在电路中主要起控制、转换作用。

(2) 保护类电器　保护类电器包括熔断器、热继电器、过电流继电器、欠电压继电器、过电压继电器等，其在电路中主要起保护作用。

2. 按其控制的对象来划分

(1) 低压配电电器　低压配电电器包括刀开关、熔断器和断路器等，主要用于低压配电系统中，要求在系统发生故障的情况下动作准确、工作可靠，有足够的热稳定性和动稳定性。

(2) 低压控制电器　低压控制电器包括接触器、控制继电器、起动器、主令电器等，主要用于电气控制系统中，要求使用寿命长、工作可靠、维修方便。

3. 按其动作方式来划分

(1) 自动切换电器　电器在完成接通、分断或使电动机起动、反向以及停止等动作时，依靠其自身的参数变化或外来信号而自动进行动作，如接触器、继电器、熔断器等。

(2) 非自动切换电器　非自动切换电器即通过人力做功（用手或通过杠杆）直接扳动或旋转操作手柄来完成切换的电器，如刀开关、转换开关、控制按钮等。

我国机床低压电器产品主要有以下几大类别：断路器、熔断器、刀开关、转换开关、接触器、控制继电器、起动器、控制器、主令电器、电阻器、变阻器、电磁铁等。

常用机床低压电器的主要用途见表2-1。

表2-1　常用机床低压电器的用途

分类	名称	主要产品	用途
低压配电电器	断路器	万能式空气断路器、塑料外壳式断路器、限流断路器、直流快速断路器、灭弧断路器、剩余电流断路器	用于交直流电路的过载、短路或欠电压保护、不频繁通断操作电路；灭弧式断路器用于发电机励磁保护；剩余电流断路器用于漏电保护
	熔断器	半封闭插入式、有填料螺旋式、有填料管式快速、有填料封闭式、保护半导体器件熔断器、无填料封闭管式	用于交直流电路和电气设备的短路、过载保护
	刀开关	熔断器式大电流刀开关、负荷开关转换	用于电路隔离，也可不频繁地接通和分断电流
	转换开关	组合开关、换向开关	主要用于两种及以上电源或负载的转换和电路功能切换；不频繁接通和分断额定电流
低压控制电器	接触器	交流接触器、直流接触器、真空接触器、半导体接触器	用于远距离频繁起动或控制交直流电动机及接通、分断正常工作的主要电路和控制电路
	控制继电器	电流继电器、电压继电器、中间继电器、时间继电器、热继电器、速度继电器	用于控制系统中，作控制或保护用
	起动器	电磁起动器、手动起动器、自耦变压器起动器、Y/△起动器	用于交流电动机起动
	控制器	凸轮控制器、平面控制器	用于电动机起动、换向和调速
	主令电器	控制按钮、行程开关、万能转换开关、主令控制器	用于接通或分断控制电路以及发布命令或用作程序控制
	电阻器	铁及合金电阻器	用于改变电路参数或变电能为热能
	变阻器	励磁变阻器、起动变阻器、频率变阻器	用于发电机调压及电动机起动和调速
	电磁铁	起重电磁铁、牵引电磁铁、制动电磁铁	用于起重操纵或牵引机械装置、制动电动机

（二）数控机床电器的结构与基本特点

数控机床电器广泛应用于数控机床的电气控制系统中，虽然在结构上种类繁多，但从电器各组成部分的作用上来区分，一般可分为三个基本组成部分，即感受部分、执行部分和灭弧机构。

1. 感受部分

感受部分用来感受外界信号并根据外界信号作出特定的反应或动作。不同低压电器的感受部分结构不同，对于手动电器来说，操作手柄就是感受部分；而对于电磁式电器而言，感受部分一般是指电磁机构。

电磁机构又称电磁铁，作用是将电磁能转换成机械能，带动触点动作使之闭合或断开，从而实现电路的接通或分断。

电磁机构由吸引线圈、铁心、衔铁等几部分组成，常见的三种结构形式如图 2-1 所示。

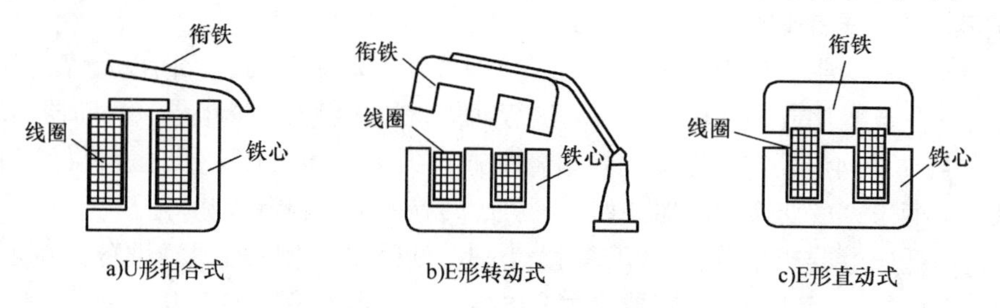

图 2-1 电磁机构的结构形式

电磁铁的工作原理是：当线圈通入电流后，产生磁场，磁通经铁心、衔铁和工作气隙形成闭合回路，产生电磁吸力，将衔铁吸向铁心。与此同时，衔铁还要受到复位弹簧的反作用力，只有电磁吸力大于弹簧反力时，衔铁才能可靠地被铁心吸住。

按通入吸引线圈的电流种类的不同可分为直流线圈和交流线圈，与之对应的有直流电磁机构和交流电磁机构。对于直流电磁机构，因其铁心不发热，只有线圈发热，所以通常直流电磁机构的铁心用整块钢材制成，而且它的激磁线圈高而薄，且不设线圈骨架，使线圈与铁心直接接触，这样的结构易于散热。对于交流电磁机构，由于其铁心存在磁滞和涡流损耗，这样铁心和线圈都发热，所以通常交流电磁机构的铁心用硅钢片叠铆而成，而且它的激磁线圈短而厚，其中设有骨架，使铁心与线圈隔离，这样的结构有利于铁心和线圈的散热。

当线圈中通以交流电流时，在铁心中产生的磁通也是交变的，这样对衔铁的吸力就时大时小，有时为零。在弹簧反力的作用下，衔铁有被释放的趋势，造成其振动，同时产生噪声。为了避免这种情况的发生，常常在交流电磁铁的铁心上装设短路环，如图 2-2 所示。这样 就使铁心磁通和环中产生的磁通不会同时为零，仍然将衔铁吸住。

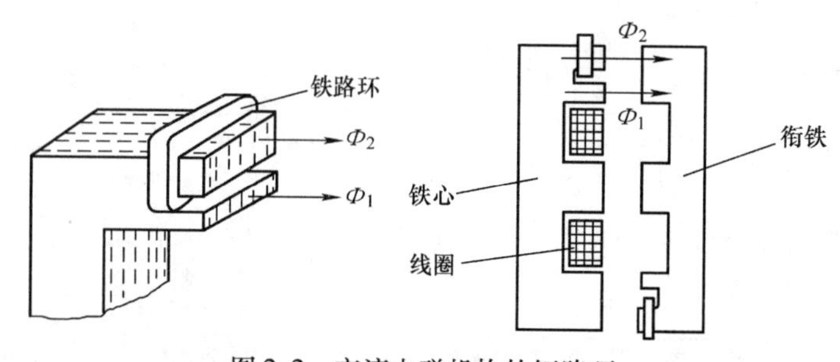

图 2-2 交流电磁机构的短路环

2. 执行部分

执行部分根据感受机构的指令，对电路进行“通断”操作。对电路实行“通断”控制的工作一般由触点来完成，所以执行部分一般是指电器的触点。

触点的结构形式很多，按其所控制的电路可分为主触点和辅助触点。主触点用于接通或断开主电路，允许通过较大的电流；辅助触点用于接通或断开控制电路，只能通过较小的电流。触点按其原始状态可分为常开触点和常闭触点：原始状态时（即线圈未通电）断开，线圈通电后闭合的触点称常开触点；原始状态闭合，线圈通电后断开的触点称常闭触点。

触点按其接触形式可分为点接触、线接触和面接触三种，如图2-3所示。触点的三种接触形式中，点接触形式只能用于小电流的电器中，如接触器的辅助触点和继电器的触点；面接触形式允许通过较大的电流，一般在其接触面上镶有合金，以减小触点的接触电阻，提高耐磨性，容量较大的接触器的主触点多用这类触点；线接触形式触点的接触区域是一条直线，触点在通断过程中波动动作，从而保证了触点的良好接触，这种接触多用于中等容量的触点，如一般接触器的主触点。

在常用的继电器和接触器中，主要有桥形触点和指形触点两种结构，如图2-4所示。桥形触点一般为点接触和面接触形式；指形触点一般为线接触形式。为了使触点接触得更加紧密，以减小接触电阻，消除接触时产生的振动，常常在触点上装有接触弹簧，弹簧对触点产生压力，压力越大，触点闭合的程度越大。

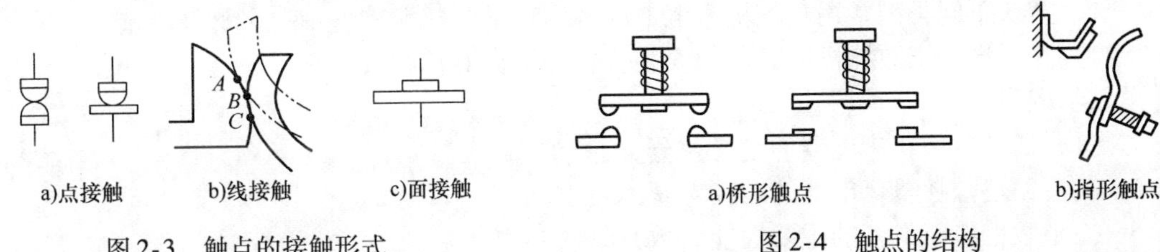

a)点接触　b)线接触　c)面接触

图2-3　触点的接触形式

a)桥形触点　b)指形触点

图2-4　触点的结构

3. 灭弧机构

当触点断开大电流的瞬间，触点间距离极小，电场强度较大，触点间产生大量的带电粒子，形成炽热的电子流，产生弧光放电现象，称为电弧。电压越高，电流越大，电弧功率也越大；弧区温度越高，游离程度越大，电弧也越强。电弧的出现，既妨碍电路的正常分断，又会使触点受到严重灼伤，对电流的通断和触点的使用寿命都有极大的影响，为此必须采取有效的措施进行灭弧，以保证电路和电器工作的安全可靠。

用于熄灭电弧的机构称为灭弧机构。要使电弧熄灭，应设法降低电弧的温度和电场强度。常用的灭弧装置有灭弧罩、灭弧栅和磁吹灭弧装置等。

（三）数控机床电器的主要性能参数

数控机床电器要可靠地接通和分断数控机床控制电路，而不同的控制电路工作在不同的电压或电流等级、不同的通断频率及不同性质的负载下，因此，对电器提出了各种不同的技术要求。为了正确、可靠、经济地使用电器，就必须要有一套用于衡量电器性能优劣的技术指标。

数控机床电器主要的技术参数有额定绝缘电压、额定工作电压、额定发热电流、额定工作电流、通断能力、电寿命和机械寿命等。

（1）额定绝缘电压　额定绝缘电压是指电器所能承受的最高工作电压。它是由个各电器的结构、材料、耐压等诸多因素决定的电压值。

（2）额定工作电压　额定工作电压是指在规定条件下，能保证电器正常工作的电压值，通常指主触点的额定电压。有电磁机构的电器还规定了吸引线圈的额定电压。

（3）额定发热电流　在规定条件下，电器长时间工作，各部分的温度不超过极限值时所能承受的最大电流值。

（4）额定工作电流　额定工作电流是指电器在规定的使用条件下，能保证其正常工作的电流值。规定的使用条件是指电压等级、电网频率、工作制、使用类别等在某一规定的参数下。同一电器在不同的使用条件下，有着不同的额定工作电流。

（5）通断能力　通断能力是指电器在规定的使用条件下，能可靠地接通和分断的最大电流。通断能力与电器的额定电压、负载性质、灭弧方法等有着很大的关系。

（6）电寿命　电寿命是指机床电器在规定条件下，在不需要维修或更换器件时带负载操作的次数。

（7）机械寿命　机械寿命是指电器在不需维修或更换器件时所能承受的空载操作的次数。

此外，机床电器还有线圈的额定参数、辅助触点的额定参数等技术指标。

【技能训练】

（1）实训地点：电工技术实训中心及实习工厂。

（2）实训内容：

1）辨认不同类型常用数控机床电器的各组成部分，明确各部分名称及功能。

2）在现场找出数控机床电器的安装位置并识读其铭牌数据。

【总结与提高】

（1）简述数控机床电器的定义及分类。

（2）简述数控机床电器的结构及基本特点。

（3）数控机床电器的主要性能参数有哪些？

任务 2.2　数控机床常用电器的分类与使用

【知识目标】

（1）掌握数控机床常用电器的分类及功能。

（2）掌握数控机床电器的结构及工作原理。

（3）掌握数控机床电器的主要使用原则。

【技能目标】

（1）能现场识别各种不同类型的数控机床电器。

（2）会分析数控机床电器的组成及各部分的功用。

（3）能根据数控机床的设计要求，完成相关电器部分的安装与调试。

【任务描述】

通过对常用数控机床电器基础知识的介绍，帮助学生正确识别常见数控机床电器的类型，了解其组成部分，掌握其电气结构、工作特点及安装调试方法。

【知识链接】

（一）开关电器

各种开关电器是机床电器中结构最简单、应用最广泛的手动配电电器。常用开关电器主要有刀开关、转换开关和万能开关等，它们的作用是在电源切断后，将电路与电源明显地隔离，以保证检修人员的安全。

1. 刀开关

刀开关俗称闸刀开关，适用于不频繁地通断容量较小的低压电路，也常用作低压电源的隔离开关。

刀开关的典型结构如图2-5所示。它是由操作手柄、静插座、触刀和绝缘底板组成的。推动手柄使触刀紧紧插入到静插座中，电路就会被接通。

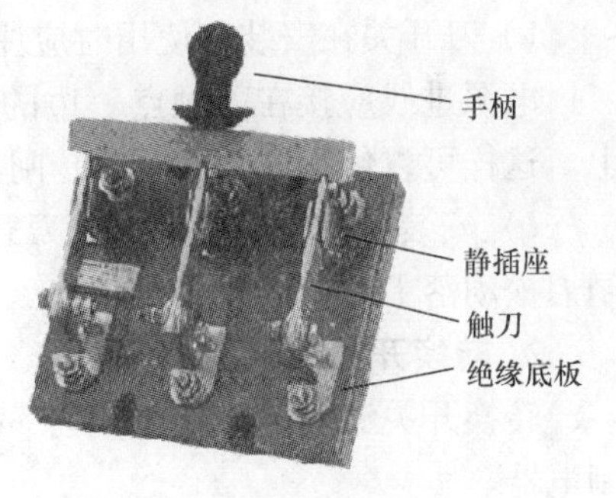

图2-5　刀开关结构简图

刀开关的种类很多，按刀的极数可分为单极、双极与三极；按刀的转换方向可分为单掷和双掷；按灭弧装置可分为带灭弧罩和不带灭弧罩；按操作方式可分为直接手柄操作式和远距离连杆操纵式；按接线方式可分为板前接线式和板后接线式。

数控机床电气控制系统中可能见到的刀开关是开启式刀开关，适用于交流50Hz、额定电压至380V（直流至220V）、额定电流至1500A的机床成套配电装置中，用于不频繁地手动接通和分断交、直流电器或作隔离开关用。

开启式刀开关可分为HD系列单掷和HS系列双掷开关。其中HD/HS11系列中央手柄式的单掷和双掷刀开关主要用于电源部分，用于切断电源，作为隔离开关之用；HD/HS12系列侧方正面杠杆操作机构式刀开关主要用于正面操作、前面维护的配电柜中，操作机构可以在柜的两侧安装；HD/HS13系列中央正面杠杆操作机构式刀开关主要用于正面操作、后面维护的配电柜中，操作机构装在正前方；HD/HS14系列侧面操作手柄式刀开关主要用于电源动力箱中。

装有灭弧室的刀开关可以切断电流负荷，其他系列刀开关只作电气隔离之用。刀开关的文字及图形符号如图2-6a、b所示。

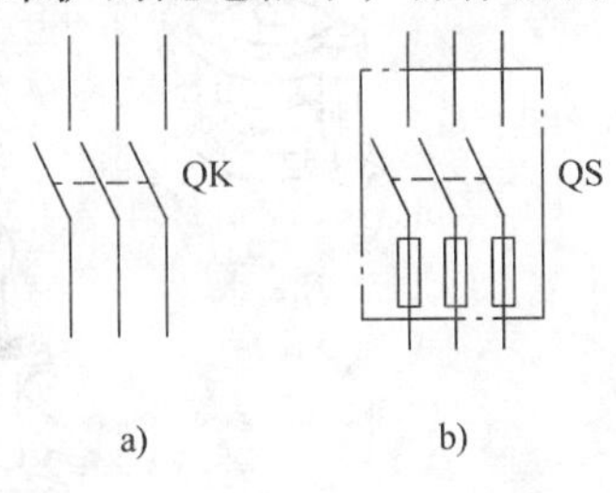

图2-6　刀开关

开启式刀开关的型号含义如下所示。

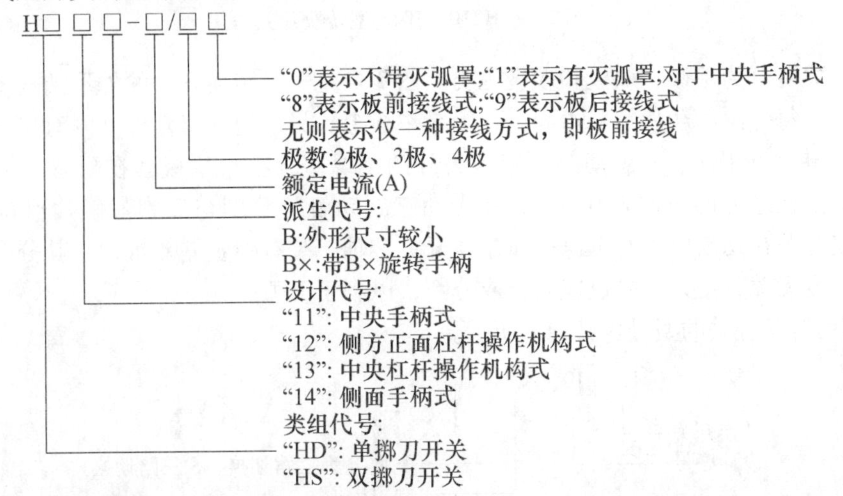

部分无灭弧装置的刀开关易被电弧烧坏，因此不适合带负载接通或分断电路。在拉闸与

合闸时动作要果断迅速，以利于迅速灭弧，减少触刀和触点的灼损。常用的开启式刀开关有HD11 系列至 HD14 系列和 HS11 系列至 HS13 系列，HK1、HK2 系列是胶盖开关。

1）刀开关在安装和使用时应注意以下事项：

电源进线应接在静触点一边的进线端上，用电设备或负载应接在动触点一边的出线端上。这样可以使得开关断开时，闸刀和熔丝均不带电，以保证更换熔丝时的人身安全。

2）安装刀开关时，应保证刀开关在合闸状态下手柄向上，绝不能倒装或平装，以防止闸刀松动落下时造成误合闸。

2. 转换开关

转换开关又称组合开关，是一种具有多操作位置和触点、能转换多个电路的一种手动控制电器。

图 2-7 所示为 HZ10－10/3 型转换开关的外形、结构与原理示意图。它实际上是一种由多节触点组合而成的刀开关，与普通刀开关不同之处是转换开关用动触片代替闸刀，操作手柄在平行于安装面的平面内向左或向右转动。

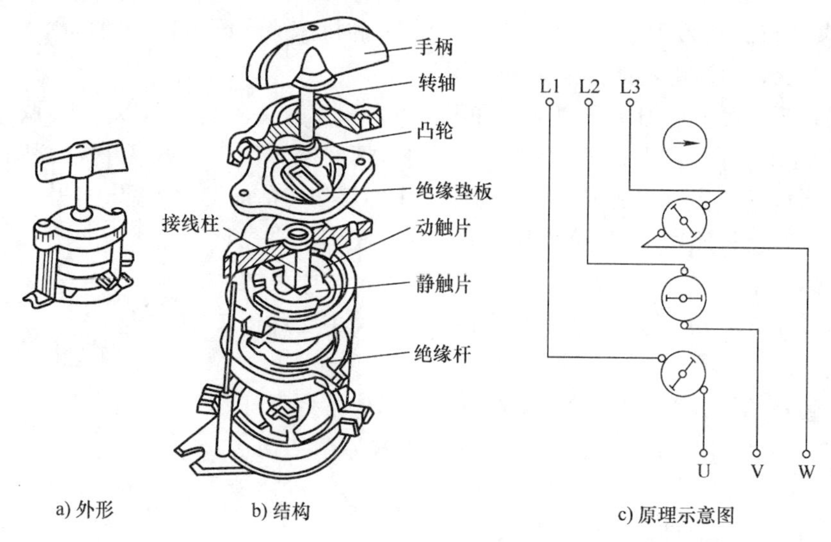

图 2-7 HZ10－10/3 型转换开关

转换开关可分为单极、双极和多极三类。图 2-7 是三极转换开关的外形结构图，它具有三副静触片，每一副静触片的一边固定在绝缘垫板上，另一边伸出盒外并附有接线柱，以便和电源及用电设备相连。三副动触片装在另外的绝缘垫板上，垫板套在附有手柄的绝缘杆上。手柄能沿任意方向每次转动 90°，并带动三副动触片分别与三副静触片保持接通或分断。为了使开关在切断电流时迅速灭弧，在开关转轴上装有弹簧储能机构，其分合速度与手柄的旋转速度无关，使开关能快速闭合或分断，以利于灭弧。

HZ 系列转换开关的型号含义如下所示。

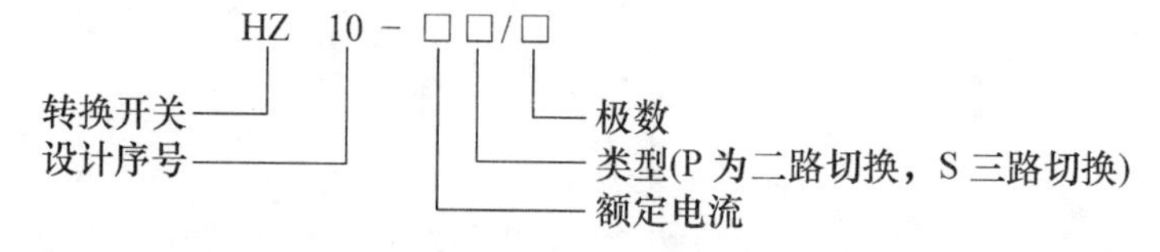

转换开关的主要参数有额定电压、额定电流、极数等。额定电流有10A、25A、60A、100A等级别。转换开关常用的产品有HZ10、HZ15系列。转换开关的文字和图形符号以及通断表如图2-8所示。

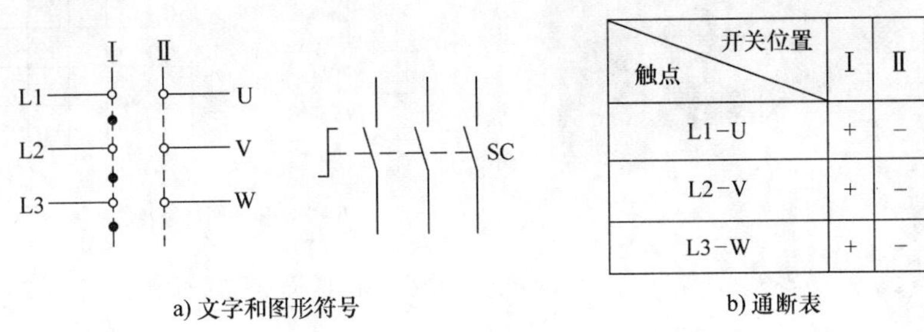

触点 \ 开关位置	Ⅰ	Ⅱ
L1-U	+	-
L2-V	+	-
L3-W	+	-

a) 文字和图形符号　　b) 通断表

图2-8　转换开关的文字和图形符号以及通断表

图2-8a中虚线表示操作位置，若在其相应触点下涂黑圆点，即表示该触点在此操作位置是接通的，没有涂黑圆点则表示断开状态。另一种方法是用通断状态表来表示，如图2-8b所示，表中以“+”（或“×”）表示触点闭合，以“-”（或无记号）表示分断。

常用的转换开关有HZ10、HZ15等系列。由德国西门子公司引进生产的有3ST、3LB系列。表2-2为HZ10系列转换开关额定电压和额定电流的数据。

表2-2　HZ10系列转换开关额定电压和额定电流

型号	极数	额定电流/A	额定电压/V		380V时可控制的电动机功率/kW
HZ10-10	2，3	6，10	直流220	交流380	1
HZ10-25	2，3	25			3.3
HZ10-60	2，3	60			5.5
HZ10-100	2，3	100			—

转换开关的特点是结构紧凑，体积较小，在机床电气控制系统中多用作电源开关。转换开关一般不用于带负载接通或断开电源，而是用于在起动前空载接通电源，或在应急、检修和长时间停用时空载断开电源。

转换开关也可用于5.5kW以下小容量电动机的起停和正反转控制，以及机床照明电路中的开关控制。转换开关应根据电源种类、电压等级、所需触点数和额定电流来进行选用。

3. 万能转换开关

万能转换开关是一种多档式且能对电路进行多种转换的电器，它用于各种控制电路的转换、电气测量仪表的转换以及配电设备的远距离控制，也可用作小容量电动机的起动、制动、调速和换向控制。

万能转换开关由凸轮机构、触点系统和定位装置等部分组成。它依靠操作手柄带动转轴和凸轮转动，使触点动作或复位，从而按预定的顺序接通与分断电路，同时由定位机构确保其动作的准确可靠。操作时，手柄带动转轴和凸轮一起旋转，当手柄转到不同的位置时，可使每层的各触点按预先设置的规律接通或断开，因而这种开关可以组成多种接线方案。万能转换开关的外形、文字和图形符号以及通断表如图2-9所示。

触点号	I	0	II
1	×	×	
2		×	×
3	×	×	
4		×	×
5		×	×

a) 外形　　b) 文字和图形符号及通断表

图 2-9　万能转换开关的外形、文字和图形符号以及通断表

目前，国内常用万能转换开关有 LW5、LW6 等系列。

LW5 系列转换开关的型号含义如下所示。

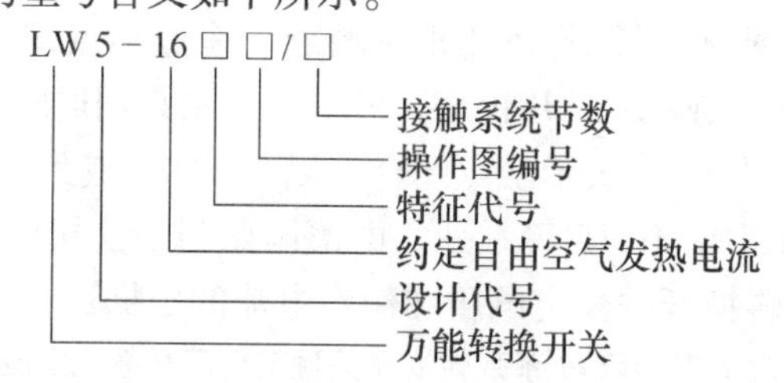

4. 低压断路器

低压断路器或自动空气断路器，俗称自动开关。在正常工作时，它作为接通和断开电路的开关电器；在不正常工作时，它可用来对主电路进行过载、短路和欠电压保护，自动断开电路。它既能手动操作又有自动功能，使交、直流电路内的电气设备免受短路、过载或欠电压等不正常情况的危害。

低压断路器种类繁多，按用途分有保护电动机用断路器、保护配电电路用断路器和保护照明电路用断路器；按结构分有框架式和塑壳式断路器；按极数分有单极、双极、三级和四极断路器。

低压断路器的功能相当于熔断器式开关与欠电压继电器、热继电器等的组合，而且具有保护、动作后不需要更换元件、动作电流可按需要整定、工作可靠、安装方便和分断能力较强等优点，因此，在各种电路和机床设备中得到广泛应用。

（1）低压断路器的工作原理　尽管各种断路器形式各异，但其基本结构和动作原理都相同。它主要由触点系统、灭弧装置、操作机构和各种可供选择的保护装置（各种脱扣器）等几部分组成。

图 2-10 所示为断路器的工作原理及文字和图形符号。断路器的主触点靠操作机构进行合闸与分闸的操作（图中未画出）。一般容量的断路器采用手动操作，较大容量的断路器往往采用电动操作。合闸后，主触点被钩子锁在闭合位置。

断路器的保护装置有以下几种。

1）过电流脱扣器（电磁脱扣器）　当流过断路器的电流在整定值以内时，过电流脱扣器线圈所产生的吸力不足以吸动衔铁。当发生短路故障时，短路电流超过整定值时，强磁场的吸力克服弹簧的拉力拉动衔铁顶开钩子，使开关跳闸。过电流脱扣器起到熔断器的作用。

2）失电压脱扣器　失电压脱扣器的工作过程与过电流脱扣器恰恰相反。当电源电压在

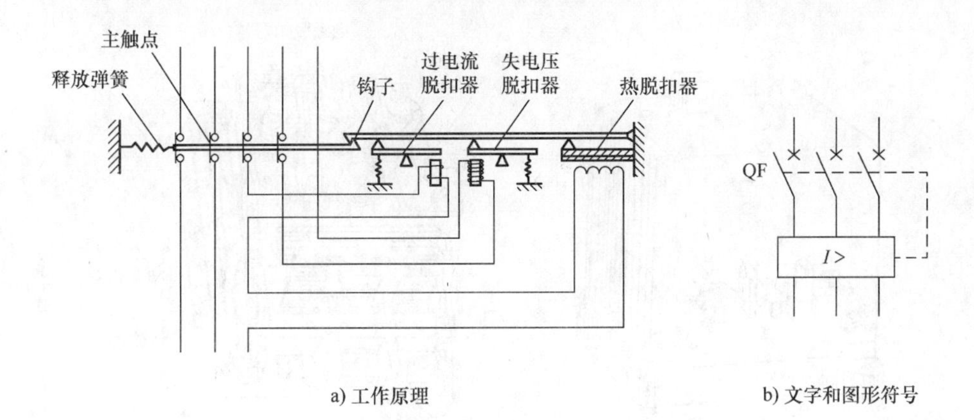

图2-10　断路器工作原理及文字和图形符号

额定值时，失电压脱扣器线圈产生的吸力足以将衔铁吸合，使开关保持合闸状态。当电源电压下降到低于整定值或降为零时，在弹簧作用下衔铁被释放，顶开钩子而切断电源。

3）热脱扣器　当电路过载时，热脱扣器的热元件产生的热量增加，使双金属片向上弯曲，推动自由脱扣器动作。热脱扣器的作用和基本原理与后面介绍的热继电器相同。

4）分励脱扣器　分励脱扣器（图中未画出）用于远距离操作。在正常工作时，其线圈是断电的。在需要远距离操作时，使线圈通电，电磁铁带动机械机构动作，使断路器跳闸。

5）复式脱扣器　同时具有过电流脱扣器和热脱扣器功能的脱扣器，称为复式脱扣器。

并不是每个断路器都具有上述的五种脱扣器，在使用时要根据安装空间和具体使用场合的不同来选择。

（2）低压断路器的类型　机床电路中常用的断路器有以下几类。

1）塑壳式（又名装置式）断路器　塑壳式断路器是把所有的部件都装在同一个塑料外壳内。它具有良好的保护性能，安全可靠，轻巧美观，适用于交流50Hz且交流电压500V以内或直流电压220V的电路中，在机床行业中被广泛地用于配电装置和电气控制设备之中。

常用的塑壳式断路器有DZ5和DZ10等系列产品。DZ5系列为小电流系列，其额定电流为10～50A。图2-11所示为DZ5－20型断路器的外形和结构图。该断路器的结构为立体布置，操作机构居中，有红色分闸按钮和绿色合闸按钮伸出壳外，上、下分别装有电磁脱扣器和热脱扣器，主触点系统在后部。该产品内还有一对常开（动合）和一对常闭（动断）辅助触点，可作为信号指示或电路控制用。DZ10系列为大电流系列，其额定电流等级有100A、250A和600A三种，分断能力为7～50kA。它的结构特点是：具有封闭的塑料外壳；绝缘底座及盖采用热固性塑料压制而成，具有良好的绝缘性能；触点采用银基粉末合金，在通过大电流时一般不会产生熔焊现象。机床电气系统中常用250A以下等级的断路器，作为电气控制柜的电源总开关，通常将它装在控制柜的内侧，将操作手柄伸出外面，露出“分”与“合”的字样。

断路器的触点系统和灭弧装置与后面介绍的接触器的相同。

塑壳式断路器的保护形式一般有过电流（电磁）脱扣式、热脱扣式、复式和无脱扣式四种。无脱扣式保护与一般开关的作用相同。

2）剩余电流断路器　剩余电流断路器一般由断路器和漏电继电器组合而成，除了能起

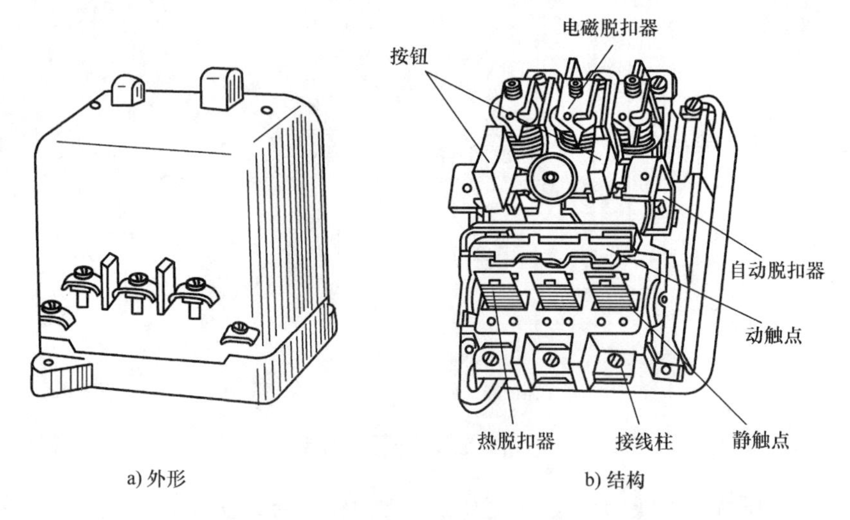

图 2-11　DZ5－20 型断路器的外形和结构图

到一般断路器的作用外，还能在出现漏电或人身触电时迅速地自动断开电路，以保护人身及设备的安全。

剩余电流断路器有电流动作型和电压动作型。电流动作型又分为电磁式和晶体管式。

电磁式电流动作型剩余电流断路器的结构原理如图 2-12 所示。它是在一般的断路器中增加一个能检测漏电流的感受元件——零序电流互感器和漏电脱扣器而构成的。

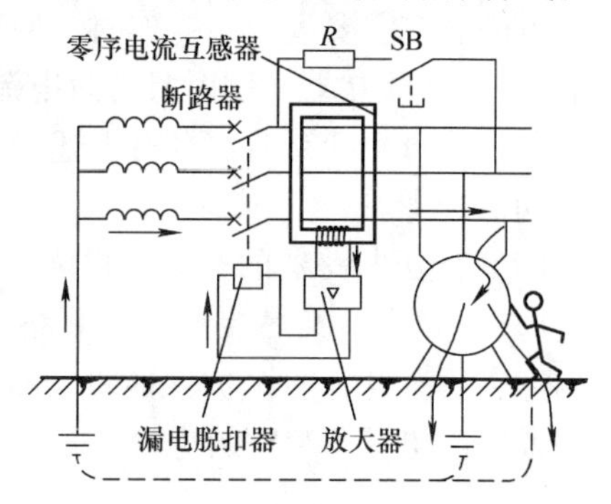

图 2-12　电磁式电流动作型剩余电流断路器结构原理

零序电流互感器是一个环形封闭铁心，其一次绕组就是各相的主导线，二次绕组与漏电脱扣器相接。正常工作时，一次侧三相绕组电流的相量和为零，零序互感器没有输出。当出现漏电或人身触电时，三相电流的相量和不为零而出现零序电流，互感器就有输出，经过放大器放大后，使得漏电脱扣器得电，引起开关动作，切断主电路，从而保障了人身安全。

为了经常检验剩余电流断路器的可靠性，开关上设有试验按钮，按下按钮 SB，如开关断开，证明该开关的保护功能良好。

应该说明，三相剩余电流断路器若用于三相四线制单相负载电路时，必须从零序电流互感器的磁环内补穿一根中性线，否则剩余电流断路器不能合闸。

剩余电流断路器的型号很多，主要有 DZ5－20L 和 DZ15L 系列。其中 DZ15L 是一种新产品，是在 DZ15 系列断路器的基础上增加漏电保护部分而成。

3）微型断路器　C45N 系列微型断路器是广泛用于机床照明、配电系统（C 型）或电动机的配电电路（D 型）的高分断微型断路器。该断路器外形美观小巧、重量轻，性能优良可靠，分断能力强，脱扣迅速，导轨式安装，壳体和部件采用高阻燃及耐冲击塑料，使用寿命长，主要用于交流 50Hz，单极 240V，二、三、四极 415V 电路的过载、短路保护，同时也可以在正常情况下不频繁地通断电器装置和照明电路。其外形如图 2-13 所示。

图2-13　微型断路器

（3）低压断路器的选择和维护　以DZ5系列断路器为例，其型号的含义如下。

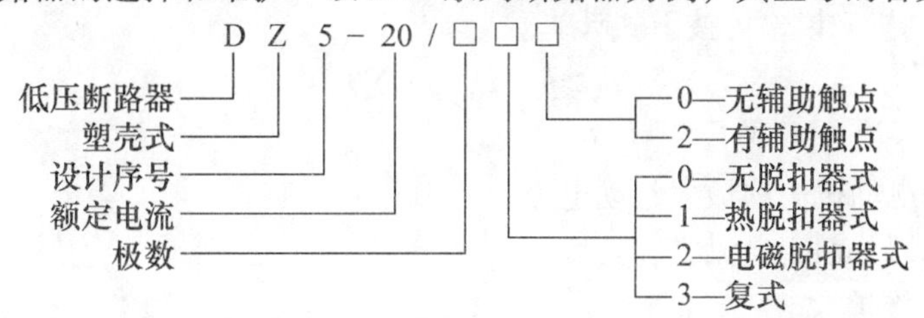

1）技术数据　塑壳式断路器有DZ4、DZ5、DZ10、DZ15、DZ20等系列，DZ20是更新换代产品。DZ5－20型断路器的技术数据如表2-3所示。

表2-3　DZ5－20型断路器技术数据

<table>
<tr><th>型　号</th><th>额定电压/V</th><th>主触点额定电流/A</th><th>极数</th><th>脱扣器形式</th><th>热脱扣器额定电流及调节范围/A</th><th>电磁脱扣器瞬时动作整定值/A</th></tr>
<tr><td>DZ5－20/330
DZ5－20/230</td><td rowspan="4">交流380
直流220</td><td rowspan="4">20</td><td>3
2</td><td>复式</td><td rowspan="4">0.15（0.10～0.15）
0.20（0.15～0.20）
0.30（0.20～0.30）
0.45（0.30～0.45）
0.65（0.45～0.65）
1（0.65～1）
1.5（1～1.5）
2（1.5～2）
3（2～3）
4.5（3～4.5）
6.5（4.5～6.5）
10（6.5～10）
15（10～15）
20（15～20）</td><td rowspan="4">为热脱扣器额定电流的8～12倍（出厂时整定于10倍）</td></tr>
<tr><td>DZ5－20/320
DZ5－20/220</td><td>3
2</td><td>电磁式</td></tr>
<tr><td>DZ5－20/310
DZ5－20/210</td><td>3
2</td><td>热脱扣器式</td></tr>
<tr><td>DZ5－20/300
DZ5－20/200</td><td>3
2</td><td>无脱扣器式</td></tr>
</table>

断路器的主要技术参数有：额定电压、额定电流、极数、脱扣器类型及其整定电流范

围、通断能力、分断时间等。通断能力是指在一定实验条件下，断路器能够接通和分断的最大电流值；分断时间是指断路器从断开到燃弧结束为止的时间间隔。

2）断路器的选择方法　低压断路器常用做电动机的过载与短路保护，其选用原则如下。

① 电压、电流的选择　断路器的额定电压和额定电流应不小于电路的额定电压和最大工作电流。

② 脱扣器整定电流的计算　热脱扣器的整定电流应与所控制负载（例如电动机等）的额定电流一致。

电磁脱扣器的瞬时脱扣整定电流应大于负载电路正常工作时的最大电流。

对于单台电动机来说，DZ 系列断路器电磁脱扣器的瞬时脱扣整定电流 I_Z 可按下式来计算

$$I_Z \geqslant kI_{st} \tag{2-1}$$

式中　k——安全系数，可取 1.5～1.7；

I_{st}——电动机的起动电流。

对于多台电动机来说，可按下式计算

$$I_Z \geqslant k\left(I_{smax} + \sum I_N\right) \tag{2-2}$$

式中　k——安全系数，可取 1.5～1.7；

I_{smax}——几台电动机中的最大起动电流；

$\sum I_N$——其他部分额定电流之和。

3）断路器的维护

① 使用前应将脱扣器电磁铁工作面的防锈油脂抹去，以免影响电磁机构的动作。

② 在使用约 1/4 机械寿命时，转动机构部分应加润滑油（小容量的塑壳式不需要）。

③ 定期清除断路器上的灰尘，保持绝缘良好。

④ 灭弧室在分断短路电流或较长时期使用后，应及时清除其内壁和栅片上的金属颗粒和黑烟。

⑤ 断路器的触点在使用一定次数后，如果表面有毛刺或颗粒等应及时清理和修整，以保证接触良好。

⑥ 应定期检查各脱扣器的整定值。

（二）接触器

接触器是用来频繁接通和切断电动机或其他负载主电路的一种自动切换电器，在机床电气控制系统中应用广泛。

接触器种类较多，按其主触点通过电流的性质，可分为交流接触器和直流接触器；按其主触点的极数（即主触点的个数）来分，则直流接触器有单极和双极两种，交流接触器有三极、四极和五极三种。机床电气控制系统中以交流接触器应用最为广泛。

1. 交流接触器

（1）交流接触器的结构　交流接触器常用于远距离接通和分断交流 50Hz（或 60Hz），额定电压至 660V，电流 10～630A 的交流电路或交流电动机。

交流接触器主要由触点系统、电磁机构和灭弧装置等部分组成，如图 2-14 所示。

1）触点系统　接触器的触点用来接通和断开电路。触点分为主触点和辅助触点两种。

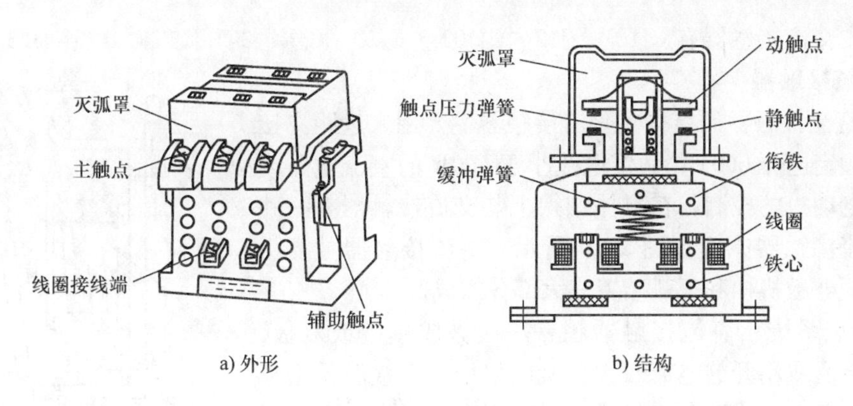

图2-14　交流接触器

主触点用来通断电流较大的主电路，一般由接触面较大的常开触点（指当接触器线圈未通电时处于断开状态的触点）组成；辅助触点用来通断电流较小的控制电路，由常开触点和常闭触点（指当接触器线圈未通电时处于接通状态的触点）成对组成。

2）电磁机构　电磁机构的作用是用来操纵触点的闭合和分断，它由铁心、线圈和衔铁三部分组成。

3）灭弧装置　交流接触器的触点在分断大电流时，通常会在动、静触点之间产生很强的电弧。电弧的产生，一方面会烧伤触点，另一方面会使电路的切断时间延长，甚至会引起其他事故。因此，灭弧是接触器必须要采取的措施。一般采用的灭弧方法有双断口触点灭弧、电动力灭弧和灭弧栅灭弧等。

4）其他部分　交流接触器还包括底座、缓冲弹簧、触点压力弹簧、传动机构和接线柱等。

（2）交流接触器的工作原理及表示符号　当线圈通入交流电后，线圈电流产生磁场，使铁心产生电磁吸力，使衔铁带动动桥向下运动，使常闭触点断开，常开触点闭合。当线圈断电时，电磁吸力消失，衔铁在反力弹簧的作用下，回到原始位置使触点复位。接触器的符号如图2-15所示。

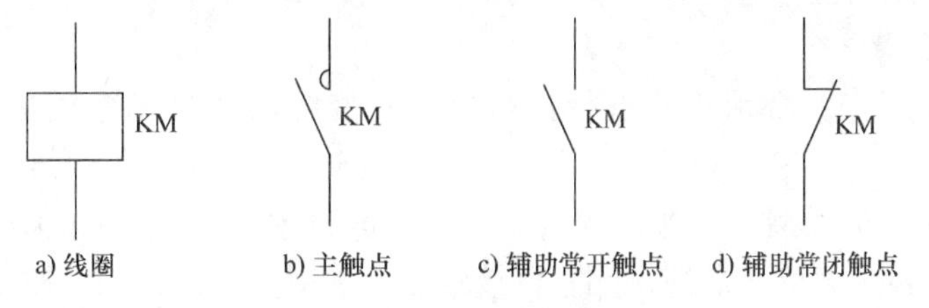

图2-15　接触器的符号

（3）交流接触器的型号　交流接触器型号的含义如下。

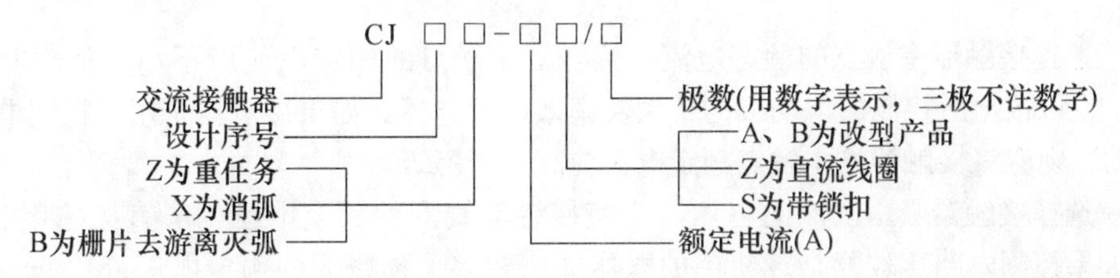

常用的交流接触器有 CJ10、CJ12、CJ10X、CJ20、CJX、3TB、3TF、LC－D15 等系列。

2. 直流接触器

（1）直流接触器的结构　直流接触器主要用来远距离接通与分断额定电压 660V、额定电流小于 600A 的直流电路或用于直流电动机的控制，在具体结构上与交流接触器有一些差别。直流接触器原理如图 2-16 所示。直流接触器主要由触点系统、电磁机构和灭弧装置三大部分组成。

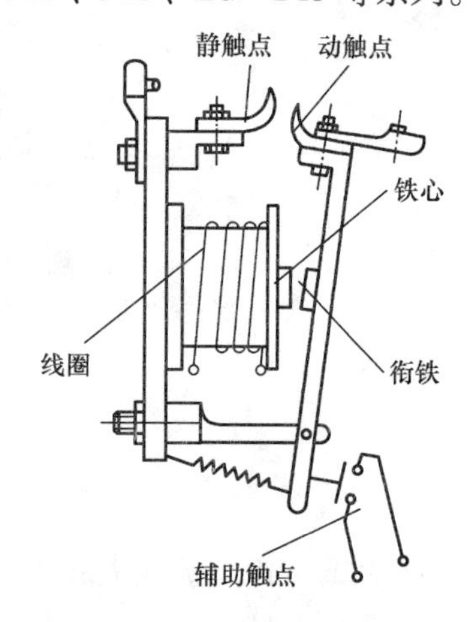

图 2-16　直流接触器原理

1）触点系统　直流接触器触点一般做成单极或双极，由于触点接通或断开的电流较大，所以采用滚动接触的指形触点。辅助触点的通断电流较小，常采用点接触的双断点桥式触点。

2）电磁机构　直流接触器电磁机构也是由铁心、线圈和衔铁等组成的。由于线圈中通入的是直流电，铁心中不会产生铁损耗，也不会发热，所以铁心可用整块铸铁或铸钢制成，更不需要安装短路环。由于接触器线圈的匝数多、电阻大、发热量较大，为了使线圈散热良好，通常将线圈绕制成长而薄的圆筒形状。

3）灭弧装置　直流接触器的主触点在分断较大直流电流时，往往会产生强烈的电弧，容易烧伤触点和延时断电。为了迅速灭弧，直流接触器一般采用磁吹式灭弧装置。它是通过电磁感应作用引导电弧向远离触点方向运动，使电弧被迅速拉长，并被吹进灭弧罩，把热量散发给灭弧罩，促使电弧很快熄灭。

（2）直流接触器的型号和技术参数　直流接触器型号的含义如下。

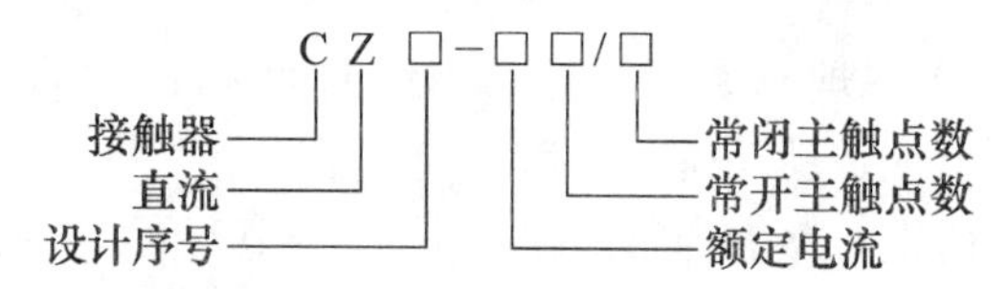

直流接触器常用的型号有 CZ0、CZ18 等系列。

3. 接触器的选择

为了保证正常工作，必须正确选择接触器，使接触器的技术参数满足被控制电路的要求。

（1）选择接触器的类型　接触器的类型应根据电路中负载电流的种类来选择。交流负载应选用交流接触器，直流负载应选用直流接触器。选用交流接触器来控制直流负载时，触点的额定电流应选得大一些。

（2）选择接触器主触点的额定电压　接触器主触点的额定电压应大于或等于负载的额定电压。

（3）选择接触器主触点的额定电流　接触器主触点的额定电流应不小于负载电路的额定电流，也可根据所控制的电动机的最大功率来进行选择。如果接触器是用来控制电动机的频繁起动，则应将接触器的主触点额定电流提高一个等级。

（4）选择接触器吸引线圈的电压　交流接触器线圈的额定电压一般直接选用 380V 或 220V。如果控制电路比较复杂，使用的电器又比较多，则线圈的额定电压可选低一些，这时需要有控制变压器。

直流接触器线圈的额定电压可以和直流控制电路的电压相一致。

4. 接触器的使用和维修

（1）安装前的检查

1）检查接触器铭牌与线圈的技术数据是否符合控制电路的要求。接触器的额定电压、主触点的额定电流、线圈的额定电压及操作频率等均要符合产品说明书或电路上的要求。

2）检查接触器的外观，应无机械损伤。各活动部分要动作灵活，无卡滞现象。

3）新近购置或搁置已久的接触器，要把铁心上的防锈油擦干净，以免油污的粘性影响接触器的释放。铁锈也要洗去。

4）检查接触器在85%额定电压时能否正常动作，在失电压或欠电压时能否释放。

5）检测接触器的绝缘电阻。

（2）安装注意事项

1）一般应安装在垂直的平面上，倾斜度不超过5°。注意要留有适当的飞弧空间，以免烧坏相邻电器。

2）安装孔的螺钉应装有弹簧垫圈和平垫圈，并拧紧螺钉以防松脱或振动。注意不要有零件落入电器内部。

（3）日常维护

1）定期检查接触器的元件：观察螺钉有没有松动，可动部分是不是灵活。对有故障的元件应及时处理。

2）当触点表面因电弧烧蚀有金属颗粒时，应及时清除。但银触点表面的黑色氧化银的导电能力很好，不要挫去，挫掉会缩短触点的寿命。当触点磨损到只剩1/3时，则应更换。

3）灭弧罩一般较脆，拆装时应注意不要碰碎。接触器运行中，不允许将灭弧罩去掉，因为这样容易发生电流短路。

（三）主令电器

主令电器是用来接通和分断控制电路以发布命令或信号、改变控制系统工作状态的电器，它广泛应用于各种控制电路中。主令电器的种类繁多，主要有控制按钮、行程开关、接近开关、主令控制器和脚踏开关等。

1. 控制按钮

控制按钮是一种手动操作且一般可以自动复位的主令电器，适用于交流电压500V或直流电压400V、电流不大于5A的电路中。一般情况下控制按钮不用来直接操纵主电路的通断而是在控制电路中发出“指令”，通过控制接触器、继电器等自动电器，来完成主电路的通断。控制按钮也用于电气控制电路的联锁。

（1）控制按钮的基本结构　控制按钮根据触点结构的不同，分为常闭按钮、常开按钮和复合按钮。图2-17、图2-18所示为复合按钮的结构与文字和图形符号。按钮一般由按钮帽、复位弹簧、桥式动触点、静触点和外壳等组成。当按钮未按下时，常闭触点是闭合的，常开触点是断开的；当按钮按下时，常闭触点断开，常开触点闭合；按钮放开后按钮自动复位，常开触点断开而常闭触点闭合。

按钮在结构上还分为按钮式、自锁式、紧急式、钥匙式、旋钮式和保护式等。有些按钮还带有指示灯，可根据使用场合和具体用途来选用。如按钮式带有常开触点，手指按下按钮帽，常开触点闭合；手指松开，常开触点复位。

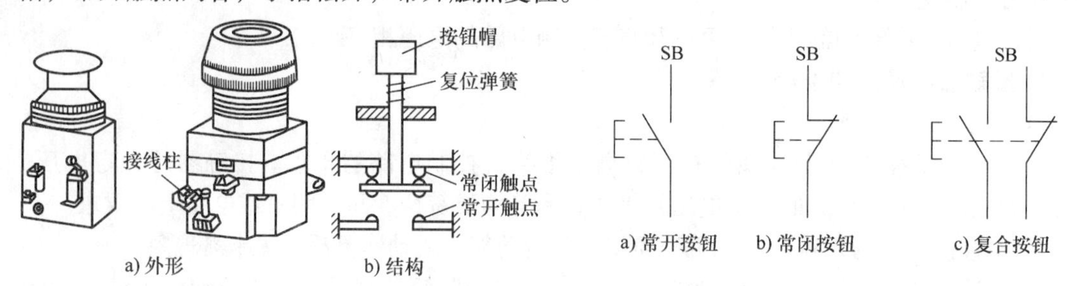

图 2-17　复合按钮结构　　　图 2-18　按钮的文字和图形符号

为便于识别各个按钮的作用，避免误操作，通常将按钮帽做成不同颜色以示区别，其颜色有红、绿、黄、蓝、白等。红色表示停止按钮，绿色表示起动按钮等。

（2）按钮的型号含义　按钮型号的含义如下。

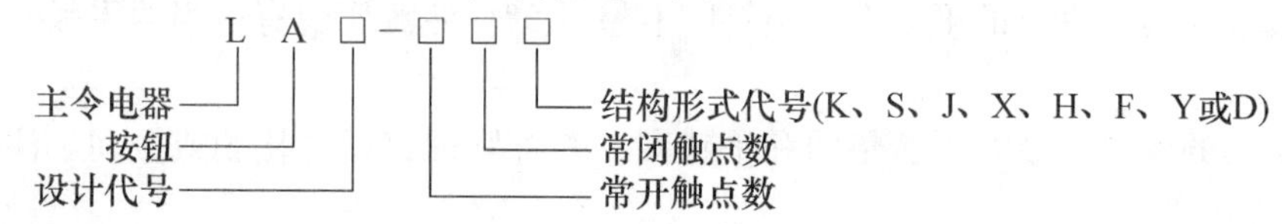

其中结构形式代号的意义为：

K——开启式，未加保护。

S——防水式，带密封的外壳，可防止雨水侵入。

J——紧急式，有突出在外的红色大蘑菇钮头，在紧急时能方便地触动钮头，切断电源。

X——旋钮式，用旋钮旋转进行操作，有通断两个位置。

H——保护式，带保护外壳，可以防止内部的零件受机械损伤或人偶然触及带电部分。

F——防腐式，能防止腐蚀性气体的侵入。

Y——钥匙式，用钥匙插入旋钮进行操作，可防止误操作或供专人操作。

D——带灯按钮，按钮内装有信号灯，除用于发布操作命令外，也用作信号指示。

常用的按钮产品有 LAY3、LAY6、LA20、LA25、LA38、LAl01、NP1 等系列。按钮的主要参数有外观形式及安装孔尺寸、触点数量及触点的电流容量等，在各产品说明书中都有详细的说明。

（3）按钮的选择与应用　按钮的选择主要根据使用场合、触点数和颜色等来确定。更换按钮时应注意：“停止”按钮必须是红色的，“急停”按钮必须用红色蘑菇按钮，“起动”按钮是绿色的。按钮必须有金属的防护挡圈，且挡圈必须高于按钮帽，这样可以防止意外触动按钮帽时产生误动作。安装按钮的按钮板和按钮盒必须是金属的，并与总接地线相连，悬挂式按钮应有专用接地线。

2. 行程开关

行程开关又称位置开关或限位开关，它的作用是将机械位移转变为触点的动作信号，以控制机械设备的运动。与控制按钮不同，它不用手按，而是利用生产机械的某些运动部件的碰撞使触点动作来控制电路。

（1）行程开关的基本结构　行程开关的种类很多，但其结构基本相同，都是由触点部分、操作部分和反力系统组成。根据操作部分运动特点的不同，行程开关可分为直动式、微动式和滚轮式三种类型；根据其复位方式可分为自动复位式和非自动复位式；根据其触点性质可分为触点式和无触点式。

图2-19所示为几种常见行程开关的结构示意图。

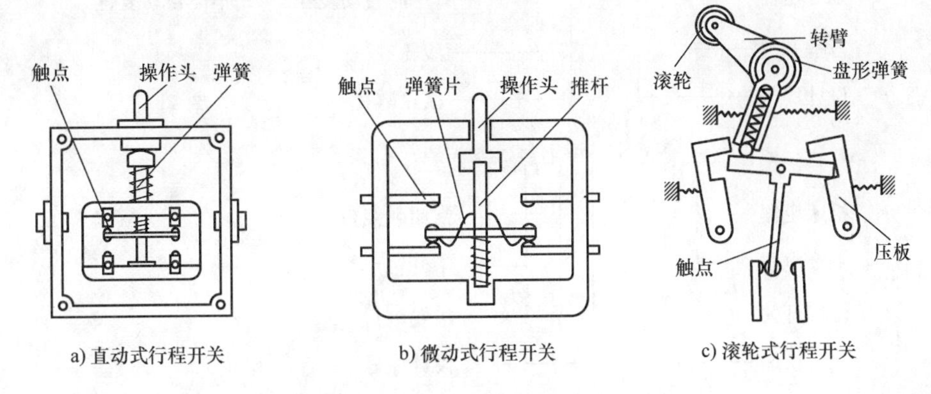

图2-19　行程开关示意图

1）直动式行程开关　直动式行程开关的结构如图2-19a所示。这种行程开关依靠运动部件上的挡铁来碰撞行程开关的推杆，特点是结构简单、成本低，但触点的运行速度要取决于挡铁移动的速度。若挡铁移动速度太慢，则触点就不能瞬时切断电路，会使电弧或电火花在触点上滞留时间过长，易使触点损坏。这种开关不适合用于移动速度小于0.4m/min的场合。

2）微动式行程开关　微动式行程开关的结构如图2-19b所示。这种开关具有弯片式弹簧瞬动机构，动作时推杆被压下，弹簧变形，储存能量；当到达临界点位置时，弹簧连同动触点产生瞬时跳跃，实现电路的切换。它的特点是有储能动作机构，触点动作灵敏、速度快并与挡铁的运行速度无关；缺点是触点电流容量小、操作头的行程短，使用时操作头部分容易损坏。

3）滚轮式行程开关　滚轮式行程开关的结构如图2-19c所示。这种开关通过左右推动滚轮，带动小滚轮及压板快速移动，从而使动触点迅速地与右边的静触点断开，并与左边的静触点闭合。这种开关具有触点电流大、动作迅速，操作头动作行程大等特点，主要用于低速运行的机械。

行程开关一般都具有快速换接动作机构，使触点瞬时动作，这样可以保证动作的可靠性和行程控制的位置精度，还可减少电弧对触点的灼烧。

行程开关还有许多不同的形式，一般都是在直动式或微动式行程开关的基础上加装不同的操作头构成。

（2）行程开关的表示符号和型号含义

1）文字符号　行程开关的符号如图2-20所示。

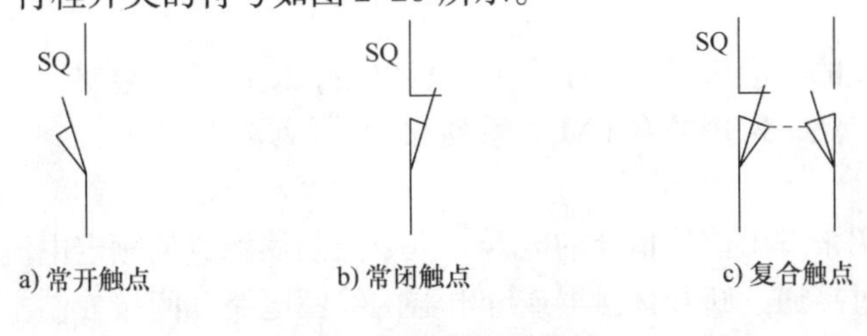

图2-20　行程开关符号

2）型号含义 常用的行程开关有 LX19 和 JLXK1 等系列。行程开关型号的含义如下。

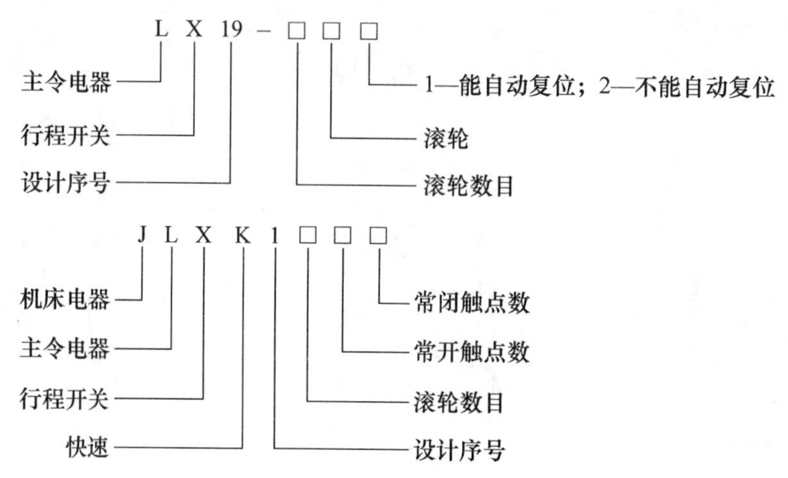

（3）行程开关的维护与保养 在使用中，有些行程开关经常动作，所以安装的螺钉容易松动而造成控制失灵。有时由于灰尘或油类进入开关而引起动作不灵活，甚至接不通电路。因此，应对行程开关进行定期检查，除去油垢及粉尘，清理触点，经常检查动作是否可靠，及时排除故障。

3. 接近开关

接近开关又称无触点行程开关，它除可以完成行程控制和限位保护外，还是一种非接触型的检测装置，常用来检测零件的尺寸或测速等。也可用于变频计数器、变频脉冲发生器、液面控制和加工程序的自动衔接等，接近开关具有工作可靠、寿命长、功耗低、重复定位精度高、操作频率高以及适应恶劣的工作环境等特点。常用的接近开关有电感式和电容式两种。

图 2-21 所示为电感式接近开关的工作原理图。电感式接近开关由一个高频振荡器和一个整形放大器组成，振荡器振荡后，在开关的检测面产生交变磁场。当金属体接近检测面时。金属体产生涡流，吸收了振荡器的能量，使振荡减弱以致停振。“振荡”和“停振”这两种状态由整形放大器转换成“高”和“低”两种不同的电平，从而起到“开”和“关”的控制作用。目前常用的电感式接近开关有 LJ1、LJ2 等系列。

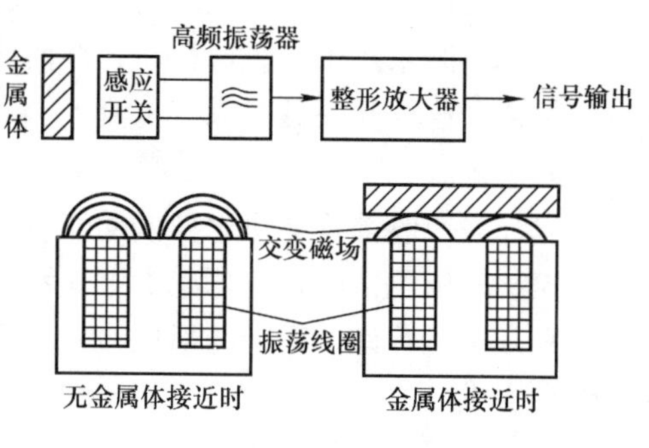

图 2-21 电感式接近开关的工作原理图

电容式接近开关的感应头只是一个圆形平板电极，既能检测金属，又能检测非金属及液体，因而应用十分广泛，常用的有 LXJ15 系列和 TC 系列。

4. 主令控制器

主令控制器是用来发出信号指令的电器。主令控制器触点的额定电流较小，不能直接控制主电路，而是经过接通、断开接触器或继电器的线圈电路，间接控制主电路。

图 2-22 所示为主令控制器的外形图及结构原理图。手柄通过带动轴上凸轮的转动来操

作触点的断开与闭合。

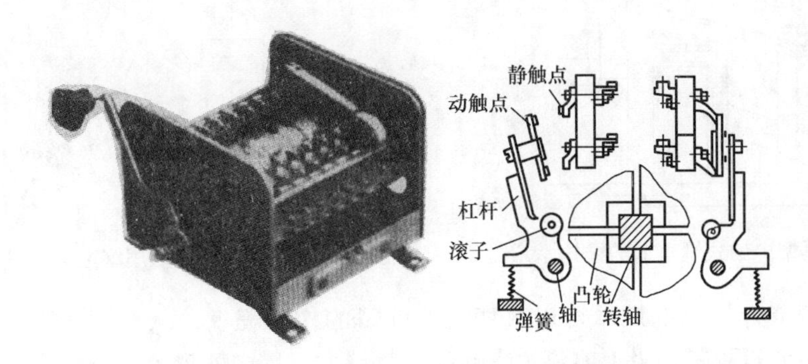

图2-22 主令控制器的外形图及结构原理图

目前，常用的主令控制器有 LK14、LK15、LK16 系列。机床上用到的“+”字形转换开关也属主令控制器，这种开关一般用于多电动机拖动或需多重联锁的控制系统中。

（四）继电器

继电器是一种根据外界输入信号（电信号或非电信号）来控制电路接通或断开的一种自动电器，主要用于控制自动化装置、电路保护或信号切换，是现代机床自动控制系统中最基础的电器之一。由于触点通过的电流较小，所以继电器没有灭弧装置。

继电器一般由感测机构、中间机构和执行机构三个基本部分组成。感测机构把感测到的电信号或非电信号传递给中间机构，将它与整定值进行比较，当达到整定值，中间机构便使执行机构动作，从而接通或断开电路。如果减弱输入信号，则继电器只在输入减弱到一定程度时才动作，返回起始位置，输出信号回零。这一特性称为继电特性。这里，使继电器开始动作的输入量值（动作值）、使继电器恢复原状态的输入最大量值（返回值）、触点的额定电压与电流（触点额定量值）、继电器由一种状态变至另一种状态的时间（动作时间）是继电器的主要技术参数。它们既表征继电器工作过程的性能，又是选用继电器的依据。

继电器的种类和形式很多。按用途可分为控制继电器和保护继电器；按动作原理可分为电磁式继电器、感应式继电器、热继电器、机械式继电器、电动式继电器和电子式继电器等；按感测的参数可分为电流继电器、电压继电器、时间继电器、速度继电器和压力继电器等；按动作时间可分为瞬时继电器和延时继电器。

1. 电磁式通用继电器

电磁式通用继电器是电气控制设备中用得最多的一种继电器。通过更换不同性质的线圈，可以制成电压继电器、电流继电器、中间继电器和时间继电器等。典型电磁式继电器的结构如图2-23所示。磁系统的铁心和铁扼为一整体，减少了非工作气隙；衔铁制成板状，绕轴转动。线圈不通电时，衔铁靠反力弹簧作用而打开。衔铁上垫有非磁性垫片。这种继电器的线圈有交流和直流两种，直流的继电器再加装阻尼套筒后可以构成电磁式时间继电器。通用继电器的符号如图2-24所示。

电磁式通用继电器的衔铁开始吸合时吸引线圈的电流（或电压）称为吸上电流（或电压）；开始释放时的电流（或电压）称为释放电流（或电压）。释放电流（或电压）小于吸上电流（或电压）。电磁式继电器整定方法如下。

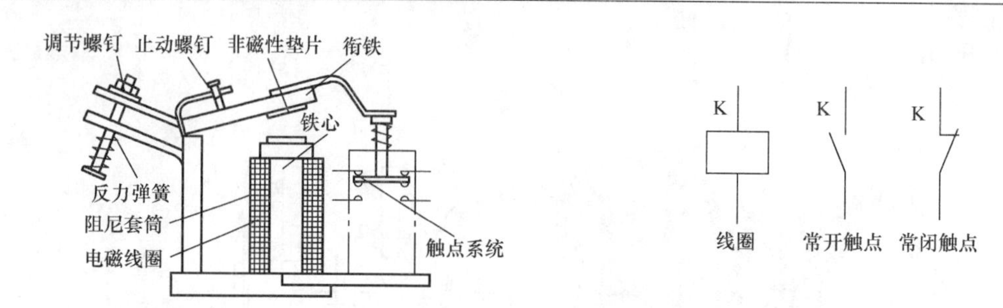

图 2-23 典型电磁式继电器的结构示意图

图 2-24 通用继电器的符号

1）调整调节螺钉上的螺母可以改变反力弹簧的松紧程度，从而调整吸上电流（或电压）。反力弹簧调得越紧，吸上电流（或电压）就越大，反之就越小。

2）调整止动螺钉可以改变初始气隙的大小，从而调整吸上电流（或电压）。气隙越大，吸上电流（或电压）就越大，反之就越小。

3）改变非磁性垫片的厚度可以调整释放电流（或电压）。非磁性垫片越厚，释放电流（或电压）越大，反之就越小。

常用电磁式通用继电器的型号如下。

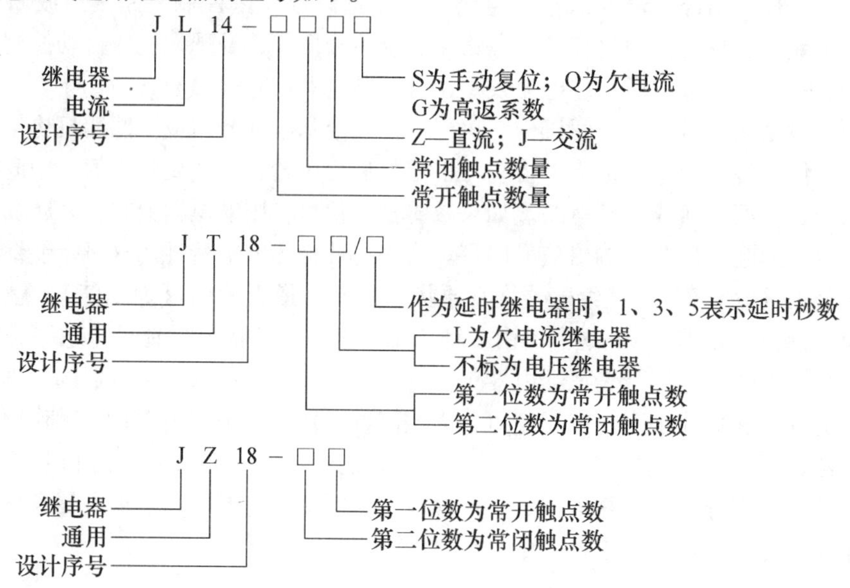

2. 中间继电器

中间继电器在结构上与电压继电器相同，只是触点没有主、辅之分，各对触点所允许通过的电流大小是相等的。它是在控制电路中传输或转换信号的一种电器。它输入的是线圈的通电或断电信号，输出的是触点的动作。它的触点数量较多，各触点的额定电流相同，一般为 5A。由于输入电信号时有较多的触点动作，所以中间继电器可以用来增加控制电路中信号的数量。由于它的触点额定电流比线圈大得多，所以也可以用来放大信号。

中间继电器的符号如图 2-25 所示。

KA KA KA

线圈 常开触点 常闭触点

图 2-25 中间继电器的符号

常用的中间继电器型号有JZ15、JZ14、JZ17（交、直流）及JZ7（交流）等。在选用中间继电器时，线圈的电压或电流应满足电路的要求；触点的数量与容量（即额定电压和额定电流）应满足被控制电路的要求；还要考虑电源是交流的还是直流的。

JZ7系列中间继电器的技术数据如表2-4所示。

表2-4　JZ7系列中间继电器的技术数据

型　号	触点额定电压/V	触点额定电流/V	触点数量		吸引线圈额定电压/V	额定操作频率/（次/h）
			常开	常闭		
JZ7-44 JZ7-62 JZ7-80	380	5	4 6 8	4 2 0	12，36，110，127，220，380	1200

3. 时间继电器

在机床的自动控制系统中，需要有瞬时动作的继电器，也需要有延时动作的继电器。时间继电器是在感受外界信号后，经过一段时间才执行触点延时动作的控制电器。时间继电器的种类很多，有电磁式、空气阻尼式、电动式和电子式等。

（1）电磁式时间继电器　电磁式时间继电器只能用于直流断电延时动作，一般在直流电气控制电路中应用较广。它的结构与电磁式继电器相同，主要是靠铁心柱上的金属阻尼套筒来实现延时。当线圈断电后，通过铁心中的磁通迅速减少，由于电磁感应，在阻尼套筒内产生感应电流。根据电磁感应定律，感应电流产生的磁场总是阻碍原磁场的减弱，使铁心继续吸持衔铁一小段时间，从而达到了延时的目的。

这种时间继电器延时时间的长短是靠改变铁心与衔铁间非磁性垫片的厚度（粗调）或改变反力弹簧的松紧（细调）来调节的。垫片厚则延时短，薄则延时长；弹簧紧则延时短，松则延时长。

电磁式时间继电器结构简单，价格低廉，但延时较短，一般可达0.2～10s。

常用的电磁式时间继电器的型号有JT18系列等。

（2）空气阻尼式时间继电器　空气阻尼式时间继电器是利用空气阻尼作用而达到延时目的的，它是应用最广泛的一种时间继电器。图2-26所示为通电延时型时间继电器的原理图。空气阻尼式时间继电器由电磁系统、触点系统、空气室及传动机构等部分组成。

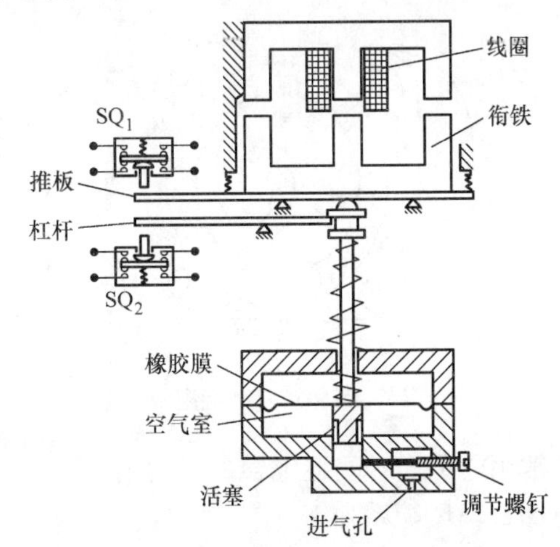

图2-26　通电延时型时间继电器原理图

空气阻尼式时间继电器有通电延时型与断电延时型两种。通电延时型时间继电器的线圈通电后要延长一段时间触点才动作；而线圈失电时，触点立即复位。它的动作过程是这样的：当线圈通电时，衔铁克服复位弹簧的阻力与固定铁心立即吸合，活塞杆使橡胶膜也向上运动，但受到进气孔进气速度的限制。这时橡胶膜下面形成空气稀薄的空间，与橡胶膜上面的空气形成压力差，对活塞的移动产生阻尼作用。空气由进气孔进入空气室，经过一段时间，活塞才能完成全部行程而压动微动开关 SQ_2，使常闭触点延时断开，常开触点延时闭合。旋动调节螺钉改变了进气孔的大小，能够调节延时时间的长短。微动开关 SQ_1 在衔铁吸合后，通过推板立即动作，使瞬时常闭触点瞬时断开，瞬时常开触点瞬时闭合。

当线圈断电时，衔铁释放，橡胶膜下方空气室的空气通过活塞肩部所形成的单向阀迅速排放，使 SQ_1、SQ_2 迅速复位。

通过改变电磁机构在继电器上的安装方向可以获得断电延时方式的时间继电器。

空气阻尼式时间继电器的结构简单，价格低廉，延时范围较大，一般可达 0.4 ~ 180s，但延时误差较大。

常用的空气阻尼式时间继电器有 JS7 – A、JS23 等系列。JS23 是更新换代产品。

（3）电动式时间继电器。电动式时间继电器主要由同步电动机、电磁离合器、减速齿轮、触点与延时调整机构等组成，其外形如图 2-27 所示。

电动式时间继电器具有如下特点。

1）因同步电动机的转速只与电源频率有关，不受电源电压波动和环境温度变化的影响，所以延时精度很高。

2）延时范围宽，可从几秒到几十小时。

3）缺点是结构复杂、价格高、寿命短。

常用的电动式时间继电器有 JS11、JS17 系列和引进产品 7PR 等系列。

（4）电子式时间继电器　电子式时间继电器体积小、机械结构简单、寿命长、精度高、可靠性强。随着电子技术的飞速发展，正在获得越来越广泛的应用。

例如 JS20 系列时间继电器采用的是插座式结构，所有元件均装在印制电路板上，用螺钉使之与插座紧固，再装上塑料壳组成本体部分，在罩壳顶面装有铭牌和整定电位器旋钮，并有动作指示灯。电子式时间继电器外形如图 2-28 所示。

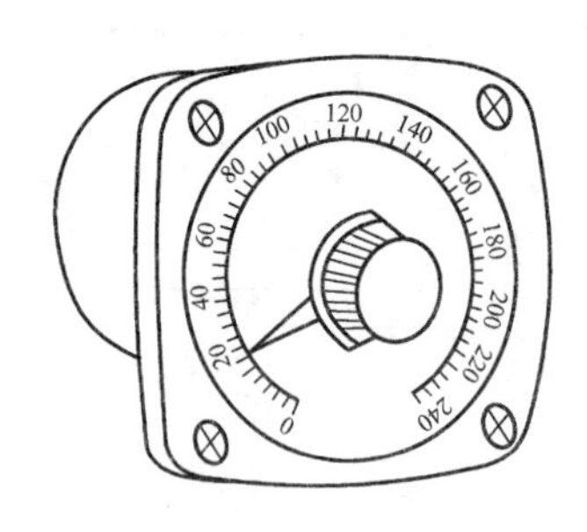

图 2-27　电动式时间继电器

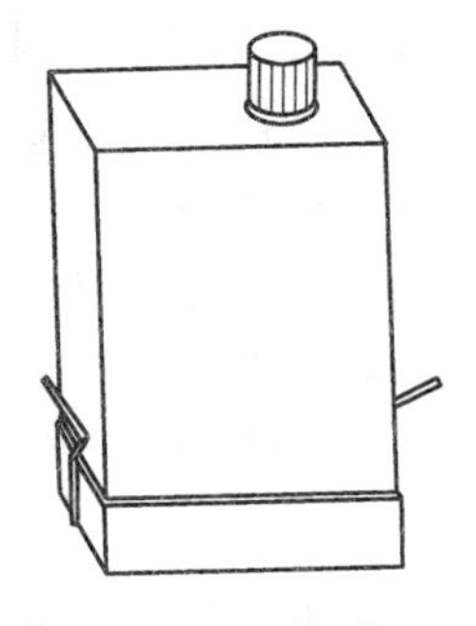

图 2-28　电子式时间继电器

常用电子式时间继电器的型号有 JS20、JS13、JS14、JS14P、JS15 等系列。引进产品有 ST、HH、AR 等系列。

（5）时间继电器的符号　时间继电器的符号如图 2-29 所示。在一般情况下，其电磁线圈可用通用线圈符号表示。

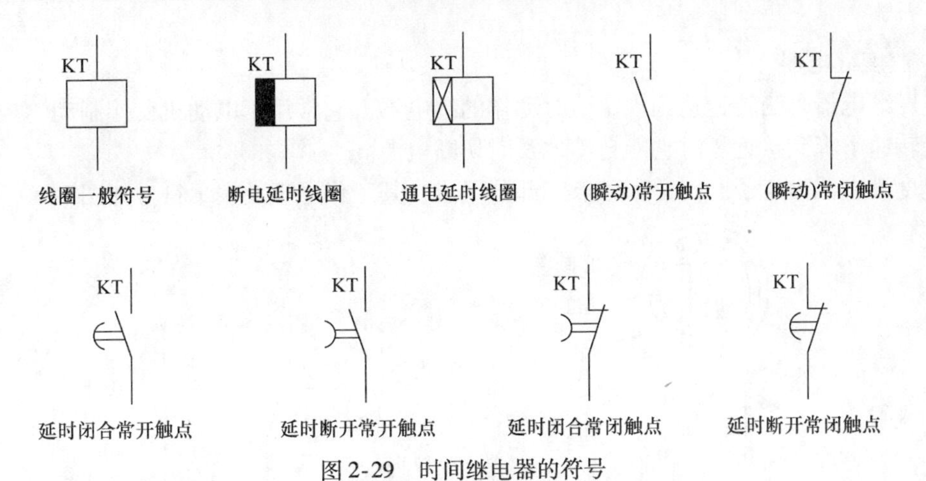

图2-29　时间继电器的符号

（6）时间继电器型号的含义　常用时间继电器型号的含义如下。

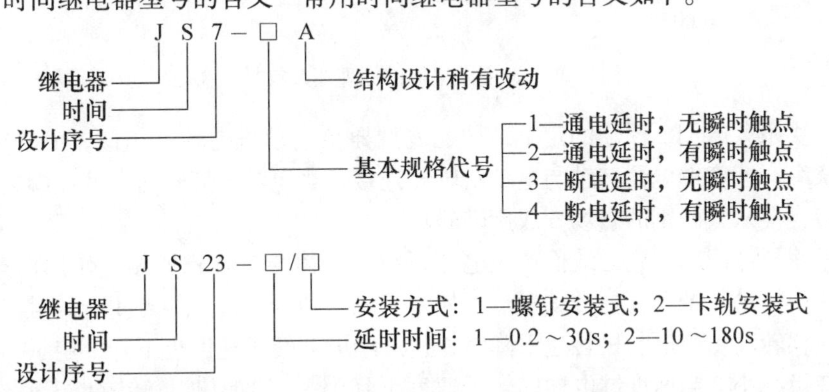

（7）时间继电器的选择

1）时间继电器的延时性质，即通电延时或断电延时的选择应满足控制电路的要求。

2）在要求不高的场合，宜采用价格低廉的JS7－A系列空气阻尼式时间继电器；在要求很高或延时很长的场合，可选用电动式时间继电器；一般情况可考虑选用晶体管式时间继电器。

3）根据控制电路电压等级来选择吸引线圈的额定电压。

常用的几种时间继电器技术数据的比较见表2-5。

表2-5　常用的几种时间继电器技术数据的比较

形式	型号	线圈电流	延时原理	延时范围	延时精度	延时方式	其他特点
空气式	JSD7－A JS23	交流	空气阻尼作用	0.4～180s	一般±（8%～15%）	通电延时断电延时	结构简单、价格低，适用于延时精度要求不高场合
电磁式	JT3 JT18	直流	电磁阻尼作用	0.3～16s	一般±10%	断电延时	结构简单、运行可靠、操作频率高，但应用较少
电动式	JS10 JS11	交流	机械延时原理	0.5s～72h	准确±1%	通电延时断电延时	结构复杂、价格高、操作频率低，适用于准确延时的场合
电子式	JSJ JS20	直流	电容充放电	0.1s～1h	准确±3%	通电延时断电延时	耐用、价格高、抗干扰性差、修理不便

4. 速度继电器

速度继电器是当转速达到规定值时动作的继电器。它常用于电动机反接制动的控制电路中，当转速下降到接近零时它能自动地及时切断电源。

速度继电器由定子、转子和触点三部分组成，其工作原理及表示符号如图 2-30 所示。

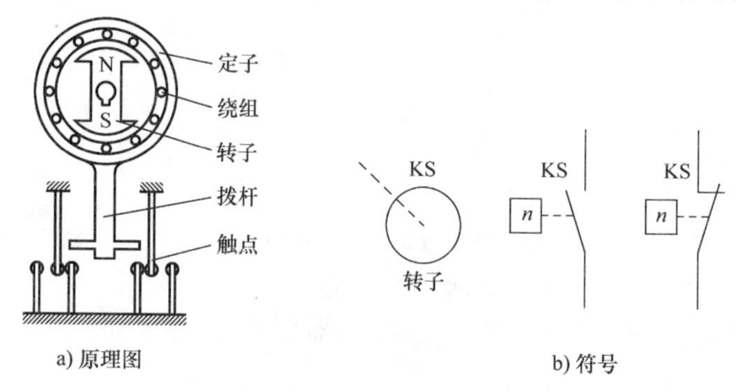

a) 原理图 b) 符号

图 2-30 速度继电器的原理图及符号

转子是一块永久磁钢，浮动的定子结构与笼型异步电动机的转子相似，由硅钢片叠成，并装有笼型绕组。速度继电器转轴与电动机轴相连接，当电动机旋转时，速度继电器的转子随着一起旋转，使永久磁钢的磁场变成旋转磁场。

定子内短路导体因切割磁力线而产生电流，载流导体与旋转磁场相互作用而产生转矩，使定子随着转子转动，带动杠杆推动触点，使常闭触点断开，常开触点闭合。触点系统的反力阻止定子继续转动。当电动机转速下降时，速度继电器转子速度也下降，定子导体内感应电流减小，转矩减小。当速度继电器的转子速度下降到一定数值时，转矩小于反作用力矩，定子便返回到原来位置，对应的触点就恢复到原来状态。

调节反力系统的反作用力大小，可以调节触点动作时所需转子的转速。

速度继电器有两对常开、常闭触点，分别对应于被控电动机的正、反转运行。速度继电器常用在机床的控制电路中，一般情况下，转速在 120r/min 以上时，速度继电器就能动作并完成其控制功能，在 100r/min 以下时触点恢复原状。

常用速度继电器型号的含义如下。

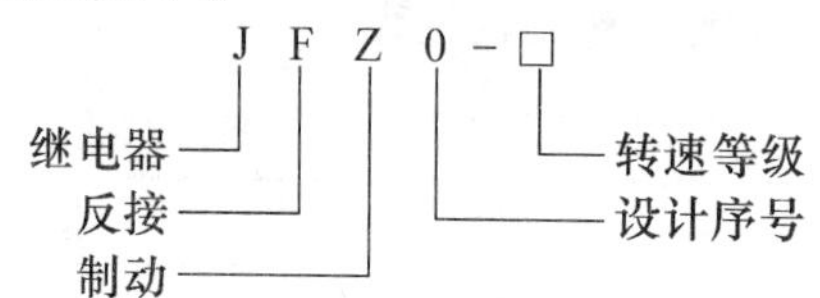

常用的速度继电器除 JFZ0 型，还有 JY1 型。JYl 系列能在 3000r/min 的转速下可靠工作。JFZ0 型触点动作速度不受定子柄偏转快慢的影响，触点改用微动开关。JFZ0 - 1 型适用于 300 ~ 1000r/min，JFZ0 - 2 型适用于 1000 ~ 3000r/min。

5. 压力继电器

压力继电器是将压力信号转变为电信号的转换元件，用于实现自动控制或安全保护等功能。压力继电器常用于机床的气动控制系统和多机床自动线中，或用于气路中做联锁装置，也可用在机床上的气动卡盘管道中。当压力低于整定值时，压力继电器使机床自动停车，以保证安全。

压力继电器的结构如图2-31所示。压力继电器一般由缓冲器、橡胶薄膜、顶杆、压缩弹簧、调节螺母和微动开关等组成。微动开关与顶杆的距离一般大于0.2mm。

压力继电器通常安装在气路、水路或油路的分支管路中。当管路压力超过整定值时，通过缓冲器、橡胶膜抬起顶杆，使微动开关动作；当管路压力低于整定值后，顶杆脱离微动开关，使触点复位。

常用的压力继电器有了YJ系列、TE52系列和YT-1226系列等。压力继电器的控制压力可通过放松或拧紧调整螺母改变。YJ系列压力继电器所接受的气信号压力较高，它利用气压信号变化来接通或断开电路，具有结构简单、膜片动作滞后小等优点，但位移较小。YJ系列压力继电器的技术数据见表2-6。

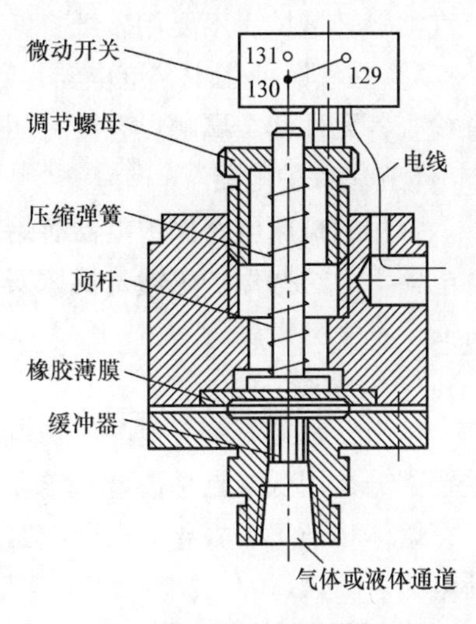

图2-31 压力继电器的结构

表2-6 YJ系列压力继电器的技术数据

型号	额定电压/V	长期工作电流/A	分断功率/(V·A)	控制压力/Pa	
				最大控制压力	最小控制压力
YJ-0	380（交流）	3	380	6.0795×10^5	2.0265×10^5
YJ-1				2.0265×10^5	1.01325×10^5

上述各种继电器在使用与维护时，还须注意以下事项。

（1）安装前的检查

1）根据控制电路的要求，检查继电器的铭牌数据是否符合要求。

2）检查继电器的可动部分是否灵活可靠。

3）除去部件的表面灰尘和油污。电磁继电器应抹掉铁心表面的防锈油。

4）由于中间继电器分断电流能力很差，因此，一般不要用它来代替接触器。

（2）安装注意事项

1）空气阻尼式时间继电器不要倒装或水平安装；不要在环境湿度大、温度高、粉尘大的场合使用，以免阻塞气道。

2）在更换小型继电器时，不要用力太猛以免损坏有机玻璃外罩，使触点离开原始位置。焊接接线底座时最好用松香等中性焊剂，以防止产生腐蚀或短路。

（3）维护

1）定期检查继电器各个零部件。要求可动部分灵活可动，紧固件无松动。损坏的零部件应及时更换或修理。

2）各继电器整定值的确定应该和现场的实际工作情况相适应，并通过对整定值的微调来实现。

3）对于重要设备，在各继电器动作之后，必须检查其原因，应采用手动复位；如果继电器的动作原因是设备过载，则宜采用自动复位。

4）在使用中应定期去除污垢和尘埃。如果继电器的金属触点出现锈斑，则可用棉布蘸上汽油轻轻揩拭，不要用砂纸打磨。

5）在实际使用中，继电器每年要通电校验一次。在设备经历过很大短路电流后，应注意检查各元件和金属触点有没有明显变形。若已明显变形，则应通电进行校验。

（五）保护电器

常用的机床电路保护电器有熔断器、热继电器、电动机智能保护器、电流继电器、电压继电器等。这些保护电器是机床安全生产的有力保障，掌握其结构和原理对于保证人身和设备安全都十分重要。

1. 熔断器

熔断器是最简单有效的保护电器，广泛应用于低压配电系统和各种控制系统。熔断器的主要部分是用低熔点金属丝或金属薄片制成的熔体，串联在被保护的电路中。在正常情况下，熔体相当于一根导线联通电路；当发生短路或过载时，电流很大，熔体因过热熔化而切断电路。

熔断器作为保护电器，具有结构简单、价格低廉、使用方便等优点，应用极为广泛。

（1）熔断器的结构　熔断器由熔体和绝缘底座组成。熔体为丝状或片状。熔体材料通常有两种：

1）由铅锡合金和锌等低熔点金属制成，因不易灭弧，多用于小电流的电路。

2）由银、铜等较高熔点的金属制成，易于灭弧，多用于大电流的电路。

当正常工作的时候，流过熔体的电流小于或等于它的额定电流 I_n，由于熔体发热的温度尚未达到熔体的熔点，所以熔体不会熔断，电路仍然保持接通；当流过熔体的电流达到（1.3～2）I_n 时，熔体缓慢熔断；当流过熔体的电流达到（8～10）I_n 时，熔体迅速熔断，I_n 越大，熔断越快。常用熔体的安秒特性如表2-7所示。表中 I_n 为熔体的额定电流，通常取 $2I_n$ 为熔断器的熔断电流，其熔断时间约为30～40s。因为熔断器对轻度过载反应比较迟钝，在具体的电路中一般只用作短路保护。

表2-7　常用熔体的安秒特性

通过熔体的负载电流/A	$1.25I_n$	$1.60I_n$	$1.80I_n$	$2.00I_n$	$2.50I_n$	$3.00I_n$	$4.00I_n$	$8.00I_n$
熔断时间/s	∞	3600	1200	40	8	4.5	2.5	1.0

（2）熔断器的主要参数

1）额定电压　额定电压是指保证熔断器能长期正常工作的电压。

2）额定电流　额定电流指保证熔断器能长期正常工作的电流，它的等级划分随熔断器结构形式而异。应该注意的是熔断器的额定电流应大于或等于所装熔体的额定电流，例如RL1-60熔断器额定电流为60A，内装熔体额定电流可为40A、50A或60A等。

3）极限分断电流　极限分断电流是指熔断器在额定电压下所能断开的最大短路电流。

（3）常用的低压熔断器

1）无填料式熔断器

① 无填料瓷插式熔断器　无填料瓷插式熔断器由瓷底座、瓷插件、动触点、静触点和熔体组成。瓷插件突出部分与瓷底座之间的间隙形成灭弧室。图2-32所示为RC1A瓷插式熔断器的结构及熔断器的符号（适用于所有熔断器）。熔断器额定电流在60A以上的灭弧室中还垫有帮助灭弧的编织石棉。

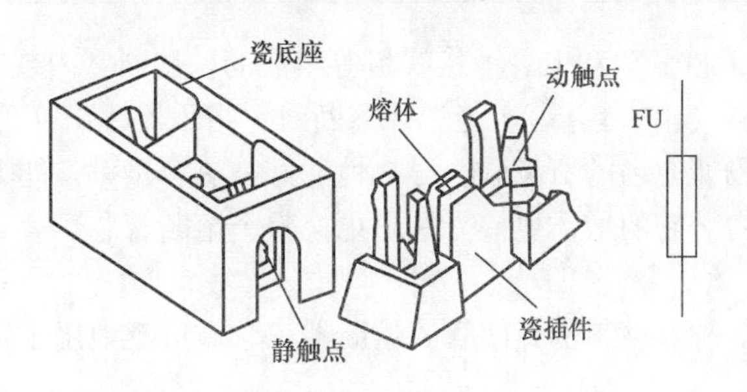

2-32　RC1A 瓷插式熔断器的结构及熔断器的符号

熔断器与被保护电路相连接，动触点间跨接着熔体。一般额定电流在 30A 以下的熔体用软铅丝；30～100A 的用铜丝；120～200A 的则用变截面冲制铜片。表 2-8 所示为 RC1A 系列熔断器的主要技术参数。

表 2-8　RC1A 系列熔断器主要技术参数

熔断器额定电流/A	熔体额定电流/A	极限分断电流/A
5	2，5	250
10	2，4，6，10	500
15	6，10，15	
30	20，25，30	1500
60	40，50，60	3000
100	80，100	
200	120，150，200	

② 无填料封闭管式熔断器　图 2-33 所示为 RM10 系列无填料封闭管式熔断器的结构图。图中厚壁反白管（即钢纸管）的两端紧套着黄铜套管，用两排铆钉与反白管固定在一起，使它不会炸开。套管上旋有铜帽，用于固定熔体，熔体用螺钉固定在插刀上。15A 和 60A 的熔断器不用插刀，熔体直接与旋紧的铜帽接触。熔体为截面宽窄不均匀的锌片，当短路电流通过熔体时，它的狭颈部首先立即熔断，中间大块熔体掉下，造成较大的电弧间隙，有利于灭弧。同时，反白管内壁在电弧高温下产生高压气体，使电弧迅速熄灭。该熔断器的分断能力最大可达 10～12kA。

2）有填料螺旋式熔断器　图 2-34 所示为 RL1 系列有填料螺旋式熔断器。它是由底座、

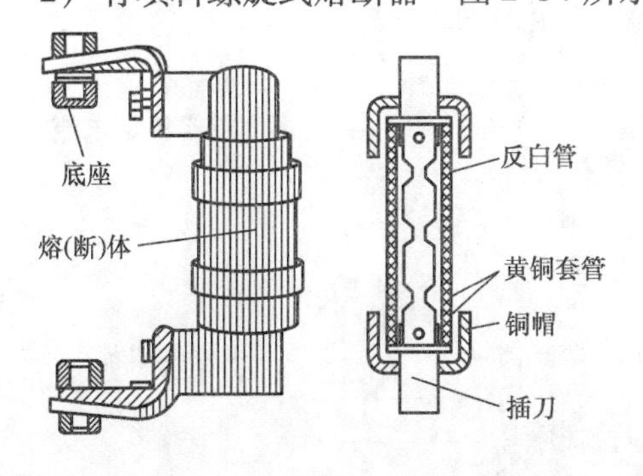

图 2-33　RM10 系列无填料封闭管式熔断器结构图

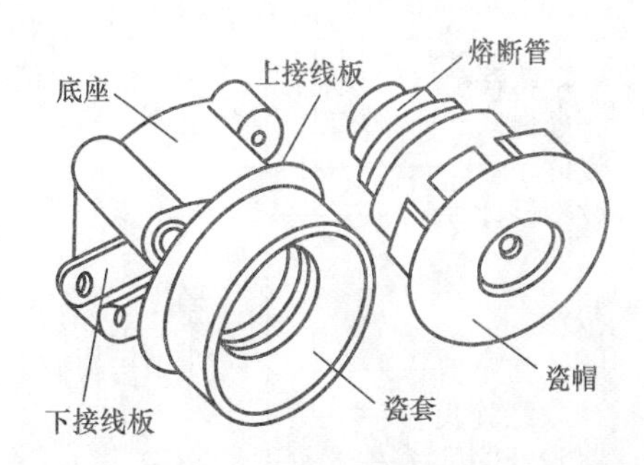

图 2-34　RL1 系列有填料螺旋式熔断器

瓷帽、瓷套、熔断管（芯子）和上、下接线板等组成的。熔断管内装有熔体（丝或片）、石英砂填料和熔断指示器（上有色点）。当熔体熔断时，指示器跳出，可透过瓷帽的玻璃窗口进行观察。在熔体周围所充填的石英砂，导热性能好，热容量大，能大量吸收电弧能量，提高了熔断器的分断能力。它的熔体更换方法是更换整个熔断管芯。表2-9给出了常用螺旋式熔断器的型号和规格。

除此之外，还有一种有填料的封闭管式熔断器，它被广泛地用于短路电流很大的电力网络或配电装置中。

表2-9　常用螺旋式熔断器的型号和规格

类别	型号	额定电压/V	额定电流/A	熔体额定电流/A	极限分断电/kA
螺旋式	RL1	500	15 60	2，4，6，10，15 20，25，30，35，40，50，60	2 3.5
			100 200	60，80，100 100，125，150，200	20 50
熔断器	RL7	660	25 63 100	2，4，6，10，16，20，25 35，50，63 80，100	25 25 25

3）快速熔断器　快速熔断器主要用于半导体功率器件或变流装置的短路保护。由于半导体元件的过载能力很差，只能在极短时间内（ms级）承受较大的过载电流，因此要求短路保护具有快速熔断的特性。常用快速熔断器有RS和RLS系列。

必须注意，快速熔断器的熔体不能用普通的熔体来代替，因为普通的熔体不具有快速熔断的特性。表2-10为RLS2系列螺旋式快速熔断器的技术数据。

表2-10　RLS2系列螺旋式快速熔断器的技术数据

型号	额定电压/V	额定电流/A	熔体额定电流/A	极限分断电流/kA
RLS2	500	30 63 100	16，20，25，30 35，(45)，50，63 (75)，85，(90)，100	50

（4）熔断器的型号　熔断器型号的含义如下。

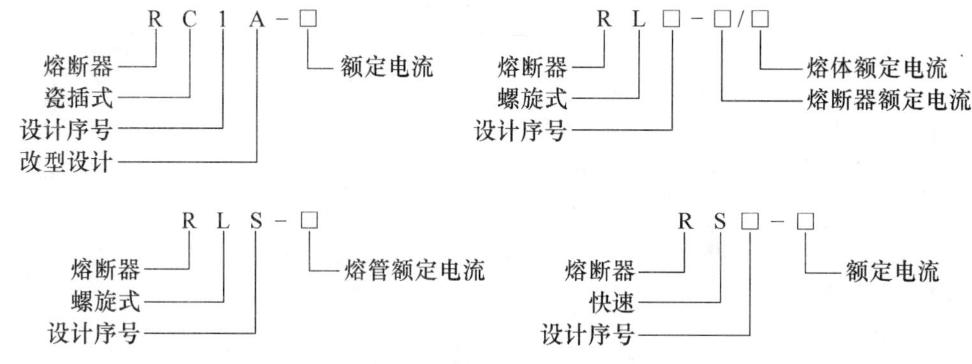

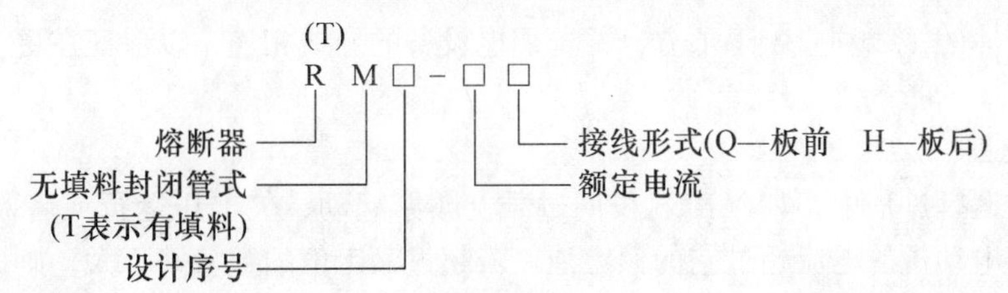

常用的熔断器瓷插式有 RCL1 系列，螺旋式有 RL1、RL6、RL7 等系列，快速熔断器有 RLS1、RLS2 等系列，无填料封闭管式有 RM1、RM2、RM7 等系列。

（5）熔断器的选择和维护

1）熔断器的选择　熔断器的选择要求：熔断器的额定电压应不小于电路的额定电压；熔断器的额定电流应不小于电路所装熔体的额定电流。熔断器的结构形式应根据电路的具体要求和安装条件来确定。

熔断器选择的步骤：第一步是根据被保护电路的负荷大小，选择熔体的电流等级；第二步是根据熔体电流等级去确定熔断器的规格。

熔体额定电流 I_n 的选择如下。

① 电阻性负载　对于电炉和照明等电阻性负载，熔断器可用作过载保护和短路保护，熔体的额定电流 I_n 应稍大于或等于负载的额定电流 I_N。

② 电动机类负载　由于电动机的起动电流很大，为了保证电动机起动时熔丝不能熔断，因此熔体的额定电流通常选得较大。对于电动机类负载来说，熔断器只适合用作短路保护而不能用作过载保护。

对于单台电动机，熔体的额定电流 I_n 应不小于电动机额定电流 I_N 的1.5～2.5倍，即有式 $I_n \geqslant (1.5 \sim 2.5) I_N$。轻载起动或起动时间较短时，系数可取1.5；带负载起动、起动时间较长或起动较频繁时，系数可取2.5。

对于多台电动机的短路保护，熔体的额定电流 I_n 应不小于最大一台电动机额定电流 I_{Nmax} 的1.5～2.5倍，加上同时使用的其他电动机额定电流之和（$\sum I_N$），即有

$$I_n \geqslant (1.5 \sim 2.5) I_{Nmax} + \sum I_N \qquad (2\text{-}3)$$

2）熔断器的维护　熔断器是保护低压电气设备或负载的重要器件，在使用过程中应当注意下列几点。

① 要保持熔断器的插座与插片的接触良好。

② 熔体熔断后，应在查明原因，排除故障后，才可更换。更换新的熔体规格要与原来的熔体一致。

③ 必须在电源断开后，才能更换熔体或熔管，以防止触电。尤其不允许在负荷未断开时带电换熔体，以免发生电弧烧伤。

④ 安装熔体时要避免碰伤，不要将螺钉拧得太紧，使熔体轧伤。

⑤ 如果连接处的螺钉损坏而拧不紧，则应更换新的螺钉。

⑥ 安装熔体时，熔体应在螺钉上顺时针方向弯折，以保证在拧紧螺钉时越拧越紧。熔体只需弯一圈就可以，不要多弯。

⑦ 对于带有熔断指示器的熔断器，应该经常注意检查指示器的情况。若发现熔体已经熔断，应及时更换。

⑧ 安装螺旋式熔断器时，熔断器下接线板的接线端应装在上方，并与电源线连接；连

接金属螺纹壳体的接线端应装于下方，并与用电设备的导线相连，以保证在更换熔体时的人身安全。

2. 热继电器

电动机在运行过程中，如果出现长期过载、频繁起动、欠电压运行或者断相运行等情况，都可能使电动机的电流超过它的额定值。若超过额定值的数量并不大，则熔断器是不会熔断的，但这会引起电动机的过热，损坏绕组的绝缘，缩短电动机的使用寿命，严重时甚至烧坏电动机。因此，必须对电动机采取过载保护措施，最常用的是利用热继电器进行过载保护。

热继电器是一种利用电流的热效应来切断电路的保护电器。热继电器的种类很多，其中双金属片式热继电器结构简单、体积较小、成本较低，同时选择适当的热元件可以得到良好的反时限特性，即电流越大越容易动作，所以应用最广泛。过载电流与热继电器开始动作的时间关系见表2-11。下面只介绍双金属片式热继电器。

表2-11 过载电流与热继电器开始动作的时间关系

整定电流倍数	动作时间	起始状态
1.0	长期不动作	从冷态开始
1.2	小于20min	从冷态开始
1.5	小于2min	从冷态开始
6	大于5s	从冷态开始

(1) 热继电器的结构　热继电器的外形和工作原理如图2-35、图2-36所示。它主要由热元件、触点、动作机构、复位按钮和整定电流装置组成。

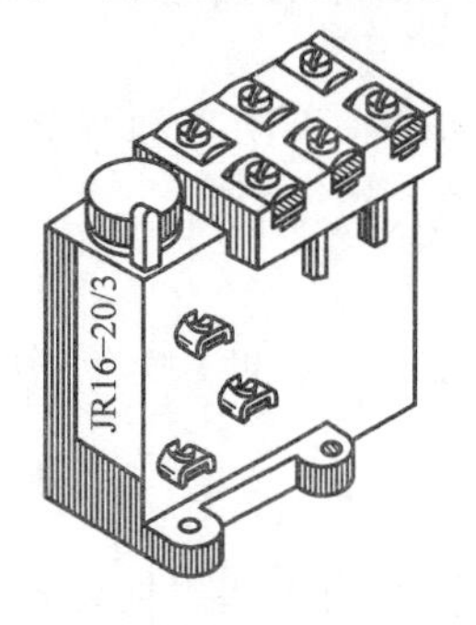

图2-35　热继电器外形图

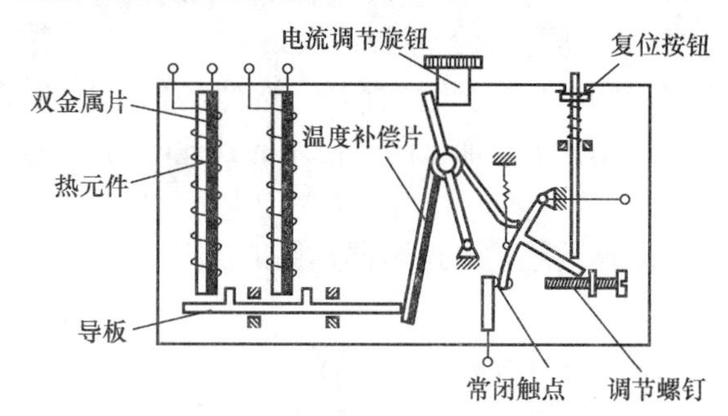

图2-36　热继电器工作原理

(2) 热继电器的工作原理　当电动机过载时，过载电流使电阻丝发热过量，引起双金属片受热过量弯曲，推动导板向右移动，导板又推动温度补偿片，使推杆绕轴转动，又推动了动触点连杆，使常闭触点断开，从而使电动机控制电路中的接触器线圈断电释放而切断电动机的电源。

温度补偿片与主双金属片为同种类型的材料。当环境温度变化时，温度补偿片与主双金属片在同一方向上同步产生弯曲，因而可以补偿环境温度对热继电器动作精度的影响。

热继电器动作后复位方式有自动复位和手动复位两种，它可以通过改变调节螺钉的位置来选择。复位按钮用于热继电器动作后的手动复位。

图2-36中的热继电器只有两个热元件，属于两相结构。如果电源的三相电压均衡，电

动机的绝缘良好，则三相线电流相等，用两相结构的热继电器能够对电动机进行过载保护。但是当三相电源电压严重不平衡或电动机的绕组内部有短路故障时，就有可能使电动机某一相的线电流比其余两相的大，若该相电路中恰巧没有热元件，就不能可靠地起到保护作用。为此，现在一般选用三相结构的热继电器，其动作原理与两相结构的相同。

有的三相热继电器还带有断相保护机构，如图2-37所示。它的动作原理为，当三相均衡过载时，三个热元件中通过的电流相等，双金属片受热向左弯曲，推动外导板，同时带动内导板左移，通过补偿双金属片和推杆，使常开触点断开，从而断开控制电路。当一相断路时，该相的双金属片逐渐冷却而右移，带动内导板也右移，由于一相断路，电动机处于单相运行状态，必然引起另两相电流过大，外导板继续在未断相的双金属片推动下左移，一左一右产生的差动作用，通过杠杆的放大，大大加快热继电器脱扣动作的速度。

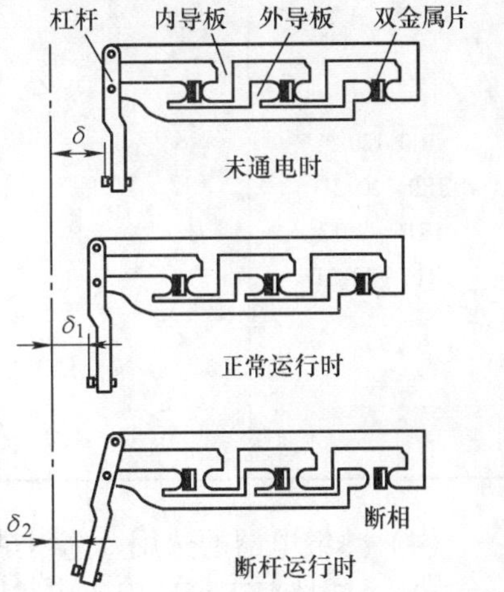

图2-37　具有断相保护机构的热继电器

热继电器所保护的电动机，如果是Y联结的，则当电路发生一相断电时，另外两相就会发生过载，因线电流等于相电流，普通热继电器（两相或三相的）都可以对此作出反应。如果电动机是△联结的，在发生断相时，局部某一相严重过载，而线电流与相电流又不相等，电流增加的比例也不相同，这种情况线电流有时尚未达到额定值，而热继电器是按额定线电流整定的，用普通型的热继电器已不能起到保护作用，所以△联结的电动机必须采用有断相保护的热继电器。

热继电器的负载电流整定，可通过调节带偏心轮的电流调节旋钮来实现。

（3）热继电器的表示符号、型号含义及技术数据　热继电器的表示符号如图2-38所示。主电路中的热元件为两个或三个时，可以只画一个热元件来代表。其常闭触点一般用于控制电路中。

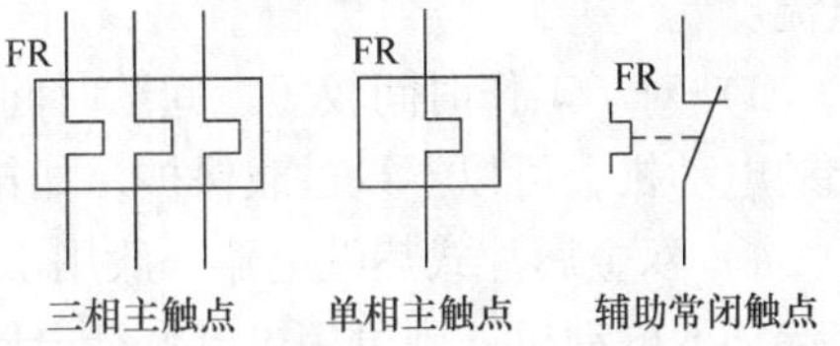

图2-38　热继电器的表示符号

常用热继电器型号的含义如下。

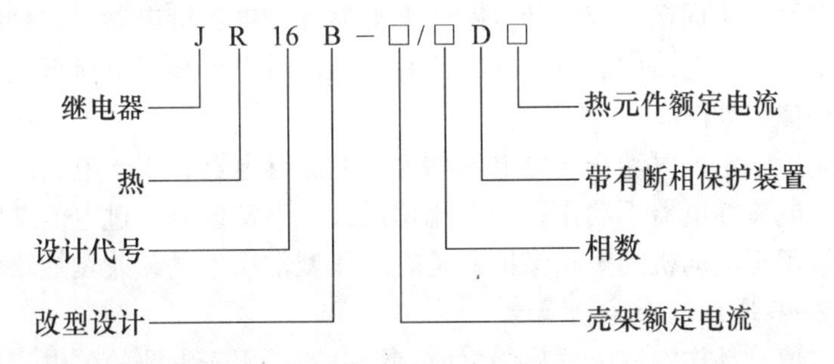

常用的热继电器有JR0、JR14、JR15、JR16、JR16B、JR20等系列。JR20是更新换代产品，引进产品有T、3UA等系列。

JR0、JR16系列热继电器的技术数据如表2-12所示。

表 2-12 JR0、JR16 系列热继电器的技术数据

<table>
<tr><th rowspan="2">型　号</th><th rowspan="2">额定电流/A</th><th colspan="2">热元件等级</th><th rowspan="2">主要用途</th></tr>
<tr><th>额定电流/A</th><th>刻度电流调节范围/A</th></tr>
<tr><td rowspan="12">JR0 - 20/3
JR0 - 20/3D
JR16 - 20/3
JR16 - 20/3D</td><td rowspan="12">20</td><td>0.35</td><td>0.25 ~ 0.35</td><td rowspan="12">供交流 500V 以下的电路中作为电动机的过载保护之用，D 表示带有断相保护装置</td></tr>
<tr><td>0.50</td><td>0.32 ~ 0.50</td></tr>
<tr><td>0.72</td><td>0.45 ~ 0.72</td></tr>
<tr><td>1.1</td><td>0.68 ~ 1.1</td></tr>
<tr><td>1.6</td><td>1.0 ~ 1.6</td></tr>
<tr><td>2.4</td><td>1.5 ~ 2.4</td></tr>
<tr><td>3.5</td><td>2.2 ~ 3.5</td></tr>
<tr><td>5</td><td>3.2 ~ 5</td></tr>
<tr><td>7.2</td><td>4.5 ~ 7.2</td></tr>
<tr><td>11</td><td>6.8 ~ 11</td></tr>
<tr><td>16</td><td>10 ~ 16</td></tr>
<tr><td>22</td><td>14 ~ 22</td></tr>
</table>

（4）热继电器的选用　选用热继电器时应按照下列原则。

1）一般情况下可选用两相结构的热继电器，对于工作在环境较差、供电电压不稳等条件下的电动机，宜选用三相结构的热继电器。定子绕组采用为三角形联结的电动机，应采用有断相保护装置的热继电器。

2）热元件的额定电流等级一般略大于电动机的额定电流。一般情况下整定电流应与电动机的额定电流相等。对于过载能力较差的电动机，热继电器的整定电流应适当调小一些。当电动机频繁带负载起动或拖动冲击性负载时，热继电器的整定电流应稍大于电动机的额定电流。

3）对于工作时间较短、间歇时间较长的电动机，以及虽然长期工作但过载的可能性很小的电动机，可以不设过载保护，如排风机电动机等。

4）双金属片式热继电器一般用于轻载、不频繁起动电动机的过载保护。对于重载、频繁起动的电动机，则可用过电流继电器（延时动作型的）作过载和短路保护。由于热元件受热变形需要时间，故热继电器不能作短路保护。

3. 电流继电器

根据线圈中电流大小而接通或断开电路的继电器称为电流继电器。这种继电器线圈的导线粗，匝数少，串联在主电路中。电流继电器有过电流继电器和欠电流继电器之分，它们的结构和动作原理相似，如图 2-39 所示。

当线圈电流高于整定值时动作的继电器称为过电流继电器，用于电路的过电流保护。当电路工作正常时过电流继电器不动作；当电流超过某一整定值时，过电流继电器动作。瞬动型过电流继电器常用于电动机的短路保护；延时动作型常用于过载兼具短路保护。过电流继电器的符号如图 2-40 所示。

电流低于整定值时动作的继电器称为欠电流继电器，用于电路的欠电流保护。电路正常工作时欠电流继电器不动作；当电路中电流减小到某一整定值以下时，欠电流继电器释放。这种继电器常用于直流电动机励磁绕组和电磁吸盘的失磁保护。欠电流继电器的符号如图 2-41 所示。

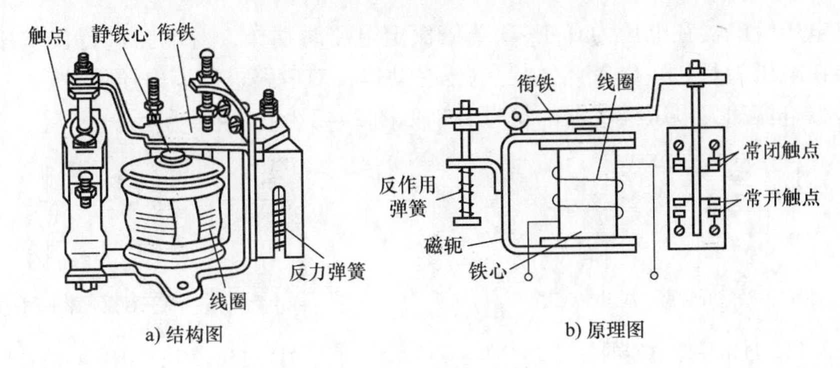

图2-39　电流继电器结构

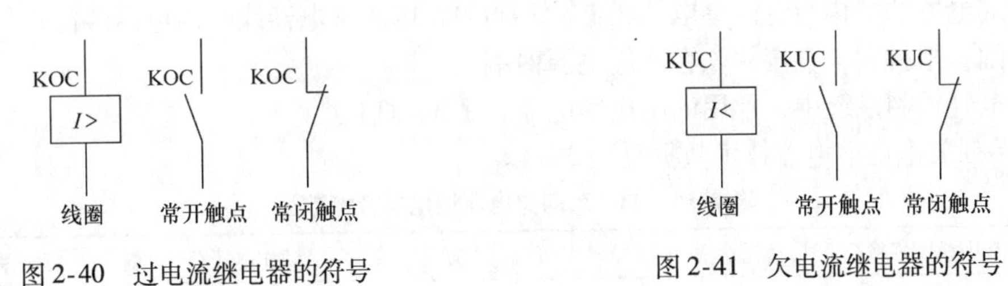

图2-40　过电流继电器的符号　　图2-41　欠电流继电器的符号

欠电流继电器的吸引电流为线圈额定电流的30%～65%，释放电流为额定电流的10%～20%。因此，在电路正常工作时，衔铁是吸合的，只有当电流降低到某一整定值时，继电器才释放，输出信号。过电流继电器在电路正常工作时不动作，当电流超过某一整定值时才动作，整定范围通常为1.1～4倍的额定电流。

在机床电气控制系统中，用得较多的电流继电器有JL14、JL15、JT3、JT4、JT9、JT10等型号，主要根据主电路内的电流种类和额定电流来选择。

JT4系列过电流继电器技术数据见表2-13。

表2-13　JT4系列过电流继电器技术数据

型号	吸引线圈规格/A	消耗功率/W	触点数目	复位方式		动作电流/A	返回系数
				自动	手动		
JT4—L JT4—S	5，10，15，20，40，80，150，300及600	5	2常开、2常闭或1常开、1常闭	自动	手动	吸引电流在线圈额定电流的110%～350%范围内调节	0.1～0.3

在选用过电流继电器时，对于小容量直流电动机和绕线式异步电动机，继电器线圈的额定电流应按电动机长期工作的额定电流选择；对于频繁起动的电动机，继电器线圈的额定电流应选得大一些。

4. 电压继电器

根据线圈两端电压大小而接通或断开电路的继电器称为电压继电器。这种继电器线圈的导线细，匝数多，并联在主电路中。电压继电器有过电压继电器和欠电压（或零电压）继电器之分。

一般来说，过电压继电器在电压为1.1～1.15倍额定电压以上时动作，对电路进行过电压保护；欠电压继电器在电压为0.4～0.7倍额定电压时动作，对电路进行欠电压保护；零电压继电器在电压为0.05～0.25倍额定电压时动作，对电路进行零电压保护。

过电压继电器和欠电压继电器的符号分别如图2-42和图2-43所示。

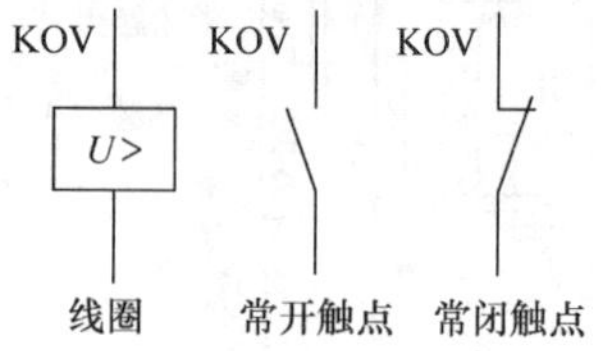

图2-42 过电压继电器的符号

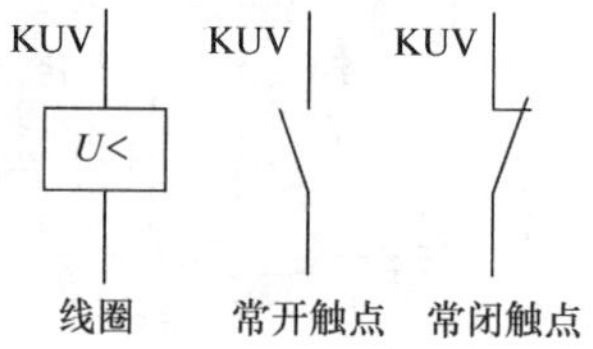

图2-43 欠电压继电器的符号

电压继电器的结构与电流继电器相似，不同的是电压继电器线圈为电压线圈，线圈匝数多，导线细，阻抗大，直接并联在相应电源两端。

机床电气控制系统中，常用的电压继电器有JT3、JT4型。

JT4系列欠电压继电器技术数据见表2-14。

表2-14 JT4系列欠电压继电器技术数据

型号	吸引线圈规格/V	消耗功率/W	触点数目	复位方式	动作电压/V	返回系数
JT4－P	110，127，220及380	75	2常开、2常闭或1常开、1常闭	自动	吸引电压在线圈额定电压的60%～85%范围内调节，释放电压在线圈额定电压的10%～35%范围内调节	0.2～0.4

保护电器的使用与维护注意事项如下。

（1）安装前的检查

1）根据控制电路的要求，检查保护电器的铭牌数据是否符合要求。

2）检查保护电器的可动部分是否灵活可靠。

3）除去部件的表面灰尘和油污，应抹掉电磁继电器铁心表面的防锈油。

（2）安装注意事项

1）继电器不要安装在其他温度较高的电器的上方，以免其动作特性受到影响。

2）继电器的连接导线应按规定选用，若选得过细，则导热差，可能提前动作；若选得过粗，则导热快，可能滞后动作。

（3）维护

1）定期检查保护电器各个零部件，要求可动部分灵活可靠，紧固件无松动。损坏的零部件应及时更换或修理。

2）热继电器或电动机保护器整定电流的确定应该和电动机的实际工作情况相适应，这要通过对整定电流的微调来实现。

3）对于重要设备，在继电器动作之后，必须检查其故障原因，并应采用手动复位。如果热继电器的动作原因是电动机过载，则宜采用自动复位。

4）在使用中应定期去除污垢和灰尘。如果继电器的金属部件出现锈斑，则可用棉布蘸上汽油轻轻擦拭，不要用砂纸打磨。

5）在实际使用中，继电器每年要通电校验一次。在设备经历过很大短路电流后，应注意检查热元件和金属部件有没有明显变形。若已明显变形，则应通电进行校验，在调整时绝对不允许弯折金属部件。

（六）执行电器

常用执行电器主要是电磁铁、电磁阀、电磁离合器和电磁制动器。执行电器性能的好坏直接影响到数控机床各种运动功能和性能的实现，因此掌握其基本结构、工作原理、选用方法和性能，对应用和维修数控机床有着非常重要的意义。

1. 电磁阀

当控制系统中负载惯性较大，所需功率也较大时，一般用液压或气压控制系统。电磁阀是此类系统的主要组成部分。

电磁阀的基本结构一般是由吸入式电磁铁及液压阀（阀体、阀芯和油路系统等）两部分组成。其基本工作原理为：当电磁铁线圈通、断电时，衔铁吸合或释放，由于电磁铁的动铁心与液压阀的阀芯连接，就会直接控制阀芯位移，来实现液体的沟通、切断和方向变换，操纵各种机构动作，如液压缸的往返，液压马达的旋转，油路系统的升压、卸荷和其他工作部件的顺序动作等。电磁阀的工作原理及结构如图2-44所示。

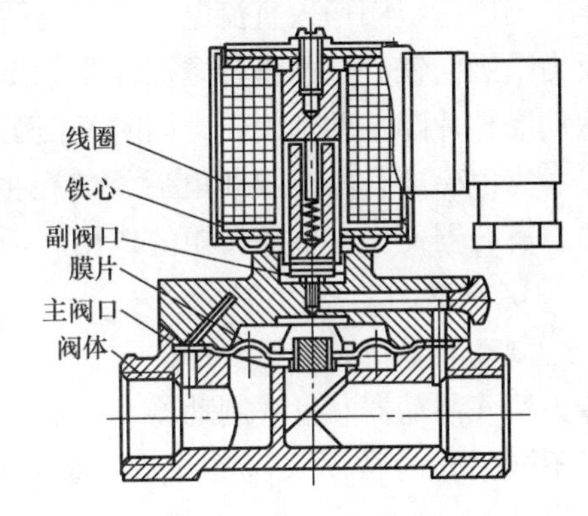

图2-44　电磁阀的工作原理及结构

电磁阀按衔铁工作腔是否有液体又可分为“干式”和“湿式”两种。交流电磁阀起动力较大，不需要专门的电源，吸合、释放快，动作时间约为0.01～0.03s，其缺点是若电源电压下降15%以上，则电磁铁吸力明显减小。若衔铁不动作，干式电磁阀会在10～15min后烧坏线圈（湿式电磁阀为1～1.5h），且冲击及噪声较大，寿命低，因而在实际使用中交流电磁阀允许的切换频率一般为10次/min，不得超过30次/min。直流电磁阀工作可靠，吸合、释放动作时间约为0.05～0.08s，允许使用的切换频率较高，一般可达120次/min，最高可达300次/min，且冲击小、体积小、寿命长，但直流电磁阀需有专门的直流电源，成本较高。

2. 电磁离合器

电磁离合器的作用是将执行机构的力矩（或功率）从主动轴一侧传到从动轴一侧，它广泛用于各种机构（如机床中的传动机构和各种电动机构等），以实现快速起动、制动、正反转或调速等功能。由于它易于实现远距离控制，和其他机械式、液压式或气动式离合器相比，操纵简便得多，所以它是自动控制系统中一种重要的部件。

按电磁离合器的工作原理分，主要有摩擦片式、牙嵌式、磁粉式和感应转差式等。下面主要介绍摩擦片式电磁离合器的结构及工作原理。

图2-45所示为摩擦片式电磁离合器的结构示意图。

在主动轴的花键上装有主动摩擦片，它可沿花键自由移动，同时又与主动轴花键联接，所以主动摩擦片可随主动轴一起旋转。从动摩擦片与主动摩擦片交替叠装，其外缘凸起部分卡在与从动齿轮固定在一起的套筒内，因此可随从动齿轮一起旋转，在主动、从动摩擦片未压紧之前，主动轴旋转时它不转动。

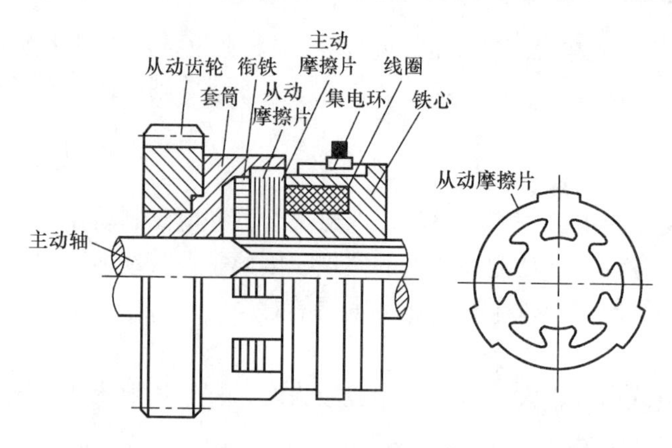

图 2-45 摩擦片式电磁离合器的结构示意图

当电磁线圈通入直流电产生磁场后，在电磁吸力的作用下，主动摩擦片与衔铁克服弹簧反力被吸向铁心，并将各摩擦片紧紧压住，依靠主动摩擦片与从动摩擦片之间的摩擦力，使从动摩擦片随主动轴旋转，同时又使套筒及从动齿轮随主动轴旋转，实现了转矩的传递。

当电磁离合器线圈断电后，装在主动、从动摩擦片之间的圈状弹簧使衔铁和摩擦片复位，离合器便失去传递转矩的作用。

3. 电磁制动器

制动器是机床的重要部件之一，它既是工作装置又是安全装置。根据不同构造制动器可分为块式制动器、盘式制动器、多盘式制动器、带式制动器和圆锥式制动器等；根据操作情况不同又分为常闭式、常开式和综合式；根据动力不同，又可分为电磁制动器和液压制动器。

常闭式双闸瓦制动器具有结构简单，工作可靠的特点。平时常闭式制动器抱紧制动轮，当机床工作时才松开，这样无论在任何情况停电，闸瓦都会抱紧制动轮。

（1）短行程电磁式制动器　图 2-46 为短行程电磁瓦块式制动器的工作原理图。制动器借助主弹簧，通过框形拉板使左右制动臂上的制动瓦块压在制动轮上，借助制动轮和制动瓦块之间的摩擦力来实现制动。制动器松闸借助于电磁铁，当电磁铁线圈通电后，衔铁吸合，将顶杆向右推动，制动臂带动制动瓦块同时离开制动轮。在松闸时，左制动臂在电磁铁自重

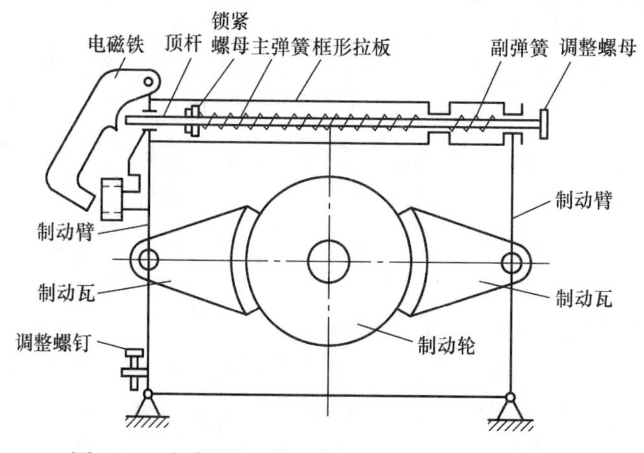

图 2-46 短行程电磁瓦块式制动器的工作原理图

作用下左倾，制动瓦块也离开了制动轮。为防止制动臂倾斜过大，可用调整螺钉来调整制动臂的倾斜量，以保证左右制动瓦块离开制动轮的间隙相等。副弹簧的作用是把右制动臂推向右倾，防止在松闸时，整个制动器左倾而造成右制动瓦块离不开制动轮。

短行程电磁瓦块式制动器动作迅速、结构紧凑、自重小；铰链比长行程式少，死行程少；制动瓦块与制动臂铰链连接，制动瓦块与制动轮接触均匀，磨损均匀。但由于行程短，制动力矩小，此种制动器多用于制动力矩不大的场合。

（2）长行程电磁式制动器　当机构要求有较大的制动力矩时，可采用长行程制动器。由于驱动装置和产生制动力矩的方式不同，又分为重锤式长行程电磁铁、弹簧式长行程电磁铁、液压推杆式长行程及液压电磁铁等双闸瓦制动器。

图2-47为长行程电磁式制动器的工作原理图。它通过杠杆系统来增加上闸力。其松闸通过电磁铁产生电磁力经杠杆系统实现，紧闸借助弹簧力通过杠杆系统实现。当电磁线圈通电时，水平杠杆抬起，带动螺杆向上运动，使杠杆板绕轴逆时针方向旋转，压缩制动弹簧，在螺杆与杠杆作用下，两个制动臂带动制动瓦左右运动而松闸。当电磁铁线圈断电时，靠制动弹簧的张力使制动闸瓦闸住制动轮。

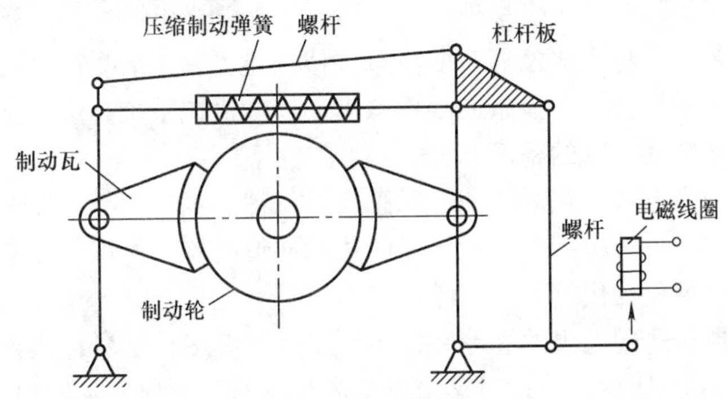

图2-47　长行程电磁式制动器的工作原理图

上述两种电磁制动器的结构都简单，能与它控制的电动机的操作系统联锁，当电动机停止工作或发生停电事故时，电磁铁自动断电，制动器抱紧，实现安全操作。但电磁铁吸合时冲击大、有噪声，且机构需经常起动、制动，电磁铁易损坏。

与短行程电磁式制动器比较，长行程电磁式制动器采用三相电源，制动力矩大，工作较平稳可靠，制动时自振小。其联结方式与电动机定子绕组联结方式相同，有三角形联结和星形联结。

（七）数控机床位置检测装置

具有闭环或半闭环伺服系统的数控机床，其定位精度或加工精度在很大程度上取决于检测装置的精度。在数控伺服系统中，一般具有两种反馈系统：一种是速度反馈系统，用来衡量和控制运动部件的进给速度；另一种是位置反馈系统，用来测量和控制运动部件的位置。数控机床对检测装置的要求是：

1）工作可靠，抗干扰性强。要求不怕油、水的污染，受环境温度的影响小，对电磁感应有较强的抗干扰能力，能长期保持精度。

2）满足精度和速度的要求。不同类型的数控系统对检测装置的精度和速度要求不一样。目前对直线位移检测装置的分辨力一般在0.0001～0.01mm之间，其测量精度可达

±(0.00011～0.02)mm/m以内。对转角装置的分辨力在2″时，其测量精度可达±10″/360°。运动速度为0～24m/min。

3）易于安装，使用和维修方便。一般来说，光栅和磁尺安装较方便，而感应同步器安装比较复杂。

4）信号处理方便。一般数字式测量装置的信号处理较方便，而模拟式测量装置的信号处理就较复杂。

5）成本低。

从检测信号的类型来分，检测装置可分成数字式和模拟式两大类。有时同一种检测装置既可以做成数字式，也可以做成模拟式，主要取决于使用方式和测量电路。从测量方式来分，检测装置可以分为增量式和绝对式两类。检测装置本身又可分为旋转型和直线型两类。旋转型检测装置主要有脉冲编码器、旋转变压器、圆感应同步器和圆光栅等；直线型检测装置有直线感应同步器、直线光栅及磁尺、激光干涉仪等。

1. 脉冲编码器

脉冲编码器是一种旋转式脉冲发生器，它把机械转角变成电脉冲，是一种常用的角位移传感器。编码器除了可以测量角位移外，还可以通过测量光电脉冲的频率，进而用来测量转速。如果通过机械装置，将直线位移转变成角位移，还可以用来测量直线位移。最简单的直线—旋转转换方法是采用齿轮—齿条或滚珠螺母—丝杠机械系统。这种直线位移的测量精度与机械式直线—旋转转换系统的精度有关。

脉冲编码器分为光电式、接触式和电磁感应式三种。就精度与可靠性来讲，光电式脉冲编码器优于其他两种，数控机床上只使用光电式脉冲编码器。由霍尔效应构成的电磁感应式脉冲编码器也可作速度检测用。

光电脉冲编码器按每转发出的脉冲数的多少来分，有多种型号，但数控机床最常用的光电脉冲编码器如表2-15所示。使用时，根据机床滚珠丝杠导程来选用相应的脉冲编码器。

表2-15 光电脉冲编码器

丝杠长度单位	脉冲编码器	丝杠导程	丝杠长度单位	脉冲编码器	丝杠导程
mm（米制）	2000脉冲/r	2，3，4，6，8	in（寸制）	2000脉冲/r	0.1，0.15，0.2，0.3，0.4
	2500脉冲/r	5，10		2500脉冲/r	0.25，0.5
	3000脉冲/r	3，6，12		3000脉冲/r	0.15，0.3，0.6

为了适应高速、高精度数字伺服系统的需要，最近又发展了高分辨率的光电脉冲编码器，如表2-16所示。

表2-16 高分辨率光电脉冲编码器

丝杠长度单位	脉冲编码器	丝杠导程	丝杠长度单位	脉冲编码器6s	丝杠导程
mm（米制）	20000脉冲/r	2，3，4，6，8	in（寸制）	20000脉冲/r	0.1，0.15，0.2，0.3，0.4
	25000脉冲/r	5，10		25000脉冲/r	0.25，0.5
	3000脉冲/r	3，6，12		30000脉冲/r	0.15，0.3，0.6

（1）增量式脉冲编码器

1）结构 增量式光电脉冲编码器最初的结构就是一种光电盘，它由光源、聚光镜、光电盘、分度狭缝、光敏元件、A-D转换和方向辨别电路及数字显示装置组成，其原理如图2-48所示。

光电盘可用玻璃研磨抛光制成。玻璃表面在真空中镀一层不透明的铬，然后用照相腐蚀法在上面制成狭缝作透光用。狭缝的数量可为几百条或几千条。也可用精制的金属圆盘，在圆周上开出一定数量的等分圆槽缝，或在一定半径的圆周上钻出一定数量的孔，使圆盘形成相等数量的透明或不透明区域。

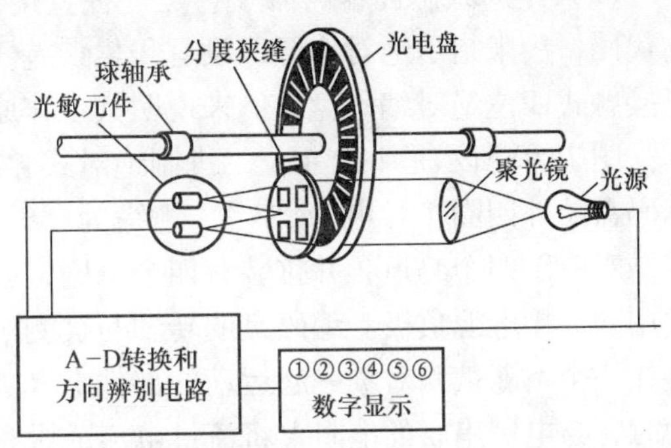

图2-48 增量式光电脉冲编码器原理图

2）工作原理 光电盘装在回转轴上，如图2-48所示。当光电盘随工作轴一起转动时，每转过一个缝隙就发生一次光线的明暗变化，经光敏元件变成一次电信号的强弱变化，对它进行整形、放大和微分处理后，得到脉冲输出信号。脉冲数就等于转过的缝隙数。如将上述脉冲信号送到计数器中计数，则计数码反映了圆盘转过的角度。

为了辨别旋转方向，需要采用两套光电转换装置，使它们的相对位置能保证两者产生的电信号在相位上相差1/4周期。图2-49a是增量式脉冲编码器辨向原理图，图2-49b是其波形图。

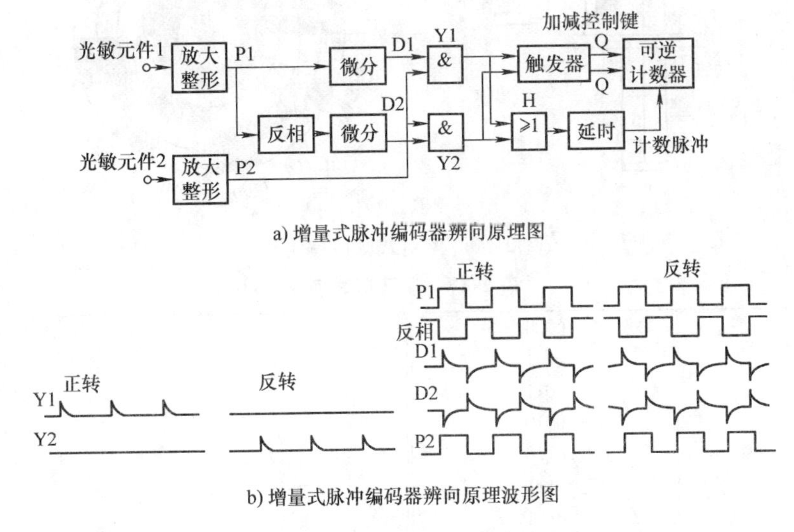

图2-49 增量式脉冲编码器辨向图

设正转时，光敏元件2比光敏元件1先感光，将此两光电元件的输出经过放大整形后变成两个方波系列P1和P2，P2比P1超前90°。将P1微分后得到D1脉冲系列，P1经过反相后再微分得到D2脉冲系列，将P2、D1送入与门Y1，P2、D2送入与门Y2。由图2-49b的左半边可看出，这时D1的正向脉冲可从Y1输出，并使可逆计数器的加法母线置于高电位，而与门Y2则无输出。Y1的输出又经过或门H进入计数器，使它进行加法计数。反转时，情况相似，只是P1比P2超前90°，从图2-49b波形图的右半边不难看出，D2脉冲系列的正向脉冲从Y2门输出，而Y1无输出，可逆计数器进行减法计数。这种读数方法每次反映的都是相对于上一次读数的增量，而不能反映转轴在空间的绝对位置，所以是增量读数法。

（2）绝对式脉冲编码器　它是一种直接编码式的测量元件，它把被测转角转换成相应的代码，用来指示绝对位置，没有积累误差。编码盘有光电式、接触式和电磁式三种。下面以接触式四位绝对编码盘为例来说明其工作原理。

图2-50所示是一个4位二进制绝对式脉冲编码盘，涂黑部分是导电的，其余是绝缘的。编码盘的外四圈按导电为“1”、绝缘为“0”组成二进制编码。通常把编码的各圈称为码道。对应于四个码道，并排装有四个电刷，电刷经电阻接到电源正极。编码盘里面的一圈是共用的，接电源负极。编码盘的转轴与被测对象连在一起（如电动机转轴），编码盘的电刷装在一个不随被测对象一起运动的部件上（如电动机端盖）。当被测对象带动编码盘一起转动时，与电刷串联的电阻上将流过电流或没有流过电流，出现相应的二进制代码。若编码盘沿顺时针方向转动，就依次可得到0000、0001、0010、…、1111的二进制输出。使用二进制代码编码盘，由于制造精度和安装质量或工作过程中意外原因，易于引起读数错误，为此常采用循环码（格雷码），其真值表如表2-17所示。循环码是非加权码，其特点为相邻两个代码间只有一位数变化，即0变1或1变0，因此使读数错误的可能性降到最低。

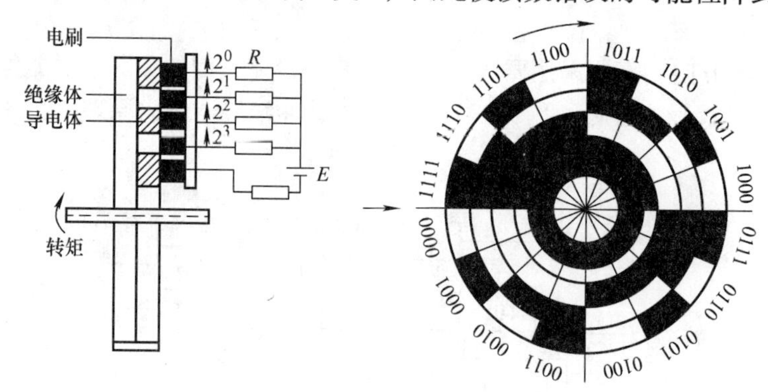

图2-50　绝对式脉冲编码盘

表2-17　循环码真值表

0	0000	8	1100
1	0001	9	1101
2	0011	10	1111
3	0010	11	1110
4	0110	12	1010
5	0111	13	1011
6	0101	14	1001
7	0100	15	1000

4位编码盘的角分辨力为$\theta = 360°/16 = 22.5°$，如用n位编码盘，则角分辨力为$\theta = 360°/2^n$。所以，n越大，可分辨角度就越小，精度也就越高。目前接触式编码盘一般可以做到9位二进制，而光电式编码盘可做到18位二进制。如果要求更多位数，则用单片编码盘就有困难，可采用组合编码盘，即用一个粗计编码盘和一个精计编码盘，精计编码盘转一圈，粗计编码盘转过最低位的一格。如果用两个9位二进制编码盘组合，可得到相当于18

位的二进编码盘，因而使读数精度大大提高。由于接触式电刷易磨损，转速又不能太高，数控机床上实际使用的大部分为光电式。

（3）混合式绝对值编码器　这种编码器是把增量制码与绝对制码同做在一个编码盘上。在圆盘的最外圈是高密度的增量制条纹（2,000、2,500、3,000 脉冲/转）；在中间，分布在4圈圆环上有4个二进制位循环码，每一个4位二进制码对应圆盘1/4圆的角度。换句话说，每1/4圆由4位二进制循环码分割成16个等分位置；圆盘最里圈仍有发一转信号的狭缝条。该编码器的基本工作原理如图2-51所示。从编码盘读出的光电信号经放大和模拟信号多路转换器，送至A-D转换器，后者实际上是一种细分插值电路。为了获得高分辨率的测量脉冲，脉冲列由绝对二进制可逆计数器计数，计数器的容量足够大，一般均超过相当于机床最大行程的当量数，该计数器由后备电池供电，确保在外电源断开时．也不丢失数据。在机床的第一次安装调试时，对绝对零点进行调整以后，计数器永远不会被清零，所以它的计数代表了机床的绝对位置。由循环码读出的每转4×16个位置，代表了一周的粗计角度检测，它和交流伺服电动机4对磁极的结构相对应，以实现对交流伺服电动机的磁场位置的有效控制。

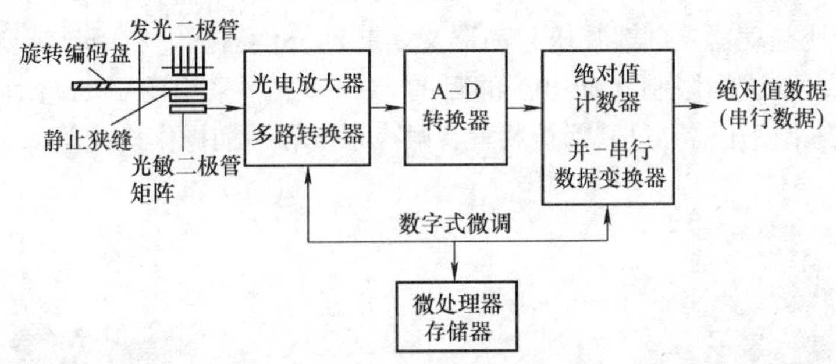

图2-51　混合式绝对值编码器的工作原理

2. 脉冲编码器的应用

脉冲编码器在设备中应用的方式有两种：

1）作为直接测量元件使用，如做角度测量元件。

2）作为转速、速度、坐标位置信息反馈元件使用。如电动机作为风机或泵等的动力，脉冲编码器与电动机匹配反馈电动机转速信息，使风机或泵的转速以及相应的流量按需要变化，既可以节能，又节约材料。

脉冲编码器用于数控车床的简图如图2-52所示。

（八）其他的常用机床电器

1. 起动器

起动器主要用于三相交流异步电动机的起动、停止或正反转的控制。起动器分为直接起动器和减压起动器两大类。直接起动器是在全压下直接起动电动机，适用于较小功率的电动机；常用的减压起动器有自耦减压起动器和Y/△起动器等。

（1）磁力起动器　磁力起动器是一种直接起动器，由交流接触器和热继电器组成，通过按钮操作可以远距离直接起停中小型的三相笼型异步电动机。

磁力起动器可分为可逆型和不可逆型两种。可逆磁力起动器具有两只接线方式不同的交流接触器，可以分别控制电动机的正反转。不可逆磁力起动器只有一只交流接触器，它只能控制电动机的单方向旋转。

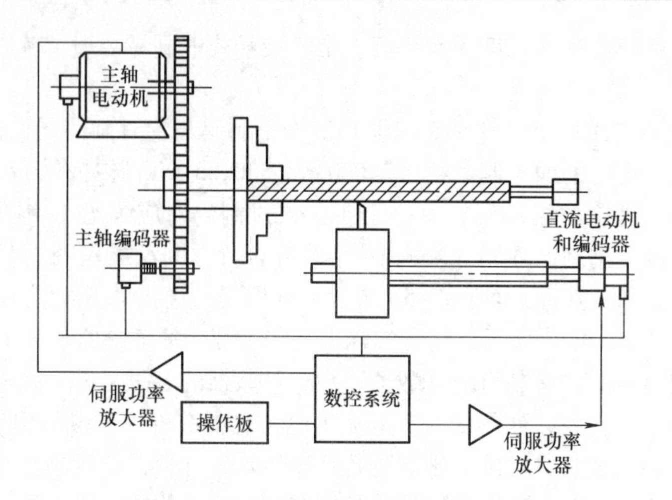

图 2-52 脉冲编码器用于数控车床的简图

磁力起动器不具有短路保护功能，因此在使用时还要在主电路中加装熔断器或断路器，其外形如图 2-53 所示。

（2）自耦减压起动器 自耦减压起动器又名起动补偿器。它利用自耦变压器来降低电动机的起动电压，以达到限制起动电流的目的。一般工厂采用的手动起动补偿器有 QJ3、QJ5 型，它是由自耦变压器、过载保护装置、触点系统和手柄操作机构等部分组成，其外形如图 2-54 所示。

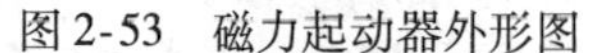
图 2-53 磁力起动器外形图

图 2-54 自耦减压起动器

起动时，将操作手柄转到“起动”位置，自耦变压器的三个低压抽头与电动机相连接，电动机在减压下起动。当电动机的转速上升到较高时，将操作手柄转到“运行”位置，电动机与三相电源直接连接，在全压下运行，自耦变压器失去作用。自耦减压起动器电气控制原理如图 2-55 所示。

起动器的所有触点都浸在绝缘油内，以利于灭弧。使用时应注意保持油的清洁，防止渗入水分和其他杂物。

此外，还有 XJ01 型自动自耦减压起动器，它可以利用自耦变压器在低电压下起动，并自动换接到全电压运行。

（3）Y/△起动器 电动机在起动时，其绕组接成Y形，正常运行时又改接成△形，电动机的这一起动方法称为Y/△（星三角形）起动法。执行这种起动方法的设备称为Y/△起动器，其电气控制原理如图 2-56 所示。

常用的Y/△起动器有 QX2、QX3、QX3A 和 QX10 等系列。QX2 系列是手动的，其余系

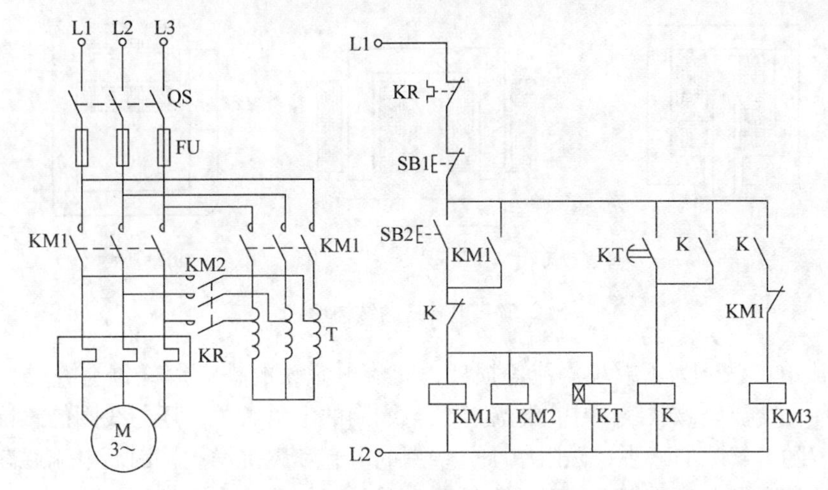

图2-55　自耦减压起动器电气控制原理

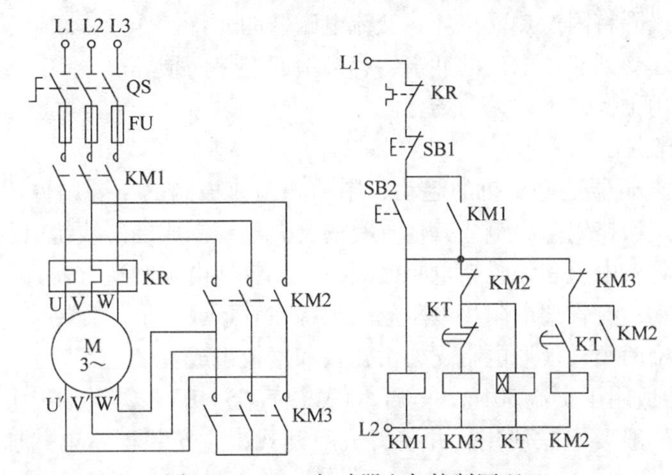

图2-56　Y/△起动器电气控制原理

列是自动的。QX3系列由三个交流接触器、一个热继电器和一个时间继电器组成，它是利用时间继电器的延时作用来完成Y/△的自动换接的。QX3系列的起动器有QX3－3、QX3－30、QX3－55、QX3－125等型号。QX3后面的数字表示当额定电压为380V时，起动器可控制的电动机的最大功率的数值（kW）。

2. 电磁铁

电磁铁是利用通电的线圈在铁心中产生的电磁吸力来吸引衔铁或钢铁零件，以完成所需要的动作的。

电磁铁由线圈、铁心和衔铁三部分组成。当线圈中通以电流时，铁心被磁化而产生吸力，吸引衔铁动作。衔铁的运动方式有直动式和转动式两种，其结构形式如图2-57所示。

按线圈中所通电流的种类，电磁铁可分为直流电磁铁和交流电磁铁。

（1）直流电磁铁　直流电磁铁的铁心和衔铁用整块软磁性材料制成，电流仅与线圈电阻有关，不因吸合过程中气隙的减小而变化，所以允许操作的频率高。在吸合前，气隙较大，磁路的磁阻也大，气隙的磁通密度小，所以吸力较小。吸合后，气隙很小，磁阻最小，磁通密度最大，所以吸力也最大。因此，衔铁与铁心在吸合过程中吸力逐渐增大。

直流电磁铁适用于操作频繁、行程不很大的场合。

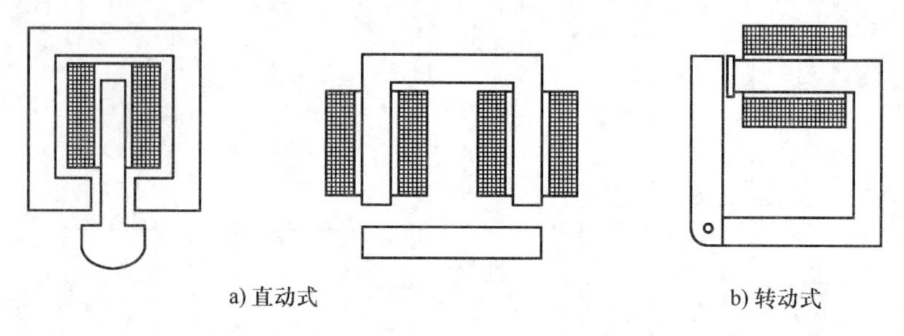

图2-57 电磁铁的结构形式

（2）交流电磁铁 为了减小涡流等损耗，交流电磁铁的铁心用硅钢片叠成，并在铁心端部装短路环。交流电磁铁线圈中的电流不仅与线圈的电阻有关，还与线圈的感抗有关。在吸合过程中，随着气隙的减小，磁阻减小，线圈的电感和感抗增大，因而电流逐渐减小。交流电磁铁在开始吸合电流最大，一般比衔铁吸合后的工作电流大几倍到十几倍。如果衔铁被卡住而不能吸合，线圈将因过热而烧坏。交流电磁铁的允许操作频率较低，因为如果操作太频繁，线圈就会不断受到起动电流的冲击，容易引起过热而损坏。

交流电磁铁适用于操作不频繁的场合。

3. 电阻器和变阻器

（1）电阻器 电阻器是电动机的起动、制动和调速控制的重要附件。它的核心组成部分是电阻元件，是用铁铬铝、康铜或其他种类的合金丝绕制成的。线绕电阻是最基本的电阻元件，它可分为有骨架电阻和无骨架电阻两大类。无骨架电阻制造方便、用料省，但元件刚性较差，不适宜摇动；有骨架电阻用电阻丝或带绕在管形或板形的瓷制支架上制成。管形电阻支架分有槽和无槽两类，板形电阻支架由瓷鞍和钢板组成。

ZX系列电阻器适用于交流50Hz、电压500V或直流440V以下电路中用作起动、制动或附加电阻。电阻器一般要串联使用，并装置成敞开式，应安装于室内并加以遮拦，以保障安全。

（2）变阻器 变阻器是由电阻元件、换接部分及其他零件组成，能够连续调节或分段切换电阻值的独立电器。一些类型的变阻器用作电路的负载、分压器、变流器；另一些类型与电动机联用，如起动变阻器用于限制电动机的起动电流，励磁变阻器用于发电机调压或电动机调速。

变阻器按结构可分成滑线式变阻器和滑动触点式变阻器两类。滑线式变阻器利用触点直接在丝面上移动来改变电阻值，它变阻调节较为平滑，单件功率较小，使用较为方便。滑动触点式变阻器依靠动、静触点相互间位置的变化来改变电阻值，可按照不同电动机的特性做成多种规格。

（3）频敏变阻器 频敏变阻器是能随电流的频率而自动改变电阻值的变阻器，它的电阻值对频率很敏感。频敏变阻器一般用作绕线式异步电动机转子电流的起动电阻。

频敏变阻器的结构类似于没有二次绕组的三相变压器，主要由铁心和绕组两部分组成。铁心用普通钢板或方钢制成E形和条状（作铁扼）后叠装而成，在E形铁心和铁扼之间留有气隙，供调整电阻值用。绕组有几个抽头，一般接成Y形。图2-58所示为BP1系列频敏变阻器的结构图。

频敏变阻器的三相绕组通入交流电时，铁心中产生交变磁通，引起铁心损耗。由于铁心是采用厚钢板制成的，所以在铁心要形成很大的涡流，铁损很大，而且频率越高，涡流越大，铁损也越大。交变磁通在铁心中的损耗可等效地看作电流在电阻中的损耗，因此，频率变化时，铁损也变化，相当于等效电阻的阻值在变化。

频敏变阻器接入绕线式异步电动机的转子电路后，在电动机刚起动的瞬间，转子电流的频率最高（它等于交流电源的频率），频敏变阻器的阻值最大，限制了电动机的起动电流；随着电动机起动完毕，频敏变阻器便从转子电路中切除。

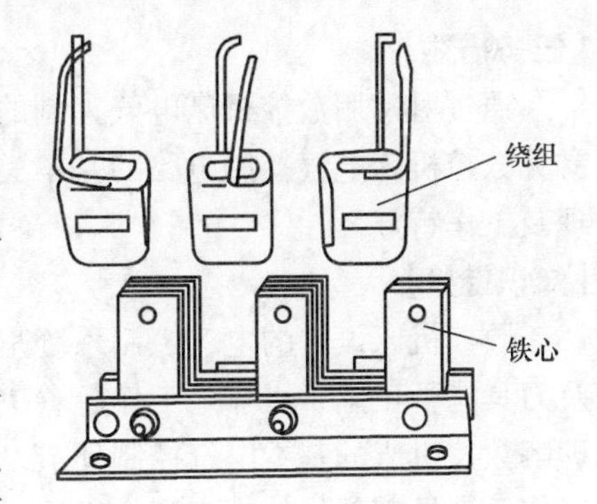

图2-58　BP1系列频敏变阻器的结构图

频敏变阻器结构简单，价格低廉，使用维护方便，目前已被广泛采用，但它的功率因数较低，起动转矩较小，故不宜用于重载起动。

常用的频敏变阻器有BP1、BP2、BP3和BP4等系列。

【技能训练】

（1）实训地点：电工技术实训中心及实习工厂。

（2）实训内容：

1）拆装辨认不同类型开关电器的各组成部分，明确其工作原理。

2）进行断路器试验，测试其保护性能。

【总结与提高】

（1）简述隔离开关的作用及常用刀开关的分类。

（2）简述低压断路器的工作原理。

（3）说明低压断路器的保护装置主要有哪些。各有什么作用。

（4）简述如何选择低压断路器。

（5）什么是主令电器？主令电器有哪些分类？

（6）接触器有哪些作用？其构成有哪些部件？如何选择接触器？

（7）什么是继电器？简述其分类及整定方法。

（8）简述常用的机床执行电器的组成、基本结构、工作原理及选用方法。

（9）简述脉冲编码器的工作原理。

（10）画图并说明常用起动器的工作原理。

任务2.3　数控机床电气控制的基本环节与电路分析

【知识目标】

（1）掌握数控机床常用电气控制方案及控制特点。

（2）熟悉常用数控机床电路图及接线。

（3）掌握数控机床电路的性能参数及调试方法。

【技能目标】

（1）能现场分辨各种数控机床的电气控制方式。

（2）会运用数控机床电路图分析数控机床电气系统的组成及各部分的功用。

（3）能根据数控机床的电气设计要求，完成相关部分的电气安装与调试。

【任务描述】

通过对常用数控机床电气控制的基础组成及电路原理的分析和介绍，帮助学生正确掌握常见数控机床电气控制电路的基本类型，了解其组成及基本功能，掌握电气控制部分工作原理及工作特点。

【知识链接】

数控机床设备的电气控制系统是零件加工生产过程不可缺少的重要组成部分，它对机床及刀具能否正确、可靠地工作起着决定性的作用。为此，在进行系统故障分析时，必须正确理解数控机床的基本电气控制环节，并合理安排、快速排除故障，使控制系统尽快恢复正常工作，满足零部件的生产和加工要求。

在进行数控机床电气控制系统日常维护和检修工作时，也应对所涉及机床的机械系统的工作性能、结构特点、运动情况以及加工工艺过程及加工情况有充分的了解，并在此基础上参考电气控制方案，如电动机的控制方式，起动、制动、反向及调速要求，必要的联锁与保护环节等。要认真分析和熟悉电路，以保证生产机械出现技术问题时，能及时有效地解决，最大限度地保证生产机械和工艺对电气控制系统的要求。

不同种类的数控机床由于加工目的及工艺要求不同，必然具有截然不同的电气控制系统，但任何复杂的电气控制系统都是由一些比较简单的基本控制环节按照不同的需要组合而成。在进行控制电路的设计、分析和故障判断时，一般都是从这些基本控制环节着手。因此，掌握机床电气控制电路的基本环节，对整个机床电气控制系统的设计、工作原理的分析及设备维修都是至关重要的。

（一）三相交流电动机的基本电气控制方案

机床电动机控制就是根据生产工艺要求，对电动机进行起动、反接、调速和制动等控制。要使电动机能正常运转，就必须有正确、合理的控制电路。电动机在运行时，有可能产生短路、过载等各种电气事故。所以对控制电路来说，除了承担电动机的供电和断电的任务外，还要担负保护电动机的作用。当电动机发生故障时，控制电路应该发出信号或自动切断电源，以避免事故扩大。

三相异步电动机的控制电路，一般可以分为主电路和辅助电路两部分。对于承载电气设备负荷电流的电路，称为主电路；对于控制主电路通断或监视和保护主电路正常工作的电路，称为辅助电路。主电路上流过的电流一般都比较大，而辅助电路上流过的电流则都比较小。

下面就以常见的三相交流电动机的控制为例，详细分析一下数控机床的基本电气控制电路。

1. 单向起动控制电路

（1）手动控制电路　图2-59所示为用小型开关等实现的手动单向起动控制电路。这种电路比较简单，对容量较小、起动不频繁的电动机来说，是经济方便的起动控制方法。它不能实现远距离控制和自动控制，不能实现零电压，欠电压和过载保护等。

（2）点动控制电路　图2-60所示为接触器控制的电动机单向起动控制电路。图中QS为电源开关，FU1 、FU2为熔断器，KM为接触器，M为笼型异步电动机，SB为起动按钮。电路可分成主电路和控制电路两大部分。

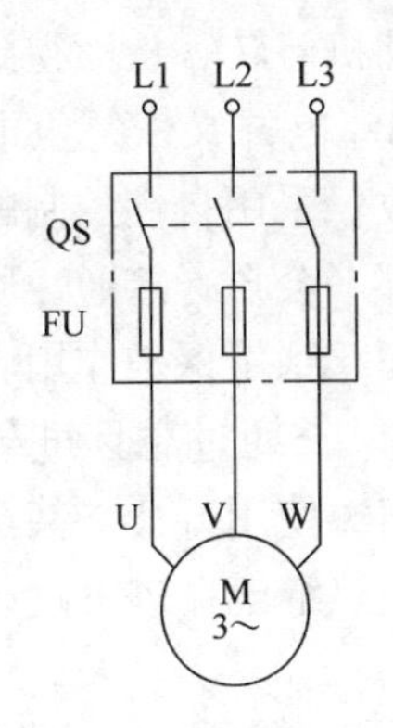

图2-59　手动单向起动控制电路

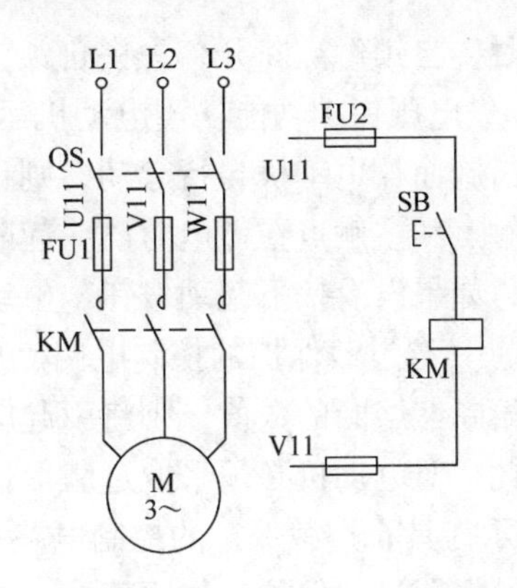

图2-60　接触器控制的电动机单向起动控制电路

当电动机需要点动时，先合上电源开关QS，按下起动按钮SB，接触器线圈KM便通电，衔铁吸合，带动它的三对常开主触点KM闭合，电动机M便接通电源起动运转。当SB按钮放开后，接触器线圈断电，衔铁受到弹簧反力的作用而复位，带动它的三对常开主触点断开，电动机便断电停止运转。这种只有当按下按钮SB时电动机才运转，而放开按钮SB时电动机就停转的电路，称为点动控制电路。

为了简化分析，在分析各种控制电路原理图时，可以用符号、箭头及少量文字说明来表示其工作原理，说明如下。

合上电源开关QS，则有：

起动：按下SB→KM线圈通电吸合→KM主触点闭合→电动机M运转。

停止：松开SB→KM线圈断电释放→KM主触点断开→电动机M停转。

（3）具有自锁的控制电路　上述的控制方法无法实现电动机的连续运行。为实现连续运行，需要用接触器的一个常开辅助触点并联在起动按钮的两端；又为了可以将电动机停止，在控制电路中再串联一个停止按钮，如图2-61所示。工作原理如下。

合上电源开关QS，则有：

起动：按下起动按钮SB2→KM线圈通电吸合→KM常开辅助触点闭合自锁，同时KM主触点闭合→电动机M连续运转。

停止：按下停止按钮SB1→KM线圈断电释放→KM常开辅助触点断开，同时KM主触点断开→电动机M停转。

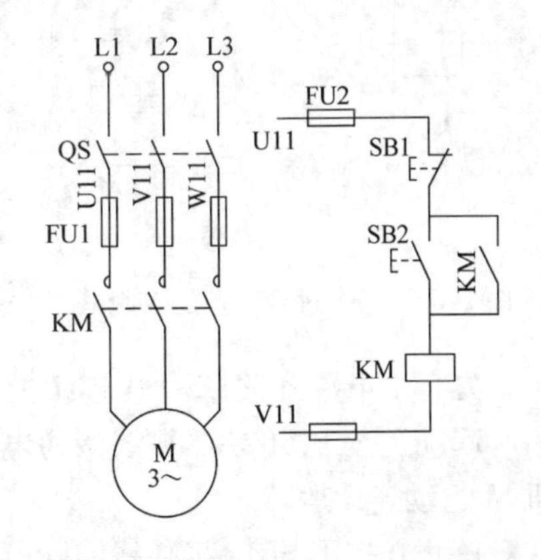

图2-61　具有自锁的单向起动控制电路

这种具有自锁的控制电路，有如下保护环节。

1）短路保护功能。熔断器FU1、FU2为主电路和控制电路的短路保护之用。当电路发生短路时，熔断器立即被熔断，切断电源，从而保护电动机及其控制电路。

2）欠电压保护功能。当电动机运行时，若电源电压下降，则电动机的电流就会上升，电压下降越严重电流上升也越严重，严重时会烧坏电动机。在具有自锁的控制电路中，当电动机运转时，电源电压降低到较低（一般在小于额定电压的85%）时，接触器线圈的电磁吸力不足，自锁触点断开，失去自锁，同时主触点也断开，电动机停转，从而得到了保护。

3）失电压保护功能。当电动机运行过程中，遇到电源临时停电并又恢复供电时，若未加防范措施而让电动机自行起动，则很容易造成设备或人身事故。采用自锁控制的电路，由于自锁触点和主触点在停电时已一起断开，控制电路和主电路都不会自行接通，所以在恢复供电时，如果没有按下起动按钮，电动机就不会自行起动，从而起到了保护作用。

（4）具有过载保护的控制电路　电动机在运行过程中，如果长期过载且过载电流又未达到使熔断器熔断的数值，则将引起电动机过热、绝缘损坏、缩短使用寿命、甚至烧坏电动机。因此，对电动机必须采取过载保护的措施，最常用的是利用热继电器进行过载保护，图2-62所示为具有过载保护的控制电路。

热继电器过载保护工作原理是：电动机连续运行中→出现过载→经过一定延时→热继电器FR的热元件受热弯曲→控制电路中的FR常闭触点断开→接触器KM的线圈断电→KM主触点断开→电动机M停止运转。

由于热继电器的热元件有热惯性，即使通过它的电流超过额定电流好几倍，它也不会瞬时动作，所以它只能作过载保护，而电动机的短路保护还需要依靠熔断器等来实现过载电流的迅速切断。

（5）连续与点动运行的控制电路　在生产实际中，经常要求控制电路既能点动控制又能连续运行，这可以通过多种方法来完成。

1）复合按钮控制法　如图2-63所示，电路的工作原理如下。

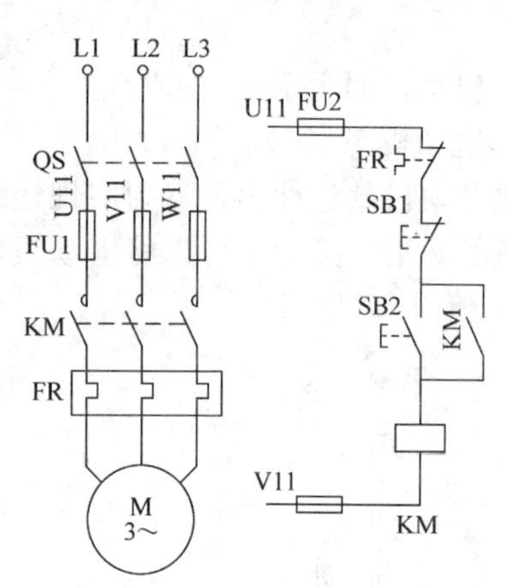

图2-62　具有过载保护的控制电路

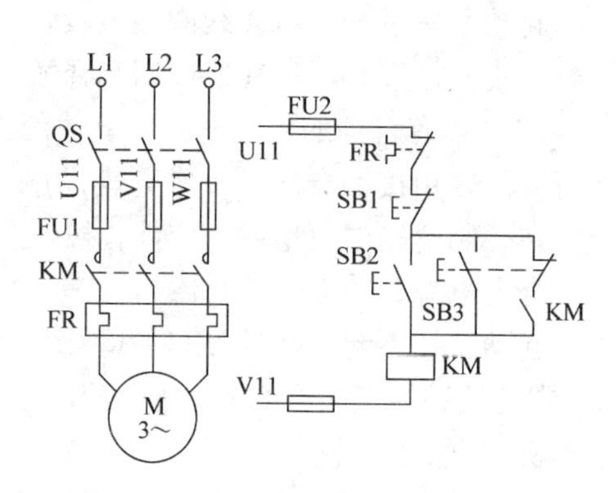

图2-63　复合按钮控制电路

先合上电源开关QS，则连续控制过程为

起动：按下SB2→KM线圈通电吸合→KM自锁触点闭合，同时KM主触点闭合→电动机M起动连续运转。

停止：按下SB1→KM线圈断电释放→KM自锁触点断开，同时KM主触点断开→电动机M断电停转。

点动控制过程为

起动：按下SB3→SB3常闭触点先断开→切断自锁电路→SB3常开触点后闭合→KM线圈通电吸合→KM主触点闭合→电动机M起动运转。

停止：松开 SB3→SB3 常开触点先断开→KM 线圈断电释放→SB3 常闭触点后闭合，且此时 KM 自锁触点已断开→KM 主触点断开→电动机 M 断电停止运转。

2）中间继电器控制法 如图 2-64 所示，在控制电路中增加了一个点动按钮 SB3 和一个中间继电器 KA。电路的工作原理如下。

合上电源开关 QS，则有点动控制过程为

起动：按下 SB3→KM 线圈通电吸合→电动机 M 起动运转。

停止：松开 SB3→KM 线圈断电释放→电动机 M 断电停止运转。

连续控制时

起动：按下 SB2→KA 线圈通电吸合→与 SB2 并联的 KA 常开触点闭合自锁，同时与 SB3 并联的 KA 常开触点闭合→KM 线圈通电吸合→电动机 M 起动运转。

停止：按下 SB1→KA 线圈断电释放→KA 两个常开触点均断开→KM 线圈断电释放→电动机 M 断电停止运转。

以上的两种控制电路各有优缺点。如用图 2-63 所示的控制电路，当接触器铁心因剩磁而发生缓慢释放时，就会使点动控制变成连续控制，即在松开 SB3 时，它的常闭触点应该是在 KM 自锁触点断开后才闭合，但若接触器发生缓慢释放，SB3 的常闭触点在 KM 自锁触点还未断开时就已经闭合，则电动机就会变成连续控制了，在某些极限状态下，这是十分危险的。所以这种控制电路虽然简单却并不可靠。图 2-64 所示的电路，虽然多用了一个中间继电器 KA，但是能避免以上的不足，使得电路工作的可靠性大大提高。

2. 正反转控制电路

生产机械往往要求可以实现两个相反方向的运动，例如主轴的正转与反转、工作台的前进与后退等。这些两个相反方向的运动通常靠拖动它们的电动机的正反转来实现，而电动机正反转是通过改变三相电源的相序来实现的。

常见的正反转控制电路有接触器联锁正反转控制电路、按钮联锁正反转控制电路以及按钮和接触器双重联锁正反转控制电路等几种。

（1）接触器联锁正反转控制电路 图 2-65 为接触器联锁正反转控制电路。图中 KM1 为正转接触器，KM2 为反转接触器。当 KM1 主触点接通时，三相电源 L1、L2、L3 按 U—V—

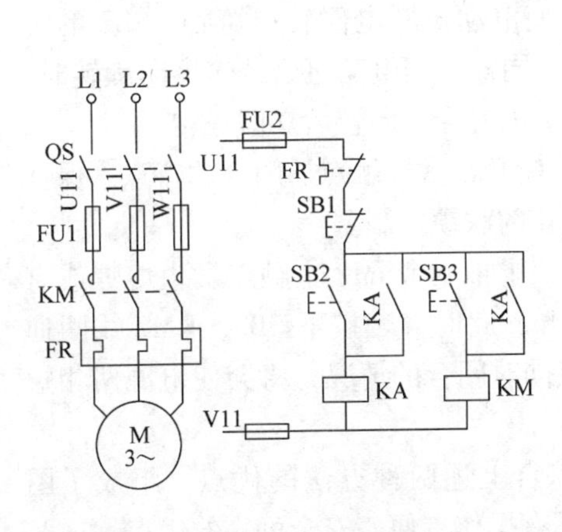

图 2-64 中间继电器控制电路

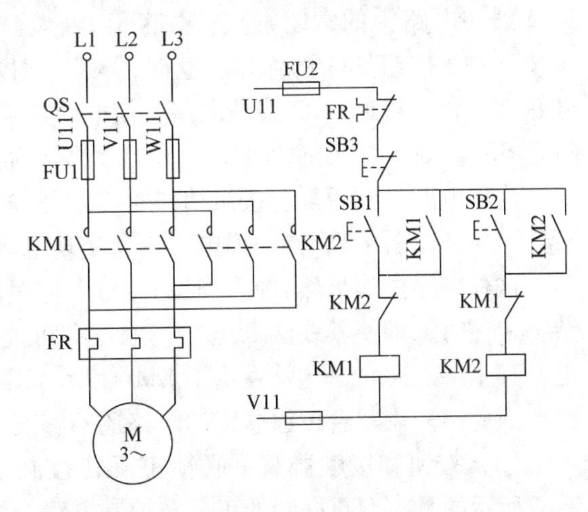

图 2-65 接触器联锁正反转控制电路

W 相序接入电动机；当 KM2 主触点接通时，三相电源 L1、L2、L3 按 W—V—U 相序接入电动机。当两只接触器分别工作时，电动机的旋转方向相反。

电路要求接触器 KM1 和 KM2 不能同时通电，否则，它们的主触点会同时闭合，将造成 L1、L3 两相电源短路。为此，在接触器 KM1 和 KM2 线圈各自的支路中相互串联了对方的一副常闭辅助触点，以保证接触器 KM1 和 KM2 不会同时通电。KM1 与 KM2 的这两副常闭辅助触点在电路中所起的作用称为互锁或联锁，这两副触点称为互锁触点或联锁触点。

接触器联锁正反转控制电路工作原理如下。

合上 QS，则有

1）正转控制：按下 SB1→KM1 线圈通电吸合并自、互锁→KM1 主触点闭合→电动机 M 正转。

2）反转控制：先按下 SB3→KM1 线圈断电释放→KM1 主触点断开→电动机 M 停转→再按下 SB2→KM2 线圈通电吸合并自、互锁→KM2 主触点闭合→电动机 M 反转。

上述电路的缺点是当电动机的转向要改变时，必须要先按停止按钮 SB3 后才能使电动机反转，操作很不方便。

（2）按钮联锁正反转控制电路　图 2-66 所示为按钮联锁正反转控制电路。在正反转电路中分别串入相反转向复合按钮的常闭触点，可实现防止线圈 KM1 与 KM2 同时通电，实现联锁。

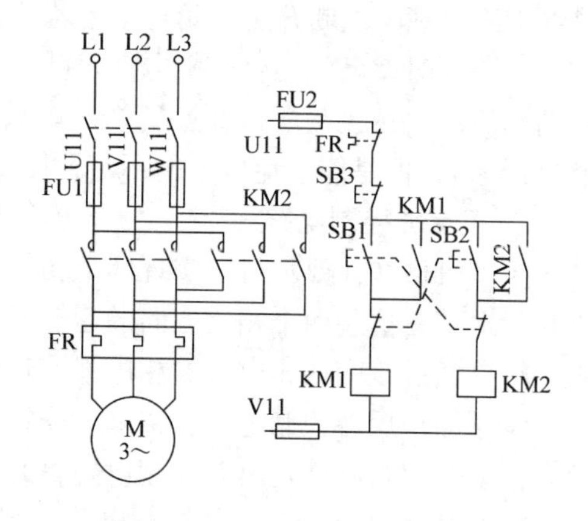

图 2-66　按钮联锁正反转控制电路

该电路的工作原理基本上与接触器互锁正反转控制电路相似。它的特点是：当需要改变电动机的转向时，只要直接按下反转按钮 SB2 即可，不必先按停止按钮 SB3，其原因说明如下。

如果电动机已经按正转方向运转，KM1 线圈是通电的。如果按下按钮 SB2，它串在 KM1 线圈电路中的常闭触点首先断开，相当于按下停止按钮 SB3 的作用，这时，KM1 线圈断电，使电动机断电停转；随后，SB2 的常开触点闭合，接通 KM2 线圈电路，使电动机反向旋转。同样，当电动机已经作反向旋转时，按下 SB1，则 KM2 线圈先断电，KM1 线圈后通电，电动机就会先停转后立即正转。

这种电路是利用复合按钮动作时，总是常闭触点先断开，常开触点后闭合的特点来保证 KM1 与 KM2 线圈不会同时通电，由此实现电动机正反转的联锁控制。

这种电路操作虽然方便，但是容易产生短路故障。例如，当 KM1 主触点发生熔焊或有杂物卡住时，即使其线圈断电，主触点有可能分断不开。此时，若按下 SB2，KM2 线圈通电，其主触点闭合，这就发生了 KM1 和 KM2 的主触点同时闭合的情况，将会使电源两相短路。因此，采用复合按钮联锁的电路还不够安全。

（3）按钮和接触器双重联锁正反转控制电路　综合上述两种方法的优点，组成了图 2-67所示的具有双重联锁的正反转控制电路。该电路具有操作方便、安全可靠的优点。

在正反转电路中分别串入相反转向复合按钮及接触器的常闭触点，起到防止线圈 KM1

与KM2同时通电的作用，实现双重联锁，电路工作的可靠性大大提高了。电路的工作原理与前述电路基本相同。

(二) 功能控制电路

1. 位置控制电路

电气控制系统中的位置控制就是用运动部件上的挡铁碰撞行程开关而使其触点动作，以接通或断开电路，来控制机械行程或实现加工过程的自动往返。

行程开关可以完成行程控制或限位保护。行程开关在各种机床设备的控制电路中经常遇到。例如通过在机床工作台行程的两个终端处各安装一个限位开关，并将这两个限位开关的常闭触点串接在控制电路中，就可以达到限位保护的目的。这种限位控制电路如图2-68所示。其工作原理如下。

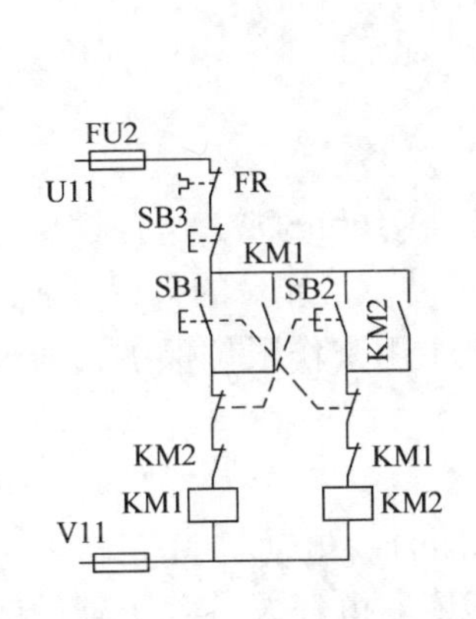

图2-67 按钮接触器联锁正反转控制电路

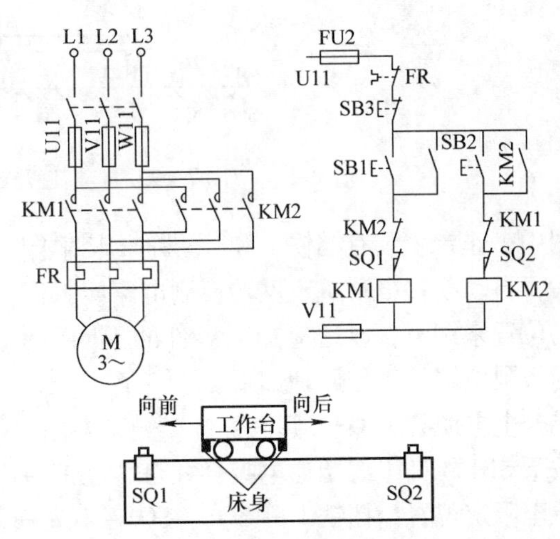

图2-68 行程控制电路

先合上电源开关QS，则有

(1) 工作台向前运动 按下SB1→KM1线圈通电吸合并自、互锁→KM1主触点闭合→电动机M起动正转→工作台前移→移至限定位置→挡铁碰SQ1→SQ1常闭触点断开→KM1线圈断电释放→电动机M断电停转→工作台停止前移。

此时，即使再按SB1，由于SQ1常闭触点已断开，接触器KM1线圈也不会通电，保证了小车不会超过SQ1所在的位置，起到了限位的作用。

(2) 工作台向后运动 按下SB2→KM2线圈通电吸合并自、互锁→KM2主触点闭合→电动机M起动反转→工作台后移→SQ1常闭触点恢复闭合→工作台移至限定位置→挡铁碰SQ2→SQ2常闭触点断开→KM2线圈断电释放→电动机M断电停转→工作台停止后移。

此时，即使再按SB2，由于SQ2常闭触点已断开，接触器KM2线圈也不会通电，保证了工作台不会超过SQ2所在的位置，起到了限位的作用。

(3) 停车 停车时只需按一下SB3即可。

2. 自动往复循环控制电路

有些零件的加工，要求机床工作台在一定距离内能自动往复，不断循环，以便能连续加工工件，其主电路和控制电路如图 2-69 所示。

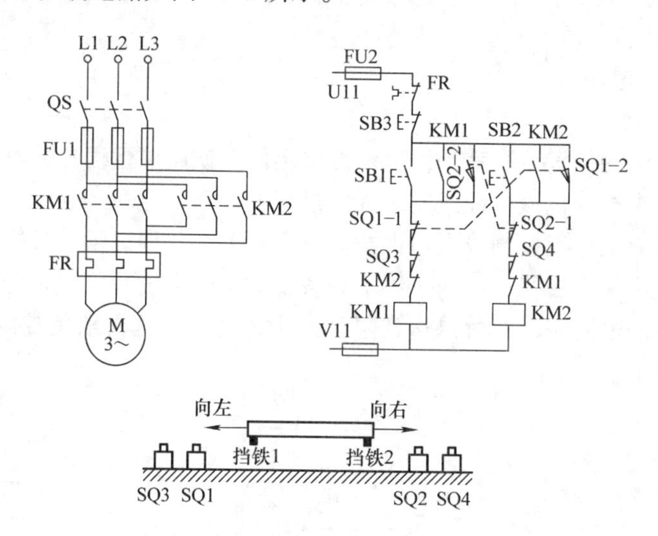

图 2-69　自动往复循环控制电路

图中工作台上装有挡铁 1 和 2，机床床身上装有行程开关 SQ1 和 SQ2，当挡铁碰撞行程开关后，自动换接电动机正反转控制电路使工作台自动往返移动。工作台的行程可通过移动挡铁的位置来调节，以适应加工零件的不同要求。SQ3 和 SQ4 用来作限位保护，即限制工作台的极限位置。工作原理如下。

先合上电源开关 QS，则有：

按下 SB1→KM1 线圈通电吸合并自、互锁→KM1 主触点闭合→电动机 M 正转→工作台左移→至限定位置，挡铁 1 碰 SQ1→SQ1－1 先断开→KM1 线圈断电释放→KM1 辅助触点复位，主触点断开→电动机 M 停止正转→工作台停止左移→SQ1－2 后闭合→KM2 线圈通电吸合并自、互锁→KM2 主触点闭合→电动机 M 反转→工作台右移，SQ1 触点复位→移至限定位置，挡铁 2 碰 SQ2→SQ2－1 先断开→KM2 线圈断电释放→KM2 辅助触点复位，主触点断开→电动机 M 停止反转→工作台停止右移→SQ2－2 后闭合→KM1 线圈通电吸合并自、互锁→KM1 主触点闭合→电动机 M 又正转→工作台左移，SQ2 触点复位→……。以后重复上述过程，工作台就会在限定的行程内自动往复运动。

（三）顺序控制电路

在安装有多台电动机的复杂数控设备上，各个电动机所起的作用是不同的，在实施控制时往往需要按照一定的顺序起动，并且只有如此，才能保证操作过程的合理性和安全可靠性。如当铣床工作时就要求先起动主轴电动机，然后才能起动进给电动机。又如，当带有液压系统的机床工作时，一般都要先起动液压泵电动机，以后才能起动其他电动机。这些控制的顺序关系反映在控制电路上，称为顺序控制。

图 2-70 所示是两台电动机 M1 和 M2 的顺序控制电路。该电路的特点是，电动机 M2 的控制电路是接在接触器 KM1 的常开辅助触点之后，这就保证了只有当 KM1 接通，M1 起动后，M2 才能起动。而且，如果由于过载或失电压等原因使 KM1 失电，M1 停转，那么 M2 也立即停止，即 M1 和 M2 同时停止。

电路的工作原理如下。

先合上电源开关QS，则有：

起动：按下SB1→KM1线圈通电吸合并自锁→KM1主触点闭合→电动机M1起动运转→再按下SB2→KM2线圈通电吸合并自锁→KM2主触点闭合→电动机M2起动运转。

停止：按下SB3→KM1、KM2线圈断电释放→KM1、KM2主触点断开→电动机M1、M2同时断电停转。

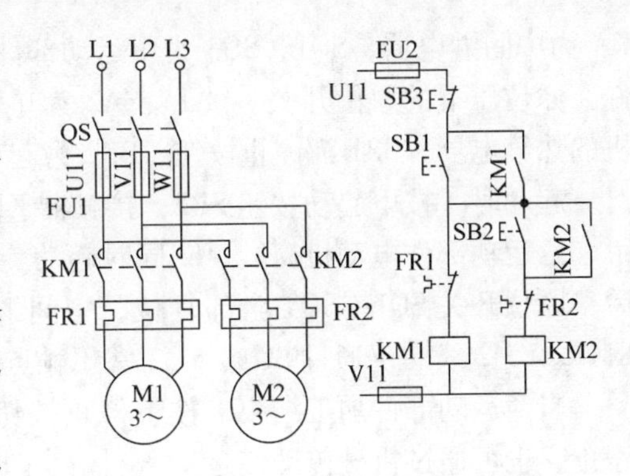

图2-70　两台电动机的顺序控制电路

1. 多台电动机同时起动并能单独工作的电路

图2-71所示为多台电动机同时起动并能单独工作的控制电路。图中KM1、KM2、KM3分别为3台电动机的接触器，SA1、SA2、SA3分别为3台电动机单独工作的调整开关，FR1、FR2、FR3分别为3台电动机的热继电器，SB1为停止按钮，SB2为起动按钮。

需同时起动工作时，令调整开关SA1～SA3处于其常开触点断开、常闭触点闭合的位置。按下起动按钮SB2，接触器KM1～KM3线圈通电吸合并自锁，3台电动机同时起动旋转。

当需单独调整机床某一运动部件时，也就是当只要求某一台电动机单独工作时，如需M1电动机单独工作，则扳动SA2、SA3调整开关，使其常闭触点断开，常开触点闭合，然后再按下起动按钮SB2，KM1线圈通电并经SA2、SA3闭合触点自锁，M1起动运行，实现单独工作。

2. 两台电动机同时起动、同时或分别停机的控制电路

（1）两台电动机同时起动、同时停止的控制电路　图2-72所示为两台电动机同时起动、同时停止的控制电路。图中KM1、KM2分别为机床甲、乙两运动部件的电动机接触器，

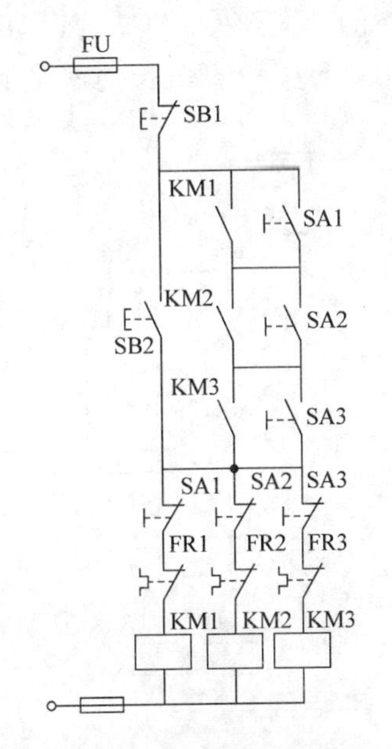

图2-71　多台电动机同时起动并能单独工作的控制电路

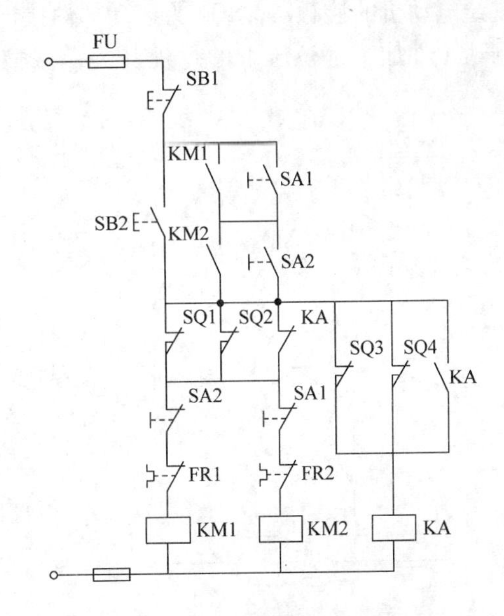

图2-72　两台电动机同时起动、同时停止的控制电路

KA 为中间继电器，SQ1、SQ3 为甲运动部件在原位压下的原位开关，SQ2、SQ4 为乙运动部件在原位压下的原位开关。SA1、SA2 为单独调整开关，FR1、FR2 为甲、乙运动部件电动机的热继电器，SB1 为停止按钮，SB2 为起动按钮。

起动时，按下起动按钮 SB2，接触器 KM1、KM2 线圈经 KA 常闭触点通电吸合并自锁，甲、乙运动部件电动机 M1、M2 同时起动旋转，拖动两运动部件移动。当运动部件离开原位后，原位开关 SQ1 ~ SQ4 全部复位，中间继电器 KA 线圈通电并自锁，常闭触点断开，但 KM1、KM2 线圈仍通过 SQ1、SQ2 常闭触点通电，电动机拖动运动部件继续运动。

当两运动部件加工结束，按下停止按钮 SB1，KM1、KM2、KA 断电释放，电动机同时停止。也可通过机械传动使运动部件在加工结束后返回原位，分别压下 SQ1 ~ SQ4 原位开关，使 KM1、KM2 线圈断电释放，也能达到同时停机目的。同时 KA 也断电释放，为下次起动作好准备。

操作 SA1 与 SA2 可实现单个运动部件的调整工作。

（2）两台电动机同时起动、分别停止的控制电路　图 2-73 所示为两台电动机同时起动、分别停止的控制电路。图中各元件作用与图 2-72 电路大体相同，所不同的是采用了复合按钮 SB2 来实现两台电动机的同时起动，而利用中间继电器 KA 两对常闭触点来实现分别停止的控制。

（3）主轴不转时引入和退出的控制电路　数控机床在加工中有时要求进给电动机拖动的运动部件，在主轴不旋转的状态下向前运动，当运动到接近工件的加工部位时，主轴才起动旋转，进行切削加工。当加工结束，运动部件退离工件时，主轴立即停转，而进给电动机在拖动运动部件返回原位后才停止。在加工过程中，主轴电动机与进给电动机之间应互锁，以保护刀具、工件和设备安全。

图 2-74 所示为主轴不转时引入和退出的控制电路。图中 KM1、KM2 分别为主轴电动机与进给电动机的接触器，SQ1 为运动部件接近工件加工部位压下的行程开关，SQ2 为运动部件到达工件加工部位压下的行程开关，在整个加工过程中 SQ1、SQ2 一直由长挡铁压下。

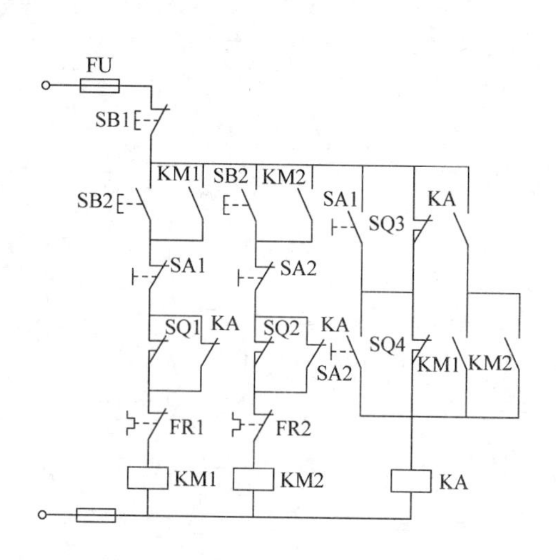

图 2-73　两台电动机同时起动、分别停止的控制电路

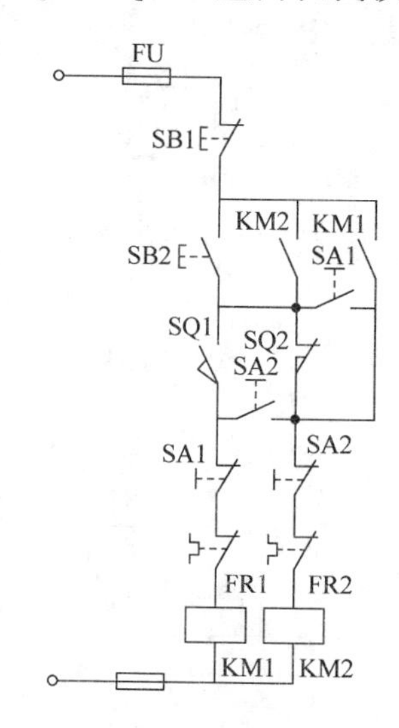

图 2-74　主轴不转时引入和退出的控制电路

SA1、SA2 为进给电动机或主轴电动机单独工作的调整开关。

起动时按下起动按钮 SB2，KM2 经 SQ2 常闭触点通电吸合并自锁，进给电动机起动旋转，拖动运动部件移动。当移动到主轴接近工件加工部位时，长挡铁压下 SQ1，KM1 线圈通电吸合，主轴电动机起动旋转。此时辅助触点同时为 KM1、KM2 线圈通电提供自锁电路。当运动部件继续移动一小段距离时，长挡铁压下 SQ2，开始加工。而 KM1 线圈通过 KM2 已闭合的常开触点，KM2 线圈通过 KM1 已闭合的常开触点维持通电吸合状态。由于 SQ1、SQ2 在整个加工过程中一直被长挡铁压下，这就保证了在整个加工过程中进给运动与主轴旋转唯一对应的关系。

加工结束，运动部件退回，当长挡铁退出放开 SQ2 时，KM1 常开辅助触点与 KM2 常开辅助触点并联后供电给 KM1、KM2 线圈。运动部件继续退回，当长挡铁放开 SQ1 时，KM1 线圈断电释放，主轴电动机停止旋转，但 KM2 仍自锁，运动部件继续退回，实现了主轴不转时的退出。直至运动部件退至原位，按下停止按钮 SB1，进给电动机停转，整个加工过程结束。

SA1 为进给电动机单独工作开关，SA2 为主轴电动机单独工作开关，操作相应开关实现调整工作。

（4）危险区自动切断电动机的控制电路　一些专用的数控机床在加工复杂工件时，有时会从几个加工面采用多把刀具同时进行加工，此时就有可能在工件内部发生刀具相撞，这个可能发生刀具相撞的区域称为“危险区”。图 2-75 所示为用两把钻头从工件相互垂直方向同时进行钻削加工时的危险区示意图。当钻头加工至两孔相连接的位置时，有可能出现两钻头相撞事故。为此，在两钻头进入危险区前，应使其中一台动力头暂停进给，另一台动力头继续加工，直至加工结束退离危险区后再起动暂停进给的那一台动力头继续加工，直至全部加工完成，其控制控制电路如图 2-76 所示。

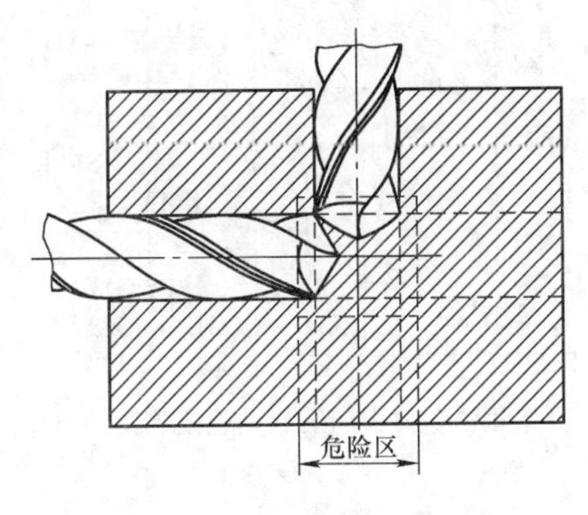

图 2-75　危险区示意图

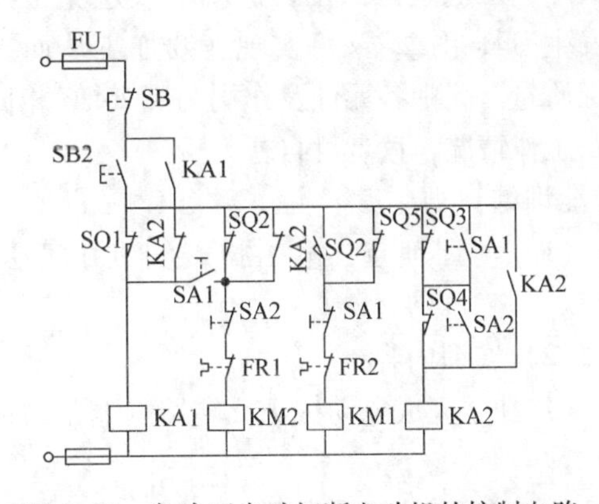

图 2-76　危险区自动切断电动机的控制电路

在图 2-76 电路中 KM1、KM2 为甲、乙动力头接触器，KA1、KA2 为中间继电器，SQ1、SQ3 为甲动力头原位行程开关，SQ2、SQ4 为乙动力头原位行程开关，SQ5 为危险区开关，SA1、SA2 为单独调整开关。

当甲、乙动力头均处于原位时，按下起动按钮 SB2，KA1 通电吸合并自锁，同时 KM1、KM2 通电吸合，甲、乙动力头同时起动运行。当动力头离开原位，SQ1 ~ SQ4 开关全部复位，KA2 通电吸合并自锁，KA2 常闭辅助触点断开，为加工结束停机作准备。此时 KM1、KM2 分别经 SQ5、SQ2 常闭触点继续通电吸合。当动力头加工进入危险区，甲动力头压下危险开关 SQ5，使 KM1 断电释放，甲动力头停止进给。乙动力头仍继续进给加工，直至加工结束，退回原位并压下 SQ2、SQ4，KM2 才断电释放，乙动力头停在原位。此时 KM1 因 SQ2 常开触点闭合，使 KM1 再次通电吸合，甲动力头重新起动继续进给，直至加工结束，退回原位并压下 SQ1、SQ3，此时 KA1、KM1、KA2 断电释放，整个加工过程结束。

单独调整动力头时，可分别操作 SA1、SA2 开关。如需甲动力头单独调整，可操作 SA2 开关，使 SA2 常开触点闭合，常闭触点断开。此时 KM2 无法通电吸合，乙动力头处于原位，将 SQ2、SQ4 开关压下，此时按下起动按钮 SB2，KA1、KA2 相继通电吸合并自锁。同时 KM1 通电吸合，拖动甲动力头进给，当进入危险区，由于 SQ5 常闭触点已被 SQ2 常开触点因压下已闭合，使 KM1 继续通电吸合，甲动力头仍继续进给，直至加工结束，退回原位，压下 SQ1、SQ3，使 KA1、KA2、KM1 断电释放，甲动力头单独工作结束。

当乙动力头单独工作时，操作开关 SA1，使其常闭触点断开，常开触点闭合，电路工作情况与甲动力头单独工作时基本相同，不再重述。此时在 KA1 和 KM2 线圈电路之间设置了 SA1 常开触点，当乙动力头单独工作时，该触点已闭合。其作用是：当乙动力头单独工作并离开原位时，不会因 KA2 常闭触点断开而使 KA1 线圈断电释放，从而保证乙动力头完成加工直至返回原位，压下 SQ2、SQ4，使 KM1、KM2 断电释放调整工作结束。

图 2-76 所示电路采用在加工过程中暂停进给来避免相撞，但将形成断续加工，影响加工质量。图 2-77 所示为两台动力头前后起动，从而使一台动力头从危险区加工完成开始退回时，另一台动力头才进入危险区加工，这就不仅避免了在危险区发生刀具相撞，又可实现连续加工从而提高了加工质量。图中各元件及作用与图 2-76 相同，其电路工作情况，读者可自行分析。

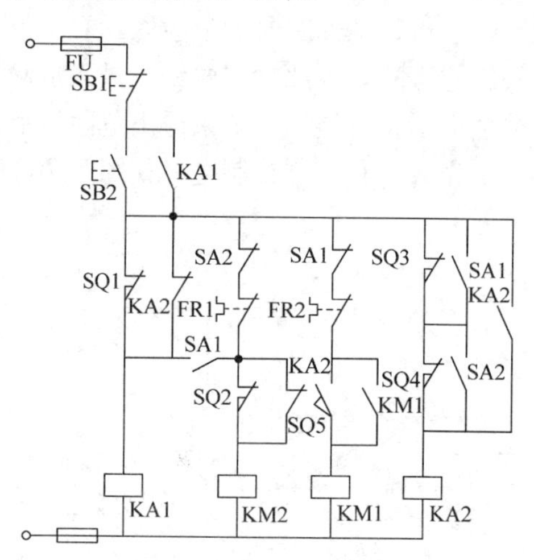

图 2-77　两台动力头前后起动连续加工的电路

【技能训练】

（1）实训地点：电工技术实训中心及实习工厂。

（2）实训内容：

1）独立完成电动机正反转控制电路的接线及调试。

2）拆装辨认不同类型的控制电路及各组成部分。

3）进行顺序控制试验，测试电路工作性能。

【总结与提高】

（1）简述机床电气控制的一般原则。

（2）分析并说明常用机床控制电路的基本环节。

（3）分析并说明机床控制电路设计的一般方法和步骤。

任务2.4　数控机床电气控制原理图的识读与解析

【知识目标】

（1）掌握常用数控机床电气控制原理图（电路图）的分析原则与方法。

（2）掌握数控机床电气控制原理图的故障分析。

（3）掌握数控机床电气控制原理图的参数分析。

【技能目标】

（1）能现场识别数控机床电路图中各种电气元件的布置及安装位置。

（2）会运用数控机床电气控制的基本知识分析电路图的组成及各部分的功用。

（3）能根据数控机床电路图的信息，完成相关部分的电气故障排除与检修。

【任务描述】

通过对常用数控机床电气控制原理图的基础知识介绍，帮助学生正确识读常见数控机床的电路图，了解其画法、组成，掌握电路图分析及查找故障的方法和技巧。

【知识链接】

在掌握了数控机床常用电器及基本电路工作原理的基础上，在进行设备与系统检修时，首先应熟悉典型机床的基本结构、加工工艺，然后由此出发掌握各基本环节的电气控制特点，最后归纳总结出数控机床的电气控制规律，以便快速准确地查找故障并及时检修，保证生产加工的有序、可靠。

下面就从数控机床电气控制原理图的识读与绘制开始，逐步学会从元件符号到复杂的数控机床控制电路工作原理的详细分析。

（一）电路图

电路图又称作电路原理图，是一种反映电子设备中各元器件的电气连接情况的图样。电路图由一些抽象的符号按照一定的规律构成。通过对电路图的分析和研究，就可以了解生产机械及设备的电路结构和工作原理。因此，看懂电路图是学好数控机床电气控制技术的一项重要内容，是进行数控机床电气维护或检修的前提。

（二）电路图的构成要素

一张完整的电路图是由若干要素构成的，这些要素主要包括图形符号、文字符号、连线及注释性字符等。

1. 图形符号

图形符号是构成电路图的主体，各种图形符号代表了组成电路的各个元器件。各个元器件图形符号之间用连线连接起来，就可以反映出控制系统的电路结构。

2. 文字符号

文字符号是构成电路图的重要组成部分。为了进一步强调图形符号的性质，同时也为了分析、理解和阐述电路图的方便，在各个元器件的图形符号旁，标注有该元器件的文字符号。例如“FR”表示热继电器，“KM”表示接触器等。

常用元器件的图形符号和文字符号见书后附录F～附录H。

3. 注释性字符

注释性字符也是构成电路图的重要组成部分，用来说明元器件的数值大小或者具体型号。

（三）电路图的画法规则

除了规定统一的图形符号和文字符号外，电路图还要遵循一定的画法规则。了解并掌握电路图的一般画法规则，对于看懂电路图是必不可少的。

1. 电路图的信号流向

电路图中信号流向一般为从左到右或从上到下，即将先后对信号进行处理的各个单元电路，按照从左到右或从上到下的方向排列，这是最常见的排列形式。

2. 连接导线

元器件之间的连接导线在电路图中用实线表示。导线的连接与交叉如图 2-78 所示，图 2-78a 中横竖两导线交点处画有一圆点，表示两导线连接在一起。图 2-78b 中两导线交点处无圆点，表示两导线交叉而不连接。导线的丁字形连接如图 2-78c 所示。

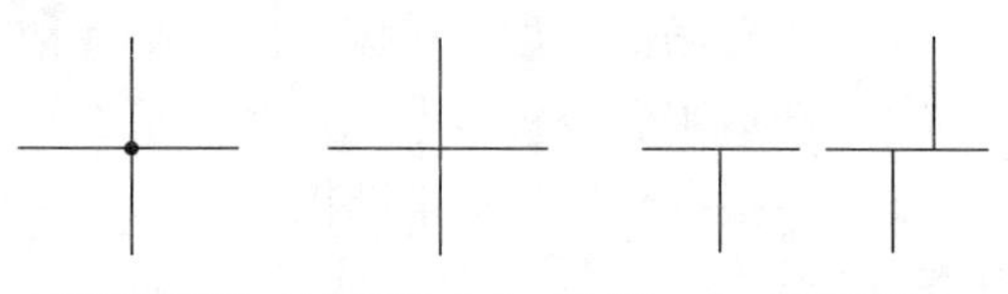

图 2-78　两导线交叉接线图

3. 电源线与地线

电路图中通常将电源线安排在元器件的上方，将地线安排在元器件的下方，如图 2-79a 所示。有的电路图中不将所有地线连在一起，而代之以一个个孤立的接地符号，如图 2-79b 所示，应理解为所有接地符号是连接在一起的。

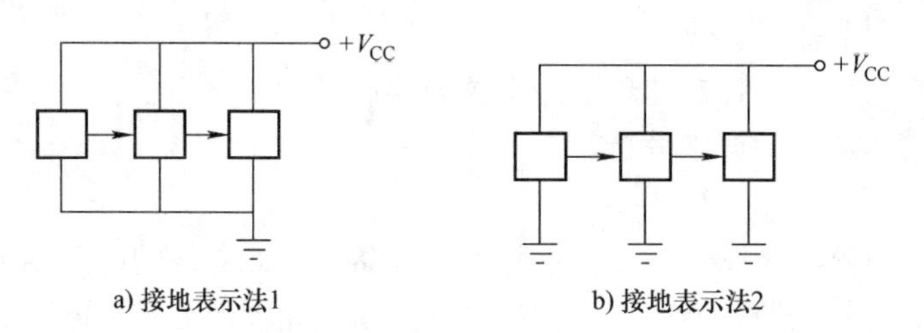

图 2-79　元器件接线图

（四）电路图的识图

掌握了以上基础知识，就可以对电路图进行完整的分析了。

1. 图幅的分区

为了易于查找和确定图样上某元件或设备的位置，方便阅读，往往需要将图幅分区。图幅分区的方法是：根据图样表达的内容，将图的纵向和横向都分成若干块，在图的边框处，从标题栏相对的左上角开始，竖边方向用大写拉丁字母，横边方向用阿拉伯数字，依次编号，这样就将图幅分成了若干个图区。图幅分区示例见图 2-80。

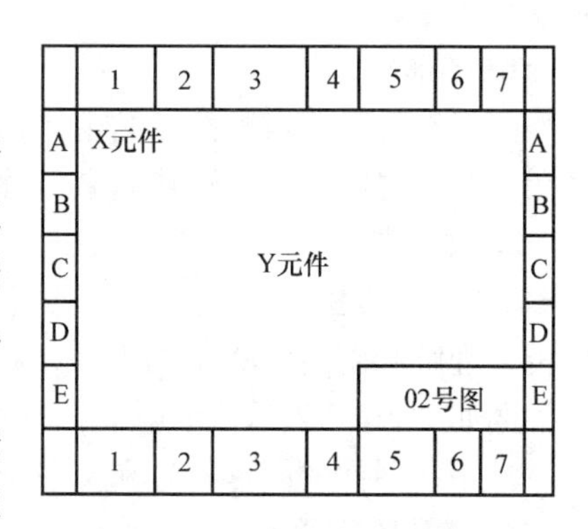

图 2-80　图幅分区示例图

图幅分区后，相当于在图纸上建立了一个直角坐标系。电路图上项目和连接线的位置则由此“坐标”唯一确定，用“图号/行、列或区号”标注。

如图2-80中X元件位于A1区，可标记为02/A1；Y元件位于C3区，标记为02/C3。

在较简单的机床电气控制原理图中，图幅竖边方向可以不用分区，只在图幅下方横边方向的边框进行图区编号，而将图幅上方横边方向的边框设置为用途栏，用文字注明该栏下方对应的电路元件或元件的功能或用途，以帮助理解电路图各部分的功能及全电路的工作原理。

2. 符号和标号的表达方法与释义

（1）电路的图形符号　图形符号是构成电路图的基本单元，用来表示一个电气元件或电气设备的图形标记。所有图形符号均按无电压、无外力作用的正常状态表示。如继电器、接触器的线圈未通电，开关未合闸，按钮未按下，行程开关未到位等。

（2）电路的文字符号　当图样上或技术说明中元器件、部件、组件较多时，为了加以区分，除了图形符号外，有时还必须在图形符号旁边标注相应的文字符号。当使用相同类型电器时，可在文字符号后加注阿拉伯数字序号来区分。电路图中的文字符号分为基本文字符号和辅助文字符号，这些符号均有指定的意义，而且必须按国家标准规定要求标注。

基本文字符号表示电气设备（如电动机、发电机、变压器等）和电气元器件（如电阻、电容、继电器等）；辅助文字符号则是表示电气设备、电气元器件的功能、状态、特征，如用“WH”表示白色（white），“ST”表示启动（start）等。

（3）技术数据的标注　电气元件的技术数据，除在电气元件明细表中标明外，有时也用小号字体注在其图形符号的旁边。

3. 电路图的划分

电路图一般分电源电路、主电路和辅助电路。

（1）电源电路画成水平线，三相交流电源相序L1、L2、L3自上而下依次画出，中性线和保护地线依次画在相线之下。直流电源“+”端在上，“-”端在下。

（2）主电路在电路图的左侧并垂直电源电路。它由主熔断器、接触器的主触点、热继电器的热元件及电动机等组成。它通过较大的电动机工作电流。

（3）辅助电路一般包括控制主电路工作状态的控制电路、显示主电路工作状态的指示电路、提供机床局部照明的照明电路等。它由主令电器的触点、接触器线圈及辅助触点、继电器线圈及触点、指示灯和照明灯等组成。一般按照从左至右、从上至下的排列来表示操作顺序。辅助电路通过的电流较小，一般不超过5A。

（4）电路图中，各电器的触点位置都按电路未通电或电器未受外力作用时的常态位置画出。

4. 电路图的识图方法与步骤

（1）判断信号流向　根据电路图的整体功能，找出整个电路图的总输入端和总输出端，即可判断出电路图的信号流向。一般为从左到右的方向依次排列。

（2）划分单元电路　一般来讲，接触器线圈是各机床单元控制电路的核心元器件。因此可以以接触器线圈等主要元器件为标志，按照信号流向将电路图分解为若干个单元电路，并据此画出电路原理框图。框图有助于掌握和分析电路图。

（3）分析电路工作过程　通过对单元电路的分析，已基本掌握电路的一般情况，即可对照电路图和原理框图，对控制电路原理作系统的分析，进而掌握其工作过程。

(五) 电气控制原理图的解析

1. 电气控制原理图中的图形符号、文字符号和接线端子标记

数控机床电气控制原理图中，电气元件的图形符号、文字符号必须采用IEC的通用标准或国家最新标准，即《GB/T 4728.1—2005 电气简图用图形符号》和《GB/T 7159—1987 电气技术中的文字符号制订通则》。接线端子标记采用《GB/T 4026—2010 人机界面标志标识的基本和安全规则》，并按照《GB/T 6988.1—2008 电气技术用文件的编制》要求绘制出电气控制原理图。部分企业仍然有老旧设备在使用旧国家标准绘制的电气控制原理图，为方便设备维修，在本书附录中列出了电路图常用图形符号和文字符号新旧标准对照表。

2. 电气控制原理图

电气控制原理图是用来表示电路各个电气元件导电部件的连接关系和工作原理的图。此图根据简单、清晰的原则，采用电气元件展开的形式绘制而成。它不按电气元件的实际位置来画，也不反映电气元件的大小、形状和安装位置，只用电气元件导电部件及其接线端钮来表示电气元件，用导线将电气元件导电部件连接起来，以反映其连接关系。所以电气控制原理图结构简单、层次分明、适用于分析研究电路的工作原理，在生产现场快速检修中获得广泛应用。

电气控制原理图依据通过电流的大小分为主电路和辅助电路。

主电路是用来完成主要功能的电路。主电路一般由负荷开关、断路器、刀开关、熔断器、磁力起动器或接触器的主触点、减压起动电阻、电抗器、热继电器热元件、电流表、频敏变阻器、电磁铁、电动机等电气元件、设备和连接它们的导线等组成。

辅助电路是用来完成辅助功能的电路。辅助电路一般由转换开关、熔断器、按钮、接触器线圈及其辅助触点、各种继电器线圈及其触点、信号灯、电铃、电流互感器二次绕组以及串联在电流互感器二次绕组电路中的热继电器热元件、电流表等电气元件和导线组成。

下面就以图2-81所示CW6132车床的电气控制原理图为例来详细分析。

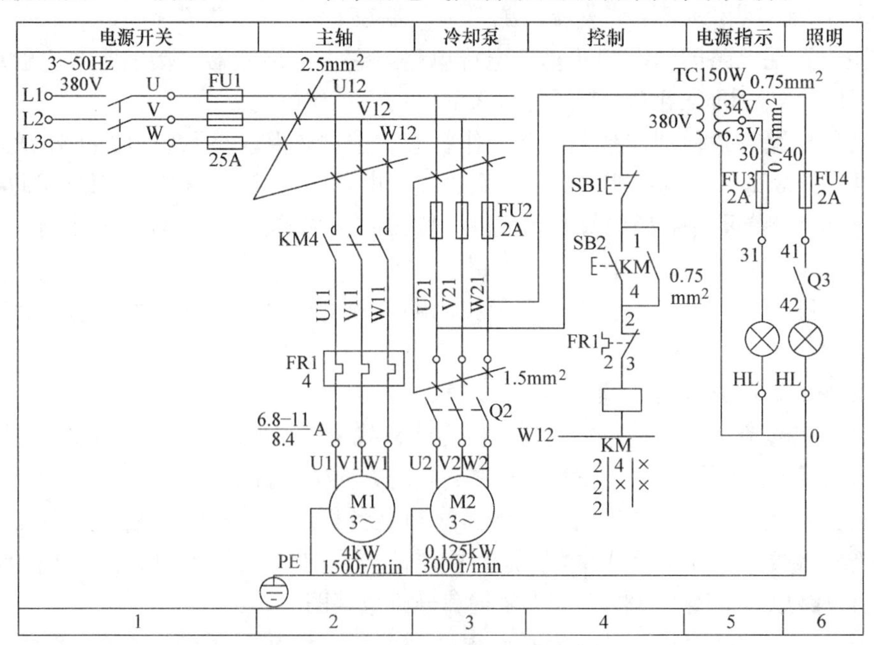

图2-81 CW6132车床电气原理图

（1）电气控制原理图的组成　电气控制原理图一般由主电路和辅助电路两部分组成。从电源到电动机大电流通过的主电路一般都画在辅助电路的左侧或上面，复杂的系统则分图绘制。主电路用粗线画，辅助电路用细线画。

（2）电源线　原理图中直流电源和单相交流电源线用水平线画出。一般直流电源的正极画在图样上方，负极画在图样的下方。三相交流电源线集中水平画在图样上方，相序自上而下依 L1、L2、L3 排列，中性线（N 线）和保护接地线（PE 线）放在相线之下。主电路垂直于电源线画出，控制电路与信号电路垂直画在两条水平电源线之间。耗电元件（如接触器、继电器的线圈、电磁铁线圈、信号灯等）直接与下方水平电源线连接，控制触点接在上方电源水平线与耗电元件之间。

（3）原理图中的电气元件　原理图中各电气元件均不是其实际的外形图，只是表示出其带电部件。同一电气元件的不同带电部件均按其在电路中的连接关系分别绘制，并采用国家标准规定的图形符号绘制。对于同一电气元件上所有的带电部件也必须采用国家标准中规定的同一文字符号标出。

（4）原理图中的电气触点　原理图中所有电气触点均按没有外力作用时或未通电时触点的初始开闭状态绘制。如接触器、继电器的触点按其电磁线圈未通电时的触点状态绘制；控制器触点按操作手柄处于零位时的状态绘制；控制按钮与行程开关触点按不受外力作用时的状态绘制；断路器和开关电器触点按处于断开状态时绘制。

（5）原理图的布局　电气原理图按功能布局法安排，即同一功能的电气元件集中在一起，且按电路动作顺序从上而下或自左至右绘制。

（6）触点分析原则　电气原理图中各元器件触点的图形符号，当图形垂直放置时，以“左开右闭”原则绘制，即垂线左侧的触点应为常开触点，垂线右侧的触点应为常闭触点；当图形为水平放置时，则以“下开上闭”原则绘制，即在水平线下方为常开触点，在水平线上方绘制常闭触点。

（7）电路连接点、交叉点的分析　在电路图中，对于需要测试和拆接的外部引线的端子，采用“空心圆”表示；有直接电联系的导线连接点，用“实心圆”表示；无直接电联系的导线交叉点不画黑圆点。

3. 符号位置的索引

在较复杂的电气控制原理图中，由于接触器、继电器的线圈和触点在图中不是画在一起的，其触点更是分布在图中所需的各个图区。为便于阅读，在接触器、继电器线圈的文字符号下方往往标注有触点位置的索引，而在触点文字符号下方也标注有线圈位置的索引。符号位置的索引，一般采用“图号/页次，图区号”的组合索引法。

当某一元件相关的各符号元素出现在不同图号的图样上，而当每个图号仅有一页图样时，索引代号可省去页次；当与某一元件相关的各符号元素只出现在同一图号的图样上，而该图号有几页图样时，索引代号可省去图号；当与某一元件相关的各符号元素只出现在一张图样的不同图区时，索引代号只用图区表示。

对于只出现在一张图样中的接触器线圈，索引中各栏含义为：左栏表示主触点所在图区号；中栏表示辅助常开触点所在图区号；右栏表示辅助常闭触点所在图区号。

对于只出现在一张图样中的继电器，索引中各栏含义为：左栏表示辅助常开触点所在图区号；右栏表示辅助常闭触点所在图区号。

如图2-81所示，图区4接触器KM线圈下索引标注表明：KM有3对主触点在图区2，一个常开辅助触点在图区4，2个常闭辅助触点没有使用。

又如图2-81所示，图区4中热继电器触点文字符号FR1下面的“2”，为最简单的索引代号，它指出热继电器FR1的线圈位置在图区2。

4. 电器布置图

电器布置图用来表明电气设备上所有电动机和各电器的实际位置，为生产机械上电气控制设备的安装和维修提供必备的资料。

图2-82所示为CW6132车床电器布置图。下面就根据此图来分析电器布置图的一般识读原则和方法。

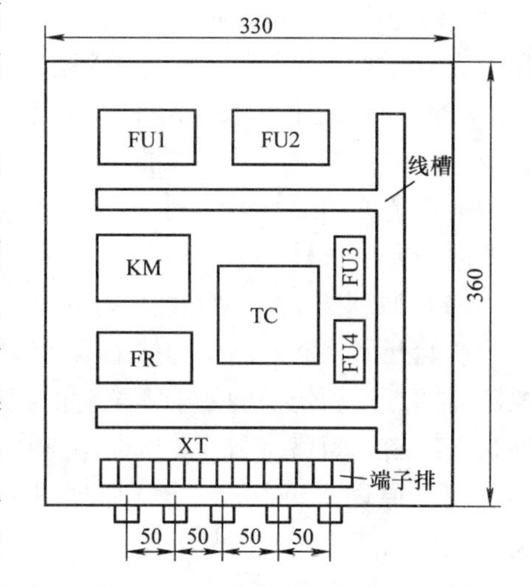

图2-82 CW6132车床电器布置图

（1）电器布置原则 电器布置图主要由机床电气设备布置图、控制柜及控制板电气设备布置图、操纵台及悬挂操纵箱电气设备布置图等组成。各项目的安装位置是由机械的结构和工作要求决定的，一般电动机要和被拖动的机械部件在一起，行程开关应布置在要取得信号的地方，操作元件布置在操作方便的地方，一般电气元件应布置在控制柜内。在图中，各个电器的代号应和相关电路图及其清单上的代号保持一致，在电器之间还应留有导线槽的位置。

（2）电器布置图的识读 电器布置图一般根据设备的复杂程度，集中绘制在一张图上，或者是将控制柜、操作台的电器布置图分开绘制。布置图上机械设备轮廓用双点画线画出；所有可见的和需要表达清楚的电器及设备，均由粗实线绘出其简单的外形轮廓。

5. 电气安装接线图

电气安装接线图主要用来表示电气控制系统中各种电气设备之间的实际接线关系，它是根据电器的布置合理、经济等原则来安排的，如图2-83所示。它可以清楚地表明各电器之间的电气连接，是实际安装接线和设备检修的重要依据。对于简单设备，往往只画出其中外部接线。在图2-83中，标明了该机床的电源进线、按钮、照明灯、指示灯、开关、电动机与机床电气控制盘接线端子排之间的连接关系，也标注出了所用导线的截面和导线数目等，供接线时使用。

图中电器的各个部分（如接触器的线圈和触点）一般画在一起，文字符号、元件连接顺序、线路号码等都也与电气原理图一致。不在同一控制箱和同一配电屏上的各电气元件都经接线端子排连接。电气安装接线图中的电气连接关系用线束来表示，连接导线上标注有导线的技术规范（数量、截面积等），一般不表明实际走线途径，检修时应根据实际情况选择电路查找。

对于控制装置的外部连接线一般在图上标注或用接线表示清楚，并标明电源的引入点。

数控机床在电气控制系统电路检修、安装接线之后，应进行试车、调整。电气控制系统试车之前，应按电气原理图、电器布置图、安装接线图等进行全面核对检查。确认无误后，

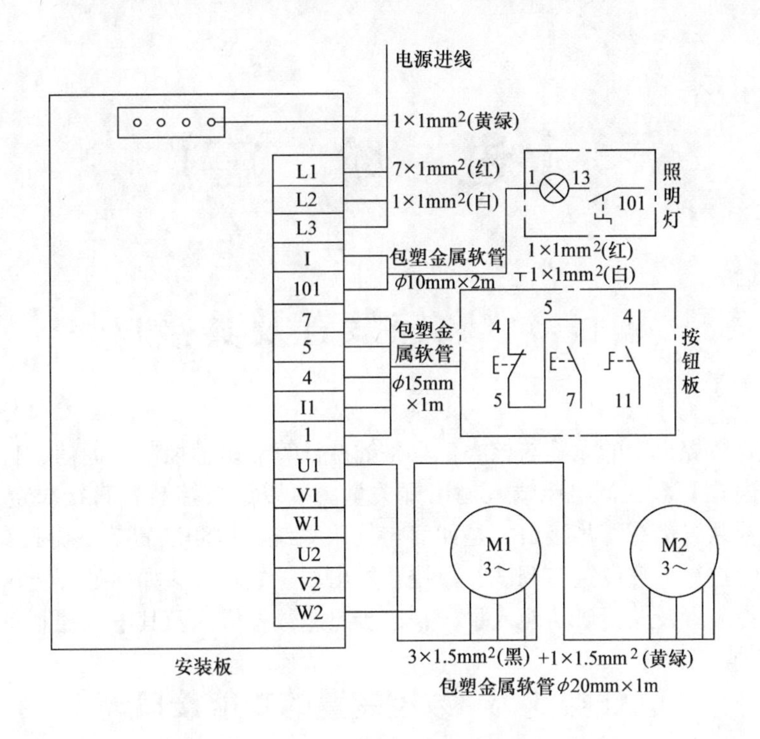

图2-83　某机床电气控制系统安装接线图

再通电试车。电气控制装置的安装，应安装好一部分，试验一部分，避免在接线中出差错。

【技能训练】

（1）实训地点：电工技术实训中心及实习工厂。

（2）实训内容：

1）辨认不同类型常用数控机床的电气控制原理图、电气接线图，掌握各部分分区位置及功能。

2）根据电气控制原理图，在现场找出数控电气元件的安装位置并识别不同的电气元件与接线。

【总结与提高】

（1）简述电路图的基本概念及其构成要素。

（2）简述电路图的识图方法与步骤。

（3）简述电气原理图的概念及其绘制的一般原则。

（4）电路图中如何识别同一电器的不同元件？

（5）电路图中接触器线圈的文字符号下面两条竖线中间的数字是什么含义？

（6）简述如何进行电气原理图的识读。

【进 阶 篇】

项目 3 数控装置及其接口

数控装置是数控机床的大脑与核心，具备插补计算、多轴控制、通信、自诊断等各种功能，同时能用内置 PLC 控制机床输入输出开关量。可以说数控装置直接决定了机床功能的强弱。那么数控装置都有哪些接口，是如何与伺服系统、检测装置等下游设备进行连接的？如何对数控系统进行参数设置与调试？数控装置出现了故障又该如何处理？这就要求从掌握数控机床的数控装置及其接口功能入手，来逐步熟悉数控机床及其电气控制系统。

任务 3.1 数控装置的功能接口

【知识目标】

掌握数控装置的接口形式、功能和连接方式。

【技能目标】

（1）能够读懂机床电气原理图，能借助电气原理图独立进行数控装置各接口的连接。

（2）掌握各部件的连接方式和调试方法。

【任务描述】

通过对华中数控装置各接口的功能与作用的介绍与认识，掌握华中数控 HED－21S 型综合实验台的功能与使用，能够独立完成数控装置的接口连接。

【知识链接】

本项目以华中数控 HED－21S 型数控系统综合实训台为载体，介绍 HNC－21TF 数控装置的接口功能与连接方法。

“华中世纪星” HNC－21TF 车床数控装置采用先进的开放式体系结构，内置嵌入式工业 PC 机，配置 7.7in 彩色液晶显示屏和通用工程面板，全汉字操作界面，具有故障诊断与报警、多种形式的图形加工轨迹显示和仿真等功能，操作简便，易于掌握和使用。该数控装置集成进给轴接口、主轴接口、手持单元接口、内嵌式 PLC 接口，可自由选配各种类型的脉冲接口、模拟接口以连接交流伺服单元或步进电动机驱动器，内部已提供标准车床控制的 PLC 程序，用户也可以自行编制 PLC 程序。HNC－21TF 具有直线、圆弧插补，螺纹切削，刀具补偿，宏程序等功能，支持硬盘、电子盘等程序存储方式以及 DNC、以太网等程序交换功能，具有价格低、功能强、配置灵活、结构紧凑、易于使用、可靠性高等特点。

（一）数控装置的接口

HNC－21TF 数控装置的接口如图 3-1 所示。数控装置各接口及引脚定义如下。

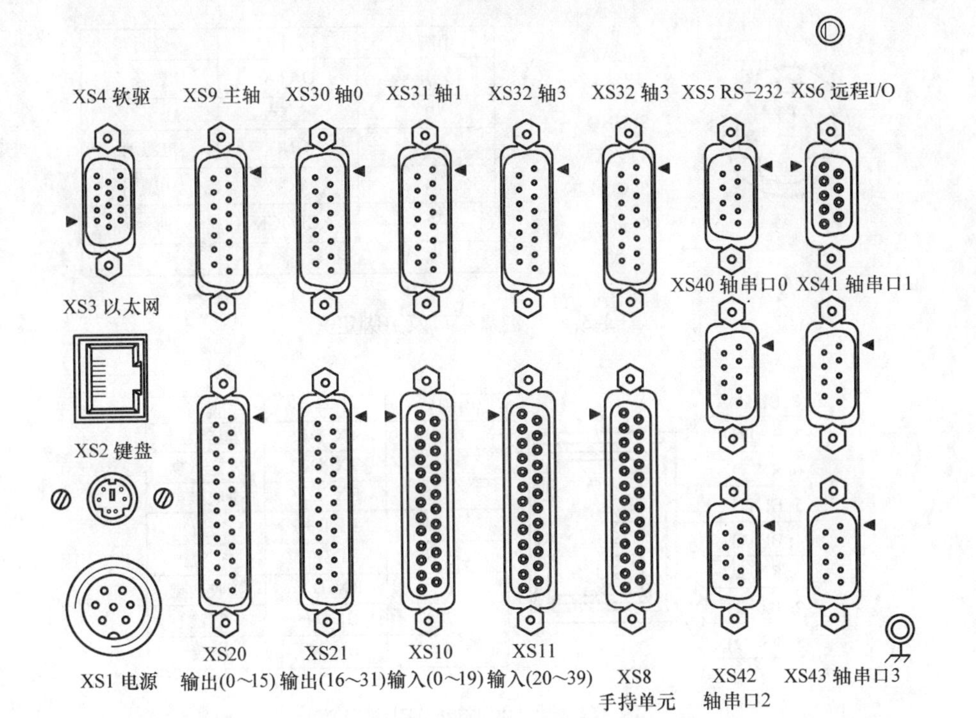

图3-1　HNC-21TF 数控装置的接口

1. 电源接口 XS1

电源接口及引脚定义如图3-2所示。注意：XS1的6脚在内部已与数控装置的机壳接地端子连通。由于电源线电缆中的地线较细，因此，必须单独增加一根截面积不小于2.5mm^2的黄绿色铜导线作为地线与数控装置的机壳接地端子相连。

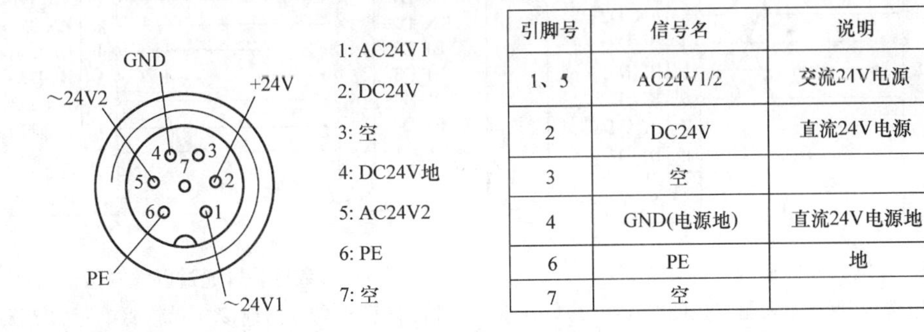

引脚号	信号名	说明
1、5	AC24V1/2	交流24V电源
2	DC24V	直流24V电源
3	空	
4	GND(电源地)	直流24V电源地
6	PE	地
7	空	

图3-2　电源接口及引脚定义

2. PC 键盘接口 XS2

PC键盘接口及引脚定义如图3-3所示。注意：可以直接接PC键盘，也可以通过软驱单元转接（软驱单元现已不常用）。

3. 以太网接口 XS3

通过以太网口与外部计算机连接是一种快捷、可靠的方式，以太网接口及引脚定义如图3-4所示。以太网口与外部计算机连接有两种方式。

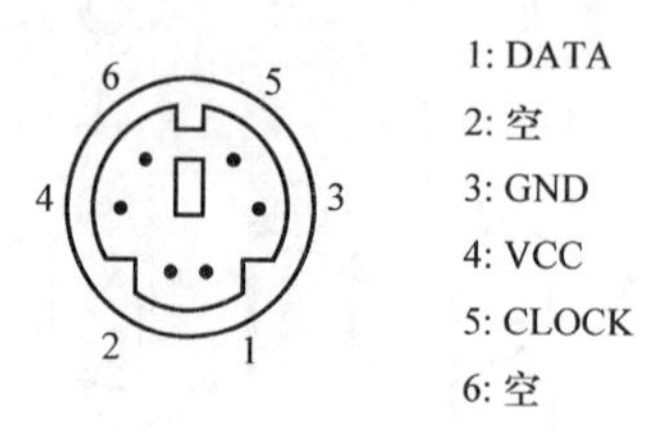

引脚号	信号名	说明
1	DATA	数据
2	空	
3	GND	电源地
4	VCC	电源
5	CLOCK	时钟
6	空	

图 3-3　PC 键盘接口及引脚定义

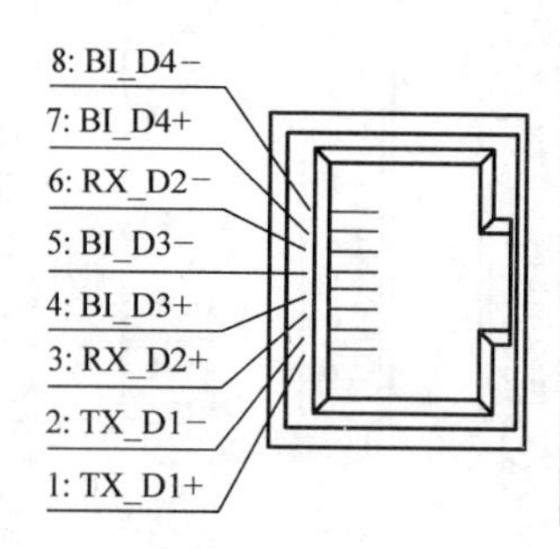

引脚号	信号名	说明
1	TX_D1+	发送数据
2	TX_D1−	发送数据
3	RX_D2+	接收数据
4	BI_D3+	空置
5	BI_D3−	空置
6	RX_D2−	接收数据
7	BI_D4+	空置
8	BI_D4−	空置

图 3-4　以太网接口及引脚定义

1）直接电缆连接（如图 3-5 所示）。

2）通过局域网连接（如图 3-6 所示）。

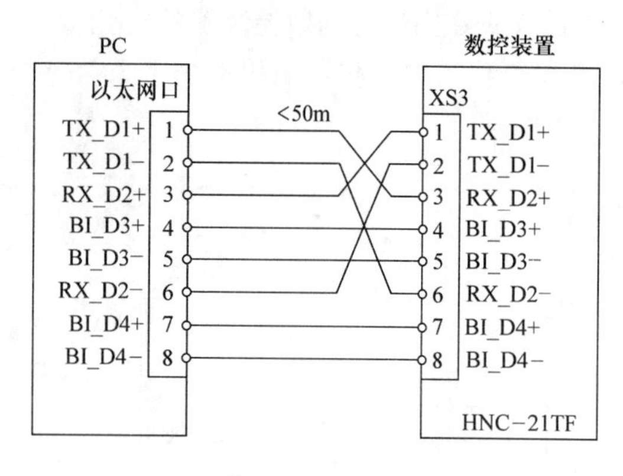

图 3-5　以太网接口与外部计算机直接电缆连接（无软驱单元的情况）

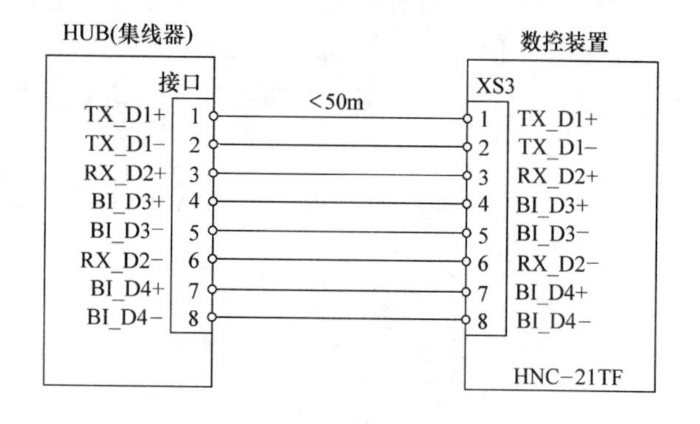

图 3-6　数控装置通过以太网接口与外部计算机局域网连接（无软驱单元的情况）

4. 软驱接口 XS4

不常用到。

5. RS－232 接口 XS5

RS－232 接口及引脚定义如图 3-7 所示。HNC－21TF 型数控装置可以通过 RS－232 接口与外部计算机连接，并进行数据交换与共享。在硬件连接上，可以直接由 HNC－21TF 型数控装置背面的 XS5 接口连接，也可以通过软驱单元上的串口接口进行转接。数控装置通过 RS－232 接口与 PC 连接如图 3-8 所示。

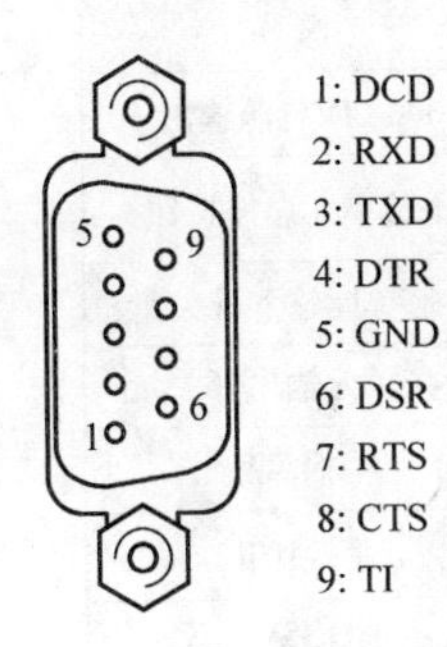

引脚号	信号名	说明
1	DCD	载波检测
2	RXD	接收数据
3	TXD	发送数据
4	DTR	数据终端就绪
5	GND	信号地
6	DSR	数据准备就绪
7	RTS	请求发送
8	CTS	允许发送
9	TI	振铃提示

图 3-7 RS－232 接口及引脚定义

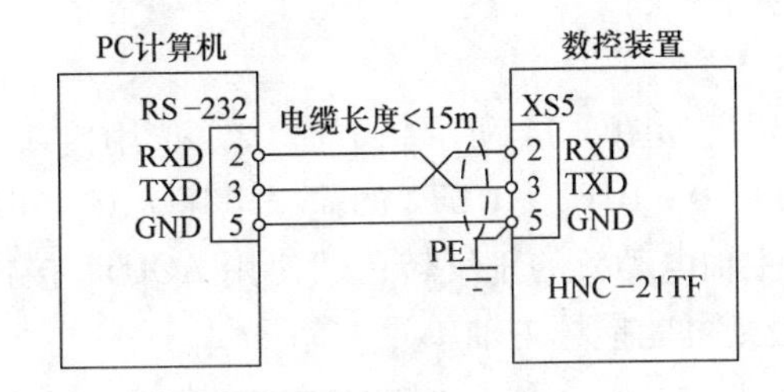

图 3-8 数控装置通过 RS－232
接口与 PC 连接（无软驱单元的情况）

6. 远程 I/O 接口 XS6

远程 I/O 接口及引脚定义如图 3-9 所示。

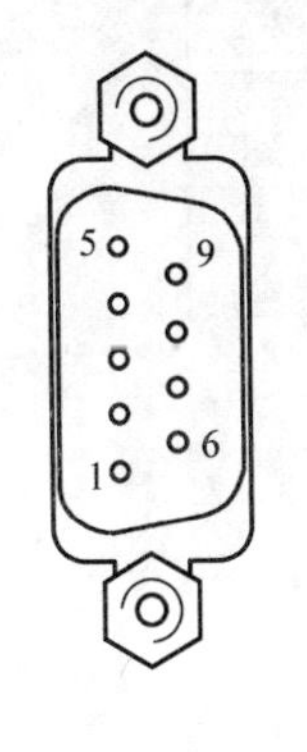

引脚号	信号名	说明
1	EN+	使能
2	SCK+	时钟
3	Dout+	数据输出
4	Din+	数据输入
5	GND	地
6	EN−	使能
7	SCK−	时钟
8	Dout－	数据输出
9	Din－	数据输入

图 3-9 远程 I/O 接口及引脚定义

7. 手持单元接口 XS8

手持单元接口及引脚定义如图 3-10 所示。手持单元中坐标选择、增量倍率选择、使能按钮、指示灯等需要占用 PLC 输入/输出开关量。因此，手持单元接口（XS8）占用了数控装置的开关量输出中的 4 路输出（O28 ~ O31）、开关量输入中的 8 路输入（I32 ~ I39）。

注意：若系统中未选用手持单元，或所选手持单元上没有急停按钮时，应该通过 DB25 头针插头将 XS8 接口上的第 4、第 17 脚短接。

1: 24VG
2: 24VG
3: 24V
4: ESTOP2
5: 空
6: I38
7: I36
8: I34
9: I32
10: O30
11: O28
12: HB
13: 5VG
14: 24VG
15: 24VG
16: 24V
17: ESTOP3
18: I39
19: I37
20: I35
21: I33
22: O31
23: O29
24: HA
25: +5V

信号名	说明
24V、24VG	DC24V电源输出
ESTOP2、ESTOP3	手持单元急停按钮
I32~I39	手持单元输入开关量
O28~O31	手持单元输出开关量
HA	手摇A相
HB	手摇B相
+5V、5VG	手摇DC5V电源

图 3-10 手持单元接口及引脚定义

8. 主轴控制接口 XS9

主轴控制接口及引脚定义如图 3-11 所示。主轴 D/A 选用接口 AOUT1 和 AOUT2 时应注意：AOUT1 的输出电压为 -10 ~ 10V，AOUT2 的输出电压为 0 ~ 10V，如果主轴系统是采用给定的正负模拟电压实现主轴电动机的正反转，请使用 AOUT1 接口控制主轴单元，其他情况都采用 AOUT2 接口，否则可能损坏主轴单元。

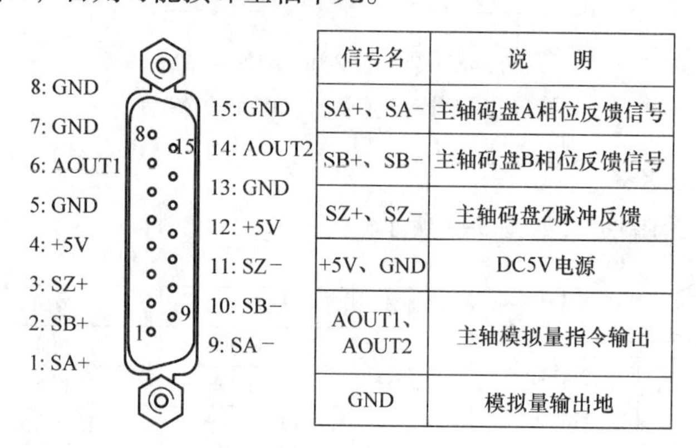

信号名	说　明
SA+、SA−	主轴码盘A相位反馈信号
SB+、SB−	主轴码盘B相位反馈信号
SZ+、SZ−	主轴码盘Z脉冲反馈
+5V、GND	DC5V电源
AOUT1、AOUT2	主轴模拟量指令输出
GND	模拟量输出地

图 3-11 主轴控制接口及引脚定义

9. 开关量输入接口 XS10、XS11

开关量输入接口及引脚定义如图 3-12 所示。

XS10(头针座孔)
1: 24VG
2: 24VG
3: 空
4: I18
5: I16
6: I14
7: I12
8: I10
9: I8
10: I6
11: I4
12: I2
13: I0
14: 24VG
15: 24VG
16: I19
17: I17
18: I15
19: I13
20: I11
21: I9
22: I7
23: I5
24: I3
25: I1

XS11(头针座孔)
1: 24VG
2: 24VG
3: 空
4: I38
5: I36
6: I34
7: I32
8: I30
9: I28
10: I26
11: I24
12: I22
13: I20
14: 24VG
15: 24VG
16: I39
17: I37
18: I35
19: I33
20: I31
21: I29
22: I27
23: I25
24: I23
25: I21

信号名	说明
24VG	外部开关量DC24V电源地
I0~I39	输入开关量

图 3-12 开关量输入接口及引脚定义

10. 开关量输出接口 XS20、XS21

开关量输出接口及引脚定义如图 3-13 所示。

注意：XS1 的 4 脚在数控装置内部已与 XS10、XS11、XS20、XS21 开关量接口的 1、2、14、15 脚连通。但为了提高开关量信号的抗干扰能力，XS10、XS11、XS20、XS21 开关量接口的 1、2、14、15 脚应采用单独的电线连接到外部 DC 24V 电源地上，以减少流过 XS1 的 4 脚（GND）的电流。若某些输入/输出开关量控制或接收信号的电气元器件的供电电源是单独的，则其供电电源必须与输入/输出开关量的供电电源共地。否则，数控装置不能通过输出开关量可靠地控制这些电气元器件，或从这些电气元器件接收信号。

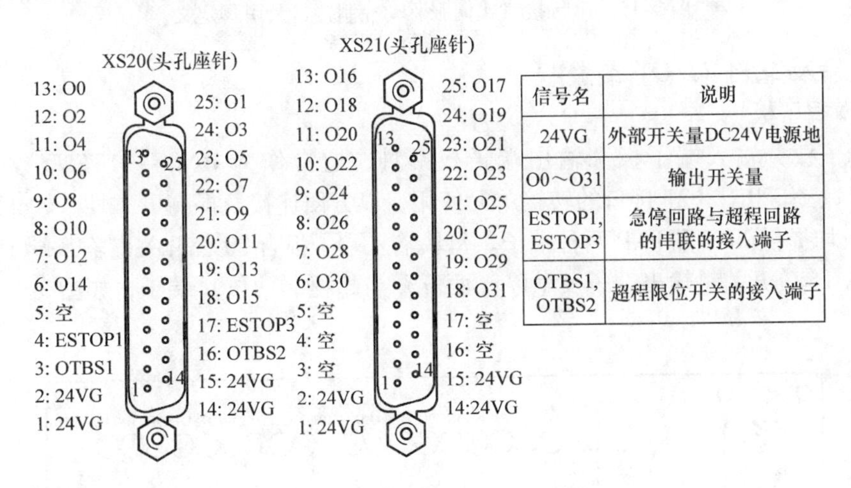

信号名	说明
24VG	外部开关量DC24V电源地
O0～O31	输出开关量
ESTOP1, ESTOP3	急停回路与超程回路的串联的接入端子
OTBS1, OTBS2	超程限位开关的接入端子

图 3-13　开关量输出接口及引脚定义

11. 进给轴控制接口 XS30 ~ XS33

进给轴控制接口及引脚定义如图 3-14 所示。

图 3-14 所示为模拟接口式、脉冲式伺服控制接口和步进电动机驱动单元控制接口及引脚定义。

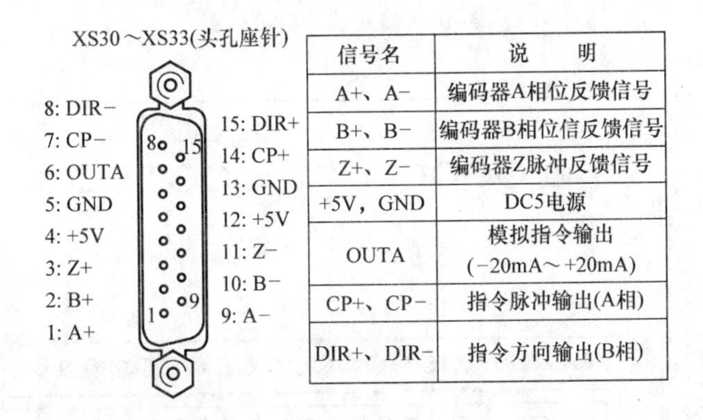

信号名	说　明
A+、A−	编码器A相位反馈信号
B+、B−	编码器B相位信反馈信号
Z+、Z−	编码器Z脉冲反馈信号
+5V，GND	DC5电源
OUTA	模拟指令输出 (−20mA～+20mA)
CP+、CP−	指令脉冲输出(A相)
DIR+、DIR−	指令方向输出(B相)

图 3-14　进给轴控制接口及引脚定义

12. 串行接口式伺服驱动控制接口 XS40 ~ XS43

串行接口式伺服驱动控制接口及引脚定义如图 3-15 所示。

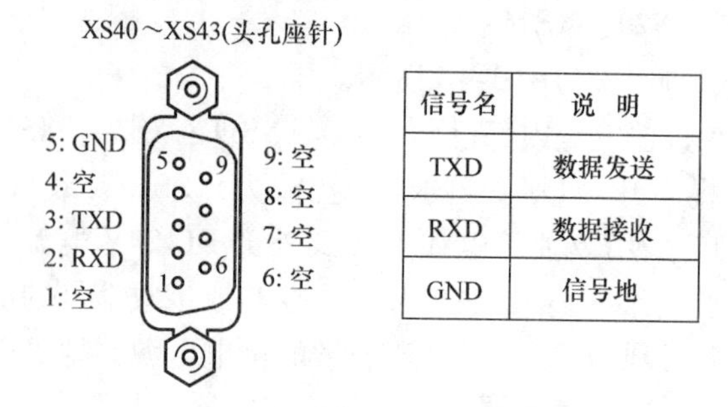

信号名	说　明
TXD	数据发送
RXD	数据接收
GND	信号地

图 3-15　串行接口式伺服驱动控制接口及引脚定义

（二）输入/输出（I/O）装置

1. I/O 端子板

I/O 端子板分输入端子板和输出端子板两种，通常作为 HNC－21TF 型数控装置的 XS10、XS11、XS20、XS21 接口的转接单元使用，以方便连接及提高可靠性。输入端子板和输出端子板均提供 NPN 和 PNP 两种端子。每块输入端子板含 20 位开关量输入端子，每块输出端子板含 16 位开关量输出端子及急停（两位）与超程（两位）端子，如图 3-16、图3-17 所示。

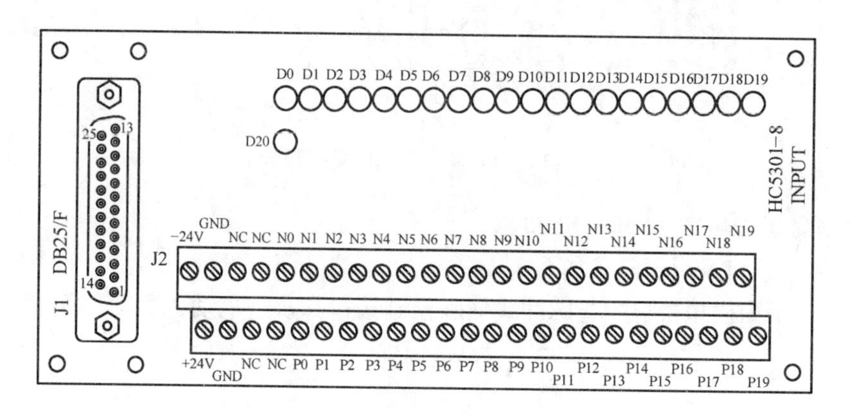

图 3-16　输入端子板接口图

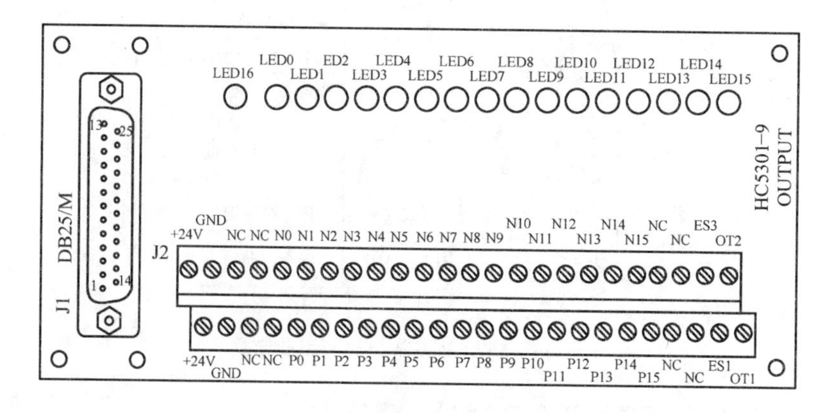

图 3-17　输出端子板接口图

继电器板集成8个单刀单投继电器和两个双刀双投继电器，最多可接16路NPN开关量信号输出及急停（两位）与超程（两位）信号，其中8路NPN开关量信号输出用于控制8个单刀单投继电器，剩下的8路NPN开关量信号输出通过接线端子引出，可用来控制其他电器，两个双刀双投继电器可由外部单独控制。继电器板结构如图3-18所示。

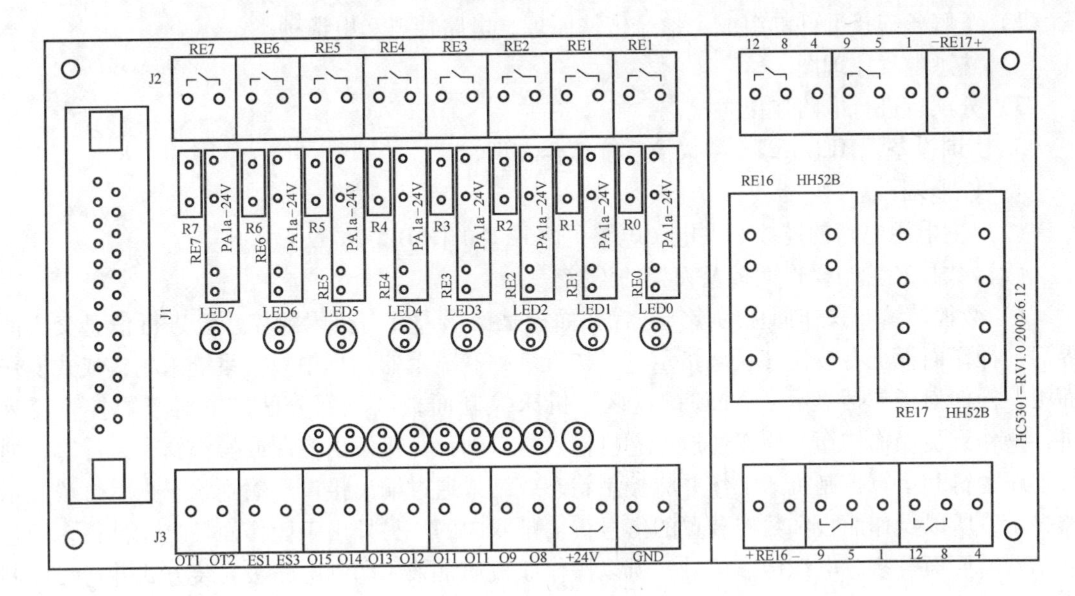

图3-18　继电器板结构

2. 远程I/O端子板

远程I/O端子板分远程输入端子板与远程输出端子板两种，如图3-19所示。

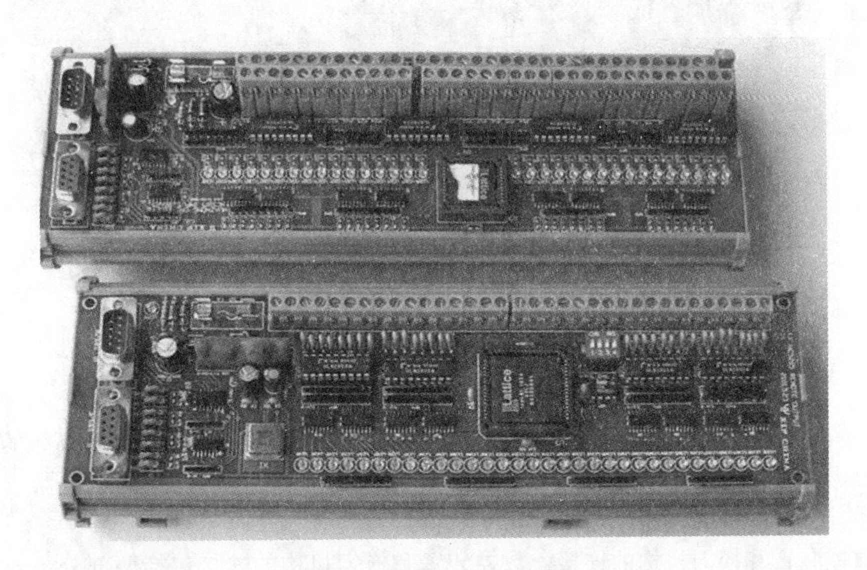

图3-19　远程I/O端子板

【技能训练】

实训项目 3.1.1　数控系统的连接

1. 实训地点：数控实训中心。

2. 实训内容：

1）了解各连接部件的组成、信号传输原理、电路特点和电缆种类。

2）熟悉电气原理图。

3）分项目进行电路连接并检查。

3. 实训设备：HED－21S 型数控系统综合实训台。

4. 实训步骤

（1）主电源电路的连接　主电源电路见附录 B 的图 B-1。

（2）数控装置与操作面板及刀架的连接

1）数控装置与操作面板的连接　操作面板是操作人员与机床数控系统进行信息交流的界面，操作面板上有按钮、状态指示灯、按键阵列和显示器。华中数控系统采用集成式操作面板，操作面板包括显示区、NC 键盘区、机床控制面板区三部分区域。对于数控系统来讲，操作人员操作按钮或旋钮通过计算机输入接口向计算机发出控制或操作指令，计算机通过程序运行和运算控制机床工作并将控制状态或结果通过输出接口传输到状态指示灯或显示器显示，所以操作面板和数控装置的信号传输是双向的。另外由于操作面板上元件很多而且显示器需要通过多芯电缆传输信号，所以操作面板通常采用印制电路板安装方式并通过印制电缆或扁平电缆与数控系统连接。又由于数控装置和操作面板通常采用一体化结构，操作面板与数控装置的连接往往由系统制造商在工厂已整体连接并封装完成。图 3-20 所示为键盘按键板。

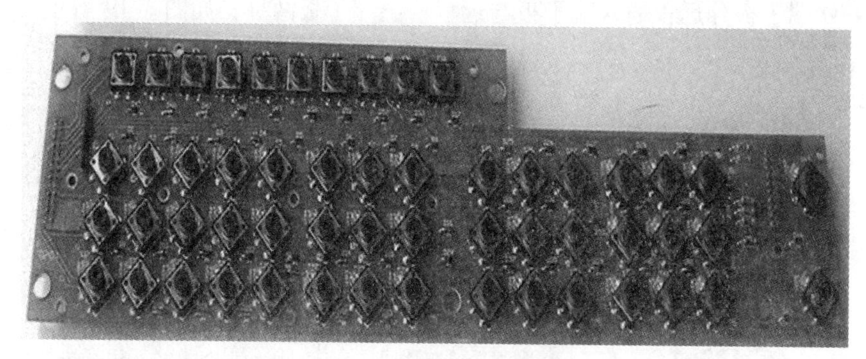

图 3-20　键盘按键板

显示器一般位于操作面板的左上部，用于菜单、系统状态、故障报警的显示和加工轨迹的图形仿真。较简单的显示器只有若干个数码管，显示的信息也很有限；较高级的数控系统一般配有 CRT 显示器或点阵式液晶显示器，显示的信息较丰富。低档的显示器只能显示字符，高档的显示器可以显示图形。

2）数控装置和换刀机构的连接　数控装置和换刀机构的连接包括两部分：刀架电动机控制信号和刀位开关的信号线。数控装置发出的换刀信号，经由 PLC 运行换刀控制程序，控制刀架电动机的接触器来控制电动机正、反向转动，刀位开关产生的换刀到位信号传输到

PLC，PLC 判断换刀是否到位。当刀具到位时，PLC 通过程序控制刀架电动机反转锁紧，同时将换刀完成信号传输到数控装置，数控装置才能继续执行下一步程序。信号传输流程如图 3-21 所示。

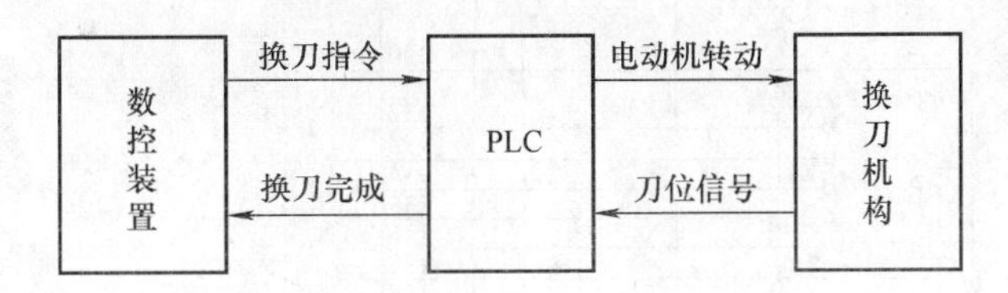

图 3-21　换刀机构控制信号传输流程

在连接换刀机构部分电缆时，要注意以下几点：

① 换刀电动机的三相线相序要正确，否则会造成换刀过程报警。

② 刀位信号电缆与数控装置端子连接要正确，否则会造成换刀错误。

③ 电动机电缆与信号电缆要分开，以确保系统安全。

④ 刀位信号电缆与刀架霍尔元件连接端子对应，以确保刀位信号的正确。

（3）数控装置继电器和输入/输出开关量控制接线的连接　华中数控系统采用的是内置式 PLC，数控装置以及 PLC 对外开关量既可以直接控制，也可以通过接口板间接控制，另外还可以通过远程控制板实现远程控制。使用接口板可以使外部开关系统和数控系统得到更好的缓冲和匹配。

世纪星 HNC－21TF 型数控装置开关量输入/输出接口可通过输入/输出端子板转接。本机输入有 40 位，输出有 32 位；远程输入/输出各有 128 位。本机输入为 NPN 开关量，输入端子板可提供 NPN 和 PNP 两种开关量输入端子；远程输入板也可提供 NPN 和 PNP 两种开关量输入端子。

（4）数控装置和手持脉冲发生器的连接　手持脉冲发生器又称为手持单元或手脉，是数控机床手动操作和控制常用的控制器之一。手持脉冲发生器上有脉冲手轮、倍率选择旋钮和坐标轴选择旋钮以及急停按钮等操作件，可以手动控制机床按指定的坐标轴方向以选定的倍率手动进给。手持脉冲发生器一般作为标准配件都配有电缆及插头，数控装置上也专门留有与手持单元的电缆插头配套的插孔。华中世纪星数控系统的手持单元插孔为 XS8，其端口定义如图 3-10 所示，电路原理如图 3-22 所示。

（5）数控装置和步进驱动器控制线的连接　步进驱动器作为进给步进电动机的驱动装置，受控于数控系统发出的一定数量、频率的位移、转速控制脉冲和转向控制脉冲，将电源提供的高电压转换成具有足够能力的多相驱动脉冲，驱动步进电动机按照一定的转速、转向旋转。为了提高电动机的控制精度，在机床驱动中除了要提高电动机的相数和磁极对数之外，驱动器上还采用了脉冲细分电路，通过驱动器上的拨码开关可选择细分倍率。

步进驱动装置的连接电路包括：与数控装置的控制信号的连接电缆；与电源连接的动力电缆；与步进电动机连接的驱动电缆。其中控制信号电缆由于传输的是弱脉冲信号，所以采用屏蔽电缆以防止干扰。动力电缆和驱动电缆输送较大电流，所以其截面面积要足够大。数控装置和步进驱动装置、连接电缆图见附录 B 的图 B-6。

在连接步进驱动装置电缆时，要注意以下几点：

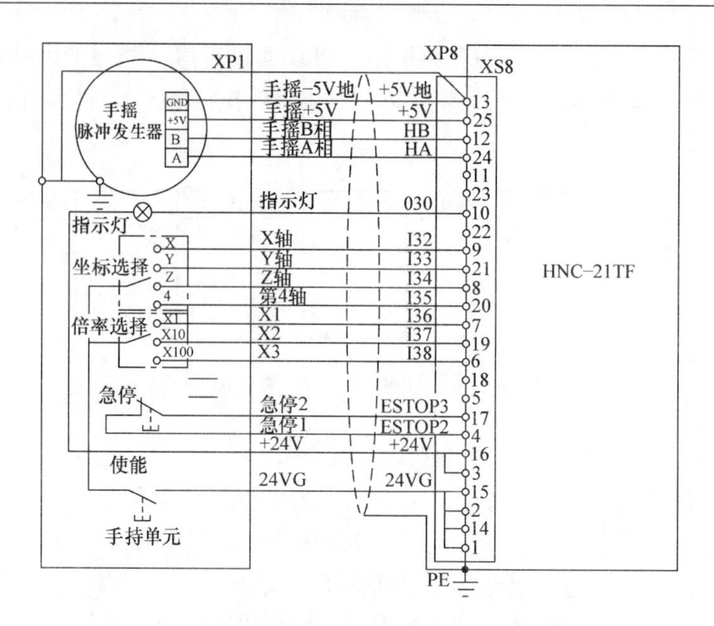

图 3-22 手持脉冲发生器与系统的连接电路原理

① 与数控装置连接的控制电缆端子对应要正确，屏蔽接地要可靠，否则会造成电动机转向错误或无法转动的故障。

② 动力电缆与端子连接要牢固、可靠，绝缘良好，以免造成电动机输出转矩不足。

③ 驱动电缆连接相序一定要正确无误，否则会造成电动机无法正常转动。

④ 步进电动机由多相接法变为少相接法时，要注意绕组连接的首尾顺序。

⑤ 脉冲细分倍率设置与电动机性能要匹配。

（6）数控装置和主轴驱动器控制线的连接　数控机床的主轴驱动一般采用变频器驱动或伺服驱动。交流变频器控制交流变频电动机可在一定范围内实现主轴的无级变速，这时需利用数控装置的主轴控制接口 XS9 中的模拟量电压输出信号作为变频器的速度给定，采用开关量输出信号 XS20、XS21 控制主轴起停或正反转。采用交流变频主轴时，由于低速特性不很理想，一般需配合机械换档以兼顾低速特性和调速范围，如图 3-23 所示。

采用伺服驱动主轴可获得较宽的调速范围和良好的低速特性，还可实现主轴定向控制。可利用数控装置上的主轴控制接口 XS9 中的模拟量输出信号作为伺服主轴驱动单元的速度给定，利用 PLC 输出控制起停（或正反转）及定向，如图 3-24 所示。

HNC－21TF 型数控装置通过 XS9 主轴控制接口和 PLC 输入/输出接口，可连接各种主轴驱动器，实现正反转、定向、调速等控制，还可以外接主轴编码器实现螺纹车削和铣床上的刚性攻螺纹功能。

数控装置与主轴驱动部分的电路连接主要有：驱动器与电源的连接；驱动器与电动机的连接；驱动器与数控装置的连接；主轴编码器与数控装置的连接；电动机转向控制信号与数控装置的连接（伺服驱动方式）。

在连接主轴驱动装置电缆时，要注意以下几点：

① 与数控装置连接的控制电缆端子要正确，屏蔽接地要可靠。

② 部分控制信号和报警信号是通过外接开关板连接到数控装置的。

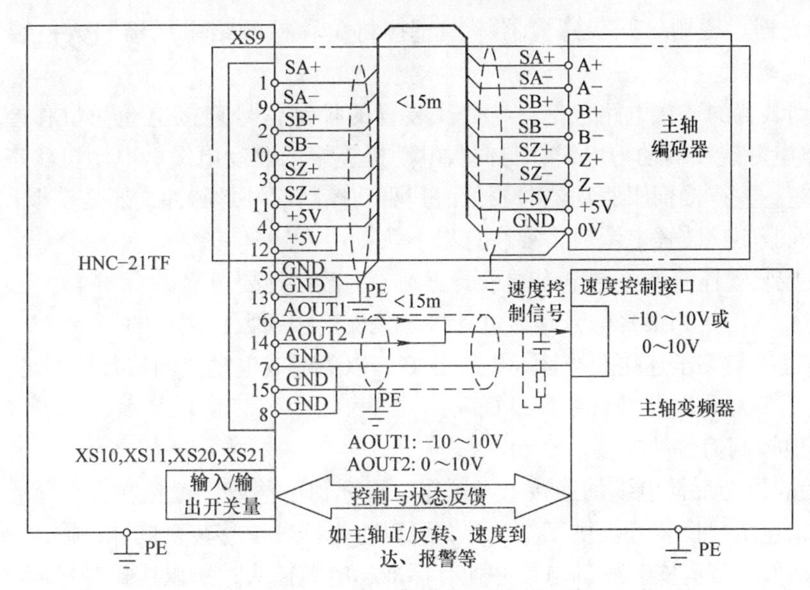

图3-23 变频驱动的主轴控制连接

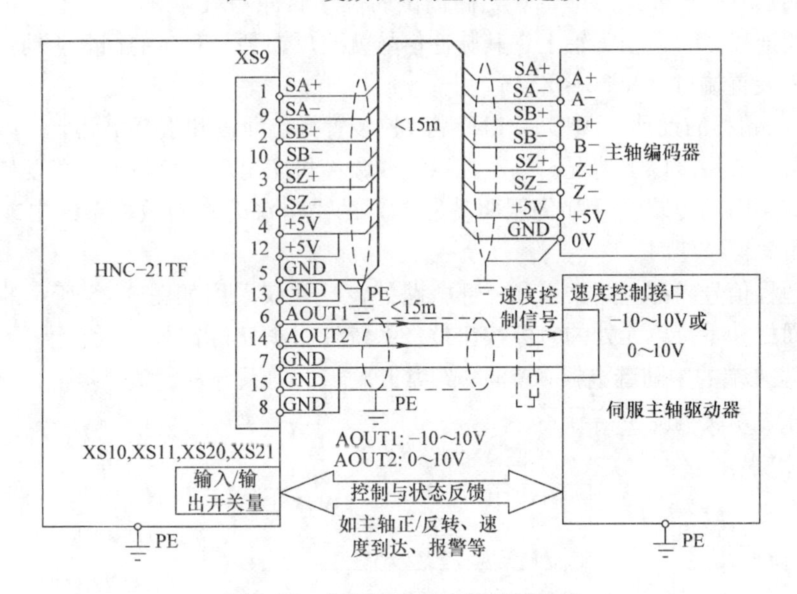

图3-24 伺服驱动的主轴控制连接

③ 动力电缆以及电动机电缆与端子连接要牢固、相序正确。

④ 连接后要对驱动器进行参数设置。

（7）数控装置和伺服驱动器的连接 伺服驱动器是进给电动机的另一种驱动控制形式。伺服驱动器受控于数控装置发出的数字式或脉冲式或模拟式位移、速度控制信号，将伺服电源提供的伺服强电转换成电动机电源，控制伺服电动机按照一定的转速、转向旋转一定的角度并能停在准确位置（停位）。由于伺服控制中引入了反馈控制，所以可以获得精度高、响应快和范围宽的大功率驱动输出。为了构成反馈控制，伺服电动机都带有编码器以检测电动机转角和转速并将结果反馈到驱动器，这种控制方式称为半闭环控制系统。在实际的数控机床中为了获得精确度更高的位置控制，有时也采用坐标轴位移检测装置（光栅、磁栅、同步感应器等）直接将位移检测结果反馈到数控装置，从而构成全闭环控制系统。

伺服驱动装置的连接电路包括：与数控装置的控制信号连接电缆（位移控制、状态控制）；与伺服电源连接的动力电缆；与伺服电动机连接的驱动电缆、电动机状态信号电缆和检测反馈电缆。在连接伺服驱动器时要分清其驱动控制信号是脉冲式还是模拟式。

在连接伺服驱动装置电缆时，要注意以下几点：

① 与数控装置连接的控制电缆端子要正确，屏蔽接地要可靠。

② 部分控制信号和报警信号是通过外接开关板连接到数控装置的。

③ 动力电缆与端子连接要牢固、绝缘良好，以免造成电动机输出转矩不足。

④ 连接后要对驱动器进行参数设置。

（8）其他控制信号的连接

1）数控装置与反馈电缆的连接　光栅作为坐标轴位移或位置检测部件是一个相对独立的测量装置，它由数控装置提供工作电源，可以将坐标轴位移转变成脉冲输出。一般生产商提供的光栅部件都带有安装好的电缆并配有标准的电缆插头，所以连接时只需将电缆插头与数控装置上的插座孔可靠连接即可。光栅提供的位移脉冲一般为A、B、Z三相脉冲，需要注意的是光栅连接在哪个坐标轴上，其脉冲信号就要反馈到与对应的伺服驱动器的控制端口相一致的数控装置端口（XS30～XS33）上。

2）急停与超程的设计　HNC－21TF型数控装置操作面板和手持单元上，均设有急停按钮。急停功能主要用于以下情况：当数控系统或数控机床出现紧急情况，需要使数控机床立即停止运动或切断动力装置（如伺服驱动器等）的主电源时；当数控系统出现自动报警信息后，需按下急停按钮时。

急停与超程信号内部电路关系和外部电路的设计建议采用如图3-25所示的电路。除数控装置操作面板和手持单元处的急停按钮外，系统还根据实际需要，设置了多个急停按钮。连接在PLC输入端的中间继电器KA的一组常开触点，向系统发出急停报警，此信号在打开急停按钮时作为系统的复位信号。

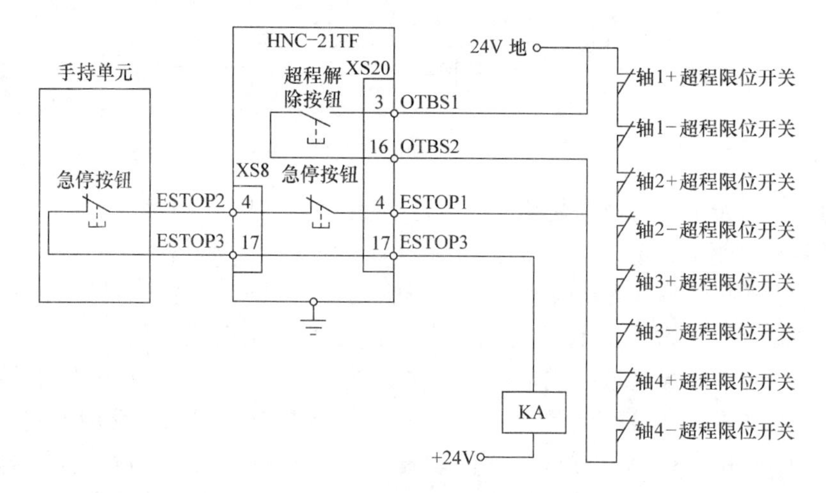

图3-25　急停与超程信号内部电路关系和外部电路的接法

实训项目3.1.2　数控系统功能检验

1. 实训地点：数控实训中心。

2. 实训内容：在完成数控系统的连接后，对其功能进行运行检验。

3. 实训设备：HED－21S型数控系统综合实训台。

4. 实训步骤

(1) 电路检查　由强到弱，按电路走向顺序检查以下各项。

1) 变压器规格和进出线的方向和顺序。

2) 主轴电动机、伺服电动机强电电缆的相序。

3) DC 24V电源极性的连接。

4) 步进电动机驱动器（或称步进驱动器）直流电源极性的连接。

5) 所有地线的连接。

(2) 系统调试

1) 通电

① 按下急停按钮，断开系统中所有断路器。

② 合上断路器QF1。

③ 检查变压器TC1电压是否正常。

④ 合上控制电源DC 24V的断路器QF4，检查DC 24V是否正常。

HNC－21TF数控装置通电，检查面板上的指示灯是否点亮，HC5301－8开关量接线端子和HC5301－R继电器板的电源指示灯是否点亮。

⑤ 用万用表测量步进驱动器直流电源正极和GND两脚之间电压（应为DC 35V左右），合上控制步进驱动器直流电源的断路器QF3。

⑥ 合上断路器QF2。

⑦ 检查变压器TC1的电压是否正常。

⑧ 检查设备用到的其他部分电源的电压是否正常。

⑨ 通过查看PLC状态，检查输入开关量是否和原理图一致。

2) 系统功能检查

① 左旋并拔起操作台右上角的“急停”按钮，使系统复位；系统默认进入“手动”方式，软件操作界面的工作方式变为“手动”。

② 按住“＋X”或“－X”键（指示灯亮），X轴应产生正向或负向的连续移动。松开“＋X”或“－X”键（指示灯灭），X轴即减速运动后停止。以同样的操作方法使用“＋Z”、“－Z”键可使Z轴产生正向或负向的连续移动。

③ 在手动工作方式下，分别点动X轴、Z轴，使之压限位开关。仔细观察它们是否能压到限位开关，若到位后压不到限位开关，应立即停止点动；若压到限位开关，仔细观察轴是否立即停止运动，软件操作界面是否出现急停报警。这时一直按压“超程解除”按键，使该轴向相反方向退出超程状态；然后松开“超程解除”按键，若显示屏上运行状态栏“运行正常”取代了“出错”，表示恢复正常，可以继续操作。

检查完X轴、Z轴正、负限位开关后，以手动方式将工作台移回中间位置。

④ 按一下“回零”键，软件操作界面的工作方式变为“回零”。按一下“＋X”和

“+Z”键，检查X轴、Z轴是否回参考点。回参考点后，“+X”和“+Z”指示灯应点亮。

⑤ 在手动工作方式下，按一下“主轴正转”键（指示灯亮），主轴电动机以参数设定的转速正转，检查主轴电动机是否运转正常；按住“主轴停止”键，使主轴停止正转。按一下“主轴反转”键（指示灯亮），主轴电动机以参数设定的转速反转，检查主轴电动机是否运转正常；按住“主轴停止”键，使主轴停止反转。

⑥ 在手动工作方式下，按一下“刀号选择”键，选择所需的刀号，再按一下“刀位转换”键，转塔刀架应转动到所选的刀位。

⑦ 调入一个演示程序，自动运行程序，观察十字工作台的运行情况。

3）关机

① 按下控制面板上的“急停”按钮。

② 断开断路器QF2、QF3。

③ 断开断路器QF4。

④ 断开断路器QF1，断开380V电源。

【总结与提高】

（1）完成该任务的实训报告，并填写任务评价表。

（2）总结数控装置接口连接的一般步骤和方法。

任务3.2　数控系统的参数设置与调试

【知识目标】

熟悉并掌握数控系统参数的种类与定义。

【技能目标】

熟悉数控系统参数的设置与调试方法，能使设备正常使用。

【任务描述】

通过学习华中数控HNC－21TF型数控系统的参数定义与设置方法，完成机床参数调试工作，使之能够正常使用。

【知识链接】

（一）数控机床参数的概念

数控机床在出厂前，已将所采用的CNC系统设置了与每台数控机床的状况相匹配的初始参数，但部分参数还要经过调试来确定。初始参数表由生产厂随数控机床一起交付给用户。在数控机床维修中，有时要利用某些初始参数调整机床，有些初始参数要根据机床的运行状态进行必要的修正，所以维修人员要熟悉机床初始参数。用户买到机床后，首先应将初始参数表复制存档。一份存放在机床的文件箱内，供操作者或维修人员在使用和维修机床时参考；另一份存入机床的档案中。这些初始参数设定的正确与否将直接影响到机床的正常工作及机床性能的充分发挥。维修人员必须了解和掌握这些初始参数，并将整机参数的初始设定记录在案，妥善保存，以便维修时参考。

1. 数控机床参数的分类

按照机床参数的表示形式来划分，数控机床的参数可分为三类。

（1）状态型参数　状态型参数是指每项参数的8位二进制数位中，每一位都表示了一种独立的状态或者是某种功能的有无。

(2) 比率型参数 比率型参数是指某项参数设置的某几位所表示的数值是某种参量的比例系数。

(3) 真实值参数 真实值参数是指某项参数直接表示系统某个参数的真实值。这类参数的设定范围一般是规定好的，用户在使用时一定要注意其所规定的范围，以免造成设定的参数超出范围值。

按照机床参数所具有的性质来划分，可分为普通级参数和秘密级参数。

(1) 普通级参数 普通级参数是指数控系统的生产厂在各类公开发行的资料中所提供的参数，对参数都有明确的含义及规定，或有详细的说明。

(2) 秘密级参数 秘密级参数是指数控系统的生产厂不在各类公开的资料中介绍的参数。这些参数只是在随机床所附带的参数表中有初始的设定值，但并未说明其具体的含义。如果这类参数发生改变，用户将不知如何复原。因此购买了数控机床后，一定要将整机设定的初始参数记录下来。

2. 数控机床参数故障及其诊断

数控机床的参数是数控系统所有软件的外在，它决定了数控机床的功能、控制精度等。数控机床参数主要指数控系统参数和机床可编程序控制器参数（下面分别简称为 NC 参数和 PMC 参数)。

在数控机床使用过程中，有些情况下会出现数控机床参数全部丢失或个别参数改变的现象，主要原因如下。

(1) 数控装置后备电池失效 后备电池失效将导致全部参数丢失，因此，在机床正常工作时应注意 CRT 上是否显示电池电压低的报警。如发现该报警，应在一周内更换符合要求的电池。更换电池的操作步骤应严格按系统生产厂的要求。如果机床长期停用，最容易出现后备电池失效的现象，应定期为机床通电，使机床空运行一段时间，这样不但有利于延长后备电池的使用寿命和及时发现后备电池失效，更重要的是对延长机床数控系统、机械系统等整个系统的使用寿命有很大益处。

(2) 操作者的误操作 误操作在初次接触数控机床的操作者中是经常出现的问题。由于误操作，有时将全部参数清除，有时将个别参数改变。为避免出现这类情况，应对操作者加强上岗前的技术培训及经常性的业务培训，制定可行的操作章程并严格执行。

(3) 电网瞬间停电 机床在 DNC 状态下加工工件或进行数据通信过程中电网瞬间停电。

由上述原因可以看出，数控机床参数改变或丢失的原因，有些是可以通过采取措施减少或杜绝的，有些则是无法避免的。当参数改变或机床异常时，首先要做的工作就是对数控机床参数的检查和复原。

(二) 参数的设置操作

1. 常用名词和按键说明

部件：HNC-21TF 型数控装置中的各种控制接口或功能单元。

权限：HNC-21TF 型数控装置中，设置了三种级别的权限，即数控厂家、机床厂家、用户。不同级别的权限，可以修改的参数是不同的。数控厂家权限级别最高，机床厂家权限其次，用户权限的级别最低。

主菜单与子菜单：在某一个菜单中，用 Enter 键选中某项后，若出现另一个菜单，则前者称主菜单，后者称子菜单。菜单可分为两种：弹出式菜单和图形按键式菜单。参数菜单如图 3-26 所示。

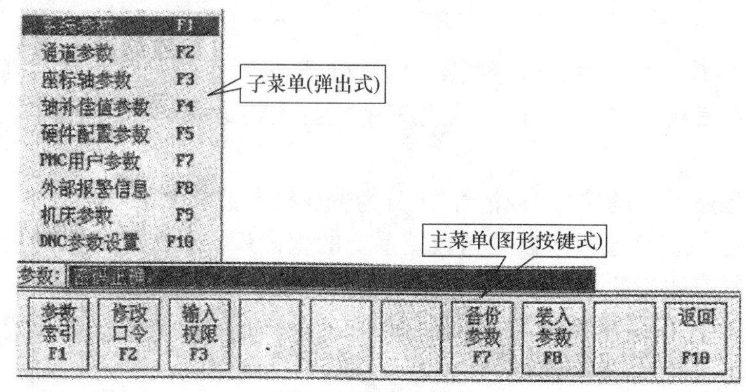

图 3-26 参数菜单

参数树：各级参数组成参数树，如图 3-27 所示。

窗口：显示和修改参数值的区域。

2. 参数的查看与设置

在主操作界面下，按 F3 键进入参数功能菜单，如图 3-28 所示。参数查看与设置的具体操作步骤如下：

1）在参数功能菜单下，按 F1 键，系统将弹出如图 3-26 所示的参数子菜单。

2）用↑、↓键选择要查看或设置的选项，按 Enter 键进入下一级菜单或窗口。

3）如果所选的选项有下一级菜单，例如坐标轴参数，则系统会弹出该坐标轴参数选项的下一级菜单。

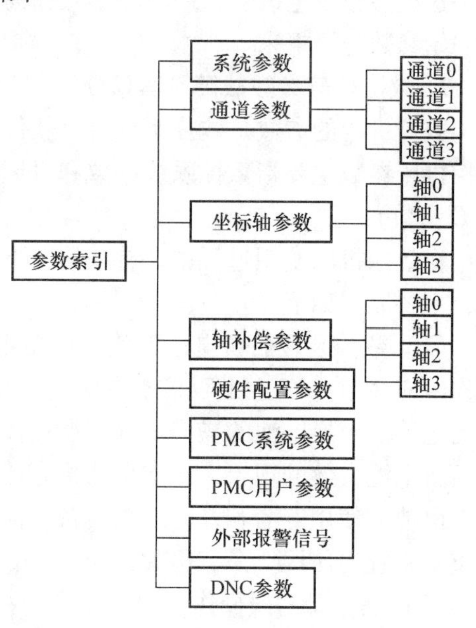

图 3-27 数控装置的参数树

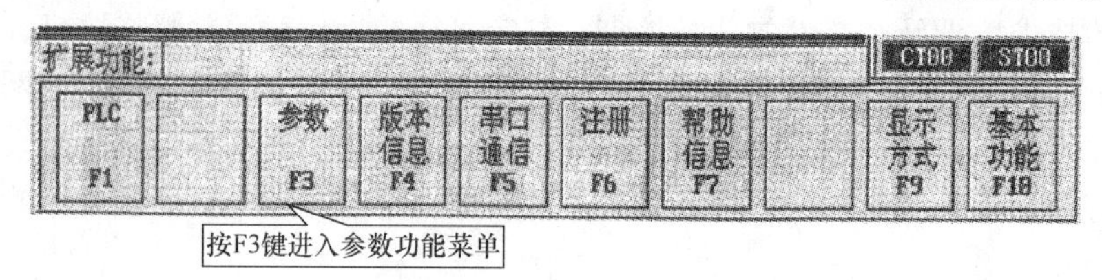

图 3-28 参数功能子菜单

3. 参数的修改

（1）参数修改权限 数控系统的运行，严格依赖于系统参数的设置，因此，对参数修改的权限分三级予以规定。

数控系统生产厂家：最高级权限，能修改所有参数。

机床生产厂家：中间级权限，能修改机床调试时需要设置的参数。

用户：最低级权限，仅能修改使用时需要改变的参数。

（2）参数修改步骤　数控机床在用户处安装调试后，一般不需要修改参数。在特殊情况下，如需要修改参数，首先应输入参数修改的权限口令。具体操作步骤如下：

1）在参数功能子菜单（见图3-26）下按F3键，系统会弹出权限级别选择窗口。

2）用↑、↓键选择权限，按Enter键确认，系统将弹出输入口令对话框。

3）在输入口令对话框中输入相应的权限口令，按Enter键确认。

4）若所输入的权限口令正确，则可进行此权限级别的参数修改；否则，系统会提示权限口令输入错。

（3）修改参数常用键的功能

1）Esc：①终止输入操作；②关闭窗口；③返回上一级菜单。

2）Enter：①确认开始修改参数；②进入下一级菜单；③对输入的内容确认。

3）F1～F10：直接进入相应的菜单和窗口。

4）PgUp、PgDn：在菜单或窗口内前后翻页。

（三）参数的详细说明

华中HNC－21TF型数控系统常用参数的类型有：

1）系统类参数。

2）通道类参数。

3）轴控制类参数。

4）PLC（PMC）参数。

5）DNC参数。

6）参考点类参数。

7）伺服类参数。

8）主轴类参数。

9）误差补偿类参数。

其主要参数关系如图3-29所示。

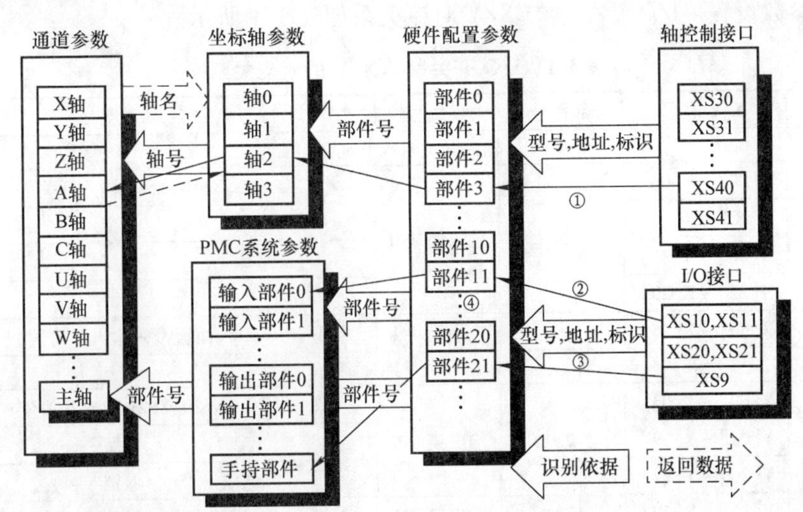

图3-29　HNC－21TF型数控装置主要参数关系图

逻辑轴：X 轴、Y 轴、Z 轴、A 轴、B 轴、C 轴、U 轴、V 轴、W 轴。在同一通道中，逻辑轴不可同名；在不同通道中，逻辑轴可以同名。例如，每个通道都可以有 X 轴。

实际轴：轴 0 ~ 轴 15，每个轴在整个系统中都是唯一的，不能重复。

1. PLC 地址定义

在系统程序、PLC 程序中，机床输入的开关量信号定义为 X（即各接口中的 I 信号），输出到机床的开关量信号定义为 Y（即各接口中的 O 信号）。

将各个接口（HNC－21TF 本地、远程 I/O 端子板）中的 I/O（输入/输出）开关量定义为系统程序中的 X、Y 变量，需要通过设置参数中的“硬件配置参数”选项和“PMC 系统参数”选项来实现。

HNC－21TF 数控装置的输入/输出开关量占用硬件配置参数中的三个部件（一般设为部件 20、部件 21、部件 22）。

在“PMC 系统参数”选项中再给各部件（部件 20、部件 21、部件 22）中的输入/输出开关量分配占用的 X、Y 地址，即确定接口中各 I/O 信号与 X/Y 的对应关系。

在“PMC 系统参数”输入页面中，将部件 21 中的开关量输入信号设置为“输入模块 0”，共 30 组，则占用 X［00］～X［29］；将部件 20 中的开关量输入信号设置为“输入模块 1”，共 16 组，则占用 X［30］～X［45］；输入开关量总组数即为 30＋16＝46 组。

将部件 21 中的开关量输出信号设置为“输出模块 0”，共 28 组，则占用 Y［00］～Y［27］；将部件 22 中的开关量输出信号设置为“输出模块 1”，共 2 组，则占用 Y［28］～Y［29］；将部件 20 中的开关量输出信号设置为“输出模块 2”，共 8 组，则占用 Y［30］～Y［37］；输出开关量总组数即为 28＋2＋8＝38 组。

在“PMC 系统参数”选项中所涉及的部件号与“硬件配置参数”选项中的部件号是一致的。

输入/输出开关量每 8 位一组，占用一个字节。例如 HNC－21TF 数控装置 XS10 接口的 I0～I7 开关量输入信号占用 X［00］组，I0 对应于 X［00］的第 0 位、I1 对应于 X［00］的第 1 位，依此类推。

按以上参数设置，I/O 开关量与 X/Y 对应关系如表 3-1 所示。

表 3-1 I/O 开关量与 X/Y 的对应关系

<table>
<tr><th>信号表</th><th>X/Y 地址</th><th>部件号</th><th>模块号</th><th>说明</th></tr>
<tr><td colspan="5">输入开关量地址定义</td></tr>
<tr><td>I0～I39</td><td>X[00]～X[04]</td><td rowspan="4">21</td><td rowspan="4">输入模块 0</td><td>XS10、XS11 输入开关量</td></tr>
<tr><td>I40～I47</td><td>X[05]</td><td>保留</td></tr>
<tr><td>I48～I157</td><td>X[06]～X[21]</td><td>保留</td></tr>
<tr><td>I176～I239</td><td>X[22]～X[29]</td><td>保留</td></tr>
<tr><td>I240～I367</td><td>X[30]～X[45]</td><td>20</td><td>输入模块 1</td><td>面板按钮输入开关量</td></tr>
<tr><td colspan="5">输出开关量地址定义</td></tr>
<tr><td>O0～O31</td><td>Y[00]～Y[03]</td><td rowspan="3">21</td><td rowspan="3">输出模块 0</td><td>XS20、XS21 输出开关量</td></tr>
<tr><td>O32～O159</td><td>Y[04]～Y[19]</td><td>保留</td></tr>
<tr><td>O160～O223</td><td>Y[20]～Y[27]</td><td>保留</td></tr>
<tr><td>O224～O239</td><td>Y[28]～Y[29]</td><td>22</td><td>输出模块 1</td><td>主轴模拟电压指令数字输出量</td></tr>
<tr><td>O240～O303</td><td>Y[30]～Y[37]</td><td>20</td><td>输出模块 2</td><td>面板按钮指示灯输出开关量</td></tr>
</table>

主轴模拟电压指令输出的过程：PLC 程序通过计算机给出数字量，再将数字量通过转换用的硬件电路转化为模拟电压。PLC 程序处理的是数字量、共 16 位，占用两个字节，即两组输出信号。因此，主轴模拟电压指令也作为开关量输出信号处理。

2. 与手持单元相关的参数

手持单元上的坐标选择输入开关量与其他部分的输入/输出开关量的参数可统一设置，不需要单独设置；手持单元上的手持脉冲发生器需要设置相关的硬件配置参数和 PMC 系统参数。通常在“硬件配置参数”选项中部件 24 被标识为手持脉冲发生器（标识为 31，配置[0] 为 5）并在“PMC 系统参数”选项中引用。

3. 与主轴相关的参数

与主轴控制相关的输入/输出开关量与数控装置其他部分的输入/输出开关量的参数可统一设置，不需要单独设置。相关的输入/输出开关量的功能需要 PLC 程序的支持才能实现，请参见华中数控 PLC 编程说明书。

主轴控制接口（XS9）中包含两个部件：主轴速度控制输出（模拟电压）单元和主轴编码器输入单元，需要在“硬件配置参数”“PMC 系统参数”和“通道参数”选项中设定。参数设置如图 3-27、图 3-28 所示。

通常在“硬件配置参数”选项中把部件 22 标识为主轴模拟电压输出模块（标识为 15，配置 [0] 为 4），并在“PMC 系统参数”选项中引用。主轴速度控制信号对应的数字量占用 PLC 开关量输出模块（Y）中的两个字节，共 16 位，将占用 Y [28] 和 Y [29]。在用户 PLC 程序中对该端口设定的两个字节输出开关量（数字量），将转换为模拟电压指令由接口 XS9 的 6、7、8、14、15 脚输出（其中 7、8、15 脚为信号地）。输出控制量（数字量）与模拟电压的对应关系如表 3-2 所示。

表 3-2　输出数字量（十六进制表示）与模拟电压的对应关系

数字量模拟电压	0x0000 ~ 0x7FFF	0x8000 ~ 0xFFFF
6 脚	0 ~ 10V	0 ~ −10V
14 脚	0 ~ 10V	

4. 与步进电动机有关的参数

使用步进电动机时有关参数的设置如表 3-3、表 3-4 所示。

表 3-3　步进电动机有关参数的设置

参数名	参数说明	参数范围
伺服驱动型号（不带反馈）	步进电动机不带反馈	46
伺服驱动器部件号	该轴对应的硬件部件号 46	0 ~ 300
位置环开环增益	不使用	0
位置环前馈系数	不使用	0
速度环比例系数	不使用	0
速度环积分时间常数/ms	不使用	0
最大转矩值	不使用	0
额定转矩值	不使用	0

（续）

参数名	参数说明	参数范围
最大跟踪误差（不带反馈）	0	0
电动机每转脉冲数	电动机转动一圈对应的输出脉冲数	10～60000
伺服内部参数［0］（不带反馈）	步进电动机拍数	1～60000
伺服内部参数［1］（不带反馈）	0	0
伺服内部参数［2］（不带反馈）	0	0
伺服内部参数［3］	不使用	0
伺服内部参数［4］	不使用	0
伺服内部参数［5］	不使用	0

表 3-4 步进电动机硬件配置参数设置

参数名	型号	标识	地址	配置［0］	配置［1］
部件 0	5301	46（不带反馈）	0	注释[①]	暂未使用
部件 1					
部件 2					
部件 3					

① DO～D3（二进制）：轴号，0000～1111。

D4～D5（二进制）：00——（默认）单脉冲输出，01——单脉冲输出，10——双脉冲输出，11——A、B 相输出。

5. 脉冲接口伺服驱动的参数

使用脉冲接口伺服驱动时有关参数的设置如表 3-5、表 3-6 所示。

表 3-5 坐标轴参数的设置

参数名	参数说明	参数范围
伺服驱动型号	脉冲接口伺服驱动型号代码为 45	45
伺服驱动器部件号	该轴对应的硬件部件号	0～3
位置环开环增益（0.01/s）	在伺服驱动装置上设置，在 1～10000 内选择	0
位置环前馈系数/（1/10000）	在伺服驱动装置上设置，建议设为 0	0
速度环比例系数	在伺服驱动装置上设置	0
速度环积分时间常数/ms	在伺服驱动装置上设置	0
量大转矩值	在伺服驱动装置上设置	0
额定转矩值	在伺服驱动装置上设置	0
最大跟踪误差	本参数用于“跟踪误差过大”报警，设置为 0 时无“跟踪误差过大报警”功能。使用时应根据最高速度和伺服环路滞后性能合理选取，一般可按下式（近似公式）选取：最高速度×（10000－位置环前馈系数×0.7）/位置环比例系散/3 单位：最大跟踪误差 μm；最高速度 mm/min；位置环前馈系数 1/10000；位置环比例系数 0.01/s	0～60000
电动机每转脉冲数	电动机转动一圈对应的输出脉冲数	10～60000

（续）

参数名	参数说明	参数范围
伺服内部参数［0］	设置为0	0
伺服内部参数［1］	反馈电子齿轮分子	1～32000 －32000～－1
伺服内部参数［2］	反馈电子齿轮分母	1～320000 －32000～－1
伺服内部参数［3］	不使用	0
伺服内部参散［4］	不使用	0
伺服内部参数［5］	不使用	0

表3-6 硬件配置参数的设置

参数名	型号	标识	地址	配置［0］	配置［1］
部件0	5301	45	0	注释①	0
部件1					
部件2					
部件3					

① D0～D3（二进制）：轴号，0000～1111。
D4～D5（二进制）：00——单脉冲输出（默认），01——单脉冲输出，10——双脉冲输出，11——AB相输出。
D6～D7（二进制）：00——A、B相反馈（默认），01——单脉冲反馈。

6. 模拟接口伺服驱动的参数

使用模拟接口伺服驱动是有关参数的设置如表3-7、3-8所示。

表3-7 坐标参数的设置

参数名	参数说明	参数范围
伺服驱动型号	模拟接口伺服驱动器型号的代码为41或42	41，42
伺服驱动器部件号	该轴对应的硬件部件号	0～3
位置环开环增益／（0．01/s）	本参数应根据机械惯性大小和需要的伺服刚性选择，设置值越大增益越高，刚性越高，相同速度下位置动态误差越小。但太大会造成位置超调，甚至不稳定。请在1～10000（单位：0.01s）范围内选择，一般可选择3000	1～10000
位置环前馈系数／（1/10000）	本参数决定位置前馈增益，用于改善位置跟踪特性，减少动态跟踪误差，但太大会产生振荡，甚至不稳定，请在0～10000（单位：1/10000）范围内选择，设定为0时无前馈作用（通常不要求特别高的动态性能时可设为0）；设定为10000时表示100%前馈，理论上动态误差为0，但不容易稳定	0～10000
速度环比例系数	在伺服驱动装置上设置	
速度环积分时间常数/ms	在伺服驱动装置上设置	
最大转矩值	在伺服驱动装置上设置	
额定转矩值	在伺服驱动装置上设置	

（续）

参数名	参数说明	参数范围
最大跟踪误差	本参数用于“跟踪误差过大”报警。设置为0时无“跟踪误差过大报警”功能。使用时应根据最高速度和伺服环路滞后性能合理选取，一般可按下式（近似公式）选取：最高速度×（10000－位置环前馈系数×0.7）/位置环比例系数/3　单位：最大跟踪误差μm；最高速度mm/min；位置环前馈系数1/10000，位置环比例系数0.01/s	0～60000
电动机每转脉冲数	电动机转动一圈对应的输出脉冲数	10～60000
伺服内部参数［0］	1000r/min时．对应速度给定D/A数值	1～30000
伺服内部参数［1］	速度给定最小D/A数值	1～300
伺服内部参数［2］	速度给定最大D/A数值	1～32000
伺服内部参数［3］	位置环延时时间常数/ms	0～8
伺服内部参数［4］	位置环零漂补偿时间/ms	0～32000
伺服内部参数［5］	不使用	0

表3-8　硬件配置参数的设置

参数名	型号	标识	地址	配置［0］	配置［1］
部件0	5301	41：反馈极性正常；42：反馈极性取反	0	注释①	0
部件1					
部件2					
部件3					

① D0～D3（二进制）：轴号，0000～1111。

D6～D7（二进制）：00——A、B相反馈（默认），01——单脉冲反馈，10——双脉冲反馈，11——A、B相反馈。

【技能训练】

实训项目3.2.1　数控系统参数的备份与恢复

1. 实训地点：数控实训中心。

2. 实训内容：

1）数控系统运行正常后，进行参数备份与恢复。

2）记录备份参数文件名，重新加载参数。

3. 实训设备：HED－21S型数控系统综合实训台。

4. 实训步骤

（1）参数的备份　在修改参数前必须进行备份，以便系统参数调乱或参数丢失后比较难以恢复。参数备份可以通过本机备份、软件复制、串口通信和网络等进行。

1）将系统菜单调至辅助菜单目录下，系统参数功能子菜单显示如前面图3-26所示。

2）选择参数的选项F3，然后输入密码。

3）此时选择功能键F7，输入文件名即可，文件名可以任意命名，此时整个参数备份过程完成。

（2）参数的恢复与修改　首先执行参数备份步骤的1）、2）过程，然后按功能键F8

（装入参数），选择事先备份的参数文件，确认后即可恢复。

注意：华中数控系统参数在更改后一定要重新启动数控系统，修改的参数才能够起作用。

实训项目3.2.2　数控系统参数的设置

1. 实训地点：数控实训中心。

2. 实训内容：

数控系统电气连接正常后，进行参数设置。

3. 实训设备：HED－21S型数控系统综合实训台。

4. 实训步骤

（1）数控系统连接　按前面介绍的方法连接数控系统，并自行复查连线。

（2）数控系统参数的设置　在本数控系统中，数控装置XS30口接脉冲接口的三洋交流伺服，作为数控系统的X轴，指令脉冲形式为单脉冲。交流伺服电动机转动一圈码盘反馈2500个脉冲，脉冲形式为A、B相脉冲。通常部件号为0，轴号为0。

数控装置XS31口接步进电动机驱动器M535，作为数控系统的Z轴，指令脉冲形式为单脉冲。步进电动机转动一圈对应的脉冲数为1600，步进电动机的拍数为4。通常部件号为1，轴号为1。

数控装置XS32口接光栅，光栅反馈的是脉冲信号，脉冲形式为A、B相脉冲。通常部件号为2，轴号为2。

数控装置XS8口接手持脉冲发生器。通常部件号为24，标识为31。

数控装置XS9口接变频器。通常部件号为22，标识为15。

数控装置。XS10口接输入开关量。通常部件号为21，标识为13。

数控装置XS20口接输出开关量。通常部件号为21，标识为13。

数控装置面板按钮的输入/输出量。通常部件号为20，标识为13。

1）硬件配置参数的设置　在硬件配置参数中设置数控系统各部件的硬件配置参数，并将参数设置填入表3-9中。

表3-9　硬件配置参数的设置

参数名	型号	标识	地址	配置［0］	配置［1］
部件0	5301	45			
部件1	5301	46			
部件2	5301	45			
部件20	5301	13			
部件21	5301	13			
部件22	5301	15			
部件24	5301	31			

2）PMC系统参数的设置　在PMC系统参数中设置数控系统PMC系统参数，并将参数设置填入表3-10中。

表 3-10 PMC 系统参数的设置

参数名	参数说明	参数设置
开关量输入总组数	开关量输入总字节数	
开关量输出总组数	开关量输出总字节数	
输入模块 0 部件号	XS10 输入的开关量部件号	
输入模块 0 组数	XS10 输入的开关量字节数	
输入模块 1 部件号	面板按钮输入开关量部件号	
输入模块 1 组数	面板按钮输入开关量字节数	
输出模块 0 部件号	XS20 输出的开关量部件号	
输出模块 0 组数	XS20 输出的开关量字节数	
输出模块 1 部件号	主轴模拟电压指令对应的数字量部件号	
输出模块 1 组数	主轴模拟电压指令对应的数字量字节数	
输出模块 2 部件号	面板按钮输出开关量部件号	
输出模块 2 组数	面板按钮输出开关量字节数	
手脉 0 部件号	手持脉冲发生器的部件号	

3）坐标轴参数的设置

① X 坐标轴参数的设置　X 坐标轴参数的设置如表 3-11 所示。

表 3-11 X 坐标轴参数的设置

参数名	参数说明	参数范围
伺服驱动器型号	脉冲接口伺服驱动器型号代码为 45	45
伺服驱动器部件号	该轴对应的硬件部件号	0
最大跟踪误差	用于“最大跟踪误差过大”报警，应根据最高速度和伺服环路滞后性能合理选取	10000
电动机每转脉冲数	电动机转动一圈对应的输出脉冲数	2500
伺服内部参数 [0]	设置为 0	0
伺服内部参数 [1]	反馈电子齿轮分子	1
伺服内部参数 [2]	反馈电子齿轮分母	1

② Y 坐标轴参数的设置　光栅占用了一个轴接口，作为数控系统的 Y 坐标轴，因此光栅相当于电动机码盘的作用，但不是用来控制坐标轴，而是用来显示坐标轴的实际位置。注意定位误差、最大跟踪误差必须设置为 0，否则坐标轴一移动，系统就会报警。Y 坐标轴参数的设置如表 3-12 所示。

表 3-12 Y 坐标轴参数的设置

参数名	参数说明	参数范围
伺服驱动型号	脉冲接口伺服驱动型号代码为 45	45
伺服驱动器部件号	该轴对应的硬件部件号	2
定位误差	坐标轴定位时所允许的最大偏差	0
最大跟踪误差	用于“最大跟踪误差过大”报警，应根据最高速度和伺服环路滞后性能合理选取	0
伺服内部参数 [0]	设置为 0	0

③ Z 坐标轴参数的设置　Z 坐标轴参数的设置如表 3-13 所示。

表 3-13　Z 坐标轴参数的设置

参数名	参数说明	参数范围
伺服驱动器型号	步进电动机不带反馈代码为 45	46
伺服驱动器部件号	该轴对应的硬件部件号	1
电动机每转脉冲数	电动机转动一圈对应的输出脉冲数	1600
伺服内部参数 [0]	步进电动机拍数	4

④ 通道参数的设置　标准设置选“0 通道”，其余通道不用，参数设置如表 3-14 所示。

表 3-14　通道参数的设置

参数名	值	说明
通道使能	1	“0 通道”使能
X 轴轴号	0	X 轴部件号
Y 轴轴号	2	光栅部件号
Z 轴轴号	1	Z 轴部件号
移动轴拐角误差	20	禁止更改
旋转轴拐角误差	20	禁止更改
通道内部参数	0	禁止更改

（3）数控系统参数的调整

1）与主轴相关的参数的调整

① 确认主轴 D/A 相关参数的设置（在“硬件配置参数”选项和“PMC 系统参数”选项中）的正确性。

② 检查主轴变频驱动器的参数是否正确。

③ 用主轴速度控制指令（S 指令）改变主轴速度，检查主轴速度的变化是否正确。

④ 调整设置主轴变频驱动器的参数，使其处于最佳工作状态。

2）使用步进电动机时有关参数的调整

① 确认步进驱动单元接收脉冲信号的类型与 HNC－21TF 所发脉冲类型的设置是否一致，参阅相关设备的使用说明书。

② 确认步进电动机拍数（伺服内部参数 P [0]）的正确性。

③ 在手动状态下，使电动机慢速转动，然后使电动机快速转动。若电动机转动时，有异常声音或堵转现象，应适当增加快移加减速时间常数、快移加速度时间常数、加工加减速时间常数，加工加速度时间常数。

3）使用脉冲接口伺服驱动单元时有关参数的调整

① 确认脉冲接口式伺服单元接收脉冲信号的类型与 HNC－21TF 所发脉冲类型的设置是否一致，参阅相关设备的使用说明书。

② 确认坐标轴参数设置中的电动机每转脉冲数的正确性。该参数应为伺服电动机或伺服驱动装置反馈到 HNC－21TF 数控装置的每转脉冲数。

③ 确认电动机转动时反馈值与数控装置的指令值的变化趋势是否一致。控制电动机转

动一小段距离，根据指令值和反馈值的变化，修改伺服内部参数 P［1］或伺服内部参数 P［2］的符号，直至指令值和反馈值的变化趋势一致。

④ 控制电动机转动一小段距离（如 0.1mm），观察坐标轴的指令值与反馈值是否相同。如果不同，应调整伺服单元内部的指令倍频数（通常有指令倍频分子和指令倍频分母两个参数），直到 HNC－21TF 数控装置屏幕上显示的指令值与反馈值相同。

⑤ 使调试的坐标轴运行 10mm 或 10mm 的整数倍的指令值，观察电动机是否每 10mm 运行一周，如果不是，应该同时调整轴参数中的伺服内部参数［1］、伺服内部参数［2］和伺服单元内部的指令倍频数参数。

例如在完成上述步骤①～④后：已知数控装置给出 64mm 的指令，要求电动机运行一周，应如何调整？

原伺服内部参数［1］：原伺服内部参数［2］＝1∶2

原伺服单元内部的指令倍频数参数等于 2。

调整后新的相关参数为：伺服内部参数［1］/伺服内部参数［2］的值减小为原来的 10/64，即(1/2)×(10/64)＝5/64。

伺服单元内部的指令倍频数参数增加为原来的 64/10 倍，即(2/1)×(64/10)＝64/5

通过以上步骤①～⑤参数调整，使得坐标轴的指令值与反馈值相同，并且 HNC－21TF 数控装置每发出坐标轴运动 10mm 的指令，伺服电动机运转一周。

此后，连接工作台时为适应丝杠螺距、传动比的变化，还需要调整轴参数中的外部脉冲当量分子（μm）和外部脉冲当量分母这两个参数。

实训项目 3.2.3　数控系统参数故障设置实验

1. 实训地点：数控实训中心。

2. 实训内容：

1）数控系统运行正常后，进行常见故障设置实验。

2）记录故障现象，得出相应的分析结论。

3）总结数控系统参数的功能及其与机床的匹配设置。

3. 实训设备：HED－21S 型数控系统综合实训台。

4. 实训步骤

根据前面介绍的方法连接数控系统，并自行复查连线。然后依据数控系统常见故障参数设置方法，进行如下实验，见表 3-15。

表 3-15　数控系统常见参数故障的设置

序号	故障设置方法	现象及分析
1	将 X 坐标轴参数中的外部脉冲当量的分子或分母的符号改变，运行 X 轴	
2	将坐标轴参数中的外部脉冲当量的分子分母比值进行改动（增加或减小），观察机床坐标轴运动时指令位置与实际位置是否一致	
3	将坐标轴参数中的正负软极限的符号设置错误（正软极限设为负值或负软极限设为正值）	

（续）

序号	故障设置方法	现象及分析
4	将X轴的轴参数中的磁极对数（P［0］）设置为零，退出系统后进行X轴的回参考点操作	
5	将Z轴参数中的定位误差与最大跟踪误差分别设为5和1000，并快速移动工作台的Z轴	
6	将X坐标轴参数中的伺服单元型号设置为45，Z坐标轴设置为46，重新开机观察系统运行状况	
7	将Z坐标轴参数中的伺服内部参数P［1］、P［2］的任一符号进行改动，运行Z轴	

【总结与提高】

（1）分析参数设置对数控系统运行的作用及影响。

（2）简述HNC－21TF型数控装置参数的设置及调整方法。

（3）将X轴的指令线接到XS31接口上，应该怎样设置参数?

（4）用XS30接口控制主轴变频器，应该怎样设置参数才能使变频器正常工作?

（5）通过修改数控系统参数，增加一个旋转轴。

项目4　数控机床进给驱动系统

数控机床集中了传统的自动机床、精密机床和万能机床三者的优点，将高效率、高精度和高柔性集中于一体。数控机床技术水平的提高，首先依赖于进给和主轴驱动性能的改善以及功能的扩大。为此，数控机床对进给驱动系统的位置控制、速度控制、伺服电动机、机械传动等方面都有很高的要求。数控机床的进给驱动系统是CNC装置和机床的联系环节：CNC装置发出的控制信息，通过进给驱动系统，转换成坐标轴的运动，完成程序所规定的操作。进给驱动系统的性能很大程度上决定了数控机床的性能，因此，研究与开发性能优良的进给驱动系统是现代数控机床的关键技术之一。

通过本项目的学习，学生能够基本了解并掌握常用数控机床进给驱动系统的结构、工作原理、主要技术参数及安装调试方法。

任务4.1　数控机床进给驱动系统的认知

【知识目标】

（1）掌握数控机床进给驱动的工作特点、控制电路及原理。

（2）掌握数控机床伺服电动机驱动的性能、基本组成及原理。

【技能目标】

（1）能熟练识别各种数控机床进给进给系统。

（2）会运用数控机床进给驱动系统原理分析数控机床进给驱动系统的组成及各部分的功用。

（2）能根据数控机床的设计要求，完成相关进给驱动部分的原理设计及选型。

【任务描述】

通过对常用数控机床进给驱动系统的基础知识介绍，帮助学生正确理解常见进给驱动系统的类型，了解其组成部分，掌握其电气机构及工作特点。

【知识链接】

随着数控机床的广泛应用，伺服驱动作为新的进给驱动和主轴驱动技术，已经取代了传统机床的机械传动，这已成为数控机床的重要特征之一。驱动装置与位置检测装置及CNC位置控制部分共同构成位置伺服驱动系统。对于数控系统而言，如果离开了高精度的驱动装置，就满足不了数控机床的要求。驱动装置包含了众多的电力电子器件，并应用反馈控制原理将它们有机地组织起来。伺服驱动系统的结构如图4-1所示。

（一）进给驱动系统定义

数控机床进给驱动系统是指以机床移动部件（如工作台）的位置和速度作为控制量的自动控制系统，又称拖动系统。在数控机床上，进给驱动系统接收来自插补装置或插补软件生成的进给脉冲指令，经过一定的信号变换及电压、功率放大，将其转化为机床工作台相对于切削刀具的运动。目前，这主要通过对交、直流伺服电动机或步进电动机等进给驱动单元

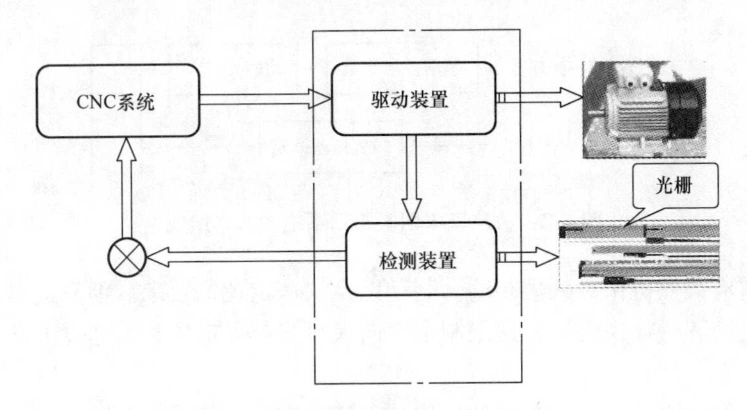

图4-1 伺服驱动系统的结构

的控制来实现。

数控机床的进给驱动系统作为一种实现切削刀具与工件间运动的进给驱动和执行机构，是数控机床的一个重要组成部分，它在很大程度上决定了数控机床的性能，如数控机床的最高移动速度、跟踪精度、定位精度等一系列重要指标均取决于进给驱动系统性能的优劣。

（二）驱动系统分类

数控机床的驱动系统主要有两种：进给驱动系统和主轴驱动系统。从作用看，前者是控制机床各坐标的进给运动，后者是控制机床主轴的旋转运动。数控机床的最大移动速度、定位精度等指标主要取决于进给驱动系统及 CNC 位置控制部分的动态和静态性能。另外，对某些加工中心而言，刀库驱动也可视为数控机床的某一位置伺服轴，用以控制刀库中刀具的定位。

1. 进给驱动与主轴驱动

进给驱动用于数控机床工作台或刀架坐标的控制系统，控制机床各坐标轴的切削进给运动，并提供切削过程所需的进给力。主轴驱动控制机床主轴的旋转运动，为机床主轴提供驱动功率和所需的切削力。一般地，对于进给驱动系统，主要关心它的转矩大小、调节范围的大小和调节精度的高低，以及动态响应的快慢。对于主轴驱动系统，主要关心其是否具有足够的功率、宽的恒功率调节范围及速度调节范围。

2. 开环控制与闭环控制

数控机床进给驱动系统按有无位置反馈分两种基本的控制结构，即开环控制和闭环控制，如图4-2所示。由此形成了位置开环控制系统和位置闭环控制系统。闭环控制系统又可根据位置检测装置在机床上安装位置的不同，进一步分为半闭环伺服驱动控制系统和全闭环伺服驱动控制系统。若位置检测装置安装在机床的工作台上，构成的伺服驱动控制系统为全闭环控制系统；若位置检测装置安装在机床丝杠上，构成的伺服驱动控制系统则为半闭环控制系统，现代数控机床的伺服驱动多采用闭环控制系统，开环控制系统常用于经济型数控或老设备的改造。

3. 直流伺服驱动与交流伺服驱动

20世纪70年代和80年代初，数控机床多采用直流伺服驱动。直流大惯量伺服电动机具有良好的宽调速性能，输出转矩大，过载能力强，而且，由于电动机惯性与机床传动部件的惯量相当，构成闭环后易于调整。直流中小惯量伺服电动机及其大功率晶体管脉宽调制驱

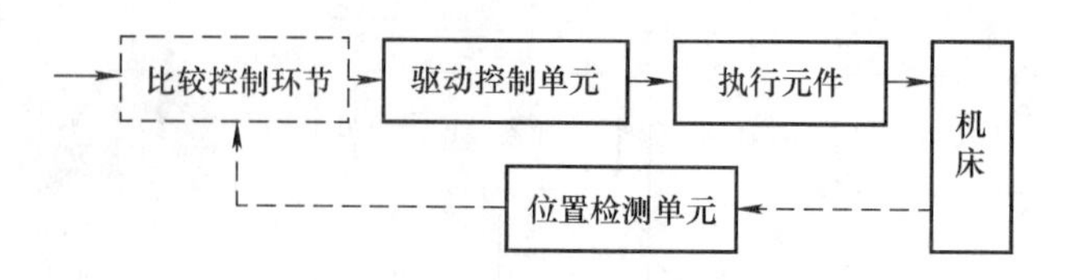

图4-2 数控机床伺服驱动系统的基本组成

动装置，比较适应数控机床对频繁起动、制动以及快速定位的要求。但直流电动机一个最大的缺点是具有电刷和机械换向器，这限制了它向大容量、高电压、高速度方向的发展，使其应用受到限制。

多年来，人们一直试图用交流电动机代替直流电动机，其困难在于交流电动机很难达到直流电动机的调速性能。进入20世纪80年代以后，由于交流伺服电动机的材料、结构以及控制理论与方法的突破性进展，特别是微电子技术和功率半导体器件的发展，使交流驱动装置发展很快，交流伺服驱动系统大举进入电气传动调速控制的各个领域。交流伺服驱动系统的最大优点是交流电动机容易维修，制造简单，易于向大容量、高速度方向发展，适合于在较恶劣的环境中使用。同时，从减少伺服驱动系统外形尺寸和提高可靠性角度来看，采用交流电动机比直流电动机将更合理。

从20世纪90年代开始，交流伺服驱动系统已走向数字化，驱动系统中的电流环、速度环的反馈控制已全部数字化，系统的控制模型和动态补偿均由高速微处理器实时处理，增强了系统的自诊断能力，提高了系统的快速性和精度。

目前，交流伺服系统已实现了全数字化，即在伺服系统中，除了驱动级外，全部功能均由微处理器完成，可高速、实时地实现前馈控制、补偿、最优控制、自学习等功能。应用于进给驱动的交流伺服电动机有交流同步电动机与交流异步电动机两大类。由于数控机床进给驱动的功率一般不大（数百至数千瓦），而交流异步电动机的调速指标一般不如交流同步电动机，因此大多数进给伺服系统采用永磁式交流同步电动机。

（三）进给驱动系统的性能

对数控机床进给驱动系统的主要性能要求主要有以下几个方面：

（1）进给速度范围要大　进给驱动系统不仅要满足低速切削进给的要求（如5mm/min），还要能满足高速进给的要求（如10000mm/min）。

（2）位移精度要高　进给驱动系统的位移精度是指指令脉冲要求机床工作台进给的位移量和该指令脉冲经驱动系统转化为工作台实际位移量之间的符合程度。两者误差越小，驱动系统的位移精度越高。目前，高精度的数控机床伺服系统位移精度可达到在全程范围内±5μm。通常，插补器或计算机的插补软件每发出一个进给脉冲，进给驱动系统将其转化为一个相应的机床工作台位移量，称此位移量为机床的脉冲当量。一般机床的脉冲当量为0.01~0.005mm，高精度的数控机床其脉冲当量可达0.001 mm。脉冲当量越小，机床的位移精度越高。

（3）跟随误差要小　即进给驱动系统的响应速度要快。

（4）进给驱动系统的工作稳定性要好　要求进给驱动系统具有较强的抗干扰能力，保证进给速度均匀、平稳，从而使得机床能够加工出表面粗糙度值低的零件。

（四）数控机床进给驱动系统的基本组成

数控机床的进给驱动系统按有无反馈检测单元分为开环和闭环两种类型，这两种类型的驱动系统的基本组成不完全相同。但不管是哪种类型，执行元件及其驱动控制单元都必不可少。驱动控制单元的作用是将进给指令转化为驱动执行元件所需要的信号形式，执行元件则将该信号转化为相应的机械位移。

开环驱动系统由驱动控制单元、执行元件和机床组成。通常，执行元件选用步进电动机。执行元件对系统的特性具有重要影响。

闭环伺服驱动系统由执行元件、驱动控制单元、机床，以及反馈检测单元、比较控制环节组成。反馈检测单元将工作台的实际位置检测后反馈给比较控制环节，比较控制环节将指令信号和反馈信号进行比较，以两者的差值作为伺服系统的跟随误差，经驱动控制单元，驱动和控制执行元件带动工作台运动。

在 CNC 系统中，由于计算机的引入，比较控制环节的功能由软件完成，从而导致系统结构的一些改变，但基本上还是由执行元件、反馈检测单元、比较控制环节、驱动控制单元和机床组成。加工中心的伺服驱动系统结构形式如图 4-3 所示，其具体工作原理如图 4-4 所示。

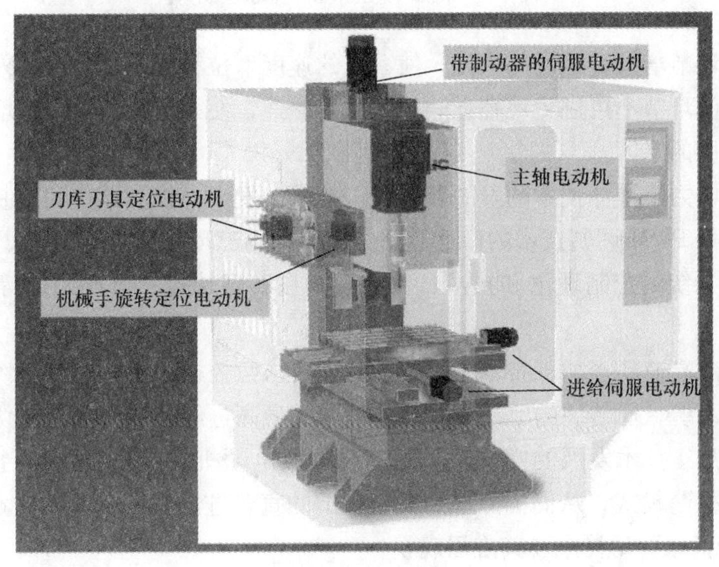

图 4-3　加工中心的伺服驱动系统结构图

（五）伺服驱动技术的新发展

从数控机床的诞生到现在，其进给驱动技术经历了由步进电动机驱动的开环驱动系统、闭环直流伺服系统以及目前广泛应用的交流伺服系统三个阶段。虽然进给驱动技术在不断发展变化，但其基本的传动形式始终是“旋转电动机 + 滚珠丝杠”模式。由于刀具和工作台等被控对象是直线形式的运动，只能借助于机械变换中间环节“间接”地获得最终的直线运动，由此带来一系列的问题。

首先，中间变换环节导致传动系统的刚度降低，尤其细长的滚珠丝杠是刚度的薄弱环节，起动和制动初期的能量都消耗在克服中间环节的弹性变形上，而且弹性变形也是数控机床产生机械谐振的根源。

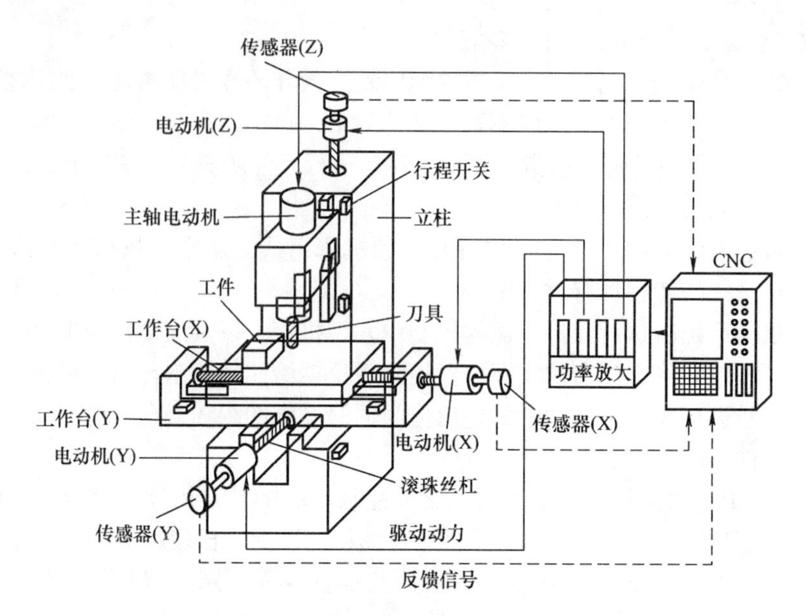

图 4-4 伺服驱动系统工作原理图

其次，中间环节增大了运动的惯量，使系统的速度、位移响应变慢。此外，由于制造精度的限制，使中间环节不可避免地存在间隙死区与摩擦，使系统非线性因素增加，增大了进一步提高系统精度的难度。

随着大功率电力半导体技术的发展和计算机技术的发展，控制器件和控制原则的不断更新和完善，特别是 PWM 调制技术的广泛应用，使得采用三环结构（位置环、速度环和电流环）的位置伺服系统的控制理论和技术日臻成熟，在实现快速、准确定位等方面已达到相当高的水准。

随着高速和超高速精密加工技术的迅速发展，要求数控机床有一个反应快速灵敏、高速轻便的进给驱动系统，而传统的驱动方式所能达到的最高进给速度与超高速切削要求相差甚远。为适应现代加工技术发展的需要，采用直线伺服电动机直接驱动工作台来替代“旋转电动机 + 滚珠丝杠”模式，从而消除中间变换环节的直线进给伺服驱动新技术应运而生。

1. 直线进给伺服驱动技术及其应用现状

直线进给伺服驱动是采用直线交流伺服电动机实现的。直线交流伺服电动机可视为将旋转电动机定子沿径向剖开，并将圆周展开成直线作初级，用一导电金属平板代替转子作次级，就构成了直线电动机。在初级中嵌入三相绕组制成动子，与机床移动工作台相连，次级作为定子固定在机床导轨上，两者之间保持约 1mm 的气隙。目前已开始应用于数控机床上的直线电动机主要有感应式直线交流伺服电动机和永磁式直线交流伺服电动机。

2. 感应式直线交流伺服电动机

感应式直线交流伺服电动机通常由 SPWM 变频供电，采用次级磁场定向的矢量变换控制技术，对其运动位置、速度、推力等参量进行快速而又准确地控制。由于感应式直线伺服电动机的初级铁心长度有限，纵向两端开断，在两个纵向边缘形成“端部效应”（End Effect），使得三相绕组之间互感不相等，引起电动机的运行不对称。消除这种不对称的方法有三种：同时使用三台相同的电动机，将其绕组交叉串联，这样可获得对称的三相电流；对于不能同时使用三台电动机的场合，可采用增加极数的办法来减小各相之间的差别；在铁心端部外面安装补偿绕组。感应式直线交流伺服电动机结构如图4-5所示。

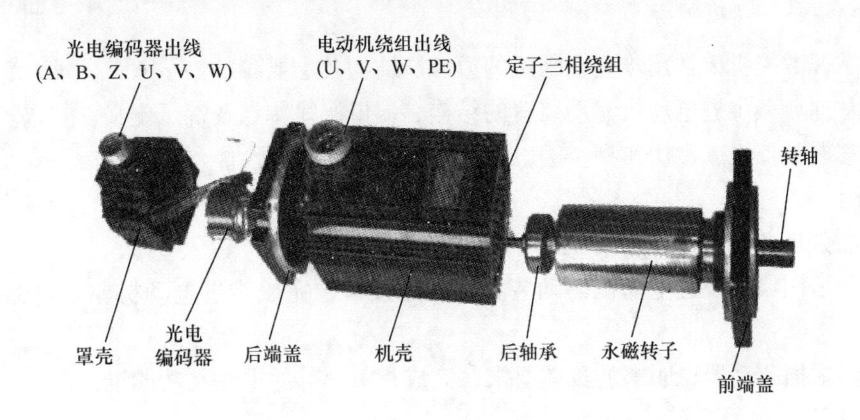

图4-5 感应式直线交流伺服电动机结构图

3. 永磁式直线交流伺服电动机

永磁式直线交流伺服电动机的次级采用高能永磁体，电动机采用矩形波或正弦波电流控制，由IGBT组成的电压源逆变器供电，PWM调制。当向动子绕组中通入三相对称正弦电流后，直线电动机产生沿直线方向平移并呈正弦分布的行波磁场，与永磁体的励磁磁场相互作用产生电磁推力，推动动子沿行波磁场运动的相反方向作直线运动。其控制系统的基本结构是PID组成的速度，电流双闭环控制，直接受控的是电流，通常采用$i_d=0$的控制策略，使电磁推力与i_d具有线性关系。

4. 直线进给伺服驱动技术的优点

直线进给伺服驱动技术最大的优点是具有比旋转电动机大得多的加、减速能力（可达10~30倍），能够实现瞬时达到设定的高速状态和在高速下瞬时准确停止运动。加、减速过程的缩短，可改善加工表面质量，提高刀具使用寿命和生产效率；减少了中间环节，使传动刚度提高，有效地提高了传动精度和可靠性，而且进给行程几乎不受限制。

【技能训练】

（1）实训地点：电工技术实训中心及数控实习工厂。

（2）实训内容：

1）辨认不同常用数控机床驱动装置的类型，介绍并分析各组成部分，明确各部分名称及功能。

2）在生产现场找出数控驱动单元的安装位置并识读其铭牌数据。

【总结与提高】

（1）简述数控机床驱动系统的类型及特点。

（2）简述数控伺服驱动的结构及工作原理。

（3）详细分析伺服驱动的新发展。

任务4.2　步进电动机驱动系统的连接与调试

【知识目标】

（1）掌握数控机床常用步进电动机的原理、结构及主要参数。

（2）掌握典型步进电动机驱动装置的结构、端口接线特点及端子定义。

（3）掌握数控机床常用典型步进电动机驱动装置的主要性能参数。

【技能目标】

（1）能分析各种数控机床用步进电动机的原理。

（2）会运用典型步进电动机驱动装置的电路接口，完成步进电动机驱动电路的安装与调试。

（3）能根据驱动器说明书的具体要求，完成相关部分的电路及功能调试。

【任务描述】

通过对常用数控机床步进电动机的基础知识介绍，帮助学生正确识别常见步进电动机的类型，掌握其工作原理及主要技术性能指标，了解其组成部分，掌握其电气结构、工作特点及安装调试方法。

【知识链接】

步进电动机是利用电磁作用原理，将电脉冲信号转换成相应的机械角位移的一种控制电动机。当系统给定子绕组输入一个电脉冲时，转子就相应地转过一个角度。总转角与输入的电脉冲个数成正比，转速与电脉冲频率成正比，因此步进电动机又称为脉冲电动机；转动方向取决于步进电动机的通电相序。在数控机床和自动控制装置中步进电动机作为执行元件，获得了广泛的应用，其外形如图4-6所示。

图4-6　步进电动机外形图

步进驱动系统是一种能使步进电动机运行的功率放大器，它能把控制器发来的脉冲信号转化为步进电动机的功率信号。电动机的转速与脉冲频率成正比，所以控制脉冲频率可以精确调速，控制脉冲数就可以精确定位。步进电动机的驱动电源由变频脉冲信号源、脉冲分配器及脉冲放大器组成，由此驱动电源向电动机绕组提供脉冲电流。

数控机床的开环控制系统采用功率步进电动机作为执行元件，实现进给运动。与闭环系统相比，它没有位置反馈回路和速度反馈回路，因而不需使用位置、速度测量装置以及复杂的控制调节电路，这使系统的成本大大降低，简单可靠，与机床容易配接，控制使用方便。因而在对速度，精度要求不太高的中、小型数控机床上得到了广泛的应用。步进电动机驱动系统工作原理如图4-7所示。

步进驱动系统的控制主要包括：工作台位移量的控制、工作台进给速度的控制和工作台运动方向的控制。位移量的控制依靠进给开环系统的脉冲当量（一个进给脉冲对应的工作

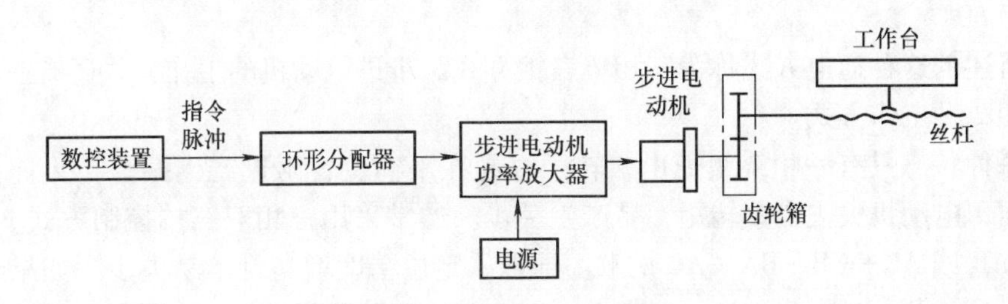

图4-7　步进电动机驱动系统工作原理图

台位移量）来决定；进给脉冲频率经功率放大后就转化为步进电动机定子绕组通电/断电状态变化的频率，因而就决定了步进电动机转子的转速，再经减速齿轮、丝杠、螺母之后，体现为工作台的进给速度 v；改变步进电动机输入脉冲信号的循环顺序方向，就可改变步进电动机定子绕组中电流的通、断循环顺序，从而使步进电动机实现正转和反转，相应的工作台进给方向就被改变。

在步进驱动系统中，步进电动机的运行性能将直接决定驱动系统的性能。步进电动机种类繁多，其基本类型为机电式及磁电式两种。按运行方式可分旋转型和直线型，通常使用的多为旋转型。旋转型步进电动机又分为反应式、永磁式和感应式三种，其中反应式步进电动机是我国目前使用较广的一种，具有惯性小、反应快和速度高等特点。步进电动机按相数又可分为单相、两相、三相和多相等形式。

（一）步进电动机的工作原理

图4-8是三相反应式步进电动机的原理图，下面就以它为例来说明步进电动机的工作原理。

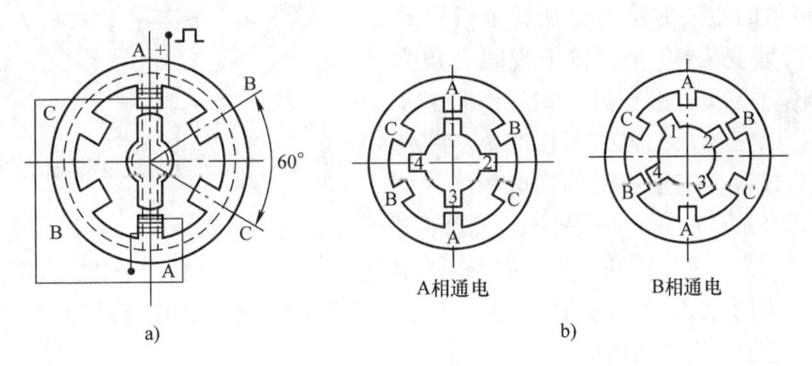

图4-8　三相反应式步进电动机工作原理图

图4-8a中，当A相绕组通以直流电流时，根据电磁学原理，便会在A—A方向产生一磁场，磁场磁力吸引转子，使转子的齿与定子A—A磁极上的齿对齐。若A相断电，B相通电，这时新的磁场又吸引转子的两极与B—B磁极对齐，转子沿逆时针方向转过60°，如图4-8b所示。如果控制电路不停地按A—B—C—A…的顺序控制步进电动机绕组的通、断电，步进电动机的转子将不停地逆时针转动。如果通电顺序改为A—C—B—A，…，步进电动机的转子将顺时针不停地转动。

通常，将步进电动机绕组的通、断电状态每改变一次（加一个脉冲），其转子转过的角度称为步距角，即步进电动机的转子每走一步转过的角度。因此，图4-8所示步进电动机的步距角等于 60°。

上面所述的这种通电方式称为三相单三拍方式。步进电动机的工作方式还有三相六拍和三相双三拍 2 种工作方式。

由于每种状态只有一相绕组通电，转子容易在平衡位置附近产生振荡，并且在绕组通电切换瞬间，电动机失去自锁转矩，易产生丢步。通常采用三相双三拍控制方式，即 AB—BC—CA—AB 或 AC—CB—BA—AC 的顺序通电，定位精度增高且不易失步。如果步进电动机按照 A—AB—B—BC—C—CA—A 或 A—AC—C—CB—B—BA—A 的顺序通电，根据其原理图分析可知，其步距角比三相三拍工作方式减小一半，称这种方式为三相六拍工作方式。

步距角的计算公式为

$$\theta_s = \frac{360°}{mzk} \tag{4-1}$$

式中 θ_s——步距角；

m——电动机相数；

z——转子齿数；

k——通电方式系数，k = 拍数/相数。

（二）步进电动机的结构

图 4-9 为三相步进电动机的结构图。它是由转子、定子及定子绕组所组成。定子上有 6 个均匀分布的磁极，直径方向相对的 2 个极上的绕组串联，构成电动机的一相控制绕组。

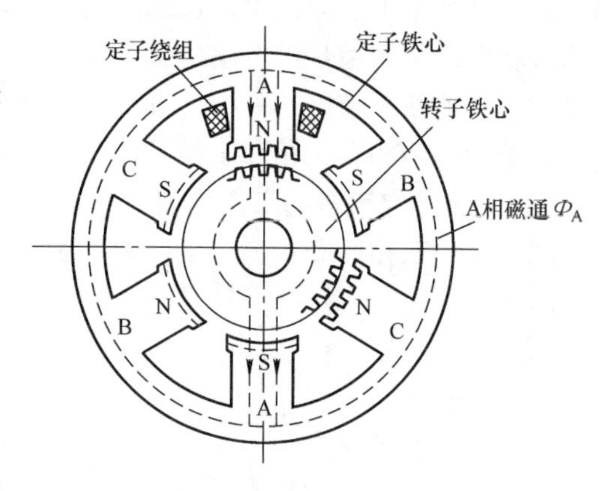

图 4-9 三相步进电动机的结构图

从式（4-1）可知，电动机相数受结构限制，减小步距角的主要方法是增加转子齿数 z。如果将转子齿数变为 40 个，转子齿间夹角为 9°，那么当电动机以三相三拍方式工作时，步距角则为 3°；以三相六拍方式工作时，步距角则为 1.5°。通过改变定子绕组的通电相序，就可改变电动机的旋转方向，实现机床运动部件进给方向的改变。

步进电动机转子角位移的大小取决于来自数控装置发出的电脉冲个数，其转速 n 取决于电脉冲频率 f，即步进电动机的角位移大小与脉冲个数成正比，转速与脉冲频率成正比，转动方向取决于定子绕组的通电顺序。

（三）步进电动机的主要参数及特性

1. 最高起动频率 f_q

步进电动机在空载运行时，由静止状态到突然起动状态，并且不失步地进入稳速运行，所允许的起动频率的最高值称为最高起动频率 f_q。

步进电动机在起动时，既要克服负载转矩，又要克服惯性转矩，所以起动频率不能过高，并且，随着负载加大起动频率会进一步降低。

2. 最高运行工作频率 f_{max}

步进电动机在连续运行的情况下，且不发生丢步，电动机所能接受的最高频率称为最高工作频率 f_{max}。最高工作频率远大于起动频率，它表明步进电动机所能达到的最高速度。

3. 步距角 θ_s 与步距误差 $\Delta\theta_s$

步进电动机的步距角 θ_s 是定子绕组的通电状态每改变一次，其转子转过的一个确定的角度。步距角越小，机床运动部件的位置精度越高。步距误差 $\Delta\theta_s$ 是指理论的步距角 θ_s 与实际的步距角 θ'_s 之差，即 $\Delta\theta_s=\theta_s-\theta'_s$，它直接影响执行部件的定位精度。步距误差主要由步进电动机齿距制造误差、定子和转子气隙不均匀、各相电磁转矩不均匀等因素造成。由于步进电动机每转一转又恢复到原来位置，所以步距误差不会无限累积。

4. 静态转矩与矩角特性

当步进电动机定子绕组处于某种通电状态时，如果在电动机轴上外加一个负载转矩，使转子按一定方向转过一个角度，此时转子所受的电磁转矩 M 称为静态转矩，角度 θ 称为失调角。当外加转矩取消时，转子在电磁转矩作用下又回到稳定的平衡点位置，即 $\theta=0$ 的时候。

步进电动机的转子离开平衡位置后所具有的恢复转矩，随着转角的变化而变化。步进电动机静转矩与失调角的关系称为矩角特性。在 $\theta=\pm90°$ 时有最大静转矩，它是步进电动机的主要性能指标之一。一般增加电动机的相数能提高最大静转矩的数值。

（四）典型驱动器的接口和接线介绍

如图4-10a所示，这是一种常用的PD 2032M型步进电动机驱动器的接口面板形式。该驱动器为三相混合式步进电动机驱动器，输入的AC 220V经整流后产生DC 325V，再经调制器调制为325V阶梯式正弦电流波形，每个阶梯对应电动机转动一步，通过改变驱动器输出电流的频率来改变电动机转速，而输出的阶梯数确定了电动机转过的角度。这种混合式步进电动机驱动器在控制方式上增加了全数字式电流环控制，三相正弦电流驱动输出，使三相混合式电动机低速无爬行，无共振区，噪声小。驱动器功放级的电压达到DC 325V，步进电动机高速运转仍然有高转矩输出；具备短路、过电压、欠电压、断相、过热等完善保护功能，可靠性高；具有细分、半流和掉电相位记忆功能；具有多种细分选择，可控制电动机在任意细分状态下精确定位，最小步距角可设为0.036°（10000步/r）；适用面广，通过设置不同相电流可配置各种电动机。驱动器接口面板及其控制端口信号接线定义如图4-10b、c所示。

a) 驱动器外形图

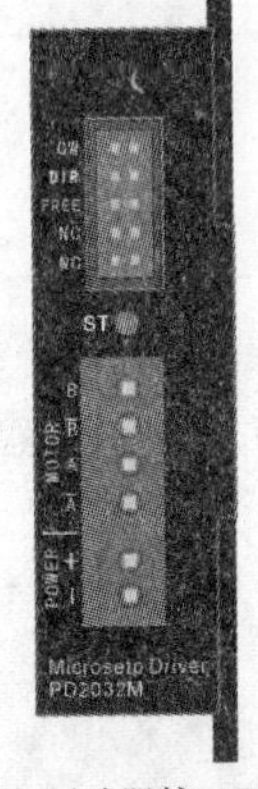

b) 驱动器接口面板

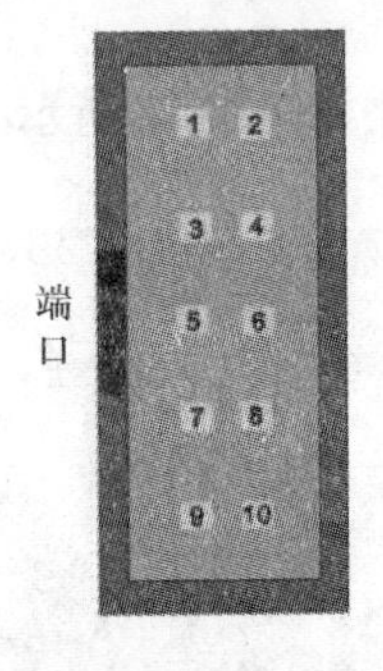

c) 控制端口信号排列

图4-10　常用的步进电动机驱动器的接口面板形式

1. 控制信号端口描述

控制信号端口的对应名称及控制功能如表4-1所示。

表 4-1　控制信号端口描述

CW－（1 脚） CW＋（2 脚）	脉冲信号输入： 驱动器响应脉冲信号的上升沿（内部光耦合器有电流流过），信号高电平时幅度为 4～5V，低电平为 0～0.5V。为了可靠响应脉冲信号，脉冲宽度应大于 2.5s 如采用 12V 或 24V 时需串电阻
DIR/CC－（3 脚） DIR/CC＋（4 脚）	方向信号/反转脉冲输入： 单脉冲时为方向信号，为保证电动机可靠换向，方向信号应先于脉冲信号至少 5s 建立。电动机的初始运行方向与电动机的接线有关，互换任一相绕组（如 A＋、A－交换）可以改变电动机初始运行的方向，信号高电平时幅度为 4～5V，低电平为 0～0.5V
FREE－（5 脚） FREE＋（6 脚）	脱机信号输入： 当此信号处于有效状态时，驱动器强制切断电动机电流，电动机处于自由活动状态，当此信号处于无效状态时，驱动器输出正常电流，电动机处于锁定状态。只在某些特殊场合有用，一般情况下不用，可以不接，驱动器照常使电动机运转
NC（7 至 10 脚）	空脚，不接任何信号

2. POWER/MOTOR 端口及信号指示灯描述

POWER/MOTOR 端口的对应名称及控制功能如表 4-2 所示。

表 4-2　POWER/MOTOR 端口及信号指示灯描述

POWER＋	直流电源正极，12V～35V 间任何值均可，但推荐值 DC 28V 左右
POWER－	直流电源接地
A＋ A－	电动机 A 相绕组
B＋ B－	电动机 B 相绕组
指示灯 ST	常亮 电源接通，且电动机没有转动 闪烁 电动机转动

3. 细分拨码设定

细分拨码开关如图 4-11 所示。

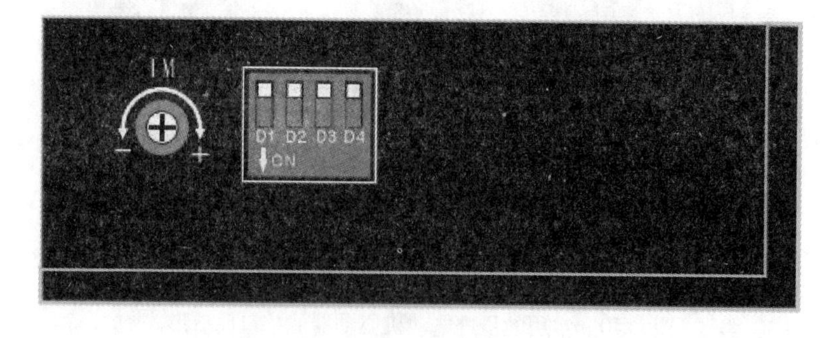

图 4-11　细分拨码开关示意图

PD2032M 细分拨码设定如表 4-3 所示。

表4-3　PD2032M细分拨码设定

DIV	步数/圈	D3	D4
1	200	ON	ON
2	400	ON	OFF
4	800	OFF	ON
8	1600	OFF	OFF

注：细分选择开关更改设定后，不需要断电即时生效。每圈步数对应步距角为1.8°的步进电动机。

4. 电流设定

PD2032M系列驱动器电动机电流调整采用IM电位器调整方式。按接线面板上的图示，顺时针方向转电流增大，逆时针方向转电流减小。此电位器为单圈电位器，可转动角度为270°左右。当调到头的时候请停止转动，因为有可能会损坏电位器。电流最小值为0.5A，最大值为2.5A，可以根据所选用的电动机来做适当调整，也可以通过工作情况来判断电流是否调整得适当。一般情况下电动机长期工作表面温度不超过80℃为宜。当电流调小后转矩不够，调大后又发热量过大，那就要考虑重新选用电动机了。

拨码开关的D1用于半流功能设定，当处于OFF位置时，半流功能启用，电动机静止0.1s时，电动机电流自动减半，可以减小电动机和驱动器的发热量。处于ON位置时半流功能关闭，任何时候电动机电流都处于全流状态。

5. 输入信号接口电路

PD2032M驱动器采用差分式接口电路，可适用差分信号、单端共阴及共阳等接口，内置高速光耦合器，允许接收长线驱动器，集电极开路和PNP输出电路的信号。在环境恶劣的场合，推荐用长线驱动器电路，抗干扰能力强。现在以集电极开路和PNP输出为例，接口电路示意如图4-12、图4-13所示。

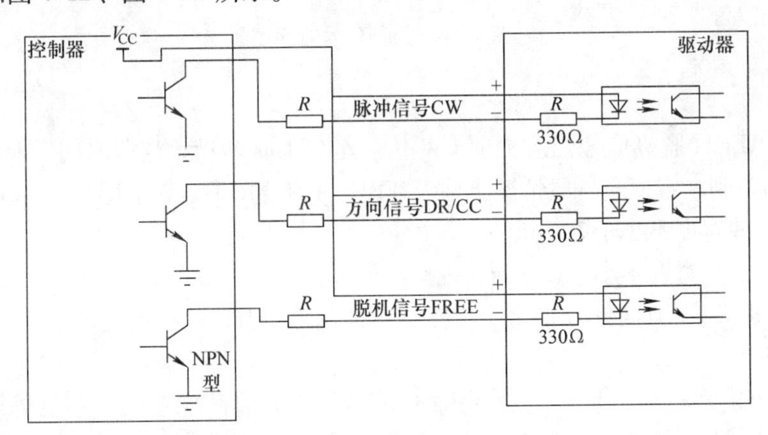

图4-12　输入接口电路（共阳极接法），控制器集电极开路输出

注意：

1）V_{CC}值为5V时，R为0Ω（短接）。

2）V_{CC}值为12V时，R为1kΩ，大于1/4W电阻。

3）V_{CC}值为24V时，R为2kΩ，大于1/4W电阻。

4）R必须接在控制器信号端。

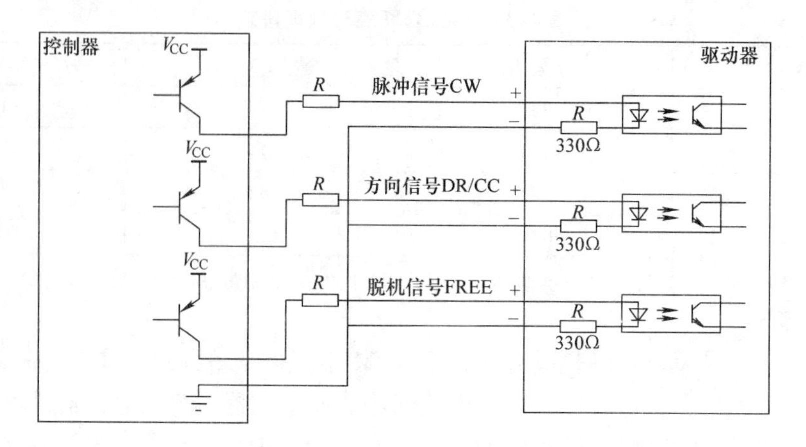

图 4-13　输入接口电路（共阴极接法），控制器 PNP 输出

6. 控制信号时序图

为了避免一些误动作和偏差，CW、DR/CC 和 FREE 应满足一定要求，如图 4-14 所示。

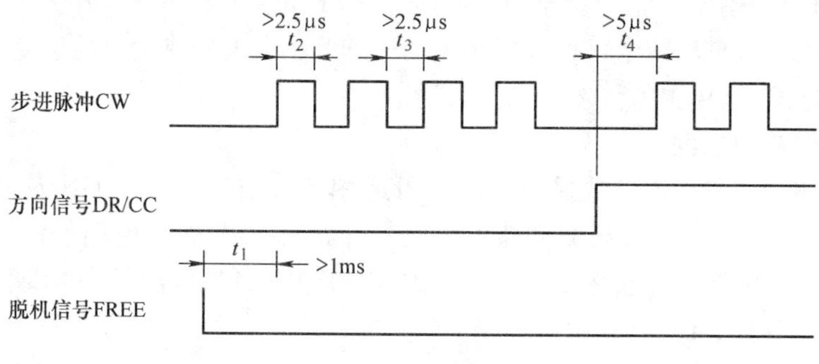

图 4-14　控制信号时序图

说明：

1）t_1：FREE（脱机信号）应提前 CW 信号至少 1ms 撤销，这段时间，驱动器将开通电动机电流并调整到一定值。一般情况下建议 FREE + 和 FREE − 悬空即可。

2）t_2：脉冲宽度不小于 2. 5μs

3）t_3：低电平宽度不小于 2. 5μs

4）t_4：DR/CC（方向信号）至少应提前脉冲信号上升沿 5μs 确定其状态。

7. 接线要求

1）为了防止驱动器受干扰，建议控制信号采用双绞屏蔽电缆线，并且屏蔽层与地线短接；同一机器内只允许在同一点接地。如果不是真实接地线，可能干扰严重，此时屏蔽层不接。

2）脉冲方向信号线与电动机线不允许并排包扎在一起，最好分开至少 10cm 以上，否则电动机噪声容易干扰脉冲方向信号引起电动机定位不准、系统不稳定等故障。

3）如果一个电源供多台驱动器，应在电源处采取并联连接，不允许先到一台再到另一台链状式连接。

4）严禁带电拔插驱动器强电电动机端子。带电的电动机停止时仍有大电流流过绕组，拔插电动机端子将导致巨大的瞬间感应电动势烧坏驱动器。

5）严禁将导线头加锡后接入接线端子，否则可能因接触电阻变大而过热损坏端子。

6）接线线头不能裸露在端子外，以防意外短路而损坏驱动器。

8. 供电电源选择

电源电压在DC12～35V之间都可以正常工作。PD2032M驱动器最好采用非稳压型直流电源供电，也可以采用变压器降压＋桥式整流＋电容滤波，电容可取6800μF或10000μF，但注意应使整流后电压纹波峰值不超过35V。建议用户使用12～28V直流供电，避免电网波动超过驱动器电压工作范围。如果使用稳压型开关电源供电，应注意电源的输出电流范围需设成最大。

请注意：

1）接线时要注意电源正、负极切勿反接。

2）最好用非稳压型电源。

3）采用非稳压电源时，电源电流输出能力应大于驱动器设定电流的60%即可。

4）采用稳压开关电源时，电源的输出电流应大于或等于驱动器的工作电流。

5）为降低成本，两三个驱动器可共用一个电源，但应保证电源功率足够大。

9. 电动机接法

电动机接线示意图如图4-15所示。

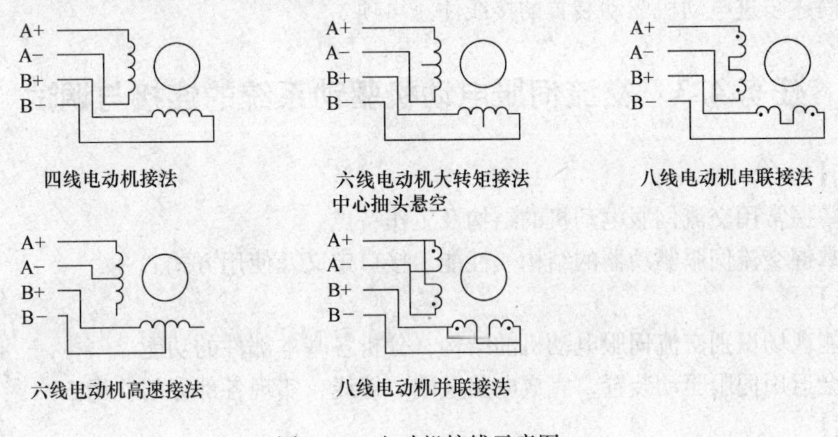

图4-15　电动机接线示意图

10. 输入电压和输出电流的选用

（1）供电电压的设定　一般来说，供电电压越高，电动机高速时转矩越大，越能避免高速时丢步。但另一方面，电压太高会导致过电压保护，电动机发热较严重，甚至可能损坏驱动器。在高电压或者大电流下工作时，电动机低速运动的振动会大一些。

（2）输出电流的设定值　对于同一电动机，电流设定值越大，电动机输出转矩越大，但电流大时电动机和驱动器的发热也比较严重。具体发热量的大小不仅与电流设定值有关，也与运动类型及停留时间有关。以下的设定方式采用步进电动机额定电流值作为参考，但实际应用中的最佳值应在此基础上调整。原则上如温度很低（<40℃）则可视需要适当加大电流设定值以增加电动机输出功率（转矩和高速响应）。

1）四线电动机和六线电动机高速度模式：输出电流设成等于或略小于电动机额定电

流值。

2）六线电动机高转矩模式：输出电流设成电动机额定电流的70%。

3）八线电动机串联接法：由于串联时电阻增大，输出电流应设成电动机额定电流的70%。

4）八线电动机并联接法：输出电流可设成电动机额定电流的1.4倍。

注意：

电流设定后请运转电动机15～30min，如电动机温升太高（>80℃），则应降低电流设定值。所以，一般情况是把电流设成电动机长期工作时出现温热但不过热时的数值（电动机最高工作温度值最好咨询电动机生产厂家）。

【技能训练】

（1）实训地点：电工技术实训中心及数控实习工厂。

（2）实训内容

1）拆装步进电动机，辨认不同的组成部分，明确其工作原理。

2）进行驱动单元接线试验，熟悉系统的保护性能。

【总结与提高】

（1）简述步进电动机的结构及原理。

（2）简述步进电动机的主要参数及性能指标。

（3）简述步进电动机驱动装置的接线注意事项。

任务4.3 交流伺服电动机驱动系统的连接与调试

【知识目标】

（1）掌握常用交流伺服电动机的结构及工作特点。

（2）掌握交流伺服驱动器的结构、性能、接口定义及使用方式。

【技能目标】

（1）能现场识别交流伺服电动机的结构，分析各基本部件的功能。

（2）会运用伺服驱动装置，完成电路及端口接线，实现各部分的功用。

【任务描述】

通过对常用交流伺服电动机及驱动器的基础知识介绍，帮助学生正确识别常见数控机床伺服电动机及驱动器的接口形式，了解其组成部分，掌握电气机构及工作特点，完成设备的端口接线与调试任务。

【知识链接】

交流伺服技术自20世纪80年代初发展至今，技术日臻成熟，性能不断提高，可配合多种规格的伺服电动机，构成完美的伺服驱动系统。适应于各种需要快速响应的精密转速控制与定位控制的应用系统，交流伺服技术具有集成度高、体积小、响应速度快、保护完善、接线简洁明了、可靠性高等一系列优点，现已广泛应用于数控机床、印刷包装机械、纺织机械、自动化生产线等自动化领域。

交流伺服电动机驱动与步进电动机驱动相比具有显著不同的工作特性。

（1）应用场合不同　一般来说，大负载、高速度的应用，应采用交流伺服电动机驱动；

低负载、低速度的场合，高细分的步进电动机驱动性能比交流伺服电动机要好。

（2）输出转矩特性不同　在需要速度较高的环境，伺服电动机输出转矩的矩频特性平稳。但伺服电动机本身无法保持转矩，而步进电动机有保持转矩的功能。

（3）运行稳定性不同　交流伺服电动机运转非常平稳，在低速时也不会出现振动现象；即使三相混合式步进电动机低速平稳性高于二相步进电动机，但仍低于伺服电动机。

（4）控制方式不同　交流伺服驱动系统为闭环控制，驱动器可直接对电动机编码器反馈信号进行采样，一般不会出现丢步或过冲现象；步进电动机的控制为开环控制，起动频率过高或负载过大易出现丢步或堵转现象，停止时转速过高易出现过冲现象，而且丢步是步进电动机的致命缺陷。

（5）速度响应性能不同　因为交流伺服电动机可以有瞬间大转矩输出，所以加速性能可能比步进电动机强。交流伺服电动机的控制精确度由电动机轴后端的旋转编码器保证。

（6）过载能力不同　交流伺服电动机具备很强的过载能力，具有速度过载和转矩过载能力；步进电动机没有这种过载能力，为了克服惯性力矩，要保证步进电动机的转矩大于需要的转矩。

（一）交流伺服电动机

交流伺服电动机的实质是一台两相异步电动机，其结构与电容运转单相异步电动机相似，如图4-16所示。它有在空间上相差90°电角度的两相绕组：一组为励磁绕组，经过分相电容 C 加交流励磁电压 U_f；另一组为控制绕组，加同频率控制电压 U_c。选择适当的电容器 C 的数值，可以使励磁绕组的电流 I_f 与控制绕组的电流 I_c 在相位上相差接近90°，从而形成旋转磁场，使得转子旋转。但是，如果转子电路的参数设计得和单相异步电动机相似，则当失去控制电压时，电动机便不会停转，这种自由现象称自转。为了防止自转现象的发生，转子导体必须选用电阻率大的材料制成。

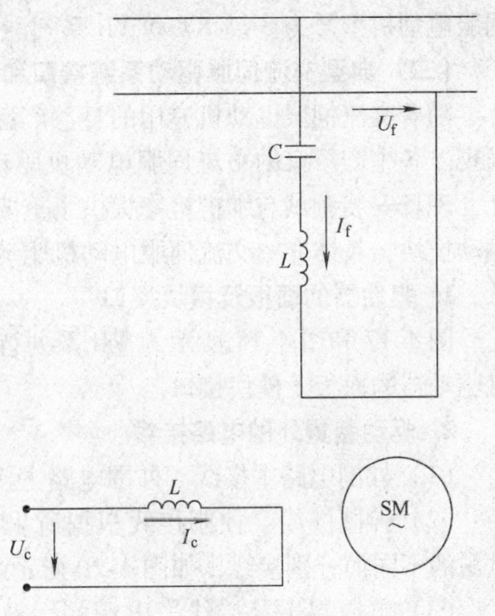

图4-16　交流伺服电动机

交流伺服电动机的转子目前有两种结构形式。一种形式是笼型转子结构，转子细而长，使其转动惯量减小。它的导条的端环采用高电阻率的材料，目的是为了改变电动机的机械特性，从而抑制单相运行时的自转现象。另一种形式是空心杯转子结构，它是由铝合金或铜等非磁性材料制成的。这种结构的定子有内、外两个铁心，均用硅钢片叠成，定子绕组装在外定子上，内定子上没有置绕组。它构成定子磁路的一部分，其目的是为了减小磁阻。薄壁型的空心杯转子即位于内、外定子之间，用转子支架固定于转轴上。由于转子质量小，转动惯量也很小，所以能迅速而灵敏地起动和停转。

当负载转矩一定时，可以通过调节加在控制绕组上的电压的大小及相位来达到改变交流伺服电动机转速的目的，因此交流伺服电动机的控制方式有三种：

（1）幅值控制　它是通过调节控制电压 U_c 的大小来改变电动机的转速，而控制电压 U_c

与励磁电压 U_f 之间始终保持着90°电角度。当控制电压 $U_c=0$ 时，电动机立即停转；控制电压 U_c 越大，电动机的转速越高。

（2）相位控制 与幅值控制不同，相位控制时，通过调节控制电压与励磁电压之间的相位差来改变电动机的转速，控制电压的幅值保持不变。当相位差为零时，电动机停转；相位差加大，则电动机的电磁转矩加大，使得电动机速度增加。这种控制方式一般很少用。

（3）幅值－相位控制 这种控制方式是对幅值和相位均进行控制，即励磁绕组串接电容 C 后，接到电压恒定的交流电源上，用改变控制电压 U_c 幅值的方式来改变电动机的转速，此时由于控制绕组通过转子铁心对励磁绕组产生的电磁感应，使得加到励磁绕组上的电压 U_f 的相位（和幅值）也发生了变化。这种控制方式设备简单、成本较低，因而是最常用的一种控制方式。

伺服电动机的转向是通过改变加在控制绕组上的控制电压的相位来实现的。当加在控制绕组上的电压反相时（U_f 不变），由于旋转磁场反向而电动机反转。

交流伺服电动机运行平稳、噪声小、反应迅速灵敏，但其机械特性线性度较差，并且由于转子电阻大使得损耗大，效率低，一般只用于0.5～100W小功率控制系统中。国产交流伺服电动机型号为SK、KT和VB系列。

（二）典型交流伺服驱动系统接口和接线

随着交流伺服电动机应用的日益广泛，系列化、模块化的交流伺服电动机驱动模块不断出现。各生产厂家的交流伺服电动机驱动模块定义基本相同，为简化交流伺服控制系统设计、现场安装调试与维护检修提供了重要的条件。下面结合VB系列智能型交流伺服电动机驱动模块，具体介绍交流伺服电动机驱动模块的功能及接线。

1. 驱动器的面板及模块接口

图4-17和图4-18所示为VB系列智能型交流伺服电动机驱动器的面板及模块接口。

2. 驱动装置外围电路接线

（1）外围电路主接线 外围电路主接线如图4-19所示。

（2）控制接线 控制接线根据所采用单相或三相交流电源的不同而分别接线，如图4-20所示。

（3）电源端子及接线 电源端子及接线定义如表4-4所示。

（4）安装调试与接线注意事项

1）由于人体静电会严重损坏驱动器内部的CMOS器件，在未采取防静电措施前，请勿用手触摸印制电路板及IGBT等内部器件，否则可能引起驱动器故障。

2）绝不可将交流输入电源接至驱动器输出端U、V、W端子。

3）主电路配线时，配线线径规格的选择，请依照国家电工法规有关规定实施。接地端子必须根据国家电气安全规定和其他有关标准规定正确、可靠地接地。主电路螺钉确认锁紧，以防振动脱落或产生火花。

图4-17 交流伺服电动机驱动器的面板

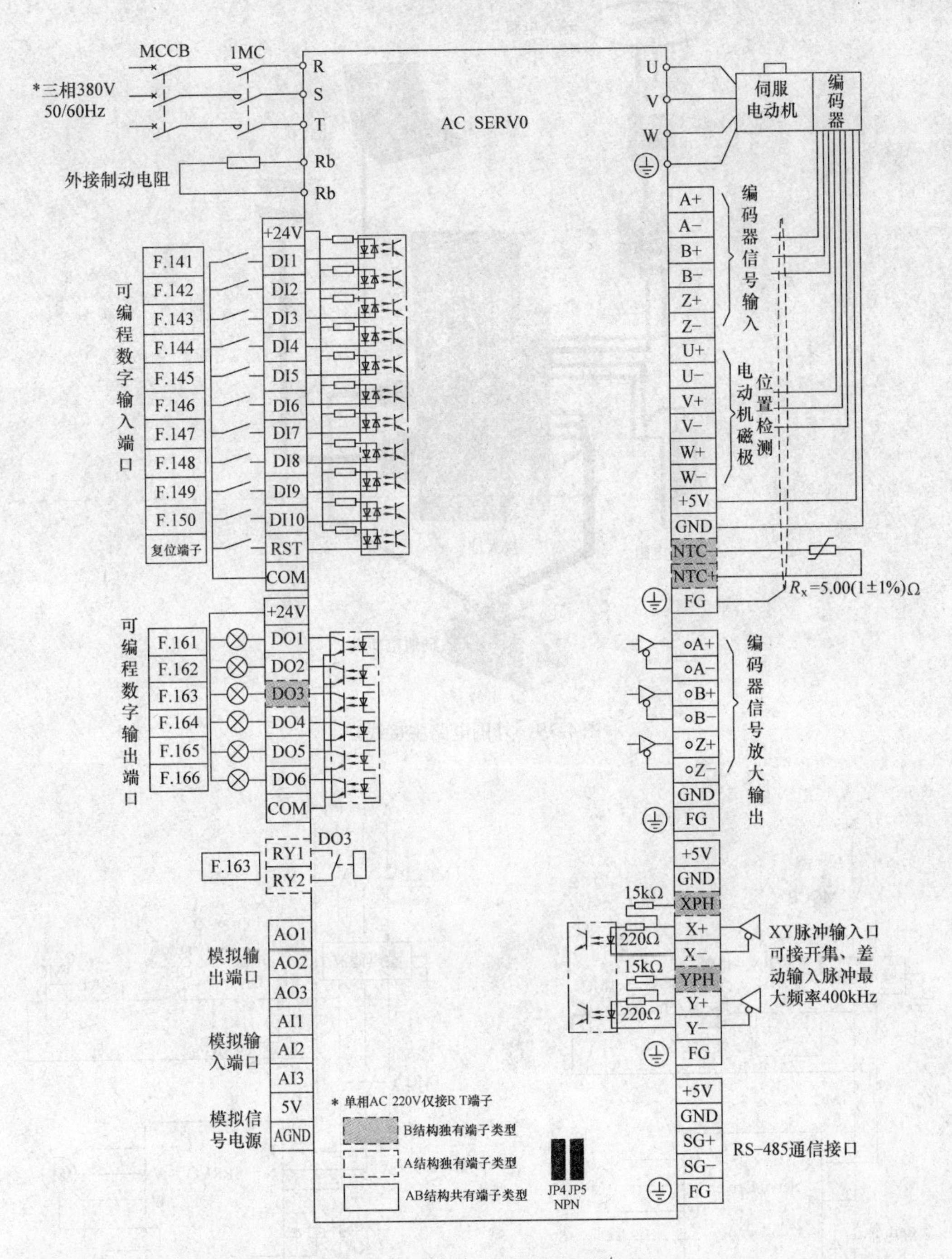

图4-18　交流伺服电动机驱动器的接口

4）在驱动器U、V、W输出端绝不可以加装电容或阻容吸收装置。

5）送电前请固定好驱动器外壳并锁紧。断掉输入电源后驱动器内部仍有高压直流电存在，因此在断掉输入电源，键盘显示或电源指示灯熄灭5min后，且必须用仪表确认机内电容已放电完毕，才能对驱动器实施机内作业。

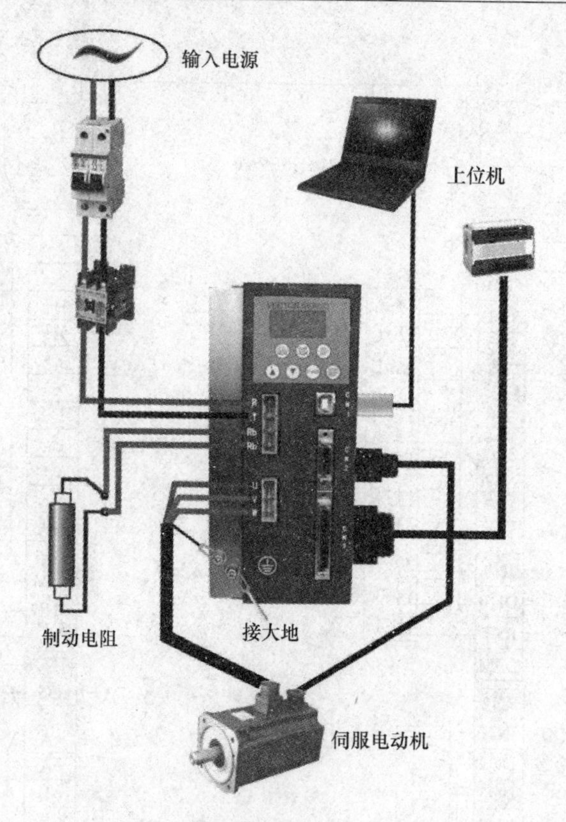

图 4-19 外围电路主接线

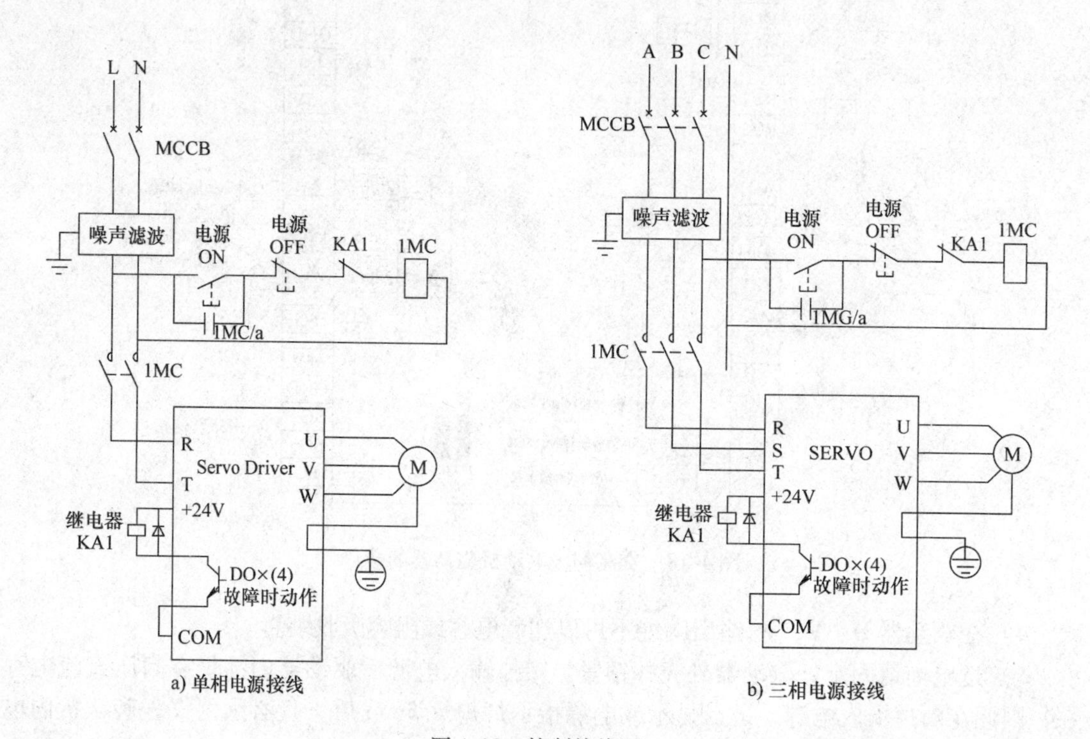

图 4-20 控制接线图

表 4-4 电源端子及接线定义表

名称	端子	说明
R、S、T	主电路电源输入端	连接三相交流电源（单相电源接R、T端）。根据型号选择适当的电压等级
U、V、W	电动机连接端	连接至电动机
Rb、Rb′	制动电阻接线端	接制动电阻
P、N	制动单元接线端	接驱动器外接制动单元/共用直流（DC）母线
⏚	接地端子	连接至大地与电动机的地线
E		
FG		

6）驱动器是在高压下工作的，在接通电源后，请不要实施配线、检查等作业。不要接触内部印制电路板及其元器件，以免触电。拆换电动机时，必须切断驱动器输入电源。

7）除紧急情况外，请勿以拉闸断电的方式停机。若驱动器需较频繁起动，勿将电源关断，必须使用控制端子、键盘或 RS－485 运行指令作起停操作，以免损伤到整流桥。

8）驱动器的外部控制线须加隔离装置或采用屏蔽线，指令信号连线除屏蔽外还应单独走线，最好远离主电路接线 30cm 以上。当使用的电磁接触器及继电器等距离驱动器较近时，为尽量减少电磁干扰的影响，应考虑加装浪涌吸收装置。

9）当驱动器加装外围设备（滤波器、电抗器等）时，应首先用1000V 兆欧表测量其对地绝缘电阻，保证不低于 4MΩ。

3. 控制接线端子说明

位置及功能端子定义如表 4-5 所示。

4. 试车步骤

首先须将电源（单相或三相）线与伺服驱动器 R、S、T 连接后，再分别连接伺服驱动器 U、V、W 与伺服电动机 A、B、C 之间的连线。在确认系统无安全顾虑后，才可以开始按所需参数及要求，以模拟运转的方式进行系统的实际试车动作。具体试车步骤如下。

1）首先激活伺服系统，此时伺服系统处于定位状态下，若有不正常励磁涡流声响，请适度调试电流回路的比例增益及积分增益（参考 VB 系列技术手册）；若机械有不正常抖动或异声，请适度调试位置回路的比例增益、速度回路的比例增益及积分增益。

2）先以低速起动并运转主速驱动器，与此同时，VB 伺服系统将自动起动追随，并依照内设的速度比例增益值作固定比例的同步追踪运转。

3）系统自动比对误差，并自动校正（此时必须在低速下运行，才会有最好的校正效果）。

4）确认对位的位置是否恰当，若位置有所偏差，可经过修正偏移补偿量来修正所要对正的位置。

5）当校正成功后，即可加快主速运转，到达所需要的工作速度。

6）在主速加速过程当中系统会自动追随加速，并实时作自动校正。

7）监视系统各参数，包括伺服电动机电流、电动机编码器信号是否正常，运转状况是否良好。

8）逐步测试各项条件规范后，即可完成分部试车动作。

表 4-5　位置及功能端子定义

<table>
<tr><th>位置及功能</th><th>端子外形</th><th colspan="4">说　明</th></tr>
<tr><td rowspan="6">CN1：
通信接口</td><td rowspan="6"></td><td colspan="4">连接至上位机</td></tr>
<tr><td>脚位</td><td>线色</td><td>定义</td><td>说　明</td></tr>
<tr><td>1</td><td>黑</td><td>GND</td><td rowspan="2">通信端口电源</td></tr>
<tr><td>2</td><td>红</td><td>+5V</td></tr>
<tr><td>3</td><td>黄</td><td>SG+</td><td>RS-485 信号正</td></tr>
<tr><td>4</td><td>绿</td><td>SG-</td><td>RS-485 信号负</td></tr>
<tr><td></td><td colspan="5">当多台驱动器并联使用时，请将最远端驱动器 SG+与 SG-端子间加 200Ω 终端电阻一个</td></tr>
<tr><td rowspan="22">CN2：
编码器接口</td><td rowspan="22"></td><td colspan="4">连接电动机编码器（双绞屏蔽线）</td></tr>
<tr><td>脚位</td><td>线色</td><td>定义</td><td>功能说明</td></tr>
<tr><td>7</td><td>红</td><td rowspan="2">+5V</td><td rowspan="4">编码器用电源</td></tr>
<tr><td>9</td><td>白注红</td></tr>
<tr><td>8</td><td>黑</td><td rowspan="2">0V</td></tr>
<tr><td>10</td><td>白注黑</td></tr>
<tr><td>1</td><td>橙</td><td>A+</td><td rowspan="6">A/B 是相位差为 90°的信号，Z 是每转的零点信号：无刷伺服和感应伺服都要使用</td></tr>
<tr><td>2</td><td>白注橙</td><td>A-</td></tr>
<tr><td>3</td><td>黄</td><td>B+</td></tr>
<tr><td>4</td><td>白注黄</td><td>B-</td></tr>
<tr><td>5</td><td>绿</td><td>Z+</td></tr>
<tr><td>6</td><td>白注绿</td><td>Z-</td></tr>
<tr><td>11</td><td>蓝</td><td>U+</td><td rowspan="6">仅用于检测无刷伺服电动机的磁极位置</td></tr>
<tr><td>12</td><td>白注蓝</td><td>U-</td></tr>
<tr><td>13</td><td>紫</td><td>V+</td></tr>
<tr><td>14</td><td>白注紫</td><td>V-</td></tr>
<tr><td>15</td><td>棕</td><td>W+</td></tr>
<tr><td>16</td><td>白注棕</td><td>W-</td></tr>
<tr><td>17</td><td></td><td>NTC-</td><td rowspan="2">电动机过热检测：
NTC $R_{25℃}$ =5.00（1±1%）kΩ</td></tr>
<tr><td>19</td><td></td><td>NTC+</td></tr>
<tr><td>18</td><td colspan="3" rowspan="2">屏蔽层/外壳</td></tr>
<tr><td>20</td></tr>
</table>

（续）

位置及功能	端子外形	脚位	定义	功能说明
CN3：数字、模拟输入输出接口		1	+24V	内置数字输入输出信号电源
		2	CCM	
		3	D06	可编程数字输出
		4	D05	
		5	D04	
		6	D03	
		7	D02	
		8	D01	
		9	DI10	可编程数字输入
		10	DI9	
		11	DI8	
		12	DI7	
		14	DI6	
		15	DI5	
		16	DI4	
		17	DI3	
		18	DI2	
		19	DI1	
		13	RST	复位
		20	XPH	X Pull High　脉冲命令输入信号的内置限流电阻
		46	YPH	Y Pull High
		21	+5	内置模拟输入输出电源
		23	AGND	
		22	AI3	可编程模拟输入
		24	AI2	
		25	AI1	
		48	A01	可编程模拟输出
		49	A02	
		50	A03	
		27	oA +	编码器信号放大再输出
		29	oA −	
		31	oB +	
		33	oB −	
		35	oZ +	
		37	oZ −	
		39	X +	位置追踪控制脉冲信号
		41	X −	
		43	Y +	
		45	Y −	
		26 28 30 32 34	GND	PG 以及位置追踪信号内置电源
		36 38 40 42 44	+5V	
		47	FG	接大地

【技能训练】

（1）实训地点：电工技术实训中心及数控实习工厂。

（2）实训内容：

1）掌握不同类型交流伺服驱动的电气原理，掌握各部分分区端口定义及功能。

2）根据电气原理图，在现场找出数控驱动单元的安装位置并识别不同的接线端口与接线。

【总结与提高】

（1）简述交流伺服的基本概念及其构成要素。

（2）简述交流伺服电动机的工作原理。

（3）简述交流伺服驱动系统的端口接线注意事项。

项目 5　数控机床主轴驱动系统

在编写加工程序时，经常需要编制主轴速度控制指令，如 M03 S800 等。当这样的加工程序输入数控机床后，数控系统是如何通过这些指令对主轴转速加以控制的？在数控机床的电气柜中，设有专用装置用来控制主轴，它的输入信号来自于数控装置的速度控制信号，而其输出则直接连接到主轴电动机，为电动机提供动力电能，这种装置就是主轴驱动系统。

任务 5.1　数控机床主轴驱动系统的认知

【知识目标】

（1）掌握主轴驱动系统的特点。

（2）掌握主轴电动机的分类与各自特点。

【技能目标】

能够识别所使用的机床的主轴电动机与驱动装置的位置与类型。

【任务描述】

通过对数控机床主轴驱动系统的介绍，完成对实训中心的数控机床主轴驱动系统的认知。

【知识链接】

数控机床主轴及其驱动系统的性能在某种程度上决定了机床的性能及其档次，因此，在数控机床的发展进程中受到了高度的重视。机床的主轴驱动和进给驱动有较大的差别。机床主轴的工作运动是旋转运动，不像进给驱动需要丝杠或其他直线运动装置。数控机床通常通过主轴的回转与进给轴的进给实现刀具与工件的相对切削运动。

（一）数控机床对主轴驱动系统的要求

在 20 世纪 60 ~ 70 年代，数控机床的主轴一般采用三相异步电动机配上多级齿轮变速器的有级变速驱动方式。随着刀具技术、生产技术、加工工艺的发展以及生产效率的不断提高，上述传统的主轴驱动已不能满足生产的需要。现代数控机床对主轴驱动提出了更高的要求。

（1）调速范围宽　主轴的调速范围应能保证加工时选用合适的切削用量，以获得最佳的生产率、加工精度和表面质量。特别对于具有自动换刀功能的数控加工中心，为适应各种刀具、工序和各种材料的加工要求，对主轴的调速范围要求更高，要求主轴能在较宽的转速范围内根据数控系统的指令自动实现无级调速，并减少中间传动环节，简化主轴箱。

目前主轴驱动装置的恒转矩调速范围已可达 1:100，恒功率调速范围也可达 1:30，一般过载 1.5 倍时可持续工作达到 30min。

主轴变速分为有级变速、无级变速和分段无级变速三种形式，其中有级变速仅用于经济型数控机床，大多数数控机床均采用无级变速或分段无级变速。在无级变速中，变频调速主轴一般用于普及型数控机床，交流伺服主轴则用于中、高档数控机床。

(2) 恒功率范围要宽 主轴在全速范围内均能提供切削所需功率，并尽可能在全速范围内提供主轴电动机的最大功率。由于主轴电动机与驱动装置的限制，主轴在低速段均为恒转矩输出。为满足数控机床低速、强力切削的需要，常采用分段无级变速的方法（即在低速段采用机械减速装置），以增大输出转矩。

(3) 具有4象限驱动能力 要求主轴在正、反向转动时均可进行自动加、减速控制，并且加、减速时间要短。目前一般伺服主轴可以在1s内从静止加速到6000r/min。

(4) 具有位置控制能力 位置控制能力即进给功能（C轴功能）和定向功能（准停功能），以满足加工中心自动换刀、刚性攻螺纹、螺纹切削以及车削中心的某些加工工艺的需要。

（二）主轴电动机的分类与特点

为了满足数控机床对主轴驱动的要求，主轴电动机应具备以下性能：

1）电动机功率要大，且在大的调速范围内速度要稳定，恒功率调速范围宽。

2）在断续负载下电动机转速波动要小。

3）加速、减速时间短。

4）温升低，噪声和振动小，可靠性高，寿命长。

5）电动机过载能力强。

常见主轴电动机可以分为以下三类。

1. 直流主轴电动机

当采用直流电动机作为主轴电动机时，直流主轴电动机的主磁极不是永磁式，而是采用铁心加励磁绕组，以便进行调磁调速的恒功率控制。为改善磁场分布，有的主轴电动机在主磁极上除了励磁绕组外还有补偿绕组；为改善换向特性，主磁极之间还有换向极。直流主轴电动机的过载能力一般约为1.5倍。

2. 交流主轴电动机

交流主轴电动机采用三相交流异步电动机。电动机主要由定子及转子构成，定子上有固定的三相绕组，转子铁心上开有许多槽，每个槽内装有一根导体，所有导体的两端短接在端环上，如果去掉铁心，转子绕组的形状像一个鼠笼，所以称为笼型转子。定子绕组通入三相交流电后，在电动机气隙中产生一个旋转磁场，其转速称为同步转速。转子绕组中必须要有一定大小的电流以产生足够的电磁转矩带动负载，而转子绕组中的电流是由旋转磁场切割转子绕组而感应产生的。要产生一定大小的电流，转子转速必须低于磁场转速，因此，异步电动机也称感应电动机。交流主轴电动机恒转矩与恒功率调速比为1∶3，过载能力约为1.2～1.5倍，过载时间从几分钟到半小时不等。

当交流主轴电动机采用矢量变频控制时，主轴电动机一般采用光电编码器作为转速反馈和转子位置检测。图5-1所示为西门子IPH5系列交流主轴电动机外形图，同轴连接的ROD323光电编码器用于测速和矢量变频控制。

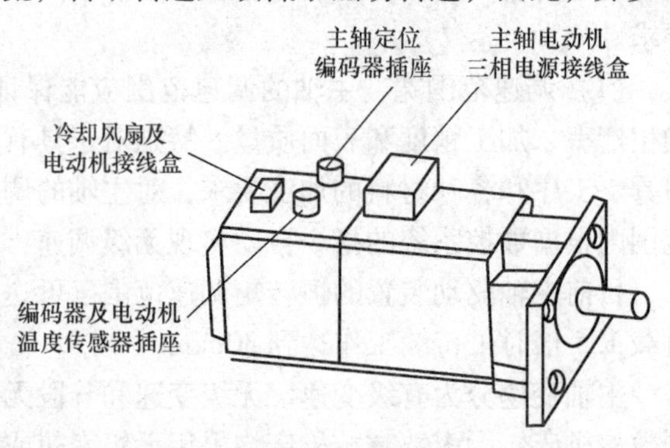

图5-1 IPH5交流主轴电动机

3. 电主轴

将主轴电动机的定子和转子直接装入主轴组件的内部即形成电主轴，实现了机床主轴系统的一体化。电主轴具有结构紧凑、重量轻、惯量小和动态特性好等优点，并可改善机床的动平衡，避免振动和噪声，在高速切削机床上得到广泛应用。图5-2所示为电主轴结构。

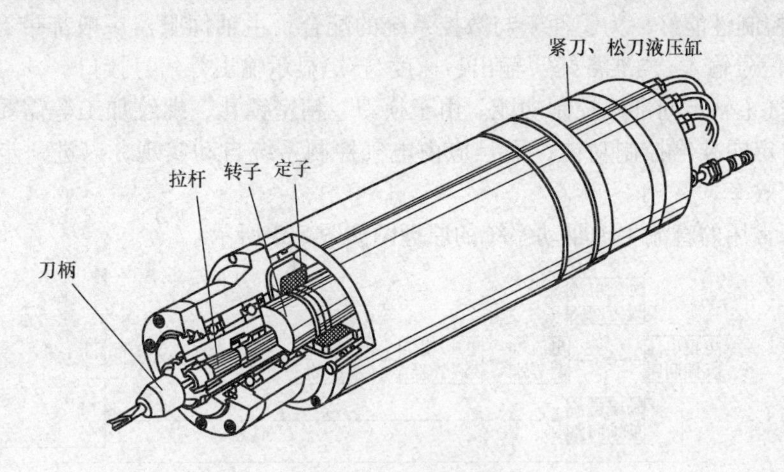

图5-2 电主轴结构

主轴驱动目前主要有两种形式：一是主轴电动机带齿轮换档变速，以增大传动比，放大主轴功率，满足切削加工需要；二是主轴电动机通过同步带传动或普通带传动驱动主轴，该类主轴电动机又称宽域电动机或强切削电动机，具有恒功率范围宽、调速比大等特点。采用强切削电动机后，由于无需机械调速，主轴箱内省去了齿轮和离合器，主轴箱实际上成了主轴支架，简化了主传动系统。

（三）主轴系统的分类

不论是进给驱动系统还是主轴驱动系统，从电气控制原理来分都可分为直流和交流驱动。直流驱动系统在20世纪70年代初至80年代中期在数控机床上占据主导地位，这是由于直流电动机具有良好的调速性能，输出转矩大，过载能力强，精度高，控制原理简单，易于调整等优点。随着微电子技术的迅速发展，加之交流电动机的材料、结构及控制理论的突破性进展，80年代初期推出了交流驱动系统，标志着新一代驱动系统的开始。由于交流驱动系统保持了直流驱动系统的优越性，而且交流电动机无需维护，便于制造，不受恶劣环境影响，所以直流驱动系统将逐步被交流驱动系统所取代。

1. 直流主轴系统

由于直流调速性能的优越性，直流主轴电动机在数控机床的主轴驱动中得到广泛应用。从原理上说，直流主轴驱动系统与通常的直流调速系统并没有本质的区别，但因为数控机床高速、高效和高精度的要求，决定了直流主轴驱动系统具有以下特点。

1）调速范围宽。采用直流主轴驱动系统的数控机床通常只设置高、低两级速度的机械变速机构，电动机的转速由主轴驱动器控制，实现无级变速，因此，主轴驱动器必须具有较宽的调速范围。

2）直流主轴电动机通常采用全封闭的结构形式，可以在有尘埃和切削液飞溅的工业环境中使用。

3）直流主轴电动机通常采用特殊的热管冷却系统，能将转子产生的热量迅速向外界发散。此外，为了使电动机发热最小，定子往往采用独特附加磁极，以减小损耗，提高效率。

4）直流主轴驱动器主电路一般采用晶闸管三相全波整流，以实现4象限的运行。

5）主轴控制性能好。为了便于与数控系统的配合，主轴伺服器一般都带有D-A转换器、“使能”信号输入、“准备好”输出、速度/转矩显示输出等信号接口。

6）纯电气主轴定向准停控制功能。由于换刀、精密镗孔、螺纹加工等需要，数控机床的主轴应具有定向准停控制功能，而且应由电气控制系统自动实现，以进一步缩短定位时间，提高机床效率。

数控机床常用的直流主轴驱动系统的原理图如图5-3所示。

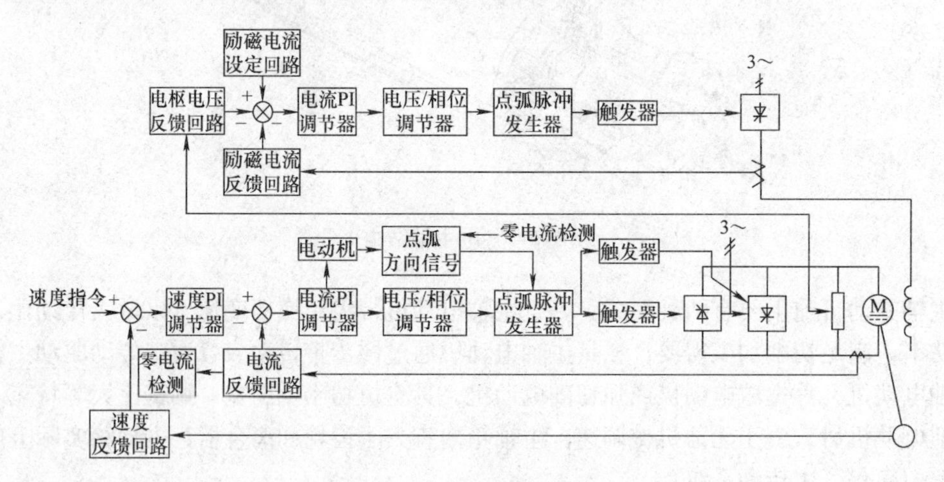

图5-3 直流主轴驱动系统原理图

由图可见，直流主轴驱动系统由控制电路和主电路两部分组成。

(1) 控制电路 控制电路采用电流反馈和速度反馈的双闭环调速系统，其中内环是电流环，外环是速度环，通过控制直流主轴电动机的电枢电压实现变速。控制系统的主电路一般采用晶闸管反并联可逆整流电路。图5-3的上半部分为励磁控制电路，由于主轴电动机功率通常较大，且要求恒功率调速范围尽可能大，因此，一般主轴电动机为他励式直流电动机，励磁绕组与电枢绕组无连接关系，并由单独的可调直流电源供电。

图5-3中，磁控制电路的电流给定、电枢电压反馈、励磁电流反馈三组信号经比较之后输入至比例-积分调节器，调节器的输出经过电压/相位转换器，控制晶闸管触发脉冲的相位，调节励磁绕组的电流大小，实现电动机的恒功率弱磁调速。

双闭环调速系统的特点是，速度调节器的输出作为电流调节器的给定信号来控制电动机的电流和转矩，其优点在于：可以根据速度指令的模拟电压信号与实际转速反馈电压的差值及时控制电动机的转矩，在速度差值大时，电动机转矩大，速度变化快，以便尽快地使电动机的转速达到给定值；当转速接近给定值时，又能使电动机的转矩自动地减小，这样可以避免过大的超调，使转速很快达到给定值，保证转速稳态无静差。电流环的作用是，当系统受到外来干扰时，能迅速地作出抑制干扰的响应，保证系统具有最佳的加速和制动的时间特性。另外，双闭环调速系统以速度调节器的输出作为电流调节器的输入给定值，速度调节的输出限幅值就限定了电流环中的电流。在电动机起动或制动过程中，电动机转矩和电枢电流急剧增加，电枢电流达到限定值，使电动机以最大转矩加速，转速直线上升。当电动机的转速达到甚至超过了给定值时，速度反馈电压大于速度给定电压，速度调节器的输出从限幅值降下来，作为电流调节器的输入给定值将使电枢电流下降，随之电动机的转矩也将下降，开始减速。当电动机的转矩小于负载转矩时，电动机又会加速直到重新回到速度给定值。由此可见双闭环直流调速系统对主轴的快速起停，保持稳定运行等功能是很重要的。

直流主轴驱动装置一般具有速度到达、零速检测等辅助信号输出，同时还具有速度反馈消失、速度偏差过大、过载及失磁等多项报警保护措施，以确保系统安全可靠地工作。

（2）主电路　数控机床直流主轴电动机由于功率较大，且要求正、反转及停止迅速，故驱动装置往往采用三相桥式反并联逻辑无环流可逆调速系统，这样在制动时，除了缩短制动时间外，还能将主轴旋转的机械能转换成电能送回电网。

逻辑无环流可逆系统是利用逻辑电路，使一组晶闸管在工作时，另一组晶闸管的触发脉冲被封锁，从而切断正、反两组晶闸管之间流通的电流（简称环流）。除了用在数控机床直流主轴电动机的驱动外，逻辑无环流可逆调速系统还可用在功率较大的直流进给伺服电动机上。

命令级电路的作用是防止正、反向两组晶闸管同时导通，它要检调电枢电路的电流是否到达零值，判别旋转方向命令，向逻辑电路提供正组或反组晶闸管允许开通信号，这两个信号是互斥的，由逻辑电路保证不同时出现。

主轴定向准停控制的作用是将主轴准确停在某一固定的角度上，以进行换刀等动作。主轴定向准停的位置检测，可以利用装在主轴上的位置编码器或磁性传感器进行，通过位置闭环，使主轴准确定位在规定的位置上。

图5-4为主轴定向准停控制示意图。当采用位置编码器作为位置检测器件时，为了控制主轴位置，主轴与编码器之间必须是1∶1传动或将编码器直接安装在主轴轴端。当采用磁性传感器作为位置检测器件时，磁性器件应直接安装在主轴上，而磁性传感头则应固定在主轴箱体上。

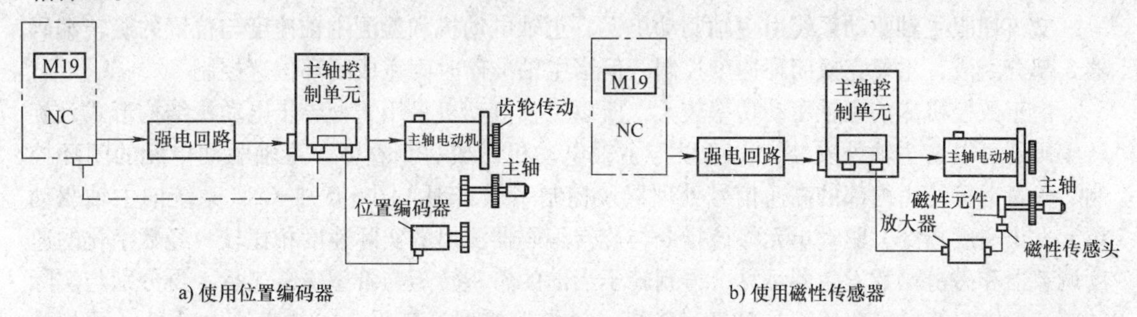

图5-4　主轴定向准停控制示意图

采用编码器的方式与使用磁性传感器的方式相比，具有定位点在0°～360°范围内灵活可调，定位精度高，定位速度快等优点，而且还可以作为主轴同步进给的位置检测器件，因此其使用较广。

2. 交流主轴系统

交流主轴驱动系统有模拟和数字式两种形式。交流主轴驱动系统与直流主轴驱动系统相比，具有如下特点。

1）由于驱动系统采用微处理器和现代控制理论进行控制，因此运行平稳、振动和噪声小。

2）驱动系统一般都具有再生制动功能，在制动时，可将电动机能量反馈回电网，起到节能的效果，又可以加快起制动速度。

3）特别是对于全数字式主轴驱动系统，驱动器可直接使用 CNC 的数字量输出信号进行控制，不要经过 D-A 转换，转速控制精度得到了提高。

4）与数字式交流伺服驱动一样，在数字式主轴驱动系统中，还可采用参数设定方法对系统进行静态调整与动态优化，系统设定灵活、调整准确。

5）由于交流主轴电动机无换向器，主轴电动机通常不需要进行维修。

6）主轴电动机转速的提高不受换向器的限制，最高转速通常比直流主轴电动机更高，可达到数万转。交流主轴驱动系统的原理如图 5-5 所示。

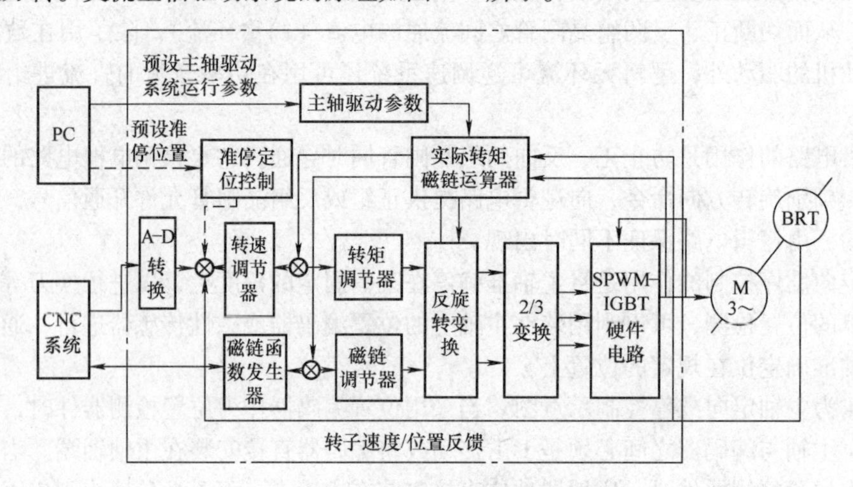

图 5-5 交流主轴驱动系统原理图

交流伺服主轴驱动系统由主轴驱动单元、主轴电动机和检测主轴速度与位置的旋转编码器 3 部分组成，主要完成闭环速度控制，但当主轴准停时则完成闭环位置控制。

由于数控机床的主轴驱动功率较大，所以主轴电动机采用笼型异步电动机结构形式，旋转编码器可以在主轴外安装，也可以与主轴电动机做成一个整体，主轴驱动单元的闭环控制、矢量运算均由内部的高速信号处理器及控制系统实现。图 5-5 中 CNC 系统向主轴驱动单元发出速度指令，驱动单元将该指令与旋转编码器测出的实际速度相比较，经数字化的速度调节器和磁链函数发生器运算，得到转子当前的希望转矩与希望磁链矢量，再分别与实际转矩、磁链运算结果相比较，且经过转矩、磁链调节器运算得到等效直流电动机（两相旋转轴系）的转矩电流分量和励磁电流分量，进入两相静止轴系，最后经 2/3 矢量变换进入三相静止轴系，得到变频装置的三相定子电流希望值，通过控制 SPWM 驱动器及 IGBT 变频主电路使负载三相电流跟随希望值，就可以完成主轴的速度闭环控制。

交流主轴驱动中采用的主轴定向准停控制方式与直流主轴驱动系统相同。

（四）交流主轴的速度控制

随着交流调速技术的发展，目前数控机床的主轴驱动多采用交流主轴电动机配变频器控制的方式。变频器的控制方式从最初的电压空间矢量控制（磁通轨迹法）到矢量控制（磁场定向控制），发展至今为直接转矩控制，从而能方便地实现无速度传感器化。脉宽调制（PWM）技术从正弦 PWM 发展至优化 PWM 技术和随机 PWM 技术，以实现电流谐波畸变小、电压利用率最高、效率最优、转矩脉冲最小及噪声强度大幅度削弱的目标。功率器件由 GTO、GTR、IGBT 发展到智能模块 IPM，使开关速度快、驱动电流小、控制驱动简单、故障率降低、干扰得到有效控制及保护功能进一步完善。例如 6SC650 系列交流主轴驱动装置就是一种典型产品。

6SC650 系列交流主轴驱动系统是 SIEMENS 公司 20 世纪 80 年代末开发的产品，它与 1PH5/6 系列三相感应式主轴电动机配套，可组成完整的数控机床的主轴驱动系统，实现自动变速，主轴定向准停控制和 C 轴控制功能，其原理如图 5-6 所示。

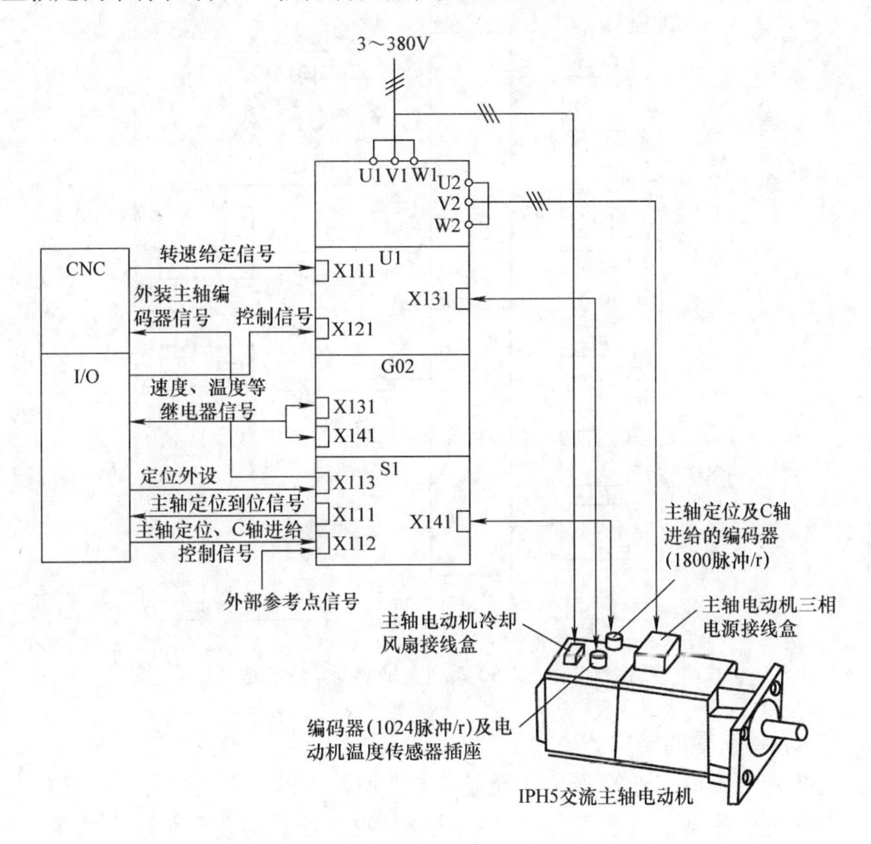

图 5-6　西门子 6SC650 系列交流主轴驱动装置原理图

电网端逆变器由 6 只晶闸管组成的三相桥式全控整流电路构成，通过对晶闸管触发延迟角的控制，既可工作于整流方式，向中间电路直接供电，也可工作于逆变方式，完成能量反馈电网的任务。

控制调节器将整流电压从 535V 上调到（575 ~ 575 × 102%）V，并在变流器逆变工作方式时，完成电容器 C 对整流电路的极性变换。

负载端逆变器由带反并联续流二极管的 6 只功率晶体管组成。通过磁场计算机的控制，负载端逆变器输出三相正弦脉宽调制（SPWM）电压，使电动机获得所需的转矩电流和励磁电流。输出的三相 SPWM 电压幅值控制范围为 0 ~ 430V，频率控制范围为 0 ~ 300Hz。在回馈制动时，电动机能量通过变流器的 6 只续流二极管向电容器 C 充电，当电容器 C 上的电压超过 600V 时，就通过控制调节器和电网端变流器把电容器 C 上的电能经过逆变器回馈给电网。6 只功率晶体管有 6 个互相独立的驱动级，通过对各功率晶体管 U_{ce}和 U_{be}的监控，可以防止电动机超载以及对电动机绕组匝间短路进行保护。

电动机的实际转速是通过装在电动机轴上的编码器进行测量的。闭环转速和转矩控制以及磁场计算机是由两片 16 位处理器（80186）所组成的控制组件完成的。

图 5-7 所示为 6SC650 系列主轴驱动系统组成。

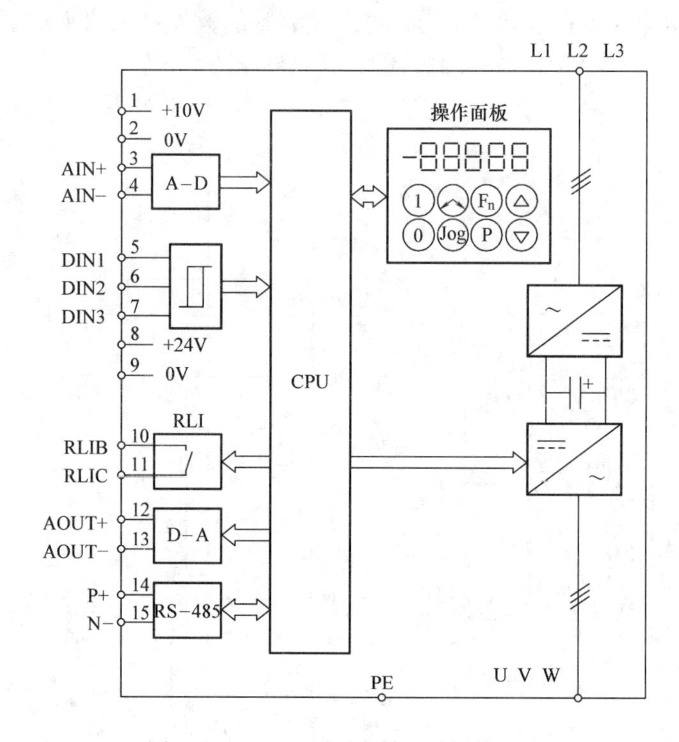

图 5-7　6SC650 系列主轴驱动系统组成

（五）主轴驱动装置的接口

主轴驱动装置的接口与进给驱动装置有许多类似，进给驱动装置具备的接口，在主轴驱动装置上一般都可以找到，只是不同厂家不同档次的主轴驱动装置所包含的接口类型不同。例如，主轴伺服装置的接口类型比变频器的接口要丰富；具备矢量控制功能的变频器又比简易型变频器接口丰富。不同的是：进给驱动装置主要工作在位置控制模式下，而主轴驱动装置主要工作在速度控制模式下；同一台数控机床上主轴输出功率比进给轴输出功率要大得多。因此，在接口上主轴驱动装置又具有自身的特点。

图 5-8 是主轴装置（变频器）最基本的接口图。如图所示采用三相交流 380V 电源供电；速度指令由 3、4 脚输入（图中通过电位器从单元内部获得，在数控机床上一般由数控装置或 PLC 的模拟量输出接口输入），指令电压范围是直流 0 ~ 10V；主轴电动机的起动/停止以及旋转方向由外部开关 5、6 控制，当 5 闭合时电动机正转，当 6 闭合时电动机反转，若 5、6 同时都断开或闭合则电动机停止。也可以定义为 5 控制电动机的起动和停止，6 控

制电动机的旋转方向。变频器根据输入的速度指令和运行状态指令输出相应频率和幅值的交流电源，控制电动机旋转。

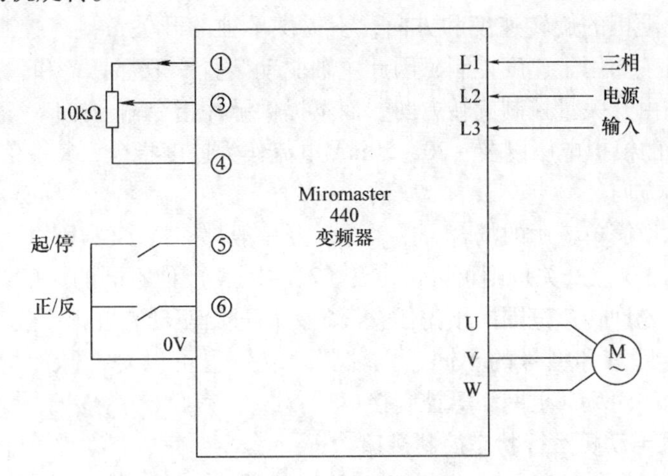

图5-8　主轴装置（变频器）基本接口图

图5-8也适用于无反馈的矢量控制的变频器的接口图。采用有反馈矢量控制的变频器与主轴伺服驱动器的接口图基本相同，图5-9是有反馈矢量控制的变频器的典型接口图。

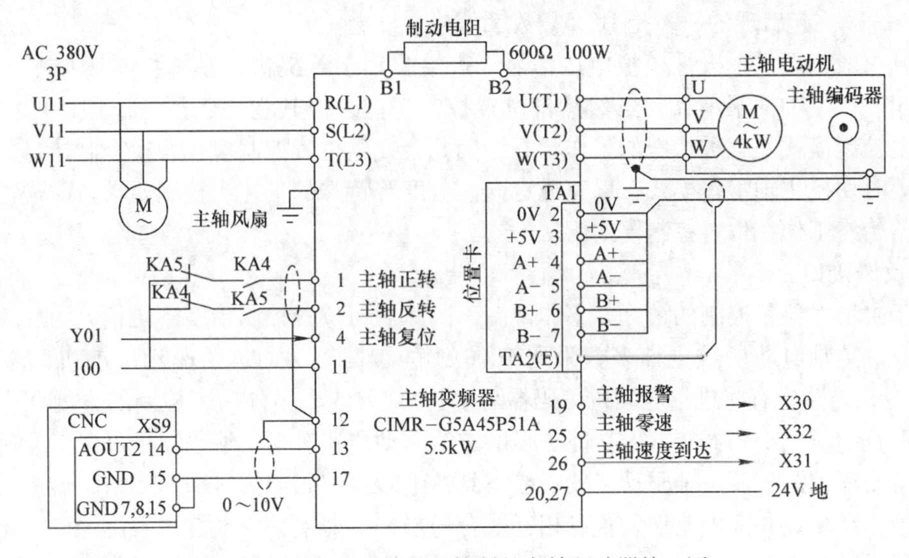

图5-9　带速度反馈矢量控制的主轴驱动器接口图

相对于进给驱动装置而言，主轴驱动装置的接口具有如下特点。

1. 输入电源接口

一般采用交流电源供电，输入电源的范围包括三相交流460V、400V、380V、230V、200V，单相230V、220V、100V等，或在较大的范围内可调。为了实现大功率输出，主轴驱动装置通常采用不低于230V的三相交流电源，而进给驱动装置多采用不高于200V的三相交流电源。变频器通常电源电压范围比较宽，如230～400V，进给驱动装置电源电压一般要求是固定的。

2. 电动机运行指令接口

因为进给电动机主要用于位置控制，因此进给驱动装置一般都具备和采用脉冲信号作为指令输入，控制电动机的旋转速度和方向，不提供单独的开关量接口控制电动机的旋转方向。而主轴电动机主要用于速度控制，因此主轴驱动装置一般都具备和采用0～10V模拟电压作为速度指令，由开关量控制旋转方向，而不提供脉冲指令输入接口。很多主轴驱动装置也接收－10～10V的模拟电压以及－20～20mA电流作为速度指令，其中信号幅值控制转速，信号极性控制旋转方向。

另外，为了方便简单应用的场合，主轴驱动器一般都支持多位开关量编码的指令形式实现有级调速。例如，3位开关量则可以设定7（$2^3-1=7$）种不同的速度，具体的速度值可以由参数在电动机允许转速范围内预先任意设定，而进给驱动装置则一般不提供这种功能。

当然根据生产厂家和型号的不同，主轴驱动装置也可以支持脉冲指令、总线、RS－232、RS－422、RS－485甚至网络等控制接口。

3. 驱动装置及电动机运行状态控制接口

主轴驱动装置都提供控制电动机正/反转的开关量接口，进给驱动装置一般不提供。采用脉冲信号作为指令的进给驱动装置，只有当脉冲指令类型为“脉冲＋方向”时，可以把方向信号理解为改变电动机方向的控制接口。主轴驱动装置的方向控制接口是和速度模拟指令接口一起出现的，多是DC 24V开关量接口；进给驱动装置的“方向”控制接口多是和“脉冲”信号一起出现的，多是DC 5V数字信号。

主轴一般都提供单极性模拟电压信号，进给驱动装置提供的模拟控制接口多是双极性的。对于一些主轴伺服单元，虽然具备位置控制功能，但其主要还是工作在速度控制模式下，位置控制模式是一种特殊的工作状态，因此会提供位置控制模式切换控制接口，方便使用者需要时切换主轴工作模式，以完成定向、分度等特殊的工艺或控制要求，而进给驱动装置则通常始终工作在位置控制模式下。

4. 反馈接口

由于主轴对位置控制的精度并不非常高，因此对与位置控制精度密切相关的反馈装置要求也不高。主轴电动机或主轴多数采用1000线的编码器，而进给驱动电动机则至少采用2000线的编码器，有些进给电动机编码器可多达10万线。另外为了控制的方便，许多进给驱动器都有绝对式编码器接口，功能更强的进给驱动器还有第二编码器接口，以通过驱动直接实现全闭环控制，而主轴驱动装置一般不具备绝对式编码器接口和第二编码器接口。

进给驱动装置和主轴驱动装置有相互融合的趋势，即主轴驱动装置的位置控制功能和精度开始接近进给驱动装置，另一方面进给驱动装置的动态特性、高速特性开始接近主轴驱装置。

目前已经有一些这样的产品进入市场，以国产华中数控HSV－20S/D系列伺服驱动为例：电源采用三相交流380V，同时支持脉冲指令接口、模拟量指令接口、RS－232指令接口；既支持普通三相笼型异步电动机、专用变频电动机，也支持永磁同步伺服进给电动机和主轴伺服电动机；可以组成主轴驱动系统，也可以组成进给驱动系统；支持双编码器接口，可应用于全闭环进给驱动系统。由此从硬件上已很难定义它是进给驱动装置还是主轴驱动装置。

【技能训练】

（1）实训地点：数控实训中心及相关工厂的数控加工车间。

（2）实训内容：

1）在数控实训中心及工厂企业进行参观，感受数控机床所处的环境。

2）辨认不同类型的数控机床主轴电动机的位置，掌握其结构及接口组成。

3）辨识各种不同主轴产品的铭牌型号与技术参数。

4）采用上网查询、向技术人员咨询等方式搜集市面常用主轴系统的型号、技术参数、功能指标等内容。

【总结与提高】

（1）数控机床对主轴驱动系统的要求有哪些？

（2）请列举主轴驱动装置接口的类型与作用。

任务5.2 交流变频主轴驱动系统的连接与调试

【知识目标】

（1）掌握交流异步电动机变频调速的基本原理。

（2）掌握电动机在变频供电下的输出特性。

（3）了解变频器的参数含义及其设置方式。

【技能目标】

（1）熟悉变频器在数控车床控制柜中的安装方式，并能根据电路图进行控制电路连接。

（2）掌握变频器的参数设置方式，并能根据控制要求进行调试。

【任务描述】

通过对日立SJ100变频器的认识与了解，完成变频器的接线调试与参数设置工作。

【知识链接】

在现代的数控机床控制电路中，为了实现各种复杂的加工要求，主轴驱动需要采用各种各样的电动机控制方案。随着工艺技术的不断发展和进步，各种设备单元根据其工艺特点，对主轴驱动与控制也提出各种不同的要求：有的要求电动机能迅速起动、制动和反转；有的要求多台电动机之间的转速按一定的比例协调运动；有的要求电动机达到极慢的稳定运动；有的要求电动机起动、制动平稳，并能准确地停止在给定位置。

上述这些不同的工艺要求，都是通过对主轴系统的三相异步电动机的变频调速（实质上是控制电动机的转矩）控制来实现的，因此，在数控机床电气控制系统中，主轴电动机的变频调速控制是非常重要的。

（一）三相异步电动机的概念

三相异步电动机要旋转起来的先决条件是具有一个旋转的磁场，三相异步电动机的定子绕组就是用来产生旋转磁场的。三相绕组在空间上对称排列，三相电源电压在相位上彼此相差120°，这样，当在定子绕组中通入三相电源时，定子绕组就会产生一个旋转磁场，其原理如图5-10所示。图中分四个时刻来描述旋转磁场的产生过程。电流每变化一个周期，旋转磁场在空间旋转一周，即旋转磁场的旋转速度与电流变化是同步的。

旋转磁场的转速为

$$n_0 = \frac{60f}{p}$$

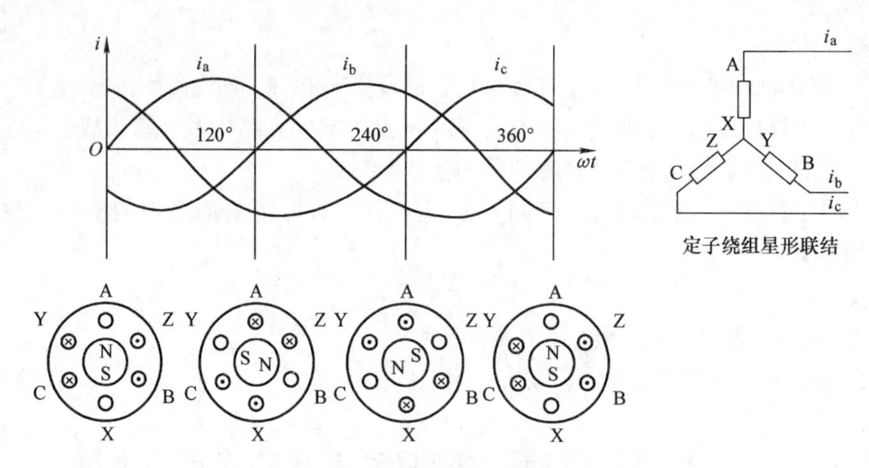

图 5-10　三相异步电动机原理图

异步电动机的转子转速为

$$n=\frac{60f}{p}(1-s)=n_0(1-s)$$

式中　f——定子供电频率；

p——电动机定子绕组磁极对数；

s——转差率。

由此可见，改变电动机转速的途径主要为：

1）改变磁极对数 p；

2）改变转差率 s；

3）改变定子供电频率 f。

在数控机床中，交流电动机采用变频（f）的调速方式。若均匀地改变定子供电频率，则可以平滑地改变电动机的同步转速，从而得到范围宽、精度高的优良调速性能。

定子绕组产生旋转磁场后，转子导条（鼠笼条）将切割旋转磁场的磁力线而产生感应电流，转子导条中的电流又与旋转磁场相互作用产生电磁力，电磁力产生的电磁转矩驱动转子沿旋转磁场方向以 n 的转速旋转起来。电动机的转速 n 低于旋转磁场的转速 n_0。因为假设 $n=n_0$，则转子导条与旋转磁场就没有相对运动，就不会切割磁力线，也就不会产生电磁转矩，所以转子的转速 n 必然小于 n_0。为此，称这种结构的三相电动机为异步电动机。

（二）变频调速原理

1. 异步电动机等效电路

根据电机学原理，可将异步电动机用简化等效电路表示，如图 5-11 所示。

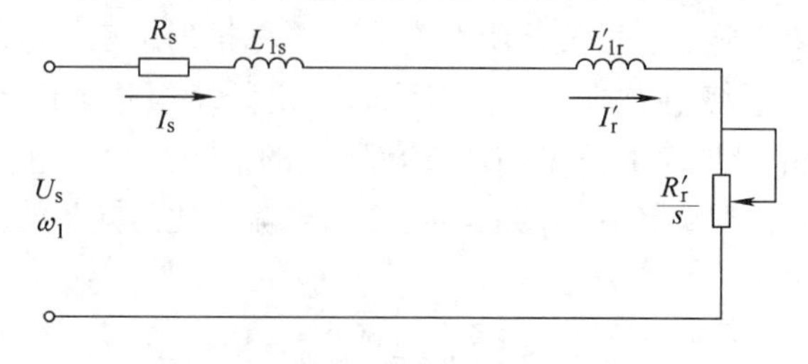

图 5-11　异步电动机简化等效电路

图中各参数定义如下：

R_s、R'_r——定子每相电阻和折合到定子侧的转子每相电阻；

L_{1s}、L'_{1r}——定子每相漏感和折合到定子侧的转子每相漏感；

U_s、ω_1——定子相电压和供电角频率；

I_s、I'_r——定子相电流和折合到定子侧的转子相电流。

2. 变频调速的控制方式

变压变频调速是改变同步转速的调速方法。为达到良好的控制效果，常采用电压-频率协调控制（即 U/f 控制），并分为基频（额定频率）以下和基频以上两种情况。

（1）基频以下调速　为充分利用电动机铁心，发挥电动机产生转矩的能力，在基频以下采用恒磁通控制方式。要保持磁通 Φ 不变，当频率 f_1 从额定值 f_{1N} 向下调节时，必须同时降低电动势 E_g，即采用电动势-频率比为恒值的控制方式。然而，绕组中的感应电动势是难以直接控制的，当电动势值较高时，可以忽略定子电阻和漏磁感抗压降，而认为定子相电压 $U_s \approx E_g$，则得

$$\frac{E_g}{f_1}=常值$$

这是恒压频比的控制方式，其控制特性如图 5-12 所示。

低频时，U_s 和 E_g 都较小，定子电阻和漏磁感抗压降所占的分量相对较大，可以人为地升高定子相电压 U_s，以便补偿定子压降，称作低频补偿或转矩提升。

（2）基频以上调速　在基频以上调速时，频率从 f_{1N} 向上升高，但定子电压 U_s 却不可能超过额定电压 U_{sN}，只能保持 $U_s=U_{sN}$ 不变，这将使磁通与频率成反比下降，使得异步电动机工作在弱磁状态。

把基频以下和基频以上两种情况的控制特性画在一起，如图 5-13 所示。如果电动机在不同转速时所带的负载都能使电流达到额定值，即都能在允许温升下长期运行，则转矩基本上随磁通变化而变化。按照电力拖动原理，在基频以下，磁通恒定，转矩也恒定，属于“恒转矩调速”性质；而在基频以上，转速升高时磁通减小，转矩也随着降低，基本上属于“恒功率”调速。

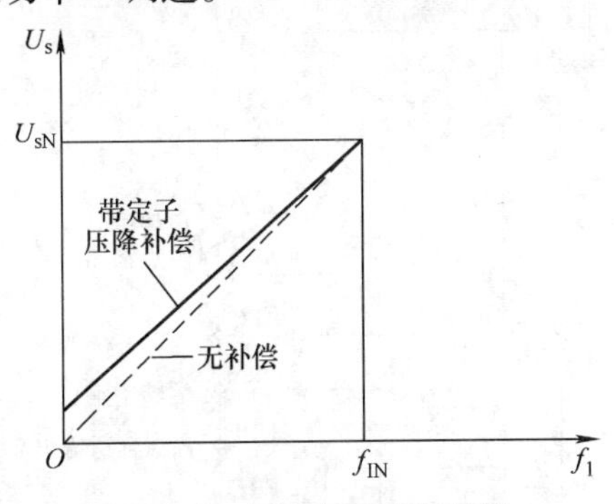

图 5-12　恒压频比控制特性

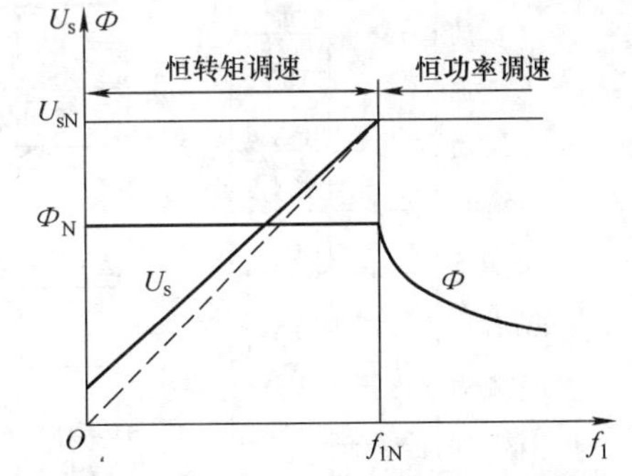

图 5-13　异步电动机变压变频调速的控制特性

（三）通用变频器的构造与接线

在数控机床主轴交流电动机驱动中，广泛使用变频器进行驱动。所谓“通用”包含两方面的含义：一是可以和通用的异步电动机配套应用；二是具有多种可供选择的功能，可适应各种不同性质的负载。

变频器是利用交流电动机的同步转速随电动机定子电压频率的变化而变化的特性而实现电动机调速的装置，其功能是将电网提供的恒压恒频 CVCF 交流电变换为变压变频 VVVF 交流电，对交流电动机实现无级调速。它与外界的联系基本上分三部分：一是主电路接线端，包括工频电网的输入端（R、S、T）和接电动机的输出端（U、V、W），如图 5-14 所示；二是控制端子，包括外部信号控制变频器的端子、变频器工作状态指示端子、变频器与微机或其他变频器的通信接口；三是操作面板，包括液晶显示屏和键盘。

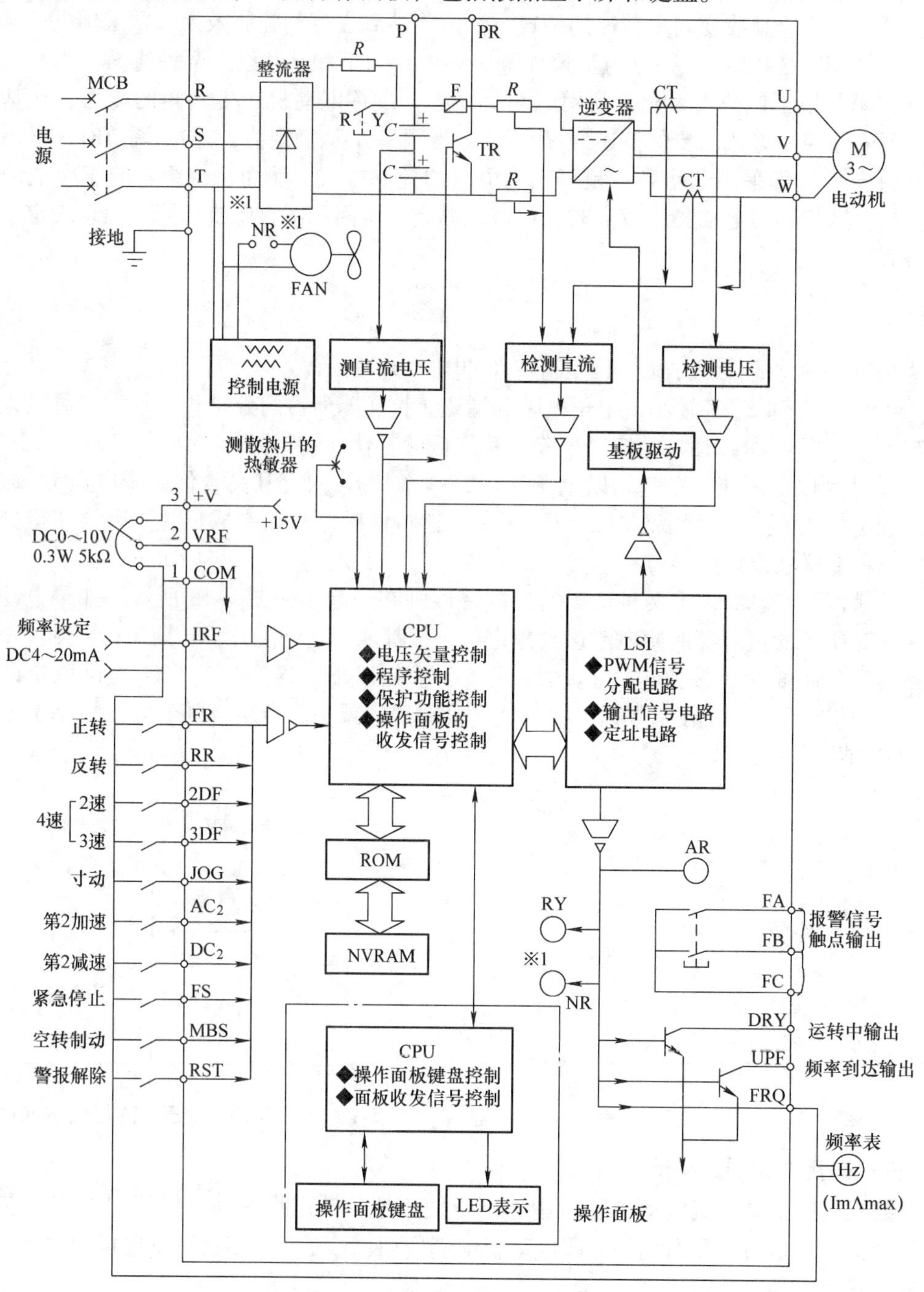

图 5-14 变频器的原理框图

变频器的主要组成模块如下：

（1）整流、逆变单元　整流器和逆变器是变频器的两个主要功率变换单元。电网电压由输入端（R、S、T）输入变频器，经整流器整流成直流电压（整流器通常是由二极管构成的三相桥式整流），直流电压由逆变器逆变成交流电压，交流电压的频率和电压大小受基极驱动信号控制，由输出端（U、V、W）输出到交流电动机。

（2）驱动控制单元（LSI）　驱动控制单元主要包括PWM信号分配电路、输出信号电路等，主要作用是产生符合系统控制要求的驱动信号。LSI受中央处理单元（CPU）的控制。

（3）CPU　CPU包括控制程序、控制方式等部分，是变频器的控制中心。外部控制信号（如频率设定IRF、正转信号FR等）、内部检测信号（如整流器输出的直流电压、逆变器输出的交流电压等）、用户对变频器的参数设定信号等送到CPU，经CPU处理后，对变频器进行相关的控制。

（4）保护及报警单元　变频器通常都有故障自诊断功能和自保护功能。当变频器出现故障或输入/输出信号异常时，由CPU控制LSI，改变驱动信号，使变频器停止工作，实现自我保护。

（5）参数设定和监视单元　该单元主要由操作面板组成，用于对变频器的参数做设定和监视变频器当前的运行状态。

图5-15为通用变频器的组成框图。R_0的作用是限制起动时的大电流，接通电源后，R_0

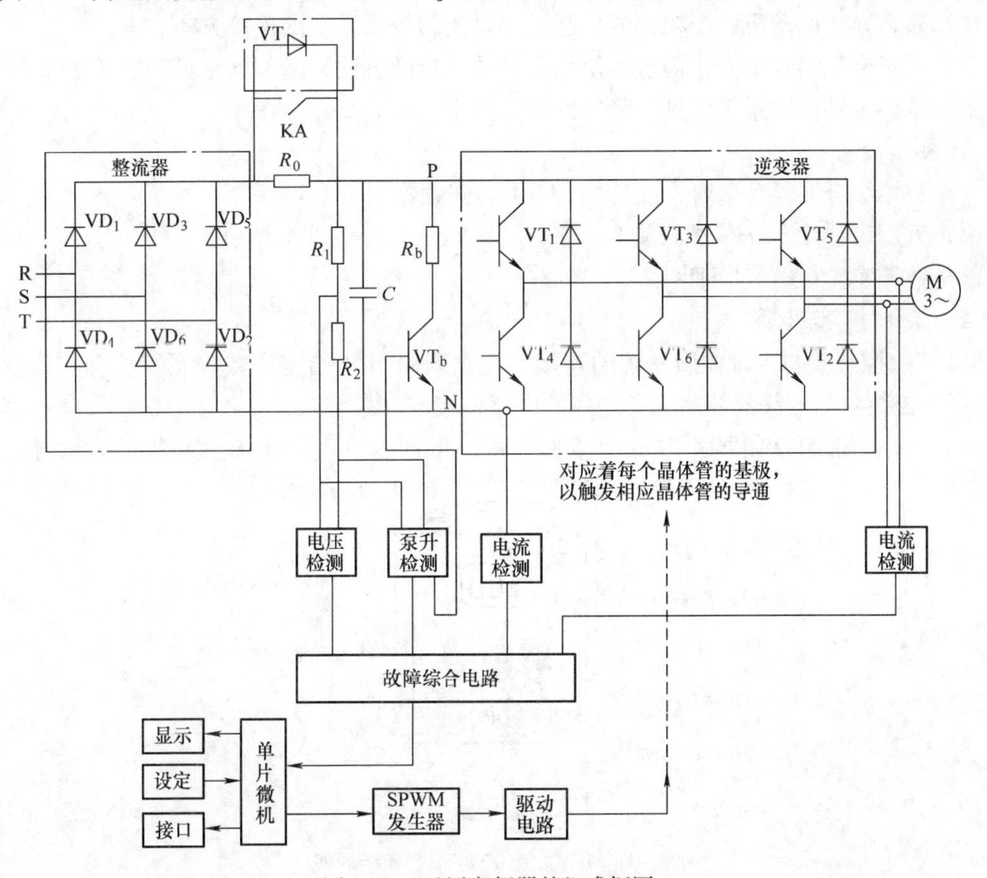

图5-15　通用变频器的组成框图

接入，以限制起动电流。经延时，触点KA闭合或晶闸管VT导通，将R_0短路，避免造成附加损耗。R_b为能耗制动电阻，制动时，异步电动机进入发电状态，通过逆变器的续流二极管向电容C反向充电，当中间直流电路电压（P、N点之间电压，通称泵升电压）升高到一定限制值时，通过泵升限制电路使开关器件VT_b导通，电容C向R_b放电，这样将电动机释放的动能消耗在制动电阻R_b上。为便于散热，制动电阻常作为附件单独装在变频器外。变频器中的定子电流和直流电路电流检测一方面用于补偿在不同频率下的定子电压，另一方面用于过载保护。

控制电路中的单片微机一方面根据设定的数据，经运算输出控制正弦波信号，经SPWM调制（正弦波脉宽调制），由驱动电路驱动6个大功率晶体管的基极，产生三相交流电U、V、W驱动三相交流电动机运转。SPWM的调制和驱动电路可采用大规模集成电路和集成化驱动模板。另一方面，单片微机通过对各种信号进行处理，在显示器中显示变频器的运行状态，必要时可以通过接口将信号取出作进一步处理。

【技能训练】

实训项目　变频调速系统的构成、调整及使用

1. 实训地点：数控实训中心及相关工厂的数控加工车间。

2. 实验目的：

1）熟悉异步电动机、变频器的控制原理以及与控制系统的连接方法。

2）了解变频器数字操作键盘的使用和参数设置的方法，变频器常见功能的测试。

3）掌握主轴伺服系统常见故障的诊断方法。

3. 实验设备：

1）数控综合实验台一台，配日立SJ－100变频器。

2）万用表一块，2mm螺钉旋具一把。

3）数控实验台电气原理图。

4. 实验内容与步骤

（1）数控装置与主轴伺服系统的连接　根据附录B中给定的数控系统综合实验台电路图进行数控装置与变频器控制端子之间的电路连接。

（2）日立SJ100变频器面板的认识实验　图5-16所示为日立SJ100变频器面板的按键定义。

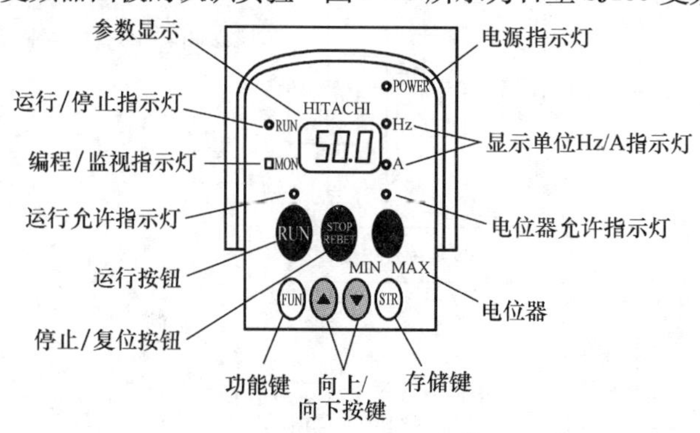

图5-16　日立SJ100变频器面板的按键

1）操作面板的各个按键的作用定义如下：

RUN——给变频器提供一个运行的指令，按此键可以起动电动机的运转，前提是变频器处在键盘控制方式下。

STOP——给变频器提供一个停止运行的指令，按此键可以停止电动机的运转，前提是变频器处在键盘控制方式下。

FUN——功能键，修改变频器时，可以选择参数模式以及在设置参数时使用。

▲——修改参数时增大参数值。

▼——修改参数时减小参数值。

STR——可以对变频器的修改参数进行保存。

电位器——操作者可以通过电位器来改变变频器的输入模拟电压指令。

2）变频器常见功能参数。日立变频器参数主要分为：

D组——监视功能参数；

F组——常用参数；

A组——标准功能的设定；

B组——微调功能参数；

C组——智能段子功能；

H组——电动机相关参数设置及无传感器矢量功能参数设置。

（3）变频器与三相异步电动机的控制实验　日立变频器有三种控制方式。

1）手操键盘给定　这种方式是通过变频器的操作键盘以及变频器自身提供的控制参数来对变频器进行控制，具体操作步骤如下：

① 将参数A01设为02、A02设为02；

② 通过▲或▼键改变参数F01的参数值（变频器的频率给定）来增加或减少给定频率；

③ 完成上述步骤后，变频器进入待命状态，按RUN键，电动机运转；

④ 按STOP/RESET键，停止电动机；

⑤ 设置参数F04的参数值为00或01改变电动机的旋转方向；

⑥ 按RUN键，电动机运转，但方向已经改变。

2）电位器给定　SJ100面板上配有调速电位器，可通过其旋钮来调节变频器所需要的指令电压，来控制变频器的输出频率，改变电动机的转速。采用这种控制方式的具体操作步骤如下：

① 将参数A01设为00、A02设为02，A04设为60；

② 通过调节电位器来控制电动机的转速，将电位器转过一定的角度；

③ 完成上述步骤后，变频器进入待命状态，按RUN键，电动机运转，通过改变电位器的旋转角度来改变变频器的输出频率，控制电动机的转速。

3）数控系统给定　数控系统给定的控制方式是通过改变变频器的控制端子进行控制，变频器频率给定与运行指令都是利用数控系统进行控制的。采用数控系统控制的具体步骤如下：

① 将变频器、异步电动机、数控系统正确连接，接通电源；

② 按照手操键盘给定方式，将A01和A02恢复到01（默认值）；

③ 通过华中世纪星的主轴控制命令，控制变频器的运行，例如在MDI下执行M03

S500，电动机就会以500r/min 正转。

（4）设置典型故障并分析原因　按表5-1设置变频器的常见故障，观察现象，填入表中，并分析其原因。在设置完故障后，将其恢复到原始状态。

表5-1　变频器故障设置

序号	故障设置方法	故障现象	原因
1	将主轴电动机的三相电源中的两相进行互换，运转主轴，观察出现的现象		
2	将变频器的模拟电压取消或极性互调，运转主轴，观察现象		
3	将变频器的H组参数中H04极数设置为6或2，运转主轴，观察现象		
4	将主轴的正反转信号取消，运转主轴，观察现象		

【总结与提高】

（1）认真总结实训过程，并写实训报告。

（2）交流变频器有何作用？它实现的是哪种类型的调速？

（3）根据本任务所掌握的知识和技能回答下列问题。

1）变频器的安装环境不能超过40℃，假如环境确实恶劣，应该如何安装变频器？你会采取哪些保护措施？

2）在接线过程中，变频器的动力线和控制线是否需要分开走线？为什么？若分开走线，该如何处理？

3）调节变频器的输出频率有哪些常用的方式？请举例说明。

4）在变频器运行中，哪些参数可以改？哪些参数不能改？为什么？

项目 6　数控机床的 PLC 控制

电动机的正/反转控制是常用的电气控制形式，例如数控车床的换刀动作就离不开刀架电动机的正反转控制。低压电器自身的缺点及局限性，使得其组成的控制电路稳定性差、故障频发。如果用可编程序控制器（PLC）来替代常用低压电器组成控制电路，将是设计人员最好的选择。那么，如何用可编程序控制器来实现电动机的正/反转控制呢?

任务 6.1　可编程序控制器的编程

【知识目标】

掌握 PLC 的性能特点及梯形图的编写方法。

【技能目标】

掌握西门子 S7 - 200 PLC 的梯形图的指令与程序编写方法。

【任务描述】

通过对西门子 S7 - 200 PLC 的性能特点、寻址方式的了解，掌握数控机床中常用的 PLC 编程指令与编程方法。

【知识链接】

可编程序控制器（PLC）用于数控机床中时也称为机床控制器（PMC）。PLC 可按照逻辑条件进行顺序动作或按照时序动作，另外还有与顺序、时序无关的按照逻辑关系进行的连锁保护动作。PLC 是取代继电器电路和进行顺序控制的主要产品，在数控机床的电气控制中应用普遍。

PLC 是机床各项功能的逻辑控制中心。控制软件集成于数控装置中，而硬件在规模较大的系统中往往采取分布式结构。机床 PLC 主要用于对机床外部开关（行程开关、压力开关、温控开关等）进行控制；对辅助部件（刀库、机械手、回转工作台等）进行控制；实现对主轴单元的控制，将程序中的转速指令进行处理后控制主轴转速；管理刀库，进行自动刀具交换，实现选刀方式、刀具累计使用次数、刀具剩余寿命及刀具刃磨次数的管理；控制主轴正反转和停止、准停；控制切削液开关、卡盘夹紧松开、机械手取送工件等动作。

（一）PLC 的主要功能

（1）开关量的逻辑控制　这是 PLC 最基本、最广泛的应用领域。PLC 取代传统的继电器控制系统，实现逻辑控制和顺序控制，既可用于单机控制，也可用于多机群控及自动化生产线的控制等。

（2）模拟量控制　PLC 可实现模拟量和数字量之间的 A - D 转换及 D - A 转换。

（3）位置控制　PLC 可驱动步进电动机或伺服电动机的单轴或多轴位置控制模块，使运动控制更加方便。

（4）过程控制　PLC 可实现对温度、压力、流量等连续变化的模拟量的闭环控制。PLC 的模拟量 I/O 模块可实现模拟量与数字量之间的 A - D、D - A 转换，并对模拟量进行闭环

PID 控制。

（5）数据处理　现代的 PLC 不但具有数学运算、数据传递、转换、排序和查表及位操作等功能，还能够完成数据的采集、分析和处理等任务，因而广泛应用于大型机床或无人控制的柔性制造系统的生产控制。

（6）通信联网　PLC 的通信包括 PLC 相互之间，PLC 与上位计算机及 PLC 和其他智能设备之间的通信。PLC 系统与通用计算机可以直接或通过通信处理单元、通信转换器相连接构成网络，以实现信息的交换，并可构成“集中管理、分散控制”的分布式控制系统（即 DCS 系统）。

（二）PLC 的分类及特点

1. 按结构形式分类

从组成结构形式上 PLC 分为整体式和模块式两类。

（1）整体式结构　它的特点是将 PLC 的基本部件，如 CPU、I/O 接口、电源等都集成在一个机壳内，构成一个整体。整体式结构的 PLC 体积小，成本低，安装方便。OMRON 公司的 C20P、C40P、C60P；三菱公司的 F1 系列；西门子公司的 S7-200 系列等都属于这种结构。

S7-200 整体式 PLC 外形如图 6-1 所示。

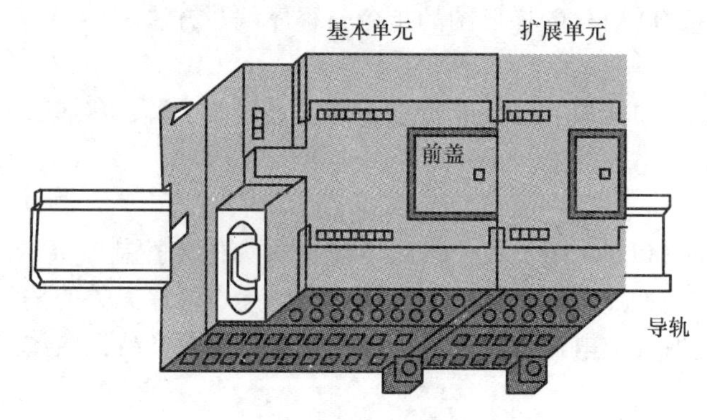

图 6-1　S7-200 整体式 PLC 外形

（2）模块式结构　这种结构的 PLC 由一些标准模块单元如电源模块、CPU 模块、I/O 模块和扩展单元等组成。这些模块在功能结构上是相互独立的，可根据具体的应用要求，选择合适的模块，安装在固定的机架或导轨上，构成一个完整的 PLC 应用系统。OMRON 公司的 C200H、C1000H、C2000H；西门子公司的 S7-300、S7-400 等都属于这种结构。

S7-400 模块式 PLC 外形如图 6-2 所示。

2. 按 I/O 点数和内存容量分类

1）超小型 PLC：I/O 点数小于 64 点，内存容量在 256 B~1KB。

2）小型 PLC：I/O 点数在 65~128 点，内存容量在 1~3.6KB。

小型和超小型 PLC 结构上一般是整体式的，主要用于中等容量的开关量控制，具有逻辑运算、定时、计数、顺控、通信等功能。

3）中型 PLC：I/O 点数在 129~512 点，内存容量在 3.6~13KB。

中型 PLC 增加了数据处理能力，适用于小规模的综合控制系统。

4）大型 PLC：I/O 点数在 513~896 点，内存容量在 13KB 以上。

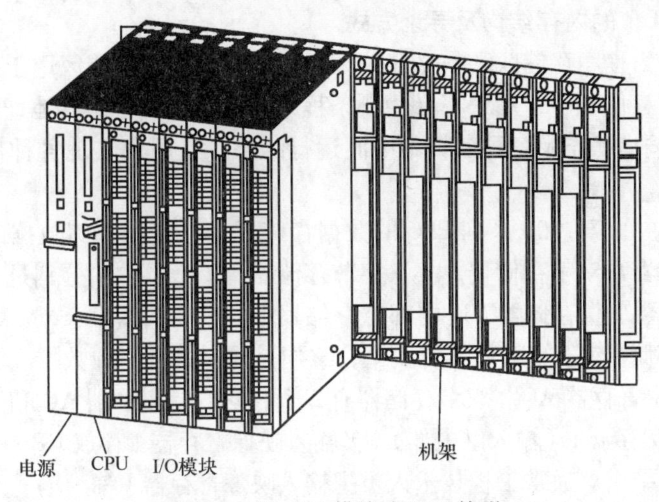

图6-2　S7－400模块式PLC外形

5）超大型PLC：I/O点数在896点，内存容量在13KB以上。

大型和超大型PLC增强了编程终端的处理能力和通信能力，适用于大型分散控制系统。

3. 可编程序控制器的特点

（1）可靠性高　传统的继电器控制系统中使用了大量的中间继电器、时间继电器、计数器等器件，由于触点接触不良，容易出现故障。PLC用软件取代了上述器件，仅剩下与输入和输出有关的少量硬件，使控制柜的设计、安装、接线工作量大大减少，降低了故障率。另外，PLC采取了一系列硬件和软件抗干扰措施，具有很强的抗干扰能力，故障率很低。PLC的用户程序可以在实验室模拟调试，输入信号用开关来模拟，通过PLC上的发光二极管可以观察输出信号的状态。在系统安装接线完毕后，调试过程中发现的问题一般通过修改程序就可以解决，系统的调试时间比继电器系统少得多。

（2）功能强大　PLC不但具有开关量控制、模拟量控制、数学运算、数据通信、中断控制等功能，还可以很方便地进行功能及容量的扩展，可根据工业控制的需要扩展输入/输出点数及增加控制功能，适用于机械、冶金、化工、轻工、服务和汽车等行业的工程领域，通用性强。

（3）编程简单　PLC提供了多种面向用户的编程语言，常用的有梯形图、指令语句表、功能图等。梯形图语言与继电器控制系统的电气原理图类似，这种编程语言形象直观，不需要专门的计算机知识，只要懂得电气控制原理就能很容易地掌握。当控制流程需要改变时，可用手持式编程器或在个人计算机上修改程序，在现场进行调试和在线修改，运行过程可直接在计算机屏幕上进行监控。

（4）结构紧凑　PLC在结构上具有模块结构特点，其基本的输入/输出控制和特殊功能处理模块等均可按积木式组合，使其结构紧凑、体积小巧，很容易装在机械设备内部，因而成为机电一体化产品及工业自动控制的主要控制设备。

（三）典型可编程序控制器的应用与编程

S7－200系列PLC在集散自动化系统中应用广泛，其强大的功能、宽广的使用范围，使其成为数控机床电气控制系统的首选部件。下面就来认识一下S7－200 PLC系统的典型应用与编程。

1. S7－200 PLC 的内存结构及寻址方式

PLC 的内存分为程序存储区和数据存储区两大部分。程序存储区用于存放用户程序，它由机器自动按顺序存储程序，用户不必为哪条程序存放在哪个存储器地址而费心。数据存储区用于存放输入/输出状态及各种各样的中间运行结果，是用户实现各种控制任务所必须了如指掌的内部资源。

（1）内存结构 S7－200 系列 PLC 的数据存储区按存储器存储数据的长短可划分为字节存储器、字存储器和双字存储器 3 类。字节存储器有 7 个，它们分别是输入映像寄存器 I、输出映像寄存器 Q、变量存储器 V、内部位存储器 M、特殊存储器 SM、顺序控制状态寄存器 S 和局部变量存储器 L。字存储器有 4 个，它们是定时器 T、计数器 C、模拟量输入寄存器 AI 和模拟量输出寄存器 AQ。双字存储器有 2 个，它们是累加器 AC 和高速计数器 HC。

1）输入映像寄存器 I（输入继电器） 输入映像寄存器 I 存放 CPU 在输入扫描阶段采样输入接线端子的结果。通常工程技术人员把输入映像寄存器 I 称为输入继电器，它由输入接线端子接入的控制信号驱动。当控制信号接通时，输入继电器得电，即对应的输入映像寄存器的位为“1”态；当控制信号断开时，输入继电器失电，对应的输入映像寄存器的位为“0”态。输入接线端子可以接常开触点或常闭触点，也可以是多个触点的串并联。输入继电器地址的编号范围为 I0.0～I5.7。

2）输出映像寄存器 Q（输出继电器） 输出映像寄存器 Q 存放 CPU 执行程序的结果，并在输出扫描阶段将其复制到输出接线端子上。工程实践中，常把输出映像寄存器 Q 称为输出继电器，它通过 PLC 的输出接线端子控制执行电器完成规定的控制任务。输出继电器地址的编号范围为 Q0.0～Q15.7。

3）变量存储器 V 变量存储器 V 用于存放用户程序执行过程中控制逻辑操作的中间结果，也可以用来保存与工序或任务有关的其他数据。变量存储区的编号范围根据 CPU 的型号不同而不同，CPU221/222 为 V0～V2047 共 2KB 存储容量，CPU224/226 为 V0～V5119 共 5KB 存储容量。

4）内部位存储器 M（中间继电器） 内部位存储器 M 作为控制继电器用于存储中间操作状态或其他控制信息，其作用相当于继电器控制系统中的中间继电器。内部位存储器地址的编号范围为 MB0～MB31，共 32 字节。

5）特殊存储器 SM 特殊存储器 SM 用于 CPU 与用户之间交换信息，其特殊存储器位提供大量的状态和控制功能。CPU224 的特殊存储器 SM 的地址编号范围为 SMB0～SMB549 共 550 字节，其中 SMB0～SMB29 的 30 字节为只读型区域，其地址编号范围随 CPU 的不同而不同。

特殊存储器 SM 的只读字节 SMB0 为状态位，在每个扫描周期结束时，由 CPU 更新这些位。各位的定义如下：

SM0.0：运行监视，SM0.0 始终为“1”状态，当 PLC 运行时可以利用其触点驱动输出继电器。

SM0.1：初始化脉冲，仅在执行用户程序的第一个扫描周期为“1”状态，可以用于初始化程序。

SM0.2：当 RAM 中数据丢失时，导通一个扫描周期，用于出错处理。

SM0.3：PLC 上电进入 RUN 方式，导通一个扫描周期，可用在启动操作之前给设备提供一个预热时间。

SM0.4：该位是一个周期为1min、占空比为50%的时钟脉冲。

SM0.5：该位是一个周期为1s、占空比为50%的时钟脉冲。

SM0.6：该位是一个扫描时钟脉冲，本次扫描时置“1”，下次扫描时置“0”，可用作扫描计数器的输入。

SM0.7：该位指示CPU工作方式开关的位置。在TERM位置时为“0”，可同编程设备通信；在RUN位置时为“1”，可使自由端口通信方式有效。

特殊存储器SM的只读字节SMB1提供了不同指令的错误提示，部分位的定义如下：

SM1.0：零标志位，运算结果等于0时，该位置“1”。

SM1.1：溢出标志，运算溢出或查出非法数值时，该位置“1”。

SM1.2：负数标志，数学运算结果为负时，该位置“1”。

特殊存储器SM字节SMB28和SMB29用于存储模拟量电位器0和模拟量电位器1的调节结果。

特殊存储器SM的全部功能可查阅相关手册。

6）局部变量存储器L　局部变量存储器L用来存放局部变量，它和变量存储器V很相似，主要区别在于全局变量是全局有效，即同一个变量可以被任何程序访问，而局部变量只在局部有效，即变量只和特定的程序相关联。S7-200有64个字节的局部变量存储器，其中60个字节可以作为暂时存储器，或给子程序传递参数，后4字节作为系统的保留字节。

7）高速计数器HC　高速计数器用来累计比CPU的扫描速率更快的事件，计数过程与扫描时间无关。高速计数器的地址编号范围根据CPU的型号有所不同，CPU221/222各有4个高速计数器，CPU224/226各有6个高速计数器，编号为HC0～HC5。

8）累加器AC　累加器是用来暂存数据的寄存器，它可以用来存放运算数据、中间数据和结果，S7-200提供了4个32位的累加器，其地址编号为AC0～AC3。

9）定时器T　定时器相当于继电器控制系统中的时间继电器，用于延时控制。S7-200有3种定时器，它们的时基增量分别为1ms、10ms和100ms。

定时器的地址编号范围为T0～T255，它们的分辨力和定时范围各不相同，用户应根据所用CPU型号及时基，正确选用定时器的编号。

10）计数器C　计数器用来累计输入端接收到的脉冲个数，S7-200有3种计数器：加计数器、减计数器和加减计数器。计数器的地址编号范围为C0～C255。

11）模拟量输入寄存器AI　模拟量输入寄存器AI用于接收模拟量输入模块转换后的16位数字量，其地址编号以偶数表示，如AIW0、AIW2等。模拟量输入寄存器AI为只读存储器。

12）模拟量输出寄存器AQ　模拟量输出寄存器AQ用于暂存模拟量输出模块的输入值，该值经过模拟量输出模块（D-A）转换为现场需要的标准电压或电流信号，其地址编号为AQW0、AQW2等。模拟量输出值是只写数据，用户不能读取模拟量输出值。

13）顺序控制状态寄存器S　顺序控制状态寄存器S又称状态元件，与顺序控制继电器指令配合使用，用于组织设备的顺序操作。顺序控制状态寄存器的地址编号范围为S0.0～S31.7。

（2）指令寻址方式　在计算机中使用的数据均为二进制数，二进制数的基本单位是1

个二进制位，8 个二进制位组成 1 字节，2 字节组成 1 个字，2 个字组成 1 个双字。

存储器的单位可以是位（bit）、字节（Byte）、字（Word）、双字（Double Word），寻址方式也可以是位、字节、字、双字。存储单元的地址由区域标识符、字节地址和位地址组成。

位寻址：寄存器标识符 + 字节地址 + 位地址，如 I0. 0、M0. 1、Q0. 2 等。

字节寻址：寄存器标识符 + 字节长度 B + 字节号，如 IB1、VB30、QB2 等。

字寻址：寄存器标识符 + 字长度 W + 起始字节号，如 VW20 表示 VB20 和 VB21 这两个字节组成的字。

双字寻址：寄存器标识符 + 双字长度 D + 起始字节号，如 VD100 表示从 VB100 到 VB103 这 4 个字节组成的双字。

在 S7 - 200 系列 PLC 中，常数值可为字节、字或双字。常数的大小由数据的长度（二进制的位数）决定。

2. S7 - 200 PLC 编程指令

（1）基本逻辑编程指令

1）梯形图程序 1（图 6-3）。

解释：当 I0. 0 接通时，Q0. 0 接通。当 I0. 1 断开时，Q0. 1 接通。

2）梯形图程序 2（图 6-4）。

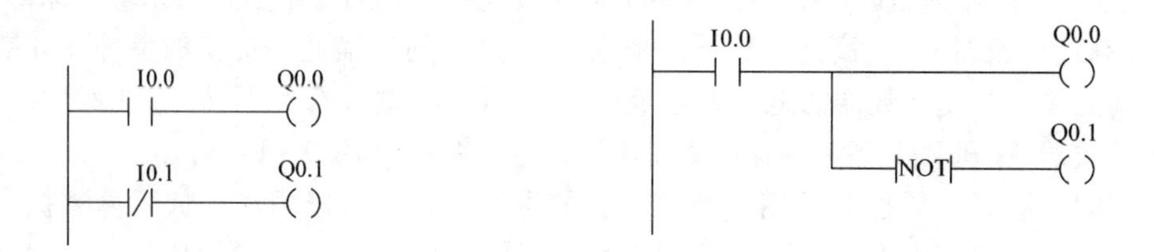

图 6-3 梯形图程序 1

图 6-4 梯形图程序 2

解释：当 I0. 0 接通时，Q0. 0 接通，Q0. 1 断开。当 I0. 0 断开时，Q0. 1 接通。Q0. 1 和 Q0. 0 的状态相反。

3）梯形图程序 3（图 6-5）。

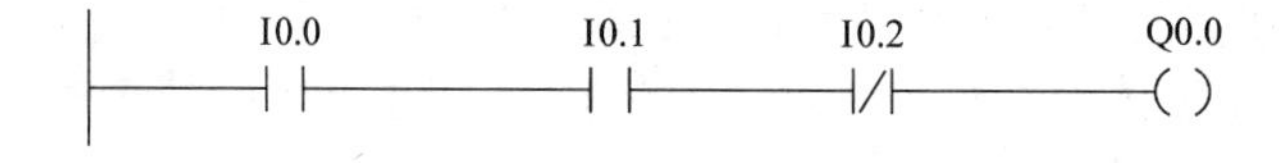

图 6-5 梯形图程序 3

解释：当 I0. 0、I0. 1 都接通且 I0. 2 断开时，Q0. 0 才接通。

4）梯形图程序 4（图 6-6）。

解释：当 I0. 0 或 I0. 1 接通或 I0. 2 断开时，Q0. 0 接通。

5）梯形图程序 5（图 6-7）。

解释：当 I0. 0 或 I0. 1 且 I0. 2 或 I0. 3 接通时，Q0. 0 接通。

6）梯形图程序 6（图 6-8）。

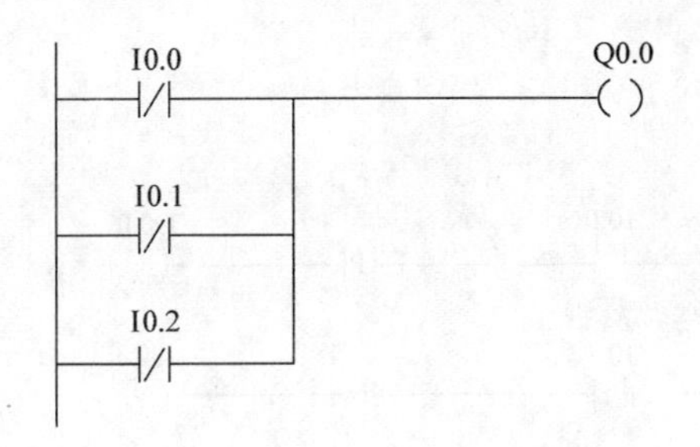

图6-6 梯形图程序4

图6-7 梯形图程序5

解释：当I0.0和I0.2都接通或者I0.1和I0.3都接通时，Q0.0接通。

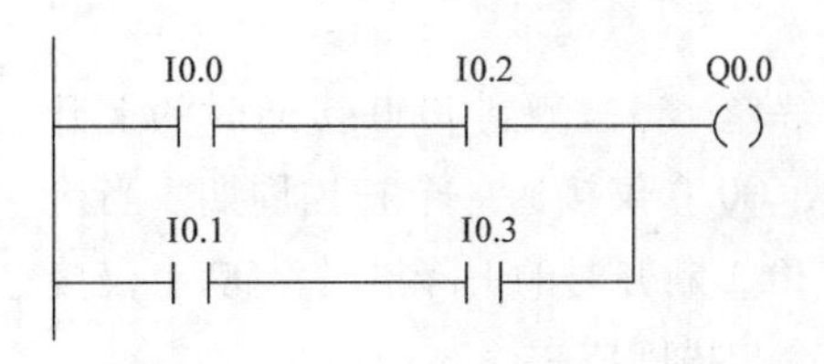

图6-8 梯形图程序6

【例6-1】 起动保持停止电路

起动保持停止电路简称起保停电路，该电路在生产实践中应用非常广泛，电动机的单向连续运转控制电路就是一个典型的起保停电路。用PLC实现电动机单向连续运转控制的接线图（不考虑有关保护）如图6-9a所示，其控制程序与电气控制电路相似，是一个具有起保停控制功能的程序，如图6-9b所示。图中Q0.0连接接触器KM1，用以驱动电动机的运行与停止；I0.0和I0.1分别连接起动按钮SB1和停止按钮SB2，它们持续接通的时间一般都很短。起保停电路最主要的特点就是具有“记忆”功能，按下起动按钮SB1，I0.0的常开触点接通，如果这时未按停止按钮，I0.1的常闭触点接通，Q0.0的线圈得电，它的常开触点同时接通。松开起动按钮，I0.0的常开触点断开，“能流”经Q0.0的常开触点和I0.1的常闭触点流过Q0.0的线圈，Q0.0仍得电，这就是所谓的“自锁”或“自保持”功能。按下停止按钮，I0.1的常闭触点断开，使Q0.0的线圈断电，其常开触点断开，以后即使放开停止按钮，I0.1的常闭触点恢复接通状态，Q0.0的线圈仍然“断电”。

起保停电路的时序分析如图6-10所示。在复杂的电路中，起动和停止信号可由多个触点组成的串、并联电路提供。

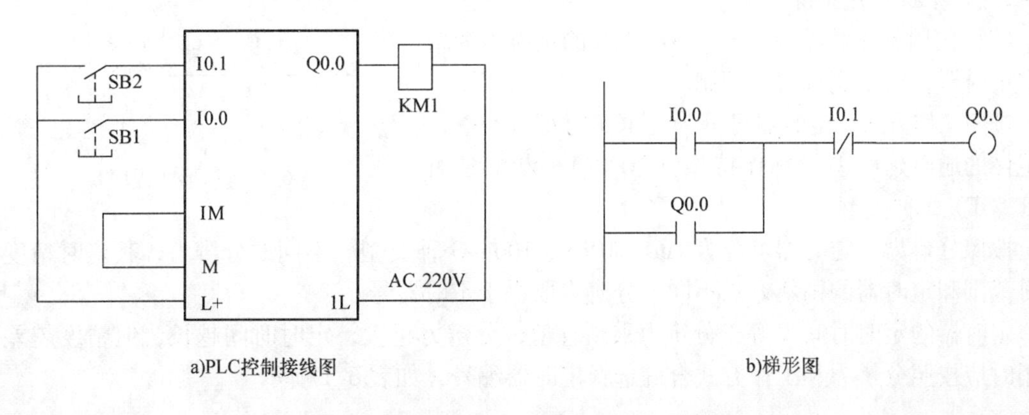

a)PLC控制接线图 b)梯形图

图6-9 起保停电路PLC控制接线图和梯形图

7）梯形图程序7（图6-11）。

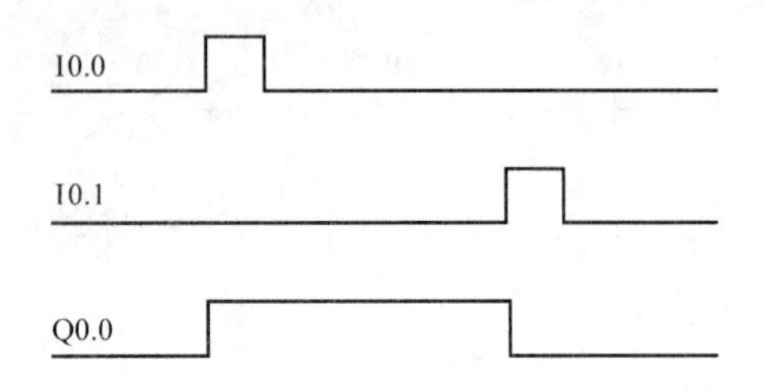

图6-10　起保停电路工作时序图

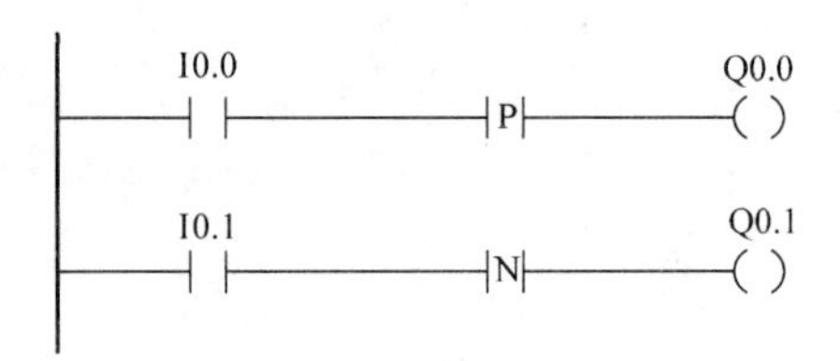

图6-11　梯形图程序7

解释：当检测到I0.0接通时的上升沿时，Q0.0仅接通一个扫描周期。当检测到I0.1断开时的下降沿时，Q0.1仅接通一个扫描周期。

【例6-2】 采用一个按钮控制两台电动机的依次起动

按下按钮，第一台电动机起动，松开按钮，第二台电动机起动。这样可以使两台电动机的起动时间分开，从而防止两台电动机同时起动造成对电网的不良影响。设I0.0为起动按钮，I0.1为停止按钮，Q0.0、Q0.1分别驱动两个接触器，其梯形图如图6-12所示。

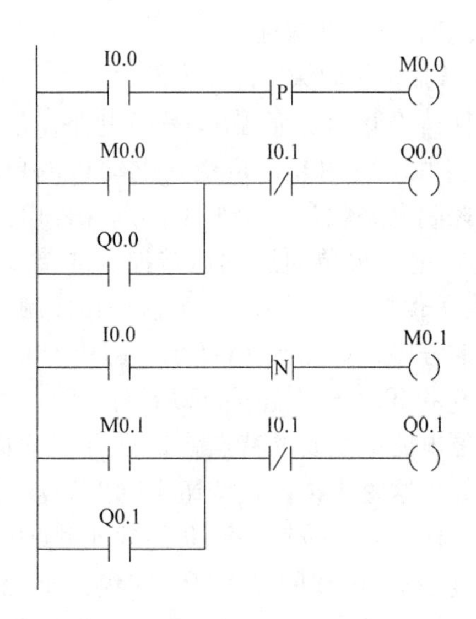

图6-12　一个按钮控制两台电动机依次起动的程序

8）梯形图程序8（图6-13）。

解释：图6-9中的起保停程序可由置位复位指令编写：当I0.0接通时，Q0.0接通并保持；当I0.1接通时，Q0.0断开并保持。

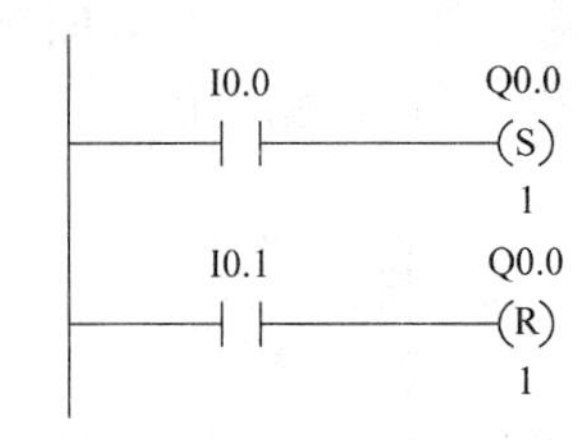

图6-13　梯形图程序8

（2）定时器编程指令　S7-200 PLC的定时器为增量型定时器，用于实现时间控制。

按照工作方式，定时器可分为通电延时型（TON）、有记忆的通电延时型又称保持型（TONR）、断电延时型（TOF）3种类型。

按照分辨力，定时器可分为1ms、10ms、100ms3种类型。不同的分辨力，其定时精度、定时范围和定时器的刷新方式不同。分辨力取决于定时器号。

定时器的定时时间T等于分辨力乘预置值，分辨力越大，定时时间越长，但精度越差。使用时应按照分辨力和工作方式合理选择定时器编号，如表6-1所示。

表6-1　定时器编号与分辨力

工作方式	分辨力/ms	最大当前值 /s	定时器编号
TONR	1	32.767	T0，T64
	10	327.67	T1～T4，T65～T68
	100	3276.7	T5～T31，T69～T95
TON/TOF	1	32.767	T32，T96
	10	327.67	T33～T36，T96～T100
	100	3276.7	T37～T63，T101～T255

1ms定时器每隔1ms刷新一次，定时器刷新与扫描周期和程序处理无关。扫描周期较长时，定时器一个周期内可能多次被刷新。

10ms定时器在每个扫描周期开始时刷新。每个扫描周期之内，当前值不变。如果定时器的输出与复位操作时间间隔很短，可以调节定时器指令盒与输出触点在网络段中的位置。

100ms定时器是定时器指令执行时被刷新，下一条执行的指令即可使用刷新后的结果，使用方便可靠。

下面分别介绍通电延时型（TON）、有记忆的通电延时型（TONR）、断电延时型（TOF）3种类型定时器的使用方法。

1）通电延时型（TON）　使能端（IN）输入有效时，定时器开始计时。当前值从0开始递增，大于或等于预置值（PT）时，定时器输出状态位置“1”。到达设定值后，当前值仍继续计数，直到最大值3276.7。使能端无效时，定时器复位。梯形图程序如图6-14所示，其波形图如图6-15所示。

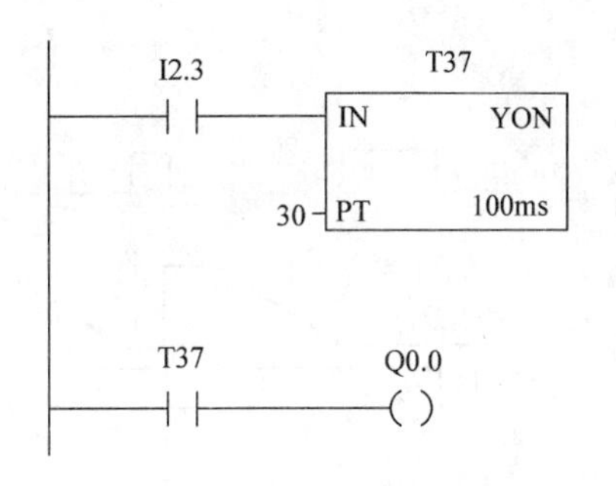

图6-14　通电延时型定时器

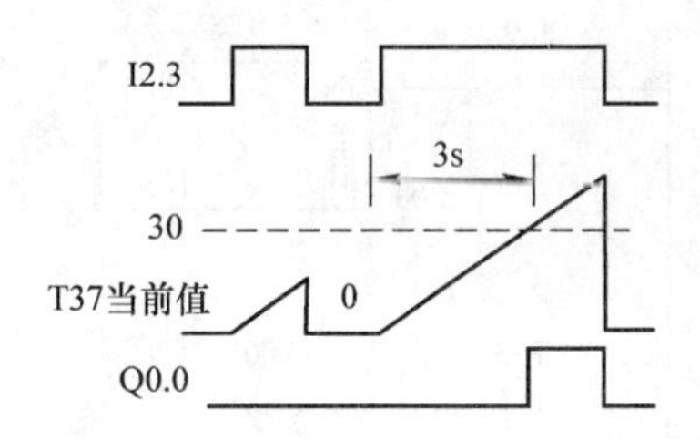

图6-15　通电延时型定时器波形图

解释：当输入信号I2.3通电3s后，定时器T37的常开触点T37接通，并且使Q0.0接通。

2）有记忆的通电延时型（TONR）　使能端（IN）输入有效时，定时器开始计时，当前值递增，大于或等于预置值（PT）时，定时器输出状态位置“1”。使能端输入无效时，当前值保持，使能端再次接通有效时，在原记忆值的基础上递增计时。有记忆的通电延时型定时器采用线圈复位指令（R）进行复位操作，当复位线圈有效时，定时器当前值清零，输出状态位置“0”。梯形图程序如图6-16所示，其波形图如图6-17所示。

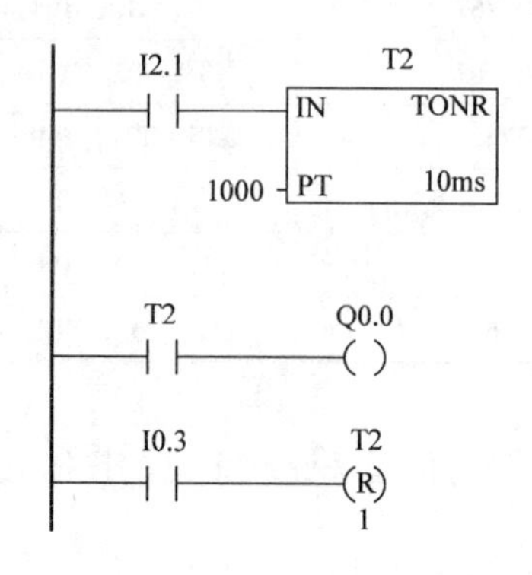

图6-16 有记忆通电延时型定时器

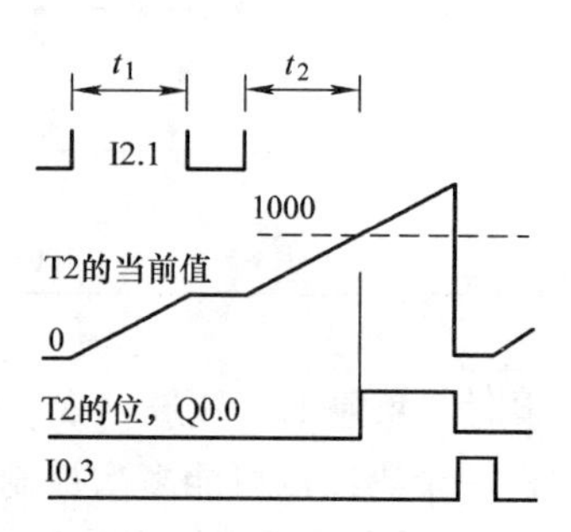

图6-17 有记忆通电延时型定时器波形图

解释：当输入信号I2.1通电后，定时器开始计时；当输入信号I2.1断电后，定时器停止计时并保持当前值。当输入信号I2.1再次通电后，定时器继续计时；当累计计时时间达到10s时，T2的常开触点T2接通，并且使Q0.0接通。当输入信号I0.3通电时，定时器当前值被清零，T2被复位。

3）断电延时型（TOF） 使能端（IN）输入有效时，定时器输出状态位立即置“1”，当前值复位。使能端断开时，开始计时，当前值从0开始递增，当前值达到预置值（PT）时，定时器状态位复位置“0”，并停止计时，当前值保持。梯形图程序如图6-18所示，波形图如图6-19所示。

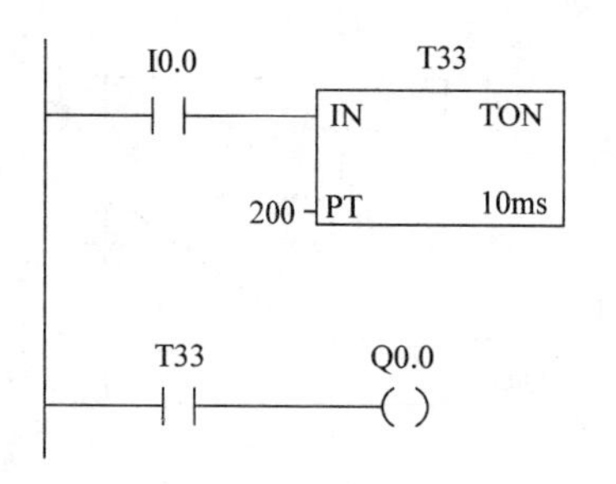

图6-18 断电延时型定时器

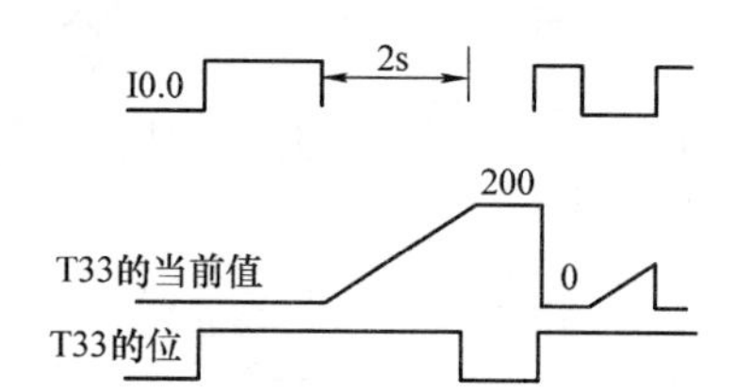

图6-19 断电延时型定时器波形图

解释：当输入信号I0.0通电时，定时器T33的常开触点T33立即接通，并且使Q0.0接通。当输入信号I0.0断电时，定时器开始计时，2s后定时器停止计时，T33的常开触点断开。

【例6-3】 闪烁电路

设计一个灭2s，亮3s的闪烁电路。用I0.0启动该电路，I0.1停止该电路，输出用Q0.0表示，其梯形图如图6-20所示。

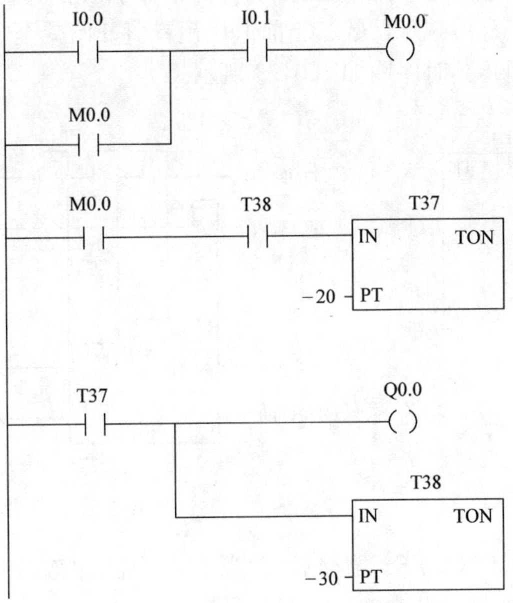

图6-20　闪烁电路的梯形图程序

【例6-4】　定时器扩展

S7－200系列PLC定时器最大定时范围为3276.7s。如果需要的设定值超过此范围，可以通过几个定时器的串联组合来扩充设定值的范围。如设定一个定时1h的控制程序如图6-21所示。

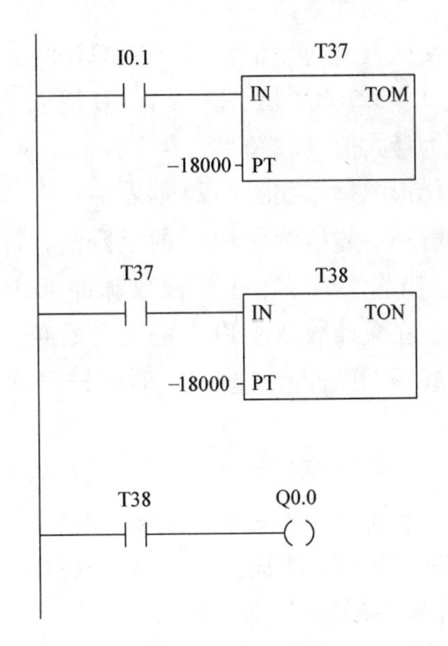

图6-21　定时1h控制程序

（3）计数器编程指令　S7－200系列PLC有减计数（CTD）、增计数（CTU）、增/减计数（CTUD）等3类计数指令。

梯形图指令符号中CU为增1计数脉冲输入端；CD为减1计数脉冲输入端；R为复位脉冲输入端；LD为减计数器的复位脉冲输入端。编程范围C0～C255；PV预置值最大范围为32767；PV数据类型为INT。

下面分别介绍减计数（CTD）、增计数（CTU）、增/减计数（CTUD）等3类计数器的使用方法。

1）减计数指令（CTD）　复位输入有效时，计数器把预置值装入当前值存储器，计数器状态位复位。CD端每一个输入脉冲上升沿，减计数器的当前值从预置值开始递减计数，当前值等于0时，计数器状态位置1，停止计数。梯形图程序如图6-22所示。

解释：减计数器在复位脉冲 I0.1 的上升沿，计数器状态位置“0”，当前值等于预置值 3。在计数脉冲 I0.0 的上升沿减 1 计数，当前值从预置值开始减至 0 时，定时器输出状态位置“1”，同时 Q0.0 接通，其时序图如图 6-23 所示。

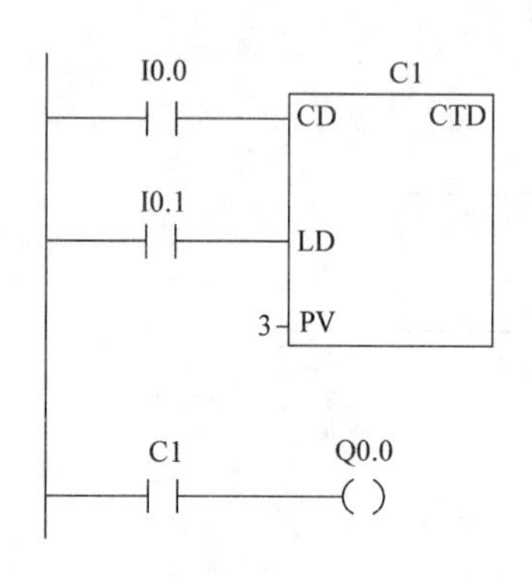

图 6-22 减计数指令实例

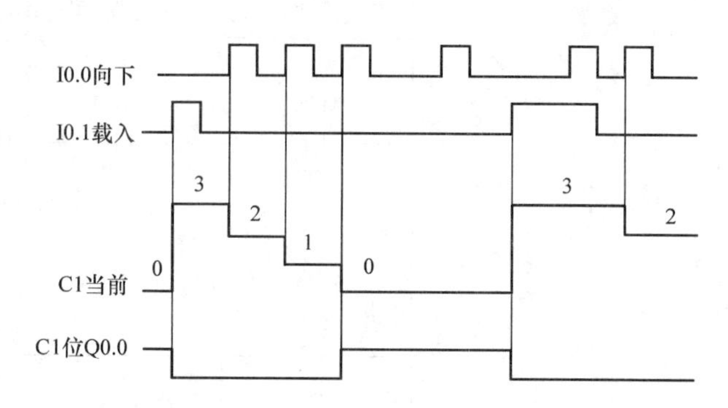

图 6-23 减计数器时序图

2）增/减计数指令（CTUD） 增/减计数器有两个脉冲输入端，执行增/减计数指令时，CU/CD 端的计数脉冲上升沿增 1/减 1 计数。当前值大于或等于计数器预置值时，计数器状态位置“1”。复位输入有效时，计数器状态位复位，当前值清零。达到计数器最大值 32767 后，下一个 CU 输入上升沿使计数值变为最小值（-32768）。同样，达到最小值（-32768）后，下一个 CD 输入上升沿将使计数值变为最大值（32767）。

梯形图程序如图 6-24 所示。

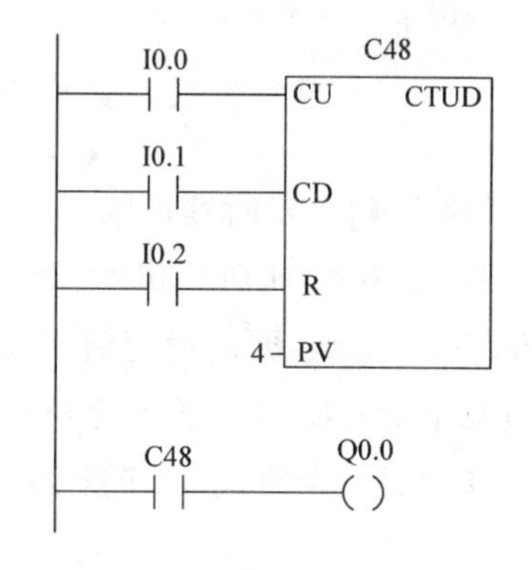

图 6-24 增减计数指令实例

解释：复位脉冲 I0.2 的上升沿，计数器状态位置“0”，当前值清零。在加计数脉冲 I0.0 的上升沿加 1 计数，在减计数脉冲 I0.1 的上升沿减 1 计数。当前值大于或等于预置值 4 时，定时器输出状态位置“1”，同时 Q0.0 接通，其时序图如图 6-25 所示。

3）增计数指令（CTU） 增计数指令在 CU 端输入脉冲上升沿，计数器的当前值增 1 计数。当前值大于或等于预置值时，计数器状态位置“1”。复位输入有效时，计数器状态位复位，当前计数值清零。梯形图程序如图 6-26 所示。

【例 6-5】 计数器扩展

S7-200 系列 PLC 计数器最大计数范围为 32767。若需要更大的计数范围，则必须进行扩展。图 6-27 所示为计数器的扩展电路。图中是两个计数器的组合电路，C1 形成了一个设定值为 100 次自复位计数器，计数器 C1 对 I0.1 的接通次数进行计数，I0.1 的触点每闭合 100 次 C1 自复位重新开始计数。同时，C1 的常开触点闭合，使 C2 计数一次，当 C2 计数到 2000 次时，I0.1 共接通 100×2000=200000 次，C2 的常开触点闭合，线圈 Q0.0 通电。

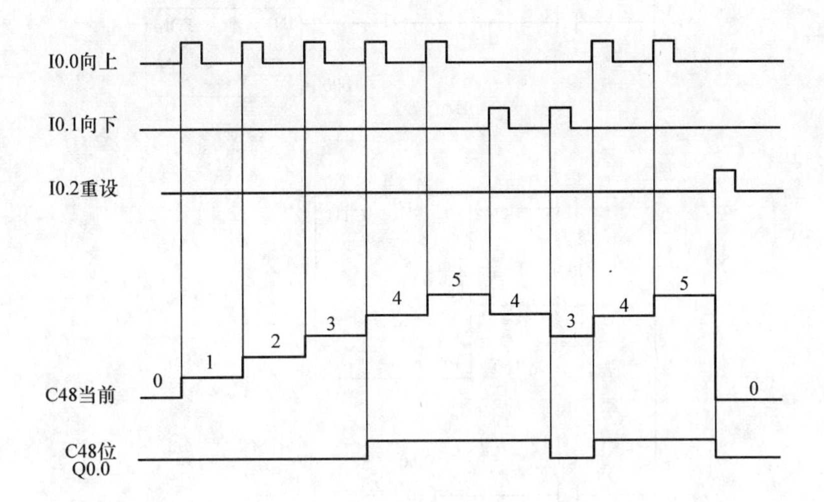

图 6-25　增/减计数指令时序控制图

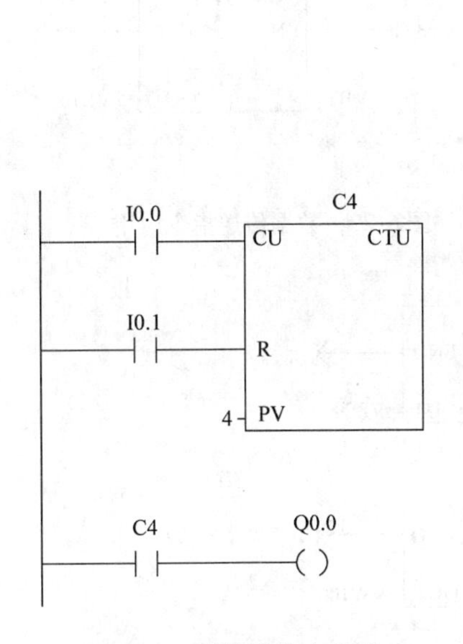

图 6-26　增计数指令实例

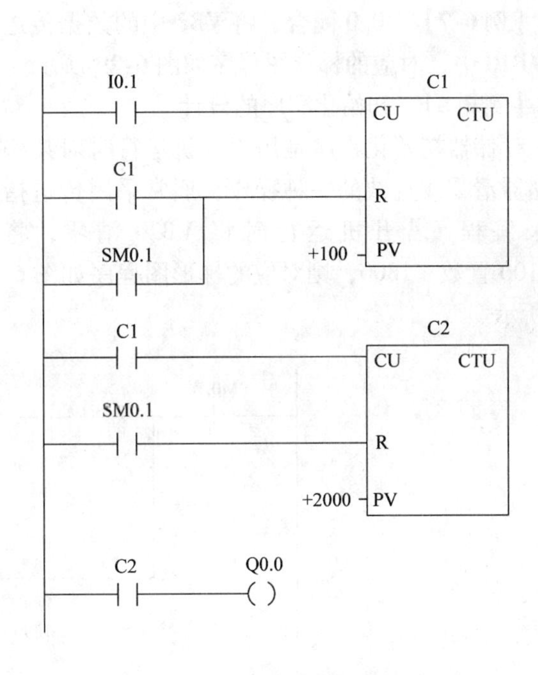

图 6-27　计数器扩展程序设计

【例 6-6】　定时器和计数器扩展应用。

图 6-21 中的定时 1h 程序可由定时器和计数器指令编写，其对应的梯形图如图 6-28 所示。

（4）数据传送指令　传送指令主要作用是将常数或某存储器中的数据传送到另一存储器中。

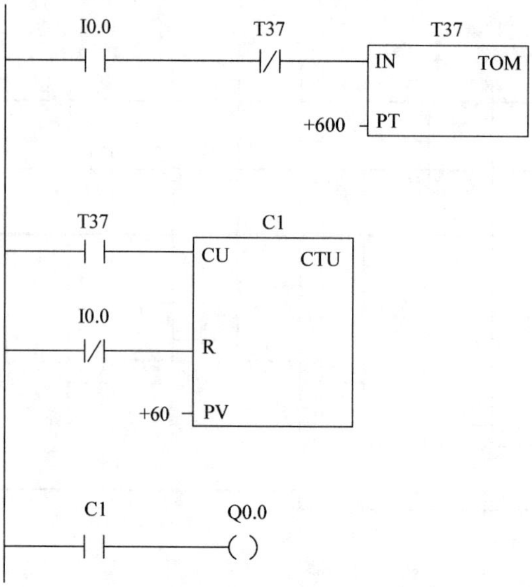

图 6-28 定时器和计数器扩展应用

【例 6-7】 I0.0 闭合，将 VB2 中的数据传送到 VB10 中，对应的梯形图程序如图 6-29 所示。

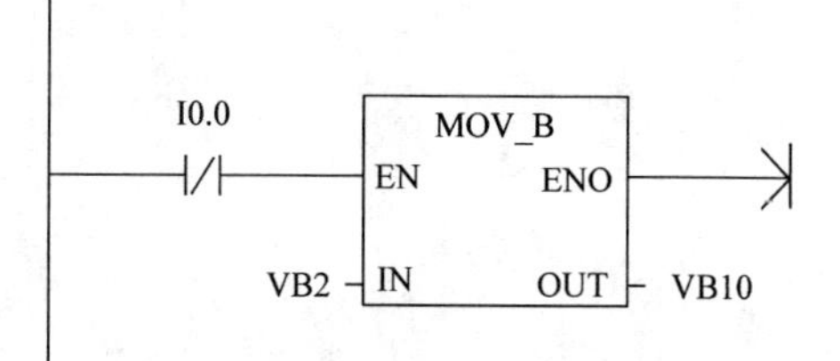

图 6-29 数据传送指令应用

【例 6-8】 初始化程序的设计

存储器初始化程序是用于开机运行时对某些存储器清零或置数的一种操作，通常采用传送指令来编程。若开机运行时将 VB20 清零，将 VW100 置数 +1800，则对应的梯形图程序如图 6-30 所示。

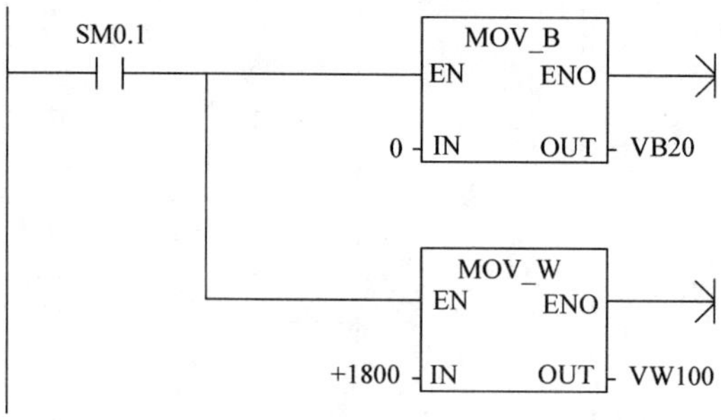

图 6-30 初始化程序的设计

【例 6-9】 多台电动机的同时起停控制

设 3 台电动机分别由 Q0.0、Q0.1 和 Q0.2 驱动，I0.0 为起动控制信号，I0.1 为停止信号，则 3 台电动机同时起动、同时停止程序如图 6-31 所示。

（5）数据比较指令 数据比较指令主要用于比较两个数据的大小，并根据比较的结果使触点闭合，进而实现某种控制要求。它包括字节比较、字整数比较、双字整数比较及实数比较指令 4 种。比较符号可分为“=”、“< >”、“> =”、“< =”、“>”及“<”6 种。

【例6-10】　若MW8中的数小于IW4中的数，则使M0.0复位；若MW8中的数大于等于IW4中的数，则使M0.0置位。对应的梯形图程序如图6-32所示。

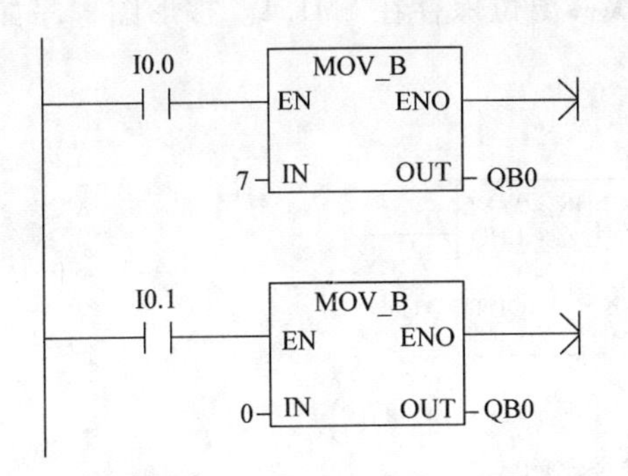

图6-31　多台电动机的同时起停控制

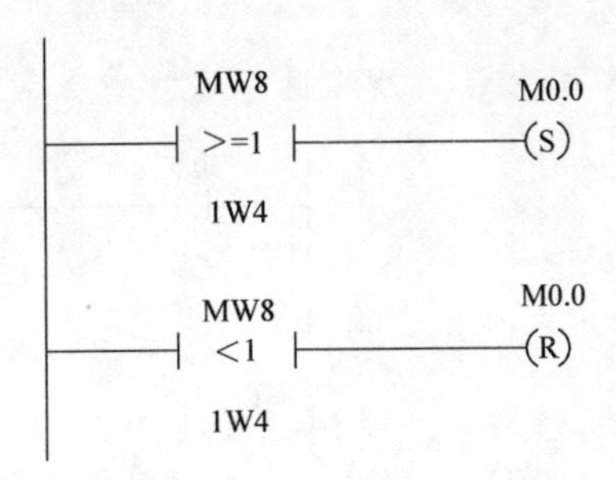

图6-32　数据比较指令应用

【例6-11】　多台电动机分时起动控制

起动按钮按下后，3台电动机每隔3s分别依次起动；按下停止按钮，3台电动机同时停止。设PLC的输入端子I0.0为起动按钮输入端，I0.1为停止按钮输入端，Q0.0、Q0.1、Q0.2分别为驱动3台电动机的电源接触器输出端子。对应的梯形图程序如图6-33所示。

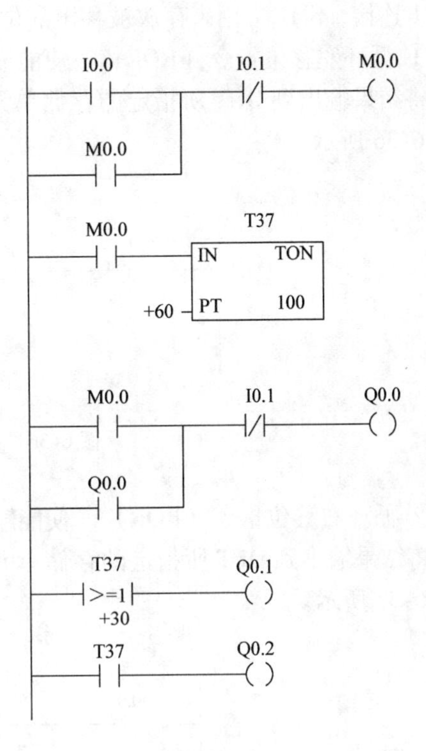

图6-33　多台电动机分时起动控制

（6）数据移位指令　S7－200中移位指令分为左、右移位和循环左、右移位及寄存器移位指令3大类，前两类移位指令按移位数据的长度又分为字节型、字型、双字型3种。

左、右移位数据存储单元与SM1.1（溢出）端相连，移出位被放到特殊标志存储器SM1.1位。移位数据存储单元的另一端补0。

1）左移位指令（SHL）　使能输入有效时，将输入的字节、字或双字IN左移N位后（右端补0），将结果输出到OUT所指定的存储单元中，最后一次移出位保存在SM1.1。梯形图程序如图6-34所示。

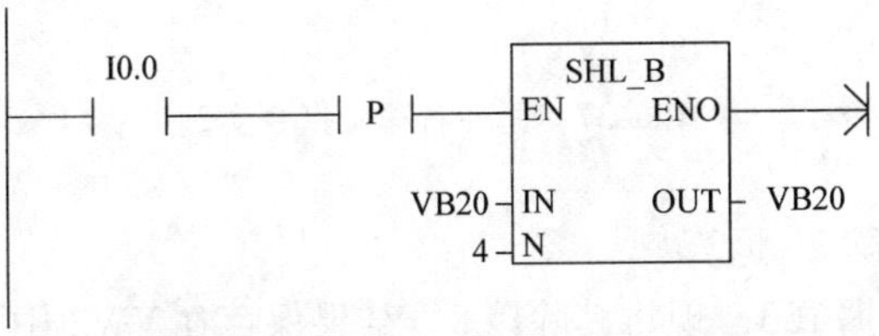

I0.0　P　SHL_B　EN　ENO　VB20 IN　OUT VB20　4 N

图6-34　左移位指令实例

解释：假定 VB20 中存有二进制数 11100101，则位移 4 次后 VB20 中为 01010000。

2）右移位指令（SHR） 使能输入有效时，将输入的字节、字或双字 IN 右移 N 位后，将结果输出到 OUT 所指定的存储单元中，最后一次移出位保存在 SM1.1。梯形图程序如图 6-35 所示。

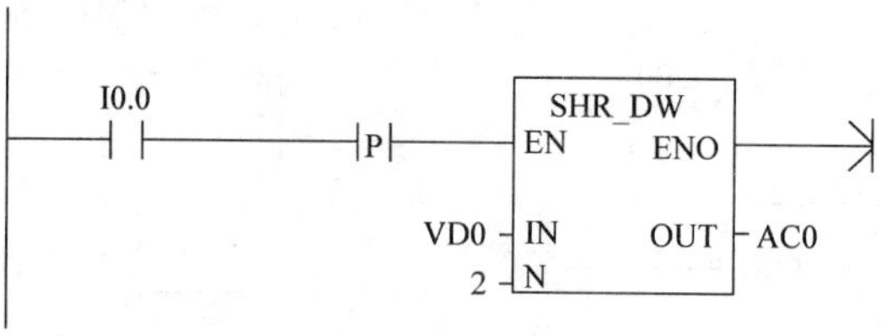

图 6-35 右移位指令实例

3）循环左、右移位 循环移位将移位数据存储单元的首尾相连，同时又与溢出标志 SM1.1 连接，SM1.1 用来存放被移出的位。

① 循环左移位指令（ROL） 使能输入有效时，字节、字或双字 IN 数据循环左移 N 位后，将结果输出到 OUT 所指定的存储单元中，并将最后一次移出位送 SM1.1。梯形图程序如图 6-36 所示。

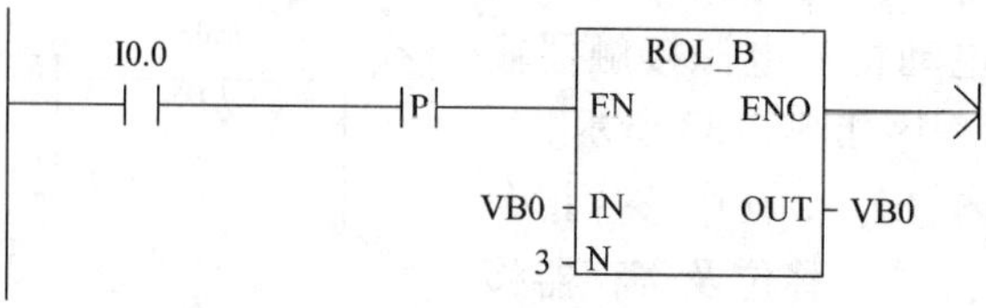

图 6-36 循环左移位指令实例

② 循环右移位指令（ROR） 使能输入有效时，字节、字或双字 IN 数据循环右移 N 位后，将结果输出到 OUT 所指定的存储单元中，并将最后一次移出位送 SM1.1。梯形图程序如图 6-37 所示。

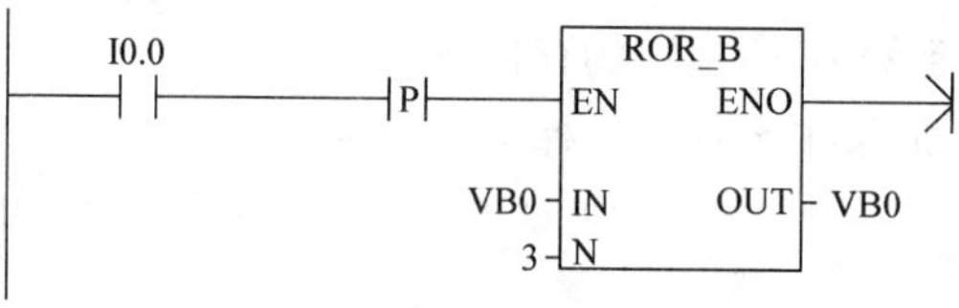

图 6-37 循环右移位指令实例

【例 6-12】 数据乘除 2^n 运算

假定 VW0 中存有数据 160，现将其除以 8，结果保存在 VW2 中；将其乘以 4，结果保存到 VW4 中。利用移位指令编程实现，其运算结果的梯形图程序如图 6-38 所示。

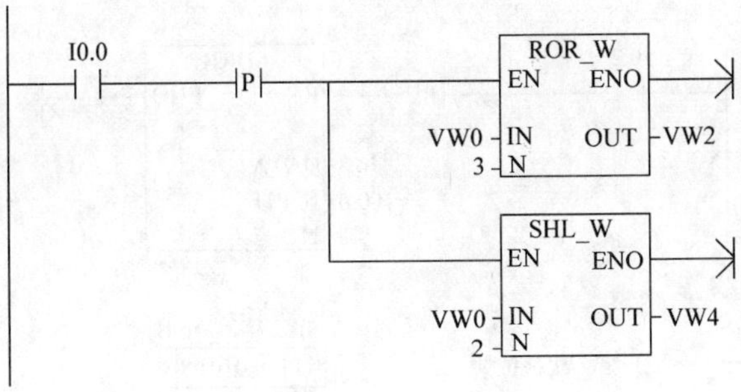

图6-38　数据乘除 2^n 运算梯形图程序

【例6-13】　彩灯依次向左循环点亮控制

按下起动按钮，8只彩灯自Q0.0开始每隔1s依次向左循环点亮，直到发出停止信号后熄灭。设I0.0为起动按钮，I0.1为停止按钮，Q0.0～Q0.7驱动8只彩灯循环点亮，其梯形图程序如图6-39所示。

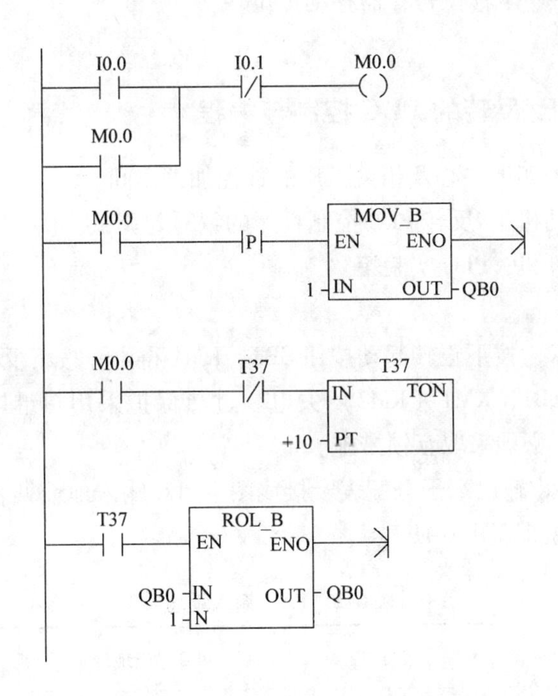

图6-39　彩灯依次向左循环点亮控制程序

4）寄存器移位指令　寄存器移位指令是一个移位长度可指定的移位指令。梯形图程序如图6-40所示。

梯形图中DATA为数值输入，指令执行时将该位的值移入移位寄存器。S_BIT为寄存器的最低位，N为移位寄存器的长度（1～64）。N为正值时左移位，DATA值从S_BIT位移入，移出位进入SM1.1；N为负值时右移位，S_BIT移出到SM1.1，另一端补充DATA移入位的

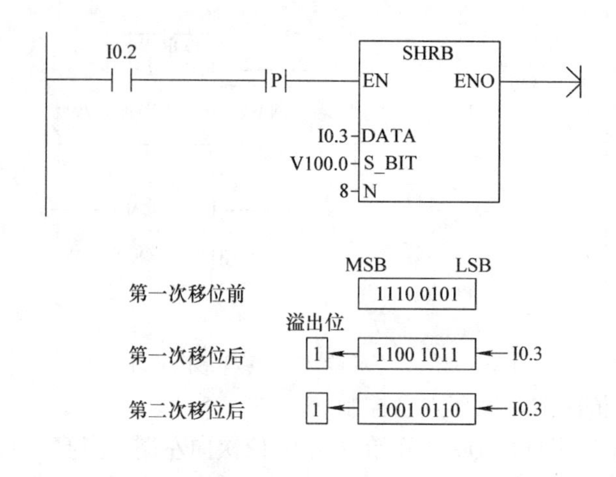

图6-40　寄存器移位指令实例

值。每次使能有效时，整个移位寄存器移动1位。

【技能训练】

实训项目　电动机正/反转的PLC控制与编程

1. 实训地点：数控实训中心及相关工厂的数控加工车间。

2. 实训内容：电动机正/反转PLC控制程序的编写与调试。

3. 实训设备：计算机，PLC实验箱。

4. 实训步骤

（1）提出控制要求　按下正转起动按钮SB2，KM1得电；按下反转起动按钮SB3，KM2得电；按下停止按钮SB1，KM1（KM2）失电。过热保护采用热继电器FR实现。为防止KM1、KM2同时得电，必须采取互锁措施。

（2）设计PLC输入/输出端子分配表及接线图　PLC输入地址见表6-2，PLC输入/输出端子分配表及外部接线图见图6-41。

表6-2　PLC输入地址

PLC输入地址	说　明	PLC输出地址	说　明
I0.0	过载保护继电器KR	Q0.0	接触器KM2
I0.1	停止按钮SB1	Q0.1	接触器KM1
I0.2	正转起动按钮SB2		
I0.3	反转起动按钮SB3		

（3）程序设计　三相异步电动机的正/反转控制程序设计如图6-42所示。图中为防止

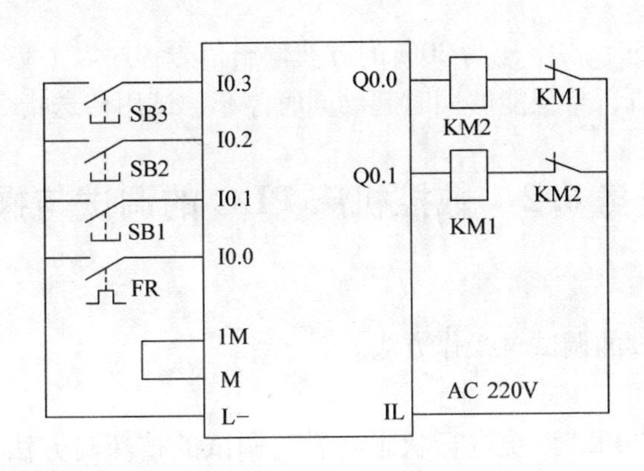

图 6-41　PLC 输入/输出端子分配表及外部接线图

正/反转换接时的相间短路，用 I0.2 和 I0.3 常闭触点实现按钮互锁；用 Q0.0 和 Q0.1 常闭触点实现线圈互锁。

按下正转起动按钮 SB2：时，常开触点闭合，驱动线圈 Q0.1 接通并自锁，通过输出电路，接触器 KM1 得电吸合，电动机正向起动并稳定运行；按下反转起动按钮 SB3 时，常闭触点 I0.3 断开 Q0.1 的线圈，KM1 失电释放，同时 I0.3 的常开触点闭合接通 Q0.0 线圈并自锁，通过输出电路，控制 KM2 得电吸合，电动机反转起动，并稳定运行；按下停止按钮 SB1，或过载保护 FR 动作，都可使 KM1 或 KM2 失电释放，电动机停止运行。

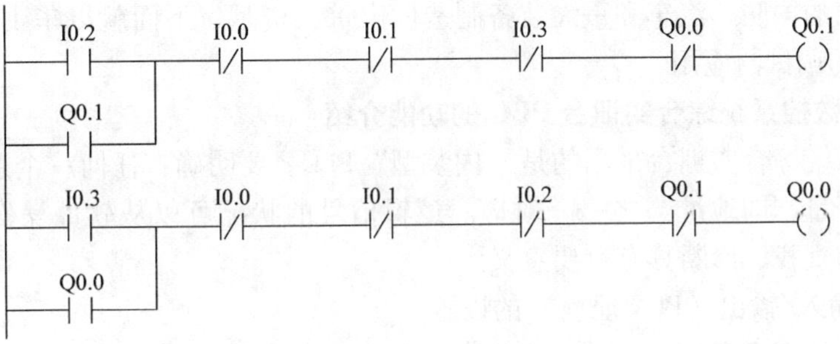

图 6-42　三相异步电动机正/反转控制梯形图

（4）程序调试

利用 PLC 实验箱连接电路并调试。

【总结与提高】

（1）使用置位复位指令，编写两套程序，控制要求如下：

1）起动时，电动机 M1 先起动，电动机 M1 起动后，才能起动电动机 M2；停止时，电动机 M1、M2 同时停止。

2）起动时，电动机 M1、M2 同时起动；停止时，只有在电动机 M2 停止后，电动机 M1

才能停止。

（2）设计周期为5s、占空比为20%的方波输出信号程序。

（3）有4台电动机，希望能够同时起动同时停车，试用传送指令编程实现。

任务6.2 数控机床PLC的调试与操作

【知识目标】

掌握数控机床PLC的调试、操作方法。

【技能目标】

熟悉对数控机床的PLC系统进行状态查看与调试的技巧与方法，并利用其进行机床故障的判断。

【任务描述】

以华中数控系统PLC为例，通过数控机床PLC的调试和操作的实践，学会利用PLC进行数控机床输入/输出类故障的诊断与排除。

【知识链接】

PLC技术的不断发展，给机床加工设备行业的现代化提供了强有力的技术支持。在数控机床电气控制系统中，可编程序控制器PLC是应用最为广泛的控制装置。PLC是置于数控系统和机床之间的控制模块，它主要负责对诸如主轴的正、反转及停止，刀具交换，工件的夹紧、松开，切削液的开、关及润滑系统的运行等进行顺序控制。可以说没有PLC的控制，数控机床就不能正常工作。

近年来，华中数控打破国外技术封锁，在高档数控系统与高档数控机床配置方面取得显著成绩，为我国的国防、汽车和重大装备制造做出重大贡献。下面就以华中数控系统为例，详细介绍PLC的调试与应用。

（一）华中数控系统综合实训台PLC的功能介绍

华中数控系统综合实训台采用的是“内装型”PLC。要明确：任何一个逻辑信号在PLC中都有个固定变量，即地址与之一一对应。逻辑信号的状况可以从软件操作界面中反映出来，这对故障的查找、诊断具有重要意义。

1. 开关量输入/输出（PLC地址）的设置

在系统程序和PLC程序中，输入到机床的开关量信号定义为X（即各接口中的I信号）；输出到机床的开关量信号定义为Y（即各接口中的O信号）。将各个接口（HNC-21TF本地、远程I/O端子板）中的输入/输出（I/O）开关量定义为系统程序中的X、Y变量，需要通过设置硬件配置参数和PMC系统参数来实现。

HNC-21TF型数控装置的输入/输出开关量占用硬件配置参数中的3个部件（一般设为部件20、部件21、部件22）。需要说明的是主轴模拟电压指令也作为开关量输出信号处理，其输出的过程为：PLC程序通过计算给出数字量，数字量由专用的硬件电路转化为模拟电压。PLC程序处理的是数字量，共16位占用两个字节即两组输出信号。

在PMC系统参数中再给各部件（部件20、部件21、部件22）中的输入/输出开关量分配所占用的X、Y地址，即确定接口中各I/O信号与X、Y的对应关系，这与PMC系统参数中所涉及的部件号与硬件配置参数是一致的。其中：

输入开关量总组数即为 30 + 16 = 46 组。

部件 21 中的开关量输入信号设置为输入模块 0，共 30 组，则占用 X［00］~ X［29］。

部件 20 中的开关量输入信号设置为输入模块 1，共 16 组，则占用 X［30］~ X［45］。

输出开关量总组数即为 28 + 2 + 8 = 38 组。

部件 21 中的开关量输出信号设置为输出模块 0，共 28 组，则占用 Y［00］~ Y［27］

部件 22 中的开关量输出信号设置为输出模块 1，共 2 组，则占用 Y［28］~ Y［29］。

部件 20 中的开关量输出信号设置为输出模块 2，共 8 组，则占用 Y［30］~ Y［37］。

按以上参数设置，I/O 开关量与 X/Y 的对应关系见表 6-3。

表 6-3　I/O 开关量与 X/Y 的对应关系

<table>
<tr><th>信号表</th><th>X/Y 地址</th><th>部件号</th><th>模块号</th><th>说明</th></tr>
<tr><td colspan="5">输入开关量地址定义</td></tr>
<tr><td>I0—I39</td><td>X［00］— X［04］</td><td rowspan="4">21</td><td rowspan="4">输入模块 0</td><td>XS10、XS11 输入开关量</td></tr>
<tr><td>I40—I47</td><td>X［05］</td><td>保留</td></tr>
<tr><td>I48—I157</td><td>X［06］—X［21］</td><td>保留</td></tr>
<tr><td>I176—I239</td><td>X［22］—X［29］</td><td>保留</td></tr>
<tr><td>I240—I367</td><td>X［30］—X［45］</td><td>20</td><td>输入模块 1</td><td>面板按钮输入开关量</td></tr>
<tr><td colspan="5">输出开关量地址定义</td></tr>
<tr><td>O0 —O31</td><td>Y［00］—Y［03］</td><td rowspan="3">21</td><td rowspan="3">输出模块 0</td><td>XS20、XS21 输出开关量</td></tr>
<tr><td>O32 —O159</td><td>Y［04］—Y［19］</td><td>保留</td></tr>
<tr><td>O160 —O223</td><td>Y［20］—Y［27］</td><td>保留</td></tr>
<tr><td>O224 —O239</td><td>Y［28］—Y［29］</td><td>22</td><td>输出模块 1</td><td>主轴模拟电压指令数字输出量</td></tr>
<tr><td>O240 —O303</td><td>Y［30］—Y［37］</td><td>20</td><td>输出模块 2</td><td>面板按钮指示灯输出开关量</td></tr>
</table>

HNC - 21TF 型数控机床操作面板按钮共 3 排。

1）第一排有 15 个按钮，输入开关量信号依次为 X［30］和 X［31］的第 0 ~ 6 位，指示灯输出开关量信号依次为 Y［30］和 Y［31］的第 0 ~ 6 位。

2）第二排有 14 个按钮，输入开关量信号依次为 X［32］和 X［33］的第 0 ~ 5 位，指示灯输出开关量信号依次为 Y［32］和 Y［33］的第 0 ~ 5 位。

3）第三排有 15 个按钮，输入开关量信号依次为 X［34］和 X［35］的第 0 ~ 6 位，指示灯输出开关量信号依次为 Y［34］和 Y［35］的第 0 ~ 6 位。

2. 开关量输入/输出（PLC 地址）状态的显示操作

输入/输出开关量每 8 位一组占用一个字节。例如 HNC - 21TF 型数控装置 XS10 接口的 I0 ~ I7 开关量输入信号占用 X［00］组，I0 对应于 X［00］的第 0 位，I1 对应于 X［00］的第 1 位……。通过查看 PLC 状态，用户可以检查机床输入/输出开关量信号的状态（X、Y）。另外用户还通过查看 PLC 编程用的中间继电器（R 继电器、不是指控制柜中的实际继电器）的状态信息，可以调试 PLC 程序，具体过程如下。

1）在图 6-43 所示的辅助操作界面下按 F1 键进入 PLC 功能子菜单，如图 6-44 所示。

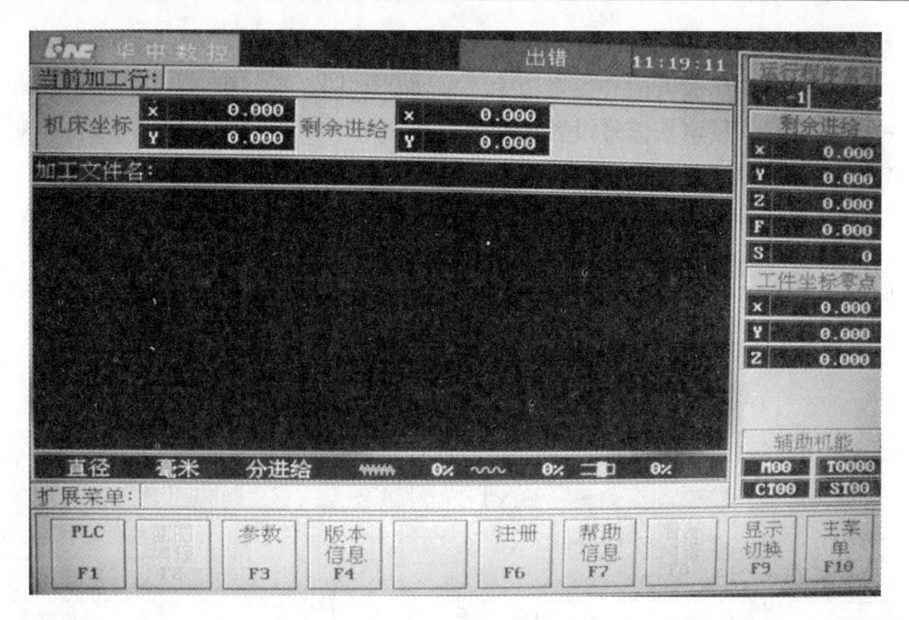

图 6-43 辅助操作界面

图 6-44 PLC 功能子菜单

2）在 PLC 功能子菜单中选择 F4，弹出状态选择子菜单。在状态选择子菜单中可以用↑、↓键选择要查看的状态，例如按 F1 键选择机床输入到 PMC：X，则显示如图 6-45 所示的输入状态显示页面。

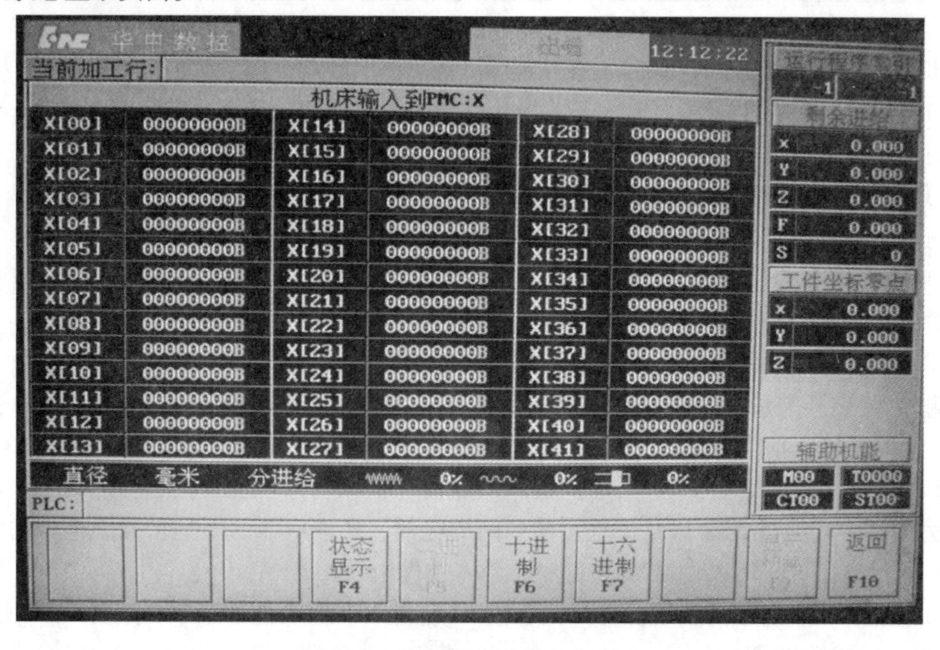

图 6-45 PLC 输入状态显示页面

X、Y默认为二进制显示。每8位一组，每一位代表外部一位开关量输入或输出信号。例如，通常X［00］的8位数字量从右往左依次代表开关量输入的I0～I7，X［01］代表开关量输入的I8～I15，依此类推。同样，Y［00］通常代表开关量输出的O0～O7，Y［01］代表开关量输出的O8～O15，依此类推。

各种输入/输出开关量的数字状态显示形式，可以通过F5、F6、F7键在二进制、十进制和十六进制之间切换。若所连接的输入元器件的状态发生变化（如行程开关的触点被压下），则所对应的开关量的数字状态显示也会发生变化，由此可检查输入/输出开关量电路的连接是否正确。

（二）标准PLC的基本操作及参数配置

为了简化PLC源程序的编写，减轻工程人员的工作负担，华中数控股份有限公司开发了标准PLC系统。车床标准PLC系统主要包括PLC配置系统和标准PLC源程序两部分。其中，PLC配置系统可供工程人员进行修改，它采用的是友好的对话框填写模式，运行于DOS平台下，与其他高级操作系统兼容，可以方便、快捷地对PLC选项进行配置。配置完以后生成的头文件加上标准PLC源程序，就可以编译成可执行的PLC执行文件了。

在数控系统中，生产厂家为了机床用户使用方便，在其系统内部预装了标准车床和标准铣床的PLC控制程序，其控制功能基本涵盖了常规车床和铣床的基本控制配置。在进行机床改造时只需要对其相应的功能进行对应设置（开启或屏蔽）即可，使用十分方便。当然，更深层次的修改和编辑则要在梯形图或DOS状态下进行。

标准PLC程序的操作就是对其标准控制功能进行开启和屏蔽，使得PLC的控制功能和机床的具体功能相吻合。此时的操作不需进入到控制梯形图的层面，更不必进到PLC源程序（DOS状态）的层面，只需通过数控系统操作面板进入到PLC编辑菜单下，按照系统的提示，以对话框的形式即可完成PLC控制程序的修改，操作十分简单。

1. 基本操作

1）在主操作界面下，按F10键进入扩展功能子菜单。

2）在扩展功能子菜单下，按F1键，系统将弹出PLC子菜单。

3）在PLC子菜单下，按F2键，系统将弹出输入口令对话框，在口令对话框输入初始口令HIG，会弹出输入口令确认对话框，按Enter键确认，便进入图6-46所示的标准PLC配置系统。

4）按F2键，便进入车床标准PLC系统。

5）Pgup键、Pgdn键为5大功能项相邻界面间的切换键；同一功能界面中用Tab键切换输入点，用↑、↓、←、→键移动蓝色亮条选择要编辑的选项；按Enter键编辑当前选定的项；编辑过程中，按Enter键表示确认输入，按Esc键表示取消输入；无论输入点还是输出点，字母“H”表示高电平有效，即为“1”，字母“L”表示低电平有效，即为“0”；在任何功能项界面下，都可按Esc键退出系统。

6）在查看或设置完车床标准PLC系统后，按Esc键，系统将弹出确认系统提示界面，按Enter键确认后，系统将自动重新编译PLC程序，并返回系统主菜单，新编译的PLC程序生效。

2. 配置参数详细说明

车床标准PLC配置系统涵盖大多数车床所具有的功能，具体有以下5大功能项：机床

标准PLC配置系统
版权所有(c)武汉华中数控股份有限公司，保留所有权利
12:17:26
请选择数控系统类型
铣床系统 F1
车床系统 F2
主要功能键：退出(Esc) 移动(↑、↓、←、→) 翻页(PgUp、PgDown) 切换(TAB)

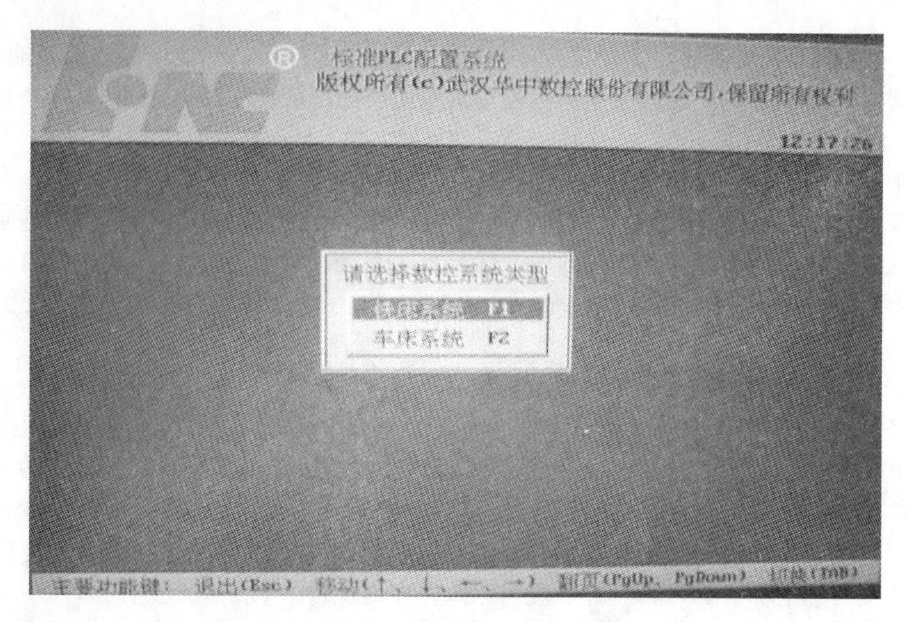

图 6-46 标准 PLC 配置系统

支持选项配置；主轴档位及输出点定义（主要用于电磁离合器输入点配置）；刀架输入点定义；面板输入/输出点定义；外部输入/输出（I/O）点定义。

（1）机床支持选项配置 机床支持选项配置主界面如图 6-47 所示。在本 PLC 配置界面中，字母“Y”表示支持该功能，字母“N”表示不支持该功能。

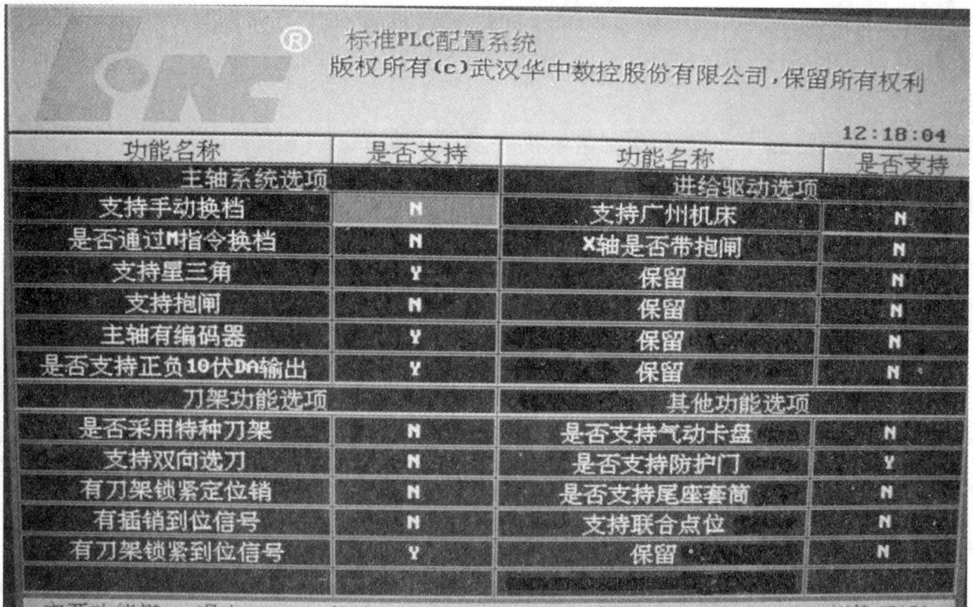

标准PLC配置系统
版权所有(c)武汉华中数控股份有限公司，保留所有权利
12:18:04
功能名称 是否支持 功能名称 是否支持
主轴系统选项
进给驱动选项
支持手动换档 N
支持广州机床 N
是否通过M指令换档 N
X轴是否带抱闸 N
支持星三角 Y
保留 N
支持抱闸 N
保留 N
主轴有编码器 Y
保留 N
是否支持正负10伏DA输出 Y
保留 N
刀架功能选项
其他功能选项
是否采用特种刀架 N
是否支持气动卡盘 N
支持双向选刀 N
是否支持防护门 Y
有刀架锁紧定位销 N
是否支持尾座套筒 N
有插销到位信号 N
支持联合点位 N
有刀架锁紧到位信号 Y
保留 N
主要功能键：退出(Esc) 移动(↑、↓、←、→) 翻页(PgUp、PgDown) 切换(TAB)

图 6-47 机床支持选项配置主界面

下面分别讲解系统支持功能选项每一项所代表的含义。

1）主轴系统选项

① 支持手动换档。指通过手工换档方式，既没有变频器，也不支持电磁离合器自动换档，是一种纯手工换档方式。

② 是否通过 M 指令换档。指系统带有变频器，又具有机械变速功能，但是机械换档时没有机械换档到位信号，所以可以通过 M42、M41 来给系统一个档位信号。

③ 支持星三角。指主轴电动机在正转或反转时，先用星形联结起动电动机正转或反转，过一段时间后切换成三角形联结来转动电动机。

④ 支持抱闸。指系统是否支持主轴抱闸功能。如果没有此项功能则要选 N，屏蔽此项功能。

⑤ 主轴有编码器。指主轴是否具有转速检测功能，即主轴是否有编码器。

⑥ 是否支持正负 10V 模拟电压输出。华中数控系统可以提供 0～10V 或 -10～10V 的模拟电压，根据所选的变频器或伺服驱动器所采用的控制电压的类型，来选择 PLC 的选项。

2）进给驱动选项

①支持广州机床。如果是广州机床则选择 Y，不是则选择 N。

②X 轴是否带抱闸。指系统是否有 X 轴抱闸功能。如果没有此项功能则要选 N，屏蔽此项功能。

③保留。备用选项，如果有其他功能则可以增加。

3）刀架功能选项

① 是否采用特种刀架。如果采用特种刀架则选择 Y，如果不是则选择 N。

② 支持双向选刀。指系统的刀架既可以正转又可以反转。如果既可以正转又可以反转，在选刀时就可以根据当前使用刀号判断出选中目标刀号是要正转还是反转，以达到刀架旋转最小角度就能选中目标刀。

③ 有刀架锁紧定位销。指在当前要选用的目标刀号已经旋转到位，此时刀架停止转动，然后刀架打出一个锁紧定位销锁住刀架。一般的刀架是当锁紧定位销打出一段时间后，刀架反转来锁紧刀架。

④ 有插销到位信号。指刀架锁紧定位销打出以后，刀架会反馈一个插销到位信号给系统，当系统收到此信号后才能反转刀架来锁紧刀架。刀架锁紧到位信号，指的是换刀后刀架会给系统回送一个刀架是否锁紧的信号。

⑤ 有刀架锁紧到位信号。车床刀架选刀时，有到位信号则选择 Y，没有则选择 N。

4）其他功能选项

① 是否支持气动卡盘。车床卡盘的松紧是自动的，还是通过外接输入信号来控制的。

② 是否支持防护门。车床的防护门是否通过外接输入信号来检测门的开关以确保加工安全。

③ 是否支持尾座套筒。是否支持尾座套筒，是则选择 Y，不是则选择 N。

④ 支持联合点位。

⑤ 保留。系统暂时不用的选项，用户可以不对此项进行任何配置操作。

注意：在以上配置项中，进给系统选项中有些是互斥的，主轴系统选项中自动换档、手动换档、变频换档 3 项中同时生效的只有 1 项。设置好后，按 Pgdn 键进入下一界面。

（2）主轴档位及输出点定义　主轴档位及输出点定义配置界面主要是用在电磁离合器

换档和高低速自动换档。高低速自动换档是指通过高、低速线圈切换来选择高档或低档。

主轴速度调节：自动换档选项为“Y”，本配置界面中定义的输出点才有效。在变频换档或手动换档选项为“Y”时，应关闭此菜单选项中的所有输出点。

标准 PLC 的主轴转速设定的一些参数主要有电动机最大转速、设定转速下限/上限、实测限、实测电动机下限/上限等，通过变频器与 PLC 中的相关参数来控制主轴转速。

（3）刀架输入点定义

1）配置界面如图6-48 所示，主要是对刀具的输入点进行定义，在位编辑行对应的编辑框中输入“-1”表示此输入点无效。在刀号输入点编辑框中输入“1”表示对应的输入点在此刀位中有效，为“0”表示对应的输入点在此刀位中无效。

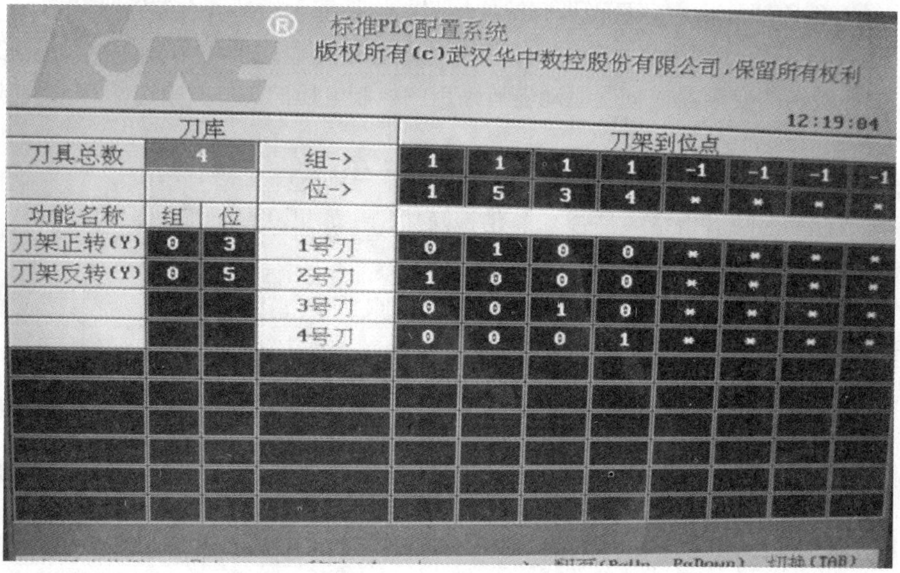

标准PLC配置系统
版权所有(c)武汉华中数控股份有限公司，保留所有权利
12:19:04

刀库		
刀具总数	4	
功能名称	组	位
刀架正转(Y)	0	3
刀架反转(Y)	0	5

刀架到位点								
组->	1	1	1	1	-1	-1	-1	-1
位->	1	5	3	4	*	*	*	*
1号刀	0	1	0	0	*	*	*	*
2号刀	1	0	0	0	*	*	*	*
3号刀	0	0	1	0	*	*	*	*
4号刀	0	0	0	1	*	*	*	*

图6-48 刀架信号输入点定义

2）当前系统刀架支持的刀具总数为 4 把，输入的组为第 1 组（本配置系统只支持刀具的所有输入点在同一个组），输入的有效位为 4 位，分别是 X1.1、X1.2、X1.3、X1.4。1 号刀对应的输入点是 X1.1，2 号刀对应的输入点是 X1.2，3 号刀对应的输入点是 X1.3，4 号刀对应的输入点是 X1.4。

（4）输入/输出点的定义

1）输入/输出点的组成　输入/输出点的定义分为操作面板定义和外部 I/O 定义，其设置的界面如图 6-49 所示，该图主要由功能名称和功能定义组成。

① 功能名称：在表格里用汉字标注表示的是功能的名称，如“冷却开停”“Z 轴锁住”等。

② 功能定义：可分为输入点和输出点。以输入点为例，包含 3 个部分：组、位和有效。

③ 组：指该项功能在电气原理图中所定义的组号。当该功能不需要时，可以按照后面的修改方法将其设置为 -1，则可将其屏蔽掉。

④ 位：指该项功能在组里的有效位。一个字节共有 8 个数据位，所以该项的有效数字为 0 ~ 7，若该项被屏蔽掉则会显示“*”。

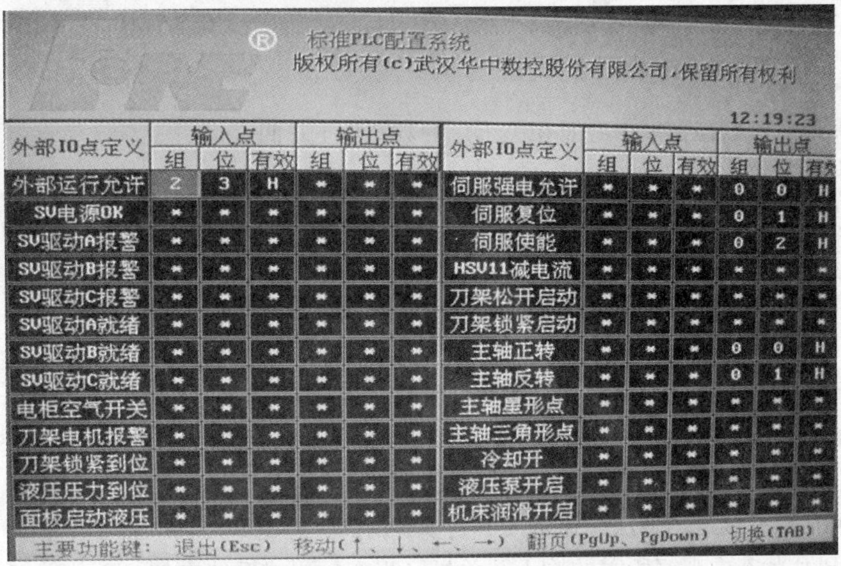

标准PLC配置系统
版权所有(c)武汉华中数控股份有限公司，保留所有权利
12:19:23

外部IO点定义	输入点			输出点			外部IO点定义	输入点			输出点		
	组	位	有效	组	位	有效		组	位	有效	组	位	有效
外部运行允许	2	3	H	*	*	*	伺服强电允许	*	*	*	0	0	H
SV电源OK	*	*	*	*	*	*	伺服复位	*	*	*	0	1	H
SV驱动A报警	*	*	*	*	*	*	伺服使能	*	*	*	0	2	H
SV驱动B报警	*	*	*	*	*	*	HSV11减电流	*	*	*	*	*	*
SV驱动C报警	*	*	*	*	*	*	刀架松开启动	*	*	*	*	*	*
SV驱动A就绪	*	*	*	*	*	*	刀架锁紧启动	*	*	*	*	*	*
SV驱动B就绪	*	*	*	*	*	*	主轴正转	*	*	*	0	0	H
SV驱动C就绪	*	*	*	*	*	*	主轴反转	*	*	*	0	1	H
电柜空气开关	*	*	*	*	*	*	主轴星形点	*	*	*	*	*	*
刀架电机报警	*	*	*	*	*	*	主轴三角形点	*	*	*	*	*	*
刀架锁紧到位	*	*	*	*	*	*	冷却开	*	*	*	*	*	*
液压压力到位	*	*	*	*	*	*	液压泵开启	*	*	*	*	*	*
面板启动液压	*	*	*	*	*	*	机床润滑开启	*	*	*	*	*	*

主要功能键：退出(Esc)　移动(↑、↓、←、→)　翻页(PgUp、PgDown)　切换(TAB)

图6-49　输入/输出点的定义[㊀]

⑤ 有效：指在何种情况下该位处于有效状态，一般是指高电平有效还是低电平有效。如果是高电平有效，则填“H”，否则填“L”。当该功能被屏蔽掉时，该项同样也会显示“*”。注意：要避免同一个输入点被重复定义，如“自动”定义为X40.1，其他方式就不要再定义为X40.1了。

2）输入/输出点的修改　以操作面板点定义中的“自动”为例，对其输入/输出点进行编辑。

现假设“自动”这一方式在30组1位，低电平有效，则修改方法如下：

把蓝色亮条移到自动方式的输入点的组这一栏；按Enter键蓝色亮条所指选项的颜色和背景都会发生变化，同时有一光标闪烁；将30改为40，按Enter键即可；按Enter键把蓝色光条移到输入点的位这一栏；按Enter键，将0改为1，按Enter键即可；按Enter键把光标移到输入点的有效这一栏；按Enter键，将H改为L，按Enter键即可。其他点的修改类似。这样就完成了整个修改过程。

（三）PLC故障的诊断方法

1）根据报警信号诊断故障。

2）根据动作顺序诊断故障。

3）根据控制对象的工作原理诊断故障。

4）根据PLC的I/O状态诊断故障。

5）通过PLC梯形图诊断故障。

6）通过动态跟踪梯形图诊断故障。

㊀ “空气开关”的正确术语为“断路器”；“电机”的正确术语为“电动机”。

【技能训练】

实训项目 6.2.1　标准 PLC 的调试

1. 实训地点：数控实训中心及相关工厂的数控加工车间。

2. 实训内容：

1）首先掌握标准 PLC 调试的方法。

2）在系统运行正常后，进行标准 PLC 的调试。

3. 实训设备：华中数控 HED－21S 型数控装置综合实训台。

4. 实训步骤

（1）标准 PLC 调试的内容　操作数控装置，进入输入/输出开关量显示状态，对照电路图，逐个检查 PLC 输入/输出点的连接和逻辑关系是否正确。

检查机床超程限位开关是否有效，报警显示是否正确。

（2）标准 PLC 调试的方法　通常按下列步骤调试、检查 PLC。

1）在 PLC 状态中观察所需的输入开关量（X 变量）或系统变量（R、G、F、P、B 变量）是否正确输入，若没有，则检查外部电路。对于 M、S、T 指令，应该编写一段包含该指令的零件程序，用自动或单段的方式执行该程序，在执行的过程中观察相应的变量（因为在 MDI 方式正在执行的过程中是不能观察 PLC 状态的）。

2）在 PLC 状态中观察所需的输出开关量（Y 变量）或系统变量（R、G、F、P、B 变量）是否正确输出。若没有，则检查 PLC 源程序。

3）检查由输出开关量（Y 变量）直接控制的电子开关或继电器是否动作。若没有动作，则检查连线。

4）检查由继电器控制的接触器等开关是否动作。若没有动作，则检查连线。

5）检查执行单元，包括主轴电动机、步进电动机、伺服电动机等。

实训项目 6.2.2　标准 PLC 的设置

1. 实训地点：数控实训中心及相关工厂的数控加工车间。

2. 实训内容：

1）首先掌握标准 PLC 的调试。

2）在系统运行正常后，进行标准 PLC 的设置。

3. 实训设备：华中数控 HED－21S 型数控装置综合实训台

4. 实训步骤

（1）主轴档位及输出点定义　配置界面主要用电磁离合器换档和高低速自动换档，高低速自动换档是指通过高、低速线圈切换来选择高档或低档。

主轴转速调节：自动换档选项为“Y”时，配置界面定义的输出点才有效；在变频换档或手动换档选项为“Y”时，应关闭选项中的所有输出点。

（2）主轴转速的调整　主轴转速的调整表 6-4 列出的是变频器的最大输出频率，即变频器在接收到最大信号量时所输出的频率。变频器的输出频率和主轴转速可以通过变频器的输出频率显示来读出。

表6-4　主轴转速控制

变频器最大频率/Hz	电动机最大转速/（r/min）	设定转速下限/上限/（r/min）	系统给定转速/（r/min）	变频器输出频率/Hz	系统模拟电压值/V
100	3000	50/3000	1000		
100	1500	50/1500	1000		
50	3000	50/3000	1000		
50	1500	50/1500	1000		

（3）刀架输入点定义的设置　从配置界面可知，系统刀架支持刀具总数为4把，输入的组为第1组（本配置系统只支持刀具的所有输入点在同一个组），输入的有效位为4位，分别是X1.1、X1.2、X1.3、X1.4，其中1号刀对应的输入点是X1.1，2号刀对应的输入点是X1.2，3号刀对应的输入点是1.3，4号刀对应的输入点是X1.4。

1）刀架的正转输出为Y0.3，反转为Y0.4。如果PLC这样设置，编译后系统应该可以正常运行。在刀架运转正常的情况下，将PLC的刀架正反转输出信号Y0.3、Y0.4进行互换，重新编译后，记录运转刀架有什么现象并分析原因。

2）将电源断开，把输入转接板的刀架到位信号X1.3、X1.4输入位置向后平移两个点，重新通电后进行换刀操作，观察现象，分析原因。

（4）自动润滑功能的设定

1）进入PLC的编辑状态，定义自动润滑开的输出信号点为Y0.6。

2）退出PLC并进行重新编译。

3）修改系统参数中的用户PLC参数，设定自动润滑开始的间隔时间以及每次润滑的持续时间。

4）进入系统，观察输出信号Y0.6是否有输出，且其输出时间的长短是否与定义的相一致。

5）修改自动润滑开始的间隔时间以及每次润滑的持续时间，观察Y0.6输出信号的变化。

（5）用实训台所带的“乒乓”开关控制主轴正反转

1）进入车床标准PLC的编辑状态，按Alt+K键进入车床面板操作按键输入点的定义。

2）找到主轴正反转的输入定义点，分别更改为“乒乓”开关的输入点（X0.6、X0.7）。

3）退出标准PLC并进行编译，完成利用“乒乓”开关控制主轴正反转运行。

【总结与提高】

（1）标准PLC操作能否实现所有PLC的端口修改操作?

（2）在实训台上设置手动换档功能后，运行一段含有主轴转速变化指令的加工程序，观察系统能否顺利执行指令。

（3）如何通过PLC设定，开起面板卡盘夹紧、松开操作按键功能?

【提　高　篇】

项目 7　数控机床故障的诊断与排除

作为一个技术全面的数控机床操作者，不但要懂得加工技巧，还要懂得编写加工程序。除此以外，还要能对一些数控机床的常见故障做出简单的判断和处理。那么，究竟有哪些数控机床故障可以由操作者自行解决呢？本项目将对此加以介绍。

任务 7.1　数控机床故障诊断的一般方法

【知识目标】

掌握数控机床故障的分类、故障诊断的原则。

【技能目标】

熟练掌握数控机床故障诊断的步骤与一般方法，知晓维修中的注意事项。

【任务描述】

通过学习数控机床故障的分类，了解数控机床故障诊断的思路，掌握数控机床故障诊断的步骤与一般方法。

【知识链接】

随着微型计算机制造技术及相应配套的伺服驱动技术的发展，现代的数控机床产品已广泛应用于机械装备制造、造船及航空工业。数控机床的工作可靠性极大提高，目前一些数控系统商品平均无故障运行时间都能达到 25000h 以上。但是，再好的系统也有发生故障的时候，各种外界干扰也会引发各种故障，如电网波动干扰、机械损坏干扰、液压驱动部件失控造成数控系统不能工作等。总之，数控机床这类机电一体化设备，在故障诊断、状态监测与维修方面有其特殊性，重点在微电子系统与机械、液压、气动及光学等装置的交接节点上。

在一台数控机床上，由于数控系统有丰富的内存功能、自诊断功能、PLC 装置，大部分数控机床自诊断故障功能都通过数控系统的显示装置显示出来，为数控机床的检修和维护带来极大的方便。一般数控系统显示装置所显示的故障包括如下几项内容：

1）数控系统主控板硬、软件故障；

2）数控系统内装 PLC 的硬、软件故障；

3）伺服系统的伺服单元和伺服电动机故障；

4）PLC 控制的各类机床电气故障；

5）PLC 控制的各类机械故障（如刀库机械手故障、主轴箱内挂档故障等）；

6）PLC 控制的各类辅助装置故障（如排屑器卡位、APC 装置卡死等）；

7）数控机床对外界干扰的失控故障（如电网电压的过大波动、室温过高等引起一系列报警）。

因此，数控机床出现上述任何一种故障报警后，先要就报警内容进行分析，然后再进行维修和处理。

近几年来，一些功能较完善的数控系统，尤其是自诊断功能较丰富的系统提供了准确的故障位置判断功能。此外，机床制造厂编制的 PLC 梯形图如果质量较高，也有较丰富的自诊断功能和报警显示，有的甚至能很精确显示报警的部位，这些都为快速排除故障提供了良好条件。

（一）数控机床故障的分类

1. 按数控机床发生故障的部件分类

（1）主机故障　数控机床的主机部分主要包括机械、润滑、冷却、排屑、液压、气动与防护等装置。常见的主机故障有：因机械安装、调试、操作不当等引起的机械传动故障与导轨运动摩擦过大故障。故障表现为传动噪声大、加工精度差、运行阻力大。例如，轴向传动链的挠性联轴器松动，齿轮、丝杠与轴承缺油，导轨塞铁调整不当，导轨润滑不良及系统参数设置不当等原因均可造成以上故障。尤其应该引起重视的是，机床各部位标明的注油点（注油孔）须定时、定量加注润滑油，这是机床各传动链正常运行的保证。另外，液压、润滑与气动系统的故障主要是管路阻塞和密封不良，因此，数控机床更应加强污染控制和杜绝三漏（漏水、漏气、漏油）现象。

（2）电气故障　电气故障分弱电故障和强电故障。弱电部分主要指 CNC 装置、PLC 控制器、显示器、伺服单元、输入/输出装置等电路。这部分又有硬件故障与软件故障之分：硬件故障主要指上述各装置的印制电路板上的集成电路芯片、分立元件、插接件及外部连接组件等发生的故障；常见的软件故障有加工程序出错、系统程序和参数的改变或丢失、计算机的运算出错等。强电部分是指继电器、接触器、开关、熔断器、电源变压器、电动机、电磁铁、行程开关等电气元件及所组成的电路。这部分的故障十分常见，必须引起足够的重视。

2. 按数控机床发生故障的性质分类

（1）系统性故障　此类故障通常是指只要满足一定的条件或超过某一设定的限度，工作中的数控机床必然会发生故障。这类故障经常出现，例如，液压系统的压力值随着液压油路过滤器的阻塞而降到某一设定参数时，必然会发生液压系统故障报警使系统断电停机；再比如机床加工中因切削量过大达到某一限值时必然会发生过载或超温报警，系统迅速停机。因此正确使用与精心维护是杜绝或避免这类系统性故障发生的切实保障。

（2）随机性故障　此类故障通常是指数控机床在同样条件下工作时只偶然发生一次或两次的故障。有的文献上称之为“软故障”。由于此类故障在各种条件相同的状态下只偶然发生一两次，因此随机性故障的原因分析和故障诊断较其他故障困难得多。一般而言，这类故障的发生往往与安装质量、组件排列、参数设定、元器件的质量、操作失误、维护不当及工作环境影响等因素有关。例如，插接件与连接组件因疏忽未加锁定，印制电路板上的元件松动变形或焊点虚脱，继电器触点、各类开关触点因污染锈蚀，以及直流电动机电刷不良等造成的接触不可靠等。另外，工作环境温度过高或过低、湿度过大、电源波动与机械振动、有害粉尘与气体污染等原因均可引发此类随机性故障。因此，加强数控系统的维护检查，确保电气箱门的密封，严防工业粉尘及有害气体的侵袭等，均可避免此类故障的发生。

3. 按故障发生后有无报警显示分类

（1）有报警显示的故障　这类故障可分为硬件报警显示与软件报警显示两种。

1）硬件报警显示的故障，通常是指各单元装置的报警灯（一般由LED发光管或小型指示灯组成）的指示。在数控系统中有许多用于指示故障部位的报警灯，如控制操作面板、位置控制印制电路板、伺服控制单元、主轴单元、电源单元等部位及光电阅读机、穿孔机等外设都常设有这类报警灯。一旦数控系统的这些报警灯指示故障状态后，借助于相应部位上的报警均可大致分析判断出故障的部位与性质，这无疑给故障分析诊断带来极大的方便。因此，维修人员日常维护和排除故障时应认真检查这些报警灯的状态是否正常。

2）软件报警显示故障，通常是指在显示器上显示出来的报警号和报警信息。由于数控系统具有自诊断功能，一旦检测到故障，即按故障的级别进行处理，同时在显示器上以报警号形式显示该故障信息。这类报警常见的有存储器报警、过热报警、伺服系统报警、轴超程报警、程序出错报警、主轴报警、过载报警及断线报警等，通常少则几十种，多则上千种，这无疑为故障判断和排除提供了极大的帮助。

上述软件报警有来自数控装置的报警和来自PLC的报警。前者为数控部分的故障报警，可通过所显示的报警号，对照维修手册中有关数控装置故障报警及原因方面的内容，来确定可能产生该故障的原因；后者的报警显示由PLC的报警信息文本所提供，大多数属于机床侧的故障报警，可通过所显示的报警号，对照维修手册中有关PLC的故障报警信息、PLC接口说明及PLC程序等内容，检查PLC有关接口和内部继电器的状态，确定该故障产生的原因。通常，PLC报警发生的可能性要比数控装置报警高得多。

（2）无报警显示的故障　这类故障发生时无任何软件和硬件的报警显示，因此分析诊断难度较大。例如机床通电后，在手动方式或自动方式运行时X轴出现爬行，无任何报警显示。又如机床在自动方式运行时突然停止，而在显示器上又无任何报警显示。还有在运行机床某轴时发出异常声响，一般也无故障报警显示等。一些早期的数控系统由于自诊断功能不强，尚未采用PLC控制器，无PLC报警信息文本，出现无报警显示的故障情况会更多一些。

对于无报警显示故障，通常要具体情况具体分析，要根据故障发生的前后变化状态进行分析判断。例如上述X轴在运行时出现爬行现象，可首先判断是数控部分故障还是伺服部分故障。具体做法是：在手动脉冲进给方式中，可均匀地旋转手动脉冲发生器，同时观察、比较显示器上Y轴、Z轴与X轴进给数字的变化速率。通常，如数控部分正常，则数控系统向三个轴发出的指令脉冲频率是相近的，三个轴所显示的进给数字变化速率应基本相同。若三个轴进给速率相同，而X轴又出现爬行现象，且机床位置反馈系统未报警，则可确定爬行故障是X轴的伺服部分或是机械传动部分造成的。

4. 按故障发生的原因分类

（1）数控机床自身故障　这类故障的发生是由于数控机床自身的原因引起的，与外部环境条件无关。数控机床所发生的绝大多数故障均属此类故障，但应区别有些故障并非机床本身而是外部原因所造成的。

（2）数控机床外部故障　这类故障是由外部原因造成的。例如：数控机床的供电电压过低、波动过大、相序不对或三相电压不平衡；周围环境温度过高，有害气体、潮气、粉尘侵入；外来振动和干扰，如电焊机所产生的电火花干扰等。还有人为因素所造成的故障，如操作不当，手动进给过快造成超程报警；自动进给过快造成过载报警。又如操作人员不按时按量给机床机械传动系统加注润滑油，易造成传动噪声或导轨摩擦因数过大，而使工作台进给电动机过载。

5. 按故障发生时有无破坏分类

按故障出现时有无破坏，分为破坏性故障和非破坏性故障。对于破坏性的、损坏工件甚至机床的故障，维修时不允许重演，这时只能根据产生故障时的现象进行相应的检查、分析来排除，技术难度较高且有一定风险。如果可能会损坏工件，则可卸下工件，试着重现故障过程，但应十分小心。

6. 按机床的运动品质特性衡量

如果以机床的运动品质特性来衡量的话，还有一种类型的故障，它属于机床运动特性下降的故障。在这种情况下，机床虽然能正常运转却加工不出合格的工件，例如机床定位精度超差、反向死区过大、坐标运行不平稳等。这类故障必须使用检测仪器分析产生误差的机械、电气环节，然后通过对机械传动系统、数控系统和伺服系统的最优化调整来排除。

（二）数控机床故障的排除思路

（1）现场调查　确认故障现象，调查故障现场，充分掌握故障信息。当数控机床发生故障时，维护维修人员进行故障的确认是很有必要的，特别是当操作使用人员不熟悉机床的情况下，此过程尤其重要。不该也不能让非专业人士随意开动机床，特别是出现故障后的机床，以免故障进一步扩大。

当数控系统出现故障后，即使是专业维护维修人员，也不要急于动手盲目处理。首先要查看故障记录，向操作人员询问故障出现的全过程，在确认通电对系统无危险的情况下，再通电亲自观察。特别要注意确定以下主要故障信息：

① 故障发生时报警号和报警提示是什么。有哪些指示灯和发光管报警。指示了什么报警。

② 如无报警，系统处于何种工作状态。

③ 故障发生在哪个程序段。执行何种指令。故障发生前进行了何种操作。

④ 故障发生在何种速度下。机床轴处于什么位置。与指令值的误差量有多大。

⑤ 以前是否发生过类似故障。现场有无异常现象。故障是否重复发生。

⑥ 观察系统的外观、内部各部分是否有异常之处，在确认数控系统通电无危险的情况下方可通电，通电后再观察系统有何异常，显示的报警内容是什么等。

（2）故障分析　根据所掌握故障信息，明确故障的复杂程度，并列出故障部位的全部疑点。在充分调查现场掌握的第一手材料的基础上，把故障问题正确地列出来。能够把问题说清楚，就已经解决了问题的一半。

（3）制订方案　分析故障原因，制订排除故障的方案。分析故障时，维护维修人员不应局限于 CNC 部分，而是要对机床强电、机械、液压、气动等方面都作详细的检查，并进行综合判断，制订出故障排除的方案，从而达到快速确认故障和高效率排除故障的目的。

（三）排除故障应遵循的原则

在检测故障过程中，应充分利用数控系统的自诊断功能，如系统的开机诊断、运行诊断、PLC 的监控功能等。根据需要随时检测有关部分的工作状态和接口信息，同时还应灵活应用数控系统故障检查的一些行之有效的方法，如交换法、隔离法等。

1. 先方案后操作（或先静后动）

维护维修人员碰到机床故障后，先静下心来，先确定方案再动手。维护维修人员本身要做到先静后动，不可盲目动手。应先询问机床操作人员故障发生的过程及状态，阅读机床说明书、图样资料后，方可动手查找和处理故障。如果上来就碰这敲那、连此断彼，徒劳无功也许尚可容忍，若造成现场破坏导致误判，或者引入新的故障，则后果严重。

2. 先安检后通电

确定方案后，对有故障的机床仍要秉着先静后动的原则。先在机床断电的静止状态，通过观察、测试、分析，确认为非恶性循环性故障或非破坏性故障后，方可给机床通电。在运行正常下，进行动态的观察、检验和测试，查找故障。对恶性的破坏性故障，必须先排除危险后，方可通电，然后在运行正常下进行动态诊断。

3. 先软件后硬件

当发生故障的机床通电后，应先检查软件的工作是否仍正常。有些故障可能是软件的参数丢失或者是操作人员使用方式、操作方法不对而造成的报警或故障。切忌一上来就大拆大卸，以免造成更严重的后果。

4. 先外部后内部

数控机床是机械、液压、电气一体化的机床，其故障现象必然要从机械、液压、电气这三者综合反映出来。数控机床的检修要求维修人员掌握先外部后内部的原则，即当数控机床发生故障后，维修人员应先采用望、闻、听、问等方法，由外向内逐一进行检查。

例如，数控机床中，外部的行程开关、按钮、液压气动元件以及印制电路板插座、边缘插接件与外部或相互之间的连接部位、电控柜插座或端子排这些机电设备之间的连接部位，其接触不良会造成信号传递失灵，这是数控机床故障产生的重要因素。此外，在工业环境中，温度、湿度的变化，油污或粉尘对元件及电路板的污染，机械的振动等，对于信号传送通道的插接件都将产生严重影响。在检修中应重视这些因素，首先检查这些部位就可以迅速排除较多的故障。另外，应尽量避免随意地起封、拆卸，不适当的大拆大卸往往会扩大故障，使机床丧失精度，降低性能。

5. 先机械后电气

由于数控机床是一种自动化程度高、技术较复杂的先进机械加工设备，一般来讲，机械故障较易察觉，而数控系统故障的诊断则难度要大些。先机械后电气就是在数控机床的检修中首先检查机械部分是否正常，行程开关是否灵活，气动、液压部分是否正常等。从经验看来，数控机床的故障中有很大部分是由机械动作失灵引起的。所以，在故障检修之前，先逐一排除机械性的故障，往往可以达到事半功倍的效果。

6. 先公用后专用

公用性的故障往往影响全局，而专用性的故障只影响局部。如机床的几个进给轴都不能运动，这时应先检查和排除各轴公用的 CNC、PLC、电源、液压等公用部分的故障，然后再设法排除某轴的局部问题。又如电网或主电源故障是全局性的，因此一般应首先检查电源部分，看看熔丝是否正常，直流电压输出是否正常。总之，只有先解决影响一大片的主要矛盾，局部的、次要的矛盾才有可能迎刃而解。

7. 先简单后复杂

当出现多种故障相互交织掩盖、一时无从下手时，应先解决较容易的问题，后解决难度较大的问题。常常在排除简单故障的过程中，难度大的问题也可能变得容易，或者在排除简易故障时受到起发，对复杂故障的认识更为清晰，从而也有了解决办法。

8. 先一般后特殊

在排除某一故障时，要先考虑最常见的可能原因，然后再分析很少发生的特殊原因。例如：当数控车床Z轴回参考点不准时，常常是由于降速挡块位置走动所造成。一旦出现这一故障，应先检查该挡块位置。在排除这一常见的可能性之后，再检查脉冲编码器、位置控制等环节。

（四）故障排除的方法

1. 观察检查法

它指检查机床的硬件的外观、连接等直观及易测的部分，检查软件的参数数据等。经常用到的常规检查方法是：

（1）目测　目测故障电路板，仔细检查有无熔断器烧断和元器件烧焦、烟熏、开裂及有无异物断路现象，由此可判断电路板内有无过电流、过电压和短路等问题。

（2）手摸　用手摸并轻摇元器件（尤其是阻容、半导体器件）有无松动之感，由此可检查出一些断脚、虚焊等问题。

（3）通电　首先用万用表检查各种电源之间有无短路，如没有短路现象即可接入相应的电源，然后目测有无冒烟、打火等现象，手摸元器件有无异常发热现象，由此可发现一些较为明显的故障而缩小检修范围。

2. 仪器测量法

当系统发生故障后，采用常规电工检测仪器和工具，按系统电路图及机床电路图对故障部分的电压、电源和脉冲信号等进行实测，判断故障所在。如电源的输入电压超限，可用电压表测量电网电压，或用电压测试仪实时监控以排除故障。如怀疑位置检测元件或其反馈信号的环节出问题，可用示波器检查位置测量信号的反馈回路的信号状态，或用示波器观察其信号输出是否缺相、有无干扰。

3. 初始化复位法

一般情况下，由于瞬时故障引起的系统报警，可用硬件复位或开关系统电源依次来清除故障。若系统工作存储区由于掉电、拔插电路板或电池欠电压造成混乱，则必须对系统进行初始化清除。清除前应注意做好数据复制记录，若初始化后故障仍无法排除，则进行硬件诊断。

4. 参数更改、程序更正法

系统参数是确定系统功能的依据，参数设定错误可能造成系统故障或某功能无效。例如，某铣床上采用了测量循环系统，这一功能要求有一个背景存储器，调试时发现这一功能无法实现。检查发现确定背景存储器存在的数据位没有设定，经设定后该功能正常。有时用户程序错误也可造成故障停机，对此可以采用系统的块搜索功能进行检查，改正所有错误，以确保其正常运行。

5. 调节法、最佳化调整法

调节是一种最简单易行的办法。通讨对电位计的调节，可以修正系统故障。如在维修某数控机床时，其主轴在起动和制动时发生传动带打滑，原因是其主轴负载转矩大，而驱动装置的斜升时间设定过小，经调节后正常。最佳化调整是系统地对伺服驱动系统与被拖动的机械系统实现最佳匹配的综合调节方法，此法非常简单，是用一台多线记录仪或具有存储功能的双踪示波器，分别观察指令和速度反馈或电流反馈的响应关系。通过调节速度调节器的比例系数和积分时间，来使伺服系统达到既有较高的动态响应特性，而又不振荡的最佳工作状态。在现场没有示波器或记录仪的情况下，可根据经验调节使电动机起振，然后向反向慢慢调节，直到消除振荡为止。

6. 试探交换法

现代数控系统大都采用模块化设计，按功能不同来划分不同的模块。随着现代技术的发展，电路的集成规模越来越大，技术也越来越复杂，用常规方法很难把故障定位到一个很小的区域。一旦系统发生故障，可以根据模块的功能与故障现象，初步判断出可能的故障模块，然后用备件将其替换，这样做可以迅速判断出有故障的模块。在没有备件的情况下可以采用与现场相同或相容的模块进行替换检查。对于现代数控设备的维修，越来越多的情况下采用这种方法进行诊断。用备件替换损坏模块，使系统正常工作，尽最大可能缩短停机待修时间，这是目前非常常用的一种排故方法。

使用这种方法，一定要在断电情况下进行，还要仔细检查电路板的版号、型号、各种标记和跨接是否相同，对于有关的机床数据和电位计的位置应做好记录，拆线时应做好标记，以便恢复时确保与交换前的一致。

7. 改善电源质量法

目前一般采用稳压电源来改善电源波动，对于高频干扰可以采用电容滤波法，通过这些预防性措施来减少电源板的故障。

8. 维修信息跟踪法

对于一些大的制造公司，它们经常根据实际工作中由于设计缺陷造成的偶然故障，不断修改和完善系统软件或硬件，再将这些修改以维修信息的形式不断提供给维修人员。维修人员以此作为故障排除的依据，可以正确彻底地排除故障。

（五）维修中应注意的事项

1）从整机上取出某块电路板时，应注意记录其相对应的位置、连接的电缆号。对于固定安装的电路板，还应按前后取下的顺序对相应的压接部件及螺钉作记录。拆卸下的压接部件及螺钉应放在专门的盒内，以免丢失。装配后，盒内的东西应全部用上，否则装配不完整。

2）电烙铁应放在顺手的前方，远离维修电路板。烙铁头应作适当的修整，以适应集成电路的焊接，并避免焊接时碰伤别的元器件。

3）测量电路间的阻值时，应断开电源。测阻值时应红黑表笔互换测量两次，以阻值大的为参考值。

4）大多数电路板上都刷有阻焊膜，因此测量时应找到相应的焊点作为测试点，不要铲除焊膜。有的电路板全部刷有绝缘层，此时只可在焊点处用刀片刮开绝缘层。

5）不应随意切断印制电路。有的维修人员具有一定的家电维修经验，习惯断线检查，但数控设备上的电路板大多是双面金属孔板或多层孔化板，印制电路细而密，一旦切断不易焊接，且切线时易切断相邻的线。另外有的点，在切断某一根线时，并不能使其和其他电路脱离，需要同时切断几根线才行。

6）不应随意拆换元器件。有的维修人员在没有确定故障元器件的情况下只是凭感觉认为哪个元器件坏了，就立即拆换，这样误判率较高，拆下的元器件人为损坏率也较高。

7）拆卸元器件时应使用吸锡器或吸锡绳，切忌硬取。同一焊盘不应长时间加热及重复拆卸，以免损坏焊盘。

8）更换新的元器件时，其引脚应作适当处理，焊接中不应使用酸性焊油。

9）记录电路上的开关、跨接线位置，不应随意改变。进行两极以上的对照检查，或互换元器件时注意标记各板上的元器件，以免错乱，致使好板也不能工作。

10）查清电路板的电源配置及种类，根据检查的需要，可分别供电或全部供电。应注意高压，有的电路板直接接入高压，或板内有高压发生器，需适当绝缘，操作时应特别注意。

【技能训练】

实训项目　数控车床进给轴接口互换参数实验

1. 实训地点：数控实训中心及相关工厂的数控加工车间。
2. 实训内容：学习利用互换法进行数控机床故障诊断与维修的方法。
3. 实训设备：普通数控车床。
4. 实训步骤

一般而言，普通数控车床有两个进给轴，且两个进给轴都采用相同型号的伺服驱动器及伺服电动机。在机床的运行过程中，Z轴出现的故障为：不运动并且显示跟踪误差过大。分析故障原因，并动手排除设备故障。

（1）判断故障所在的位置　一般可以采用由前至后或由后至前的判断方法。由前至后的方法是按照运行指令所经过的路线由前到后的顺序判断。图7-1所示是本机床正常情况下进给轴的控制框图1。

（2）进一步判断故障所在的位置　可以首先排除是否是数控装置出现问题。操作方法如图7-2所示，将XS30接口接在Z轴伺服驱动器上面，将XS32接口接在X轴伺服驱动器上面。

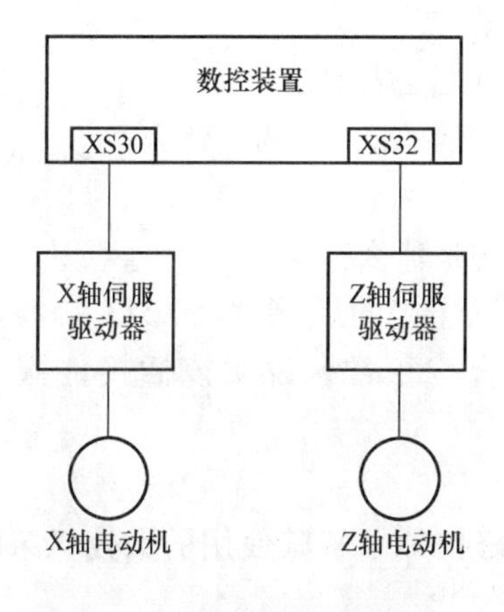

图7-1　进给轴的控制框图1

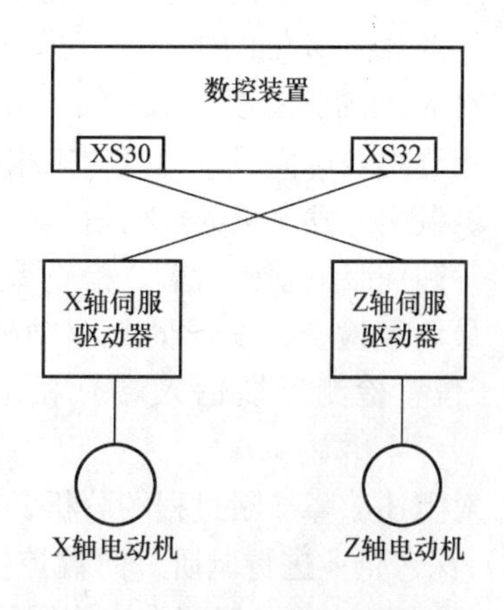

图7-2　进给轴的控制框图2

（3）运行系统　如果此时X轴不能正常运行，Z轴能够正常运行，那么得出的结论是什么？如果此时X轴能够正常运行，Z轴不能正常运行，得出的结论又是什么？

（4）再次判断故障所在位置　如果判断出故障不是出现在数控装置上，接下来要判断故障是出现在伺服驱动器上还是出现在伺服电动机上，如图7-3所示。

（5）运行系统　如果此时X轴不能正常运行，Z轴能够正常运行，得出的结论是什么？如果此时X轴能够正常运行，Z轴不能正常运行，得出的结论又是什么？

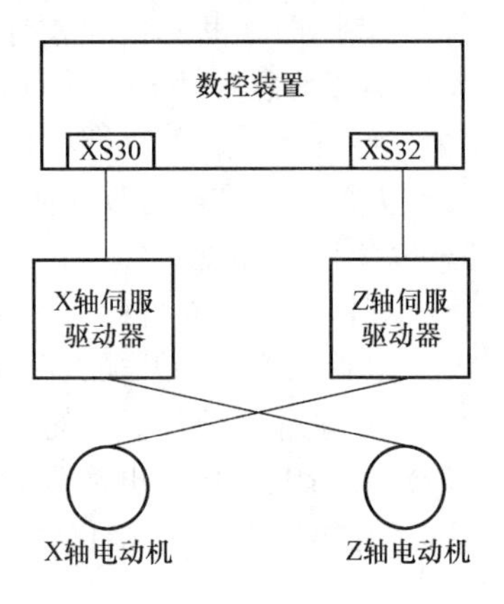

图7-3　进给轴的控制框图3

数控综合实验台也具备两个轴，不过这两个轴的型号及类型区别很大。X轴采用的是步进电动机，开环控制；Z轴采用的是伺服电动机，半闭环控制。如果对这两个轴的控制接口进行更换，需要把数控系统内部的一些控制参数进行更改。设置的过程如下：

1）将X轴参数中的伺服单元部件号改为2，Z轴参数中的伺服单元部件号改为0；

2）将硬件配置参数中的部件0的标识改为45，配置0改为48；

3）将硬件配置参数中的部件2的标识改为46，配置0改为2；

4）关机，将X指令线接到XS32接口、Z指令线接到XS30接口。

根据上述步骤把系统参数重新设置，然后重新起动系统，检查X、Z轴是否能够正常运行。

【总结与提高】

（1）故障排除实例　一配置SINUMERIK 810系统的数控车床，出现X轴快速运动时有异常振动的现象，调整进给倍率开关，在低速时，振动减轻。同时CRT上显示自诊断报警“1120 ORD X Clamping monitoring”（X轴夹紧监控报警）或“1160 ORD X Contour monitoring”（X轴轮廓监控报警）。机床伺服驱动为SIMODRIVE 611A和1FT5交流伺服电动机，X轴光栅位置检测。问：

1）报警信息与哪些机床数据有关？

2）通过测量X轴的移动距离与CRT显示的X轴坐标值进行比较，目的是什么？

3）将X轴和Z轴的驱动模块进行交换，目的是什么？

4）对X轴的驱动模块用外加参考电压法进行测试，目的是什么？

5）用万用表对伺服电动机的三相电源U、V、W进行测试，目的是什么？

6）测量测速发电机的输出信号，目的是什么？

7）拆卸伺服电动机后盖，检查霍尔开关组件，目的是什么？

8）最后经检查，发现伺服驱动模块和伺服电动机连接的插接件（X311端为速度反馈和转子位置检测反馈输入端）松动，其他部位检查均正常，说明该插接件松动引起故障。

9）对上述故障诊断过程的分析，有何体会？

（2）深入企业进行调研　向数控机床操作者及维修技师了解其使用的数控机床的常见故障与解决方法，并了解其维修使用的工具与设备。

任务7.2　数控车床刀架故障的诊断与排除

【知识目标】

了解数控车床换刀机构的组成以及其机械结构和电气控制的原理。

【技能目标】

熟悉换刀系统常见故障的类型、产生原因以及故障的分析和检测排除的方法。

【任务描述】

以数控车床中常见的四工位刀架为例，掌握数控车床换刀机构的机械结构及电气控制的原理，进而熟悉换刀系统常见故障的类型及产生原因，从而能够对换刀系统的故障进行检测与排除。

【知识链接】

数控车床常见的故障有刀架类、主轴类、螺纹加工类、系统显示类、驱动类、通信类，其中刀架故障占有相当大的比例，常常包括电气方面、机械方面以及液压方面的问题 。下面就对数控车床经常遇到的典型刀架故障进行具体分析。

（一）刀架的基本组成与工作原理

刀架是数控机床实现刀具装夹和自动换刀的主要装置。本实训台采用 LDB4 四工位刀架，其基本组成如图 7-4 所示。刀架电动机的起停、转向受控于 PLC。工作过程为：数控装置发出换刀信号，控制继电器动作，电动机正转，通过蜗轮、蜗杆、螺杆将销盘上升至一定高度，离合销进入离合槽盘，离合盘带动离合销，离合销带动销盘，销盘带动上刀体转位；当上刀体转到所需刀位时，霍尔元件电路发出到位信号，电动机反转，反靠销进入反靠槽盘，离合销从离合槽盘中爬出，刀架完成粗定位。同时销盘下降端齿啮合，完成精定位并将刀架锁紧。

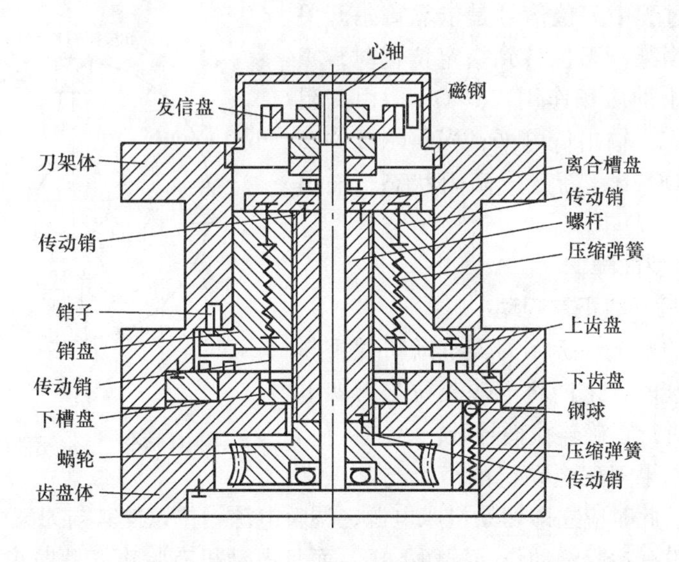

图 7-4　电动刀架的基本组成

（二）刀架的电气控制

电动刀架的电气控制分强电和弱电两部分。强电部分由三相电源驱动三相交流异步电动机正、反向旋转，从而实现电动刀架的松开、转位和锁紧等动作，如图 7-5 所示。弱电部分主要由位置传感器——发信盘构成，发信盘采用霍尔传感器发信，如图 7-6 所示。该数控电动刀架的三相异步电动机功率为 90W，转速为 1300r/min。电气控制和连接详见附录 B 本实训台的电气原理图。

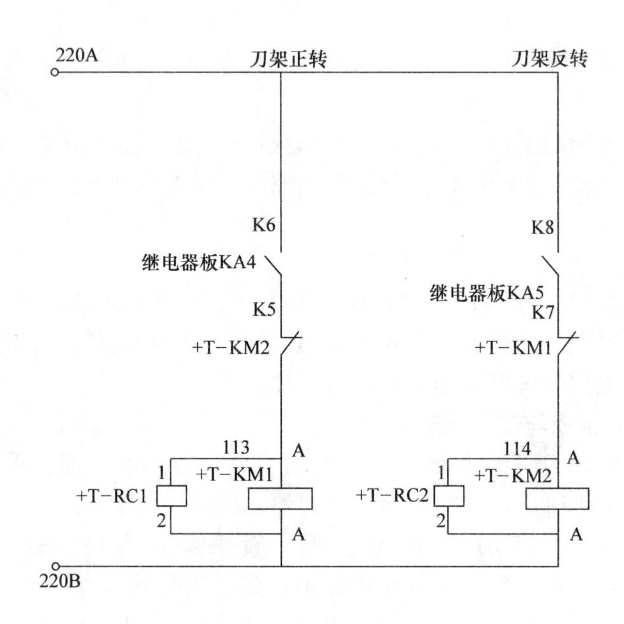

图 7-5 电动刀架正反转的电气控制

刀架体转位过程中刀位信号是依靠霍尔开关检测到位信号：当某一刀位转到指定位置时，霍尔开关受到磁钢上的磁场作用，其 OC 门由高阻状态变为导通状态，输出低电平；当霍尔开关离开磁场作用时，OC 门重新变成高阻状态，输出高电平。

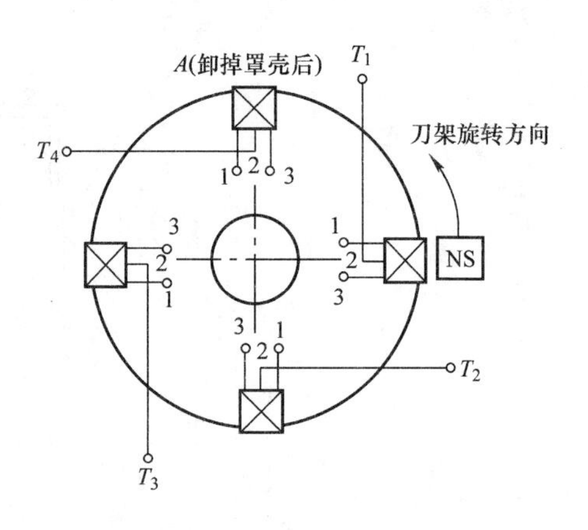

图 7-6 霍尔元件控制示意图

（三）常见典型故障

1. 刀架电动机不能正常起动

此种情况常常发生在拆卸刀架电动机并重新安装后。由于安装时，未能将电源相位与刀架电动机的相应相位进行正确连接而导致。

解决方法：如果刀架电动机的声音与其正常运转的声音不同，此时应立即切断机床电源，调整电源相位以使其与刀架电动机的相位相对应。若刀架不仅没有抬起的动作，反而下压，而且电动机有响声。此时也应重新正确接线。由于是电源相位与刀架相位的对应相对接问题，故可调整刀架电动机相位或机床电源相位任何一方的顺序，直至刀架正常起动。

2. 上刀架体不转动

电气方面：由于机床电压不正常，或者刀架电动机的断路器跳闸、保险烧断、接触器未能正常吸合，机床电动机未能达到刀架电动机所需的380V电压，导致刀架电动机不能正常工作。

解决方法：应该按图样检查相关的保险及开关，检测调整机床电源，使供应电源达到机床要求，即可解决。

机械方面：数控机床在日常生产中，必须用切削液进行切削才能正常进行生产，如果刀架密封不好，切削液、废料小颗粒伴着切削液渗入刀架体，破坏了刀架体里的润滑系统，刀架体里的零件与伴着废料小颗粒的切削液长期作用后，刀架体里的零件将被切削液腐蚀，或者废料小颗粒阻碍刀架体的正常转动，都能使刀架不能正常转动。此种情况的检测，可拆掉刀架电动机轴的端盖，用相应大小的六方扳手转动电动机，手感一下轴的松紧程度。如顺时针用力转动，但下次夹紧后仍不能起动，则可将电动机夹紧电流稍调小。如顺时针转不动时，属于机械卡死，则表明刀架体里的零件由于腐蚀，或者小颗粒阻碍而不能正常工作。

解决方法：可按由上到下的顺序拆掉刀架体上端盖、发信盘的刀位信号线、发信盘等，把已经腐蚀的零件用煤油进行清洗，用等级高的细砂纸，磨掉零件的生锈部分，恢复零件的应有精度，清除掉刀架体里的废料小颗粒。在拆卸刀架的时候，应该记录下拆卸的顺序，而且应该记录下拆卸重要位置零件的相对位置，以便于清理完工作后，安装工作能正确、顺利地进行。此种切削液渗入及废料小颗粒阻碍问题即可解决。再者，切削液的渗入，也有可能腐蚀破坏发信盘，应该正确地检查，及时修理或者更换损坏的部件。

3. 上刀架体连转不停

发生此情况的原因主要有以下几个方面：

1）由于刀架体里的发信盘的接地线断路，致使信号不能传递给系统，导致上刀架体连转不停。

2）发信盘电源线断路，发信盘没有24V电源供应，导致不能正常工作。

3）发信盘里的霍尔元件短路或断路。霍尔元件是发信盘的主要元件，每一个霍尔元件对应一个刀位，如果霍尔元件其中之一有问题，则会出现上刀架体连转不停的情况。

4）刀架体里的磁钢与磁极装反，磁钢与发信盘高度位置不精确，也会出现上刀架体连转不停的情况。

解决方法：上述1）2）两种情况，可通过去掉刀架体上盖，检修发信盘装置接线，修复发信盘断路，即可解决。第3）种情况，由于霍尔元件多数情况下都与发信盘做成一个密封的整体，因此，可以更换一个新的发信盘，即可解决问题。密封的发信盘可用万用表检测发信盘两个接线柱之间的电阻，如果检测的电阻值不是很一致，则表明发信盘已坏。第4）种情况，可拆掉刀架盖，调整磁钢与磁极方向，仔细调整磁钢与霍尔元件的相对高度，即可解决。

4. 上刀架体不能转到所需刀位

发生此情况的可能原因如下：

1）发信盘里某霍尔元件断路或短路。

2）发信盘霍尔元件与所对应刀位信号线束不对应。

3）某霍尔元件与磁钢无作用信号。

解决方法：对于1），解决方法同上刀体连转不停中的1）相同。对于2），多出现在重新调整、安装发信盘时，可按图样刀位信号线颜色重新接线，即可解决。对于3），应重点检测发信盘，如发信盘出现故障，可更换发信盘。

5. 上刀体转位时不到位或过冲太大

发生此情况的可能原因如下：

1）由于长时间工作，刀架在机床振动下，霍尔元件相对磁钢在圆周方向产生偏差，致使上刀体转位时不到位或过冲太大。

2）安装发信盘的时候，发信盘与鼠牙盘的相对位置调整不当，也可引发此故障。

3）反靠装置不起作用。

4）发信盘触点与弹簧片触点错位。

解决方法：对于1），可调整磁钢在圆周方向相对于霍尔元件的位置，即可解决。对于2），可仔细调整发信盘与鼠牙盘的相对位置，即可解决。对于3），应检查反靠定位销是否灵活，弹簧是否疲劳，反靠棘轮与螺杆联接销是否折断，然后针对具体情况进行解决。对于4），应检查发信盘夹紧螺母是否松动，若松动，则重新调整盘触点与弹簧片触点位置，然后锁紧螺母。

【技能训练】

实训项目 7.2.1　刀架的常见故障及其处理

1. 实训地点：数控实训中心及相关工厂的数控加工车间。
2. 实训内容：刀架及换刀常见的故障诊断。
3. 实训设备：普通数控车床使用的四工位刀架。
4. 实训步骤

1）熟悉电动刀架的机械结构和工作原理。

2）熟悉电动刀架的电气控制原理、控制电路的基本连接。

3）进行简单故障的模拟、调试、分析和处理。

（1）电动刀架的每个刀位都转动不停　故障原因及故障处理见表7-1。

表7-1　电动刀架的每个刀位都转动不停

故障原因	故障处理
系统无24V、COM输出	用万用表测量系统出线端，看这两点输出电压是否正常，若电压不正常，则为系统故障，需更换主板或送厂维修
系统有24V、COM输出，但与刀架发信盘连线断路；或是24V对COM地短路	用万用表检查刀架上的24V、COM地与系统的接线是否存在断路；检查24V是否对COM地短路，将24V电压拉低
系统有24V、COM输出，连线正常，发信盘的发信电路板上24V和COM地回路有断路	发信盘长期处于潮湿环境造成电路氧化断路。用焊锡或导线重新连接
刀位上24V电压偏低，电路中的上拉电阻开路	用万用表测量每个刀位上的电压是否正常，如果偏低，检查上拉电阻，若是开路，则更换1/4W2kΩ上拉电阻
系统的反转控制信号TL－无输出	用万用表测量系统出线端，看这一点的输出电压是否正常，若电压不正常，则为系统故障需更换主板或送厂维修

（续）

故障原因	故障处理
系统有反转控制信号TL－输出，但与刀架电动机之间的电路存在问题	检查各中间连线是否存在断路，检查各触点是否接触不良，检查强电柜内直流继电器和交流接触器是否损坏
刀位电平信号参数未设置好	检查系统刀位高低电平检测参数是否正常，修改参数
霍尔元件损坏	在对应刀位无断路的情况下，若所对应的刀位线有低电平输出，则霍尔元件无损坏，否则需更换刀架发信盘或其上的霍尔元件。一般4个霍尔元件同时损坏的概率很小
磁块故障、磁块无磁性或磁性不强	更换磁块或增强磁性，若磁块在刀架抬起时位置太高，则需调整磁块的位置，使磁块对正霍尔元件

注：表中的“COM”、“TL－”为系统出线端名称。

（2）电动刀架不转　故障原因及故障处理见表7-2。

表7-2　电动刀架不转

故障原因	故障处理
刀架电动机三相反相或缺相	将刀架电动机电路中两条互调或检查外部供电
系统的正转控制信号TL＋无输出	用万用表测量系统出线端，测量24V和TL＋两触点，同时手动换刀，看这两点的输出电压是否有24V，若电压不存在，则为系统故障，需送厂维修或更换相关IC元器件
系统的正转控制信号TL＋输出正常，但控制信号电路存在断路或元器件损坏	检查正转控制信号电路是否断路，检查该电路各触点接触是否良好；检查直流继电器或交流接触器是否损坏
刀架电动机无电源供给	检查刀架电动机电源供给电路是否存在断路，各触点是否接触良好，强电电气元器件是否有损坏；检查熔断器是否熔断
上拉电阻未接入	将刀位输入信号接上2kΩ上位电阻，若不接此电阻，则刀架在宏观上表现为不转，实际动作为先正转后立即反转，使刀架看似不动
机械卡死	通过手动使刀架转动，通过松紧程度判断是否卡死，若是，则需拆开刀架，调整机械，加入润滑油
反锁时间过长造成的机械卡死	在机械上放松刀架，然后通过系统参数调节刀架反锁时间
刀架电动机损坏	拆开刀架电动机，转动刀架，看电动机是否转动，若不转动，再确定电路没问题时，更换刀架电动机
刀架电动机进水造成电动机短路	烘干电动机加装防护，做好绝缘

（3）电动刀架锁不紧　故障原因及故障处理见表7-3。

表 7-3 电动刀架锁不紧

故障原因	故障处理
发信盘位置没对正	拆开刀架顶盖，旋动并调整发信盘位置，使刀架的霍尔元件对准磁块，使刀位停在准确位置
系统反锁时间不够长	调整系统刀架反锁时间参数
机械锁紧机构故障	拆开刀架，调整机械，检查定位销是否折断

(4) 电动刀架某一刀位转不停，其余刀位可以转动 故障原因及故障处理见表 7-4。

表 7-4 电动刀架某一刀位转不停，其余刀位可以转动

故障原因	故障处理
此刀位的霍尔元件损坏	确认使刀架转不停的刀位，转动该刀位，用万用表测量该刀位的刀位信号触点对 24V 触点是否有电压变化，若无变化，则可判定为该刀位霍尔元件损坏。更换发信盘或霍尔元件
此刀位信号线断路，造成系统无法检测刀位信号	检查该刀位信号与系统的连线是否存在断路
系统的刀位信号接收电路有问题	当确定该刀位霍尔元件没问题，以及该刀位与系统的信号连线也没问题的情况下更换主板

(5) 电动刀架有时转不动（加工时只是偶尔出现） 故障原因及故障处理见表 7-5。

表 7-5 电动刀架有时转不动

故障原因	故障处理
刀架的控制信号受干扰	使系统可靠接地，特别注意变频器的接地，接入抗干扰电容
刀架内部机械故障造成的偶尔卡死	维修刀架，调整机械结构

(6) 刀架其他常见故障 刀架其他常见故障见表 7-6。

表 7-6 刀架其他常见故障

故障现象	故障原因
刀架转动不停或在某规定刀位不能停	发信盘接地电路断路或电源电路断路；霍尔元件断路或短路（损坏）；磁钢磁极反相；磁钢与霍尔元件无信号
刀架电动机无法起动，刀架不能动作	电源无电或控制箱开关位置不对，电动机未通电，应检查电动机有无旋转现象；电动机缺相，单相运行；电动机相序接反或输入电源相序反，应检查电动机是否反转；夹紧力过大；机械卡死
上刀体抬起但不转动	粗定位销在锥孔中卡死或断裂；安装或装配故障
刀架定位不准	刀架部分机械磨损严重：有异物卡住，锁紧力不够未锁紧

(7) 刀架简单故障实验 故障设置方法见表 7-7。

表7-7　刀架简单故障实验

序号	故障设置的方法	故障现象
1	将刀架的24V电源断开	
2	将控制刀架反转的接触器相序互换	
3	将控制刀架接触器的KA4换到KA6上	
4	将电源相序互换	

实训项目7.2.2　刀架参数故障设置实验

1. 实训地点：数控实训中心及相关工厂的数控加工车间。
2. 实训内容：刀架参数故障设置。
3. 实训设备：普通数控车床使用的四工位刀架。
4. 实训步骤

（1）了解参数设置对刀架运行的作用及影响　普通数控车床使用的四工位刀架能够正常工作，是靠PMC的控制完成的。在换刀过程中为了对刀架进行保护，设置了换刀超时时间常数，如果换刀过程在规定的时间内不能正常完成，系统就会报警。为了能让刀架正确选择刀具，设置了刀架正转延时时间常数。选择刀具后，要对所选择的刀具进行锁紧，在PMC参数中又设置了刀架反转延时时间常数。在系统PMC参数中，有关刀架的参数定义如下：

P2——换刀超时时间常数（系统设定为10s）。

P3——刀具锁紧时间常数（系统设定为1s）。

P4——正转延时时间常数（系统设定为0.1s）。

可以根据上述参数定义，对这些参数进行人为修改，来认识这些参数的功能。

（2）修改刀架参数　进行刀架参数修改与调试，记录现象，得出相应的结论和分析。

1）首先确认刀架电动机运转正常，换刀、锁紧等动作准确无误。

2）进入系统参数编辑状态，选择PMC系统参数，更改换刀锁紧时间、换刀超时时间、正转延时时间参数，观察和判断刀架换刀动作是否正常，并用手扳动刀架，判断刀架是否锁紧、选择的刀具是否到位等。填写表7-8。

3）测试完毕后将参数恢复到原来正常工作时的状态。

表7-8　与刀架有关的PMC参数的设置

序号	故障设置的方法	故障现象及分析
1	将换刀超时时间更改为3s，观察换刀时的现象	
2	将换刀时间更改为10s，将刀具锁紧时间更改为0.1s，观察换刀时的现象，判断刀架是否锁紧，选择的刀具是否到位	
3	将换刀时间更改为10s，将刀具锁紧时间更改为1s，将正转延时时间更改为2s或0s，观察换刀时的现象，判断刀架是否锁紧，选择的刀具是否到位	

【总结与提高】

（1）执行换刀操作时刀架不能转动，不能换刀，试分析其故障原因。

（2）执行换刀操作时刀架不停转动，最后出现换刀超时报警，试分析其故障原因。

（3）画出控制刀架的主电路和控制电路的电气原理图。

任务 7.3 数控机床回参考点控制及其常见故障分析

【知识目标】

了解数控机床回参考点控制的工作原理和电气控制的过程。

【技能目标】

熟悉并掌握数控车床回参考点控制故障的诊断方法。

【任务描述】

以数控车床中常见的回参考点方式为例，掌握数控车床回参考点的工作原理和电气控制过程，进而熟悉回参考点系统常见的故障类型及产生的原因，从而能够对此类故障进行检测与排除。

【知识链接】

（一）数控机床回参考点的原理与过程

数控机床采用增量式位置检测装置时，在接通电源后要进行回参考点的操作。这是因为机床断电后，系统就失去了对各坐标轴位置的记忆，所以在接通电源后，必须让各坐标轴回到机床某一固定点上，这一固定点就是机床坐标系的原点或零点，也称机床参考点。使机床回到这一固定点的操作称回参考点或回零操作。参考点位置是否正确与检测装置中的零脉冲有相当大的关系。图 7-7 所示为一卧式加工中心机床参考点相对机床工作台中心位置的示意图，图 7-8 所示为回参考点的实现方式。

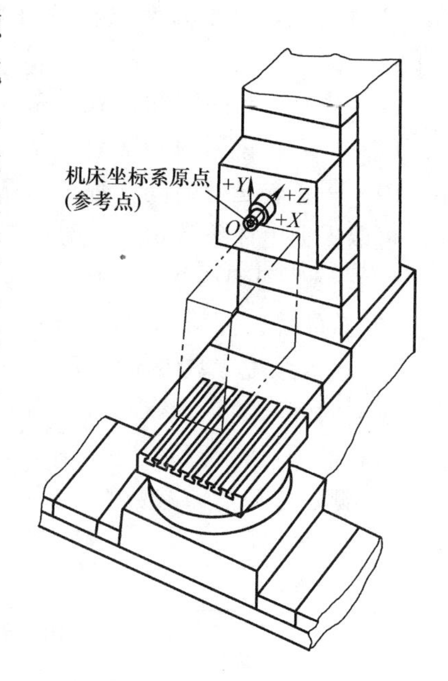

图 7-7 卧式加工中心参考点

在回参考点操作时，数控机床沿某坐标轴先以速度 v_1 快速向参考点方向运动，当挡块碰到行程开关（又称减速开关或参考点开关）后，再以速度 v_2 慢速趋近参考点。当编码器产生零标志信号（一转脉冲信号）后，机床再移动一定栅格距离而停止于参考点。运动速度 v_1、v_2 和栅格距离由机床数据来设定。

（二）回参考点的故障诊断

当加工中心回参考点出现故障时，先检查原点减速挡块是否松动，减速开关固定是否牢固、是否损坏。若无问题，应进一步用百分表或激光测量仪检查机械相对位置的漂移量；检查减速挡块的长度；检查回原点起始位置、减速开关位置与原点位置的关系；检查回原点的模式；是否为开机后的第一次回原点；是否采用绝对脉冲编码器；检查伺服电动机每转的运动量、指令倍率比（CMR）及检测倍率比（DMR）的设置、接近原点速度的参数设置；检

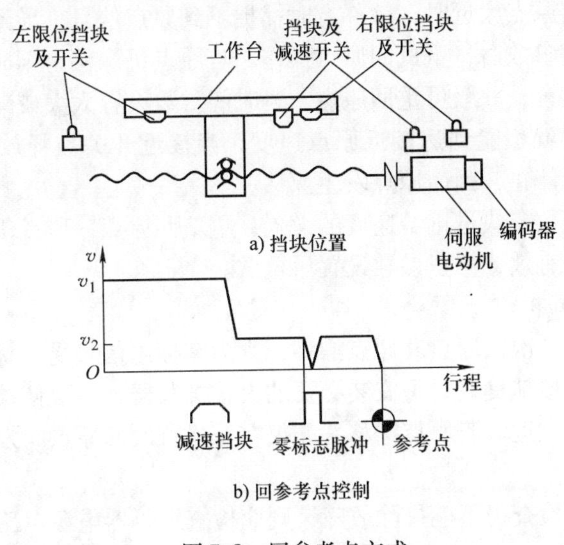

图7-8　回参考点方式

查回原点快速进给速度时间常数的参数设置是否适当；确认系统是全闭环还是半闭环；检查参考计数器设置是否适当等。

下面介绍数控机床常见回原点故障现象及诊断调整步骤。

1. 机床回原点后原点漂移

数控机床如果采用绝对脉冲编码器，诊断及调整步骤则见下文“2. 使用绝对脉冲编码器的机床回原点时的原点漂移”；若采用增量脉冲编码器，应先确定系统是全闭环还是半闭环系统，再用百分表或激光测量仪检查机械相对位置是否漂移。若不漂移，只是位置显示有偏差，则检查是否为工件坐标系偏置无效。在机床回原点后，机床显示器上位置显示为一非零值，该值取决于诸如工件坐标系偏置一类的参数设置。若机械相对位置偏移，则应确定偏移量。若偏移量为一个栅格，诊断方法见“4. 原点漂移一个栅点”一节的处理步骤；若漂移量为多个脉冲，则见“5. 原点漂移数个脉冲”一节的诊断步骤。检查脉冲数量和参考计数器的值使之匹配；如果已匹配，则脉冲编码器坏，需要更换。

2. 使用绝对脉冲编码器的机床回原点时的原点漂移

首先检查并重新设置与机床回原点有关的检测绝对值位置的有关参数，重新再试一次回原点操作。若原点仍漂移，则检查机械相对位置是否有变化。如无变化，只是位置显示有偏差，则检查工件坐标偏置是否有效。若为机械位置偏移，则为绝对脉冲编码器故障。

3. 全闭环系统中的原点漂移

先检查半闭环系统回原点的漂移情况，如果正常，应检查电动机一转标志信号是否由半闭环系统提供。检查有关参数设置及信号电缆连接。如参数设置正常，则为光栅等线性测量元件或其接口电路故障。如参数设置不正确，则修正设置重试。

4. 原点漂移一个栅点

先减小由参数设置的接近原点速度，重试回原点操作。若原点不漂移，则为减速挡块太短或安装不良，可通过改变减速挡块或减速开关的位置来解决，也可通过设置栅点偏移量改变电气原点来解决。当一个减速信号由硬件输出后，数字伺服软件识别这个信号需要一定时间，因此当减速挡块离原点太近时，软件有时捕捉不到原点信号，导致原点漂移。

减小接近原点速度参数后，重试回原点操作。若原点仍漂移，则应减小快速进给速度或快速进给时间常数的设置，一般可重回原点。若时间常数设置太大或减速挡块太短，在减速挡块范围内，进给速度就不能到达接近原点速度，当接近开关被释放时，即使栅点信号出现，回原点操作也不会停止，因而原点发生漂移。

若减小快进时间常数或快进进给速度的设置，重新回原点，原点仍有漂移，则应检查参考计数器设置的值是否有效，修正参数设置后重试。

5. 原点漂移数个脉冲

若只是在开机后第一次回原点时原点漂移，则为零标志信号受干扰失效。为防止噪声干扰，应确保电缆屏蔽线接地良好，可安装必要的火花抑制器，不要使检测反馈元件的通信电缆线与强电电缆线靠得太近。若原点漂移并非仅在开机首次回原点时发生，则应修正参考计数器的设定值。

如果通过上述步骤检查仍不能排除故障，则应检查编码器电源电压是否太低；编码器是否损坏；伺服电动机与工作台的联轴器是否松动；系统主电路板是否正常；有关伺服轴电路板是否正常及伺服放大器板是否正常等。

【例 7-1】 机床回不了参考点的故障分析与排除。

很多数控机床采用增量式旋转编码器或增量式光栅作为位置反馈装置，因而此类机床在每次开机后都必须首先进行回参考点的操作，以确定机床的坐标原点。寻找参考点主要与零点开关、编码器或者光栅的零点脉冲有关。

机床无论采用何种方式运行，系统都是由 PLC 编程和数控系统的参数设定来决定，轴的运动速度也是在机床参数中设定的。数控系统回参考点的过程是 PLC 系统与数控系统配合完成的，首先由数控系统给出回参考点的命令，然后轴按预定的方向运动，压上零点开关（或离开零点开关）后，PLC 向数控系统发出减速信号，数控系统按照预定的方向减速运动，由测量系统接收零点脉冲，接收到第一个脉冲后，设定坐标值。所有的轴都找到参考点后，回参考点的过程结束。

数控机床开机后回不了参考点的故障一般有以下几种情况：一是由于零点开关出现问题，PLC 没有产生减速信号；二是编码器或者光栅的零点脉冲出现了问题；三是数控系统的测量板出现了问题，没有接收到零点脉冲。

【例 7-2】 某配套 SIEMENS 802S 的数控铣床，发生 X 轴手动找不到参考点的故障。

SIEMENS 802S 属于步进驱动，无位置反馈装置，其回参考点的方式与一般（半）闭环系统方式不同，采用的是接近开关回参考点。

SIEMENS 802S 回参考点有两种形式：①使用减速信号、参考点检测信号的双开关形式；②仅采用参考点检测信号的单开关形式。第二种形式只设置回参考点的速度，参考点的定位精度与接近开关的检测精度及回参考点速度的设置有关，一般较少使用。

在这两种形式中，又有如图 7-9 所示的两种参考点信号的检测方式。图 7-9a 以接近开关上升沿为参考点位置；图 7-9b 以接近开关上升沿、下降沿中点为参考点位置。这两种方式可以用参数 MD34200 进行设定，MD34200 = 2 如图 7-9a 所示，MD34200 = 4 如图 7-9b 所示。

该机床选择的是使用减速信号、参考点检测信号的双开关形式，回参考点的动作与一般

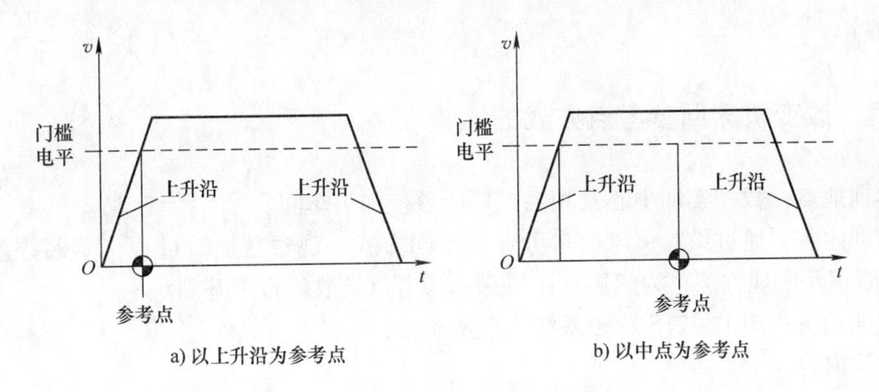

图 7-9　SIEMENS 802S 参考点信号检测方式

机床有所区别。其回参考点过程如下：

1）坐标轴以速度 v_c（由参数 MD 34020 设定）向固定方向（由参数 MD 34010 设定，0 表示正方向，1 表示负方向）运动。

2）压上减速开关后，以较低的速度 v_m。（由参数 MD 34040 设定）反方向运动，寻找“参考点检测信号”的上升沿与下降沿的中点位置。

3）到达中点后，减速至参考点定位速度 v_p（由参数 MD 34070 设定），继续运动。

4）到达机床参数设定的参考点偏移位置（由参数 MD 34080、MD 34090 设定）后，停止运动，回参考点结束，屏幕显示由参数 MD 34100 决定的机床坐标位置，如图 7-10 所示。

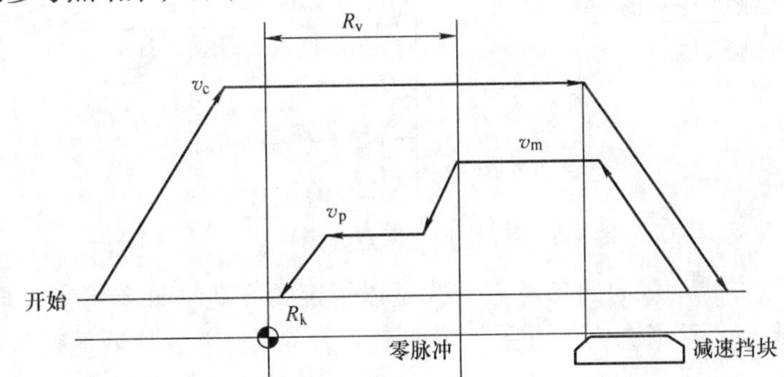

v_c — 寻找参考点开关的速度(MD34020:REFP_VELO_SEARCH_CAM)

v_m — 寻找零脉冲的速度(MD34040:REFP_VELO_SEARCH_MARKER)

v_p — 定位速度(MD34070:REFP_VELO_POS)

R_v — 参考点偏移(MD34080:REFP_MOVE_DIST+MD34090 REFP_MOVE_DIST_CORR)

R_k — 参考点设定位置(MD34100:REFP_SET_POS[0])

图 7-10　SIEMENS 802S 系统回参考点动作示意图

经检查后发现，该机床的回参考点减速动作正常，因此可以判定故障存在于参考点检测开关上。进一步检查发现，此机床 X 轴参考点检测开关发信挡块与接近开关的距离较大，导致回参考点过程中，接近开关始终无信号输出。重新调整发信挡块后故障消失，机床恢复正常。

【技能训练】

实训项目　改变机床回参考点方式的实验

1. 实训地点：数控实训中心及相关工厂的数控加工车间。

2. 实训内容：通过设置机床回参考点的不同方式，观察其运行过程，掌握数控机床回参考点的原理及实现方法，为解决数控机床回参考点类故障打下基础。

3. 实训设备：HED－21S 数控系统综合实验台。

4. 实验内容

HED－21S 数控系统综合试验台提供的机床回参考点的方式有以下三种，分别操作试验。

（1）单向回参考点方式　单向回参考点方式是以规定的方向（回参考点方向）和回参考点快移速度寻找参考点。接通参考点开关后，机床以回参考点定位速度继续移动，接收到第一个 Z 脉冲（也称为零脉冲）的位置信号（或步进电动机 A 相第一次输出的位置信号）加上参考点偏差为参考点位置，如图 7-11 所示。

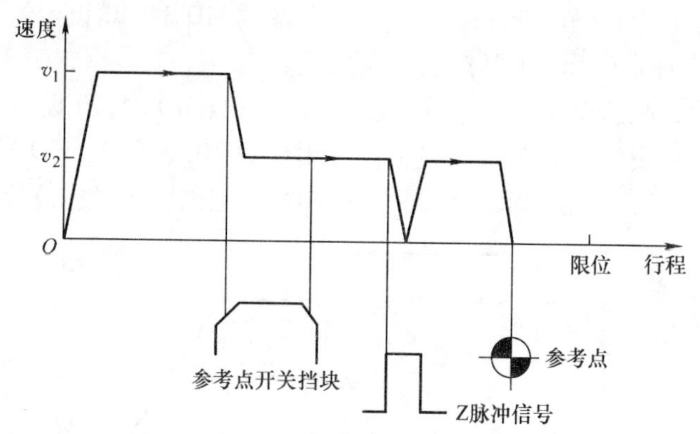

图 7-11　单向回参考点方式

（2）双向回参考点方式　双向回参考点方式是以规定的方向（回参考点方向）和回参考点快移速度寻找参考点。接通参考点开关，反向离开参考点开关，然后再以回参考点定位速度向参考点开关方向前进，再次接通参考点开关后，接收到第一个 Z 脉冲的位置信号加上参考点偏差即为参考点位置，如图 7-12 所示。

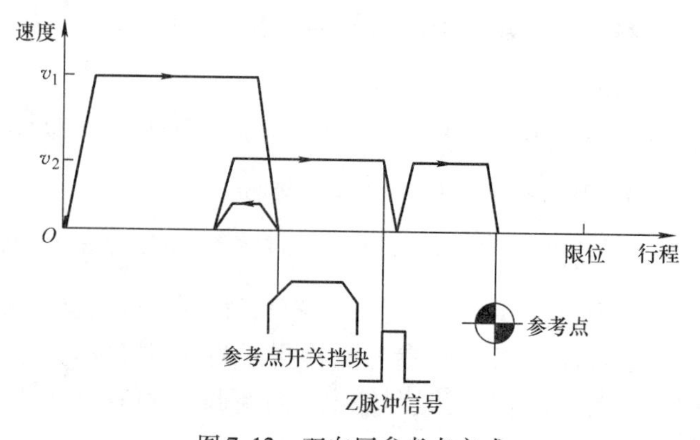

图 7-12　双向回参考点方式

（3）Z脉冲回参考点方式　Z脉冲回参考点方式是以规定的方向（回参考点方向）接通参考点开关后，接收到第一个Z脉冲的位置信号加上参考点偏差即为参考点位置。

进入轴参数设置页面，将某轴的回参考点方式设置为1、2或3，观察不同回参考点方式下，工作台的动作过程，并记录到表7-9中。

表7-9　机床回参考点方式实验

回参考点方式	动作过程
1（单向回参考点方式）	
2（双向回参考点方式）	
3（Z脉冲回参考点方式）	

注意事项：

1）在采用第一种方式回参考点时，由于工作台的回参考点减速开关与正向限位之间的距离过短，回参考点时可能会发生超程的现象，所以回参考点时可以手动给定一个减速信号，回参考点过程中用手按下减速开关，然后观察机床的回参考点过程。

2）另外和参考点有关的参数还有参考点位置与参考点开关偏差这两个参数，可以通过修改这两个参数数值，观察机床在进行回参考点时有什么变化，来理解两者的不同含义。

【总结与提高】

（1）如果机床参考点位置变化了（小于一个螺距），检查发现减速开关松动了，应该用什么方法恢复最简单？

（2）在回参考点过程中，若减速开关出现故障，会有什么危险？

（3）在实际数控机床中找到与实现回参考点功能相关的减速开关与行程开关，观察数控机床回参考点的动作过程并加以记录。

项目8　数控机床的维护与保养

数控机床是机电一体化的高新技术设备，具有高效率、高精度等特点，而且具有一定的柔性，在装备制造现场发挥了强大的作用，是企业生产的关键设备。但是，如果机床设备操作使用不当、维护不周、就会发生各种故障。这些故障如果得不到及时有效的维修，就会造成停机，使生产不能正常进行，影响企业的经济效益和信誉，损失难以估量和弥补。要使设备长期可靠地运行，很大程度上取决于对它们的使用和维护。正确的使用可避免突发故障，延长无故障时间；精心维护可使机床处于良好的技术状态，延缓劣化的过程。本项目中就要介绍数控机床日常维护及各级保养方面的知识。

任务8.1　数控机床的合理使用及保养

【知识目标】

掌握数控设备维护的意义与主要内容。

【技能目标】

熟悉掌握数控设备的操作规程、维护与保养方法。

【任务描述】

通过对数控机床合理使用的讲解，使大家能够按照操作规程，采用正确的方法与步骤，对所使用的数控机床进行维护与保养。

【知识链接】

数控机床设备在使用过程中不仅要严格遵守操作规程，而且必须重视数控机床电气系统的维护工作。要不断提高机床操作人员的业务素质，作为操作人员，也应熟悉机床电控系统的结构和控制原理，对常见故障会进行及时处理。这不仅有利于正确使用机床、发挥机床的性能，而且能提高机床的使用效率、并防止故障的进一步扩大。

（一）数控机床维护保养的意义与要求

1. 操作者维护保养数控设备的重要性

随着数控机床被越来越多地应用于制造业，各数控设备的使用单位对数控操作者的需求也越来越迫切。但是目前，绝大部分使用单位除了重视数控操作者的操作技能并给予定期培训外，对操作者保养设备的工作强调得却远远不够。长此以往，势必造成数控设备的“只用不保”，最直接的后果就是数控设备故障率的不断上升、利用率的不断下降，设备使用单位就会陷入生产断续、疲于维修的恶性循环。

因此说，数控设备的维护与保养是保持设备处于良好技术状态、延长使用寿命、减少停工损失和维修费用、降低生产成本、保证生产质量、提高生产效率所必须的日常工作。对于高精度、高效率的数控机床而言，维护保养更为重要。

使用单位要制订数控设备维护与保养的培训计划，定期对操作者进行数控设备保养方面知识的培训。要加强职能部门对数控设备的巡回检查，制定严格的奖惩制度，目的是要在操作者脑海中形成“使用设备就要保养设备”的观念。操作者要不断提高自身修养，认真学习数控设备各级维护与保养的知识，严格遵守单位制定的有关数控设备保养的规章制度，本着“磨刀不误砍柴工”的原则，按照数控设备的保养规范的要求保养好所用的设备。

2. 数控设备维护的基本要求

（1）完整性　数控机床的零部件齐全，工具、附件、工件放置整齐，电路、管道完整。

（2）洁净性　数控机床内外清洁，无黄袍、无黑污、无锈蚀；各滑动面、丝杠、齿条、齿轮等处无油垢、无碰伤；各部位不漏油、不漏水、不漏气、不漏电；切削垃圾清扫干净。

（3）灵活性　为保证部件灵活性，必须按照数控机床润滑标准，定时定量加油、换油。油质要符合要求；油壶、油枪、油杯、油嘴齐全；油毡、油线清洁，油标明亮，油路畅通。

（4）安全性　严格实行定人定机和交接班制度。操作者必须熟悉数控机床的结构，遵守操作维护规程，合理使用，精心维护，检测异常，不出事故。各种安全防护装置齐全可靠，控制系统正常，接地良好，无事故隐患。

3. 对数控机床操作人员的要求

与机床接触最多、能掌握机床运转“脉搏”的是操作人员。他们整天操作机床，积累了丰富的实践经验，对机床各部分的状态了如指掌。他们在正确使用和精心维护方面做得如何往往对数控机床的状态有着重要的作用。因此，一个合格的数控机床操作者应具备如下基本条件。

（1）有较高的思想素质　工作勤勤恳恳，具有良好的职业道德；能刻苦钻研技术；文化程度中专以上，并具有较丰富的实践经验。

（2）熟练掌握各种操作与编程　能正确熟练地对自己所负责的数控机床进行各种操作，并熟练掌握编程方法，能编制出正确优化的加工程序，避免因操作失误或编程错误造成碰撞而导致机床故障。

（3）深入了解机床特性。掌握机床运行规律　对机床的特性有较深入的了解，并能逐步摸索掌握运行中的情况及某些规律。对由操作人员负责进行的日常维护及保养工作能正确熟练地掌握，从而保持机床的良好状态。

（4）熟知操作规程及维护和检查的内容　应熟知本机床的基本操作规程和安全操作规程、日常维护和检查的内容及达到的标准、保养和润滑的具体部位及要求。知道本机床所使用的油（脂）牌号、代用油（脂）牌号、液压及气动系统的正常压力。

（5）认真处理并做好记录　对运行中发现的任何不正常的情况和征兆都能认真处理并做好记录。一旦发生故障，要及时正确地做好应急处理，并尽快找维修人员进行维修。修理过程中，与维修人员密切配合，共同完成对机床故障的诊断及修理工作。

（二）数控机床操作规程

数控机床操作维护规程是指导操作人员正确使用和维护设备的技术性规范，每个操作人员必须严格遵守，以保证数控机床正常运行，减少故障，防止事故发生。

1. 数控机床操作维护规程制定原则

1）一般应按数控机床操作顺序及班前、中、后的注意事项分列，力求内容精炼、简明适用，属于“三好”“四会”的项目，此处不再列入。

2）按照数控机床类别将结构特点、加工范围、操作注意事项、维护要求等分别列出，便于操作工人掌握要点，贯彻执行。

3）各类数控机床具有共性的内容，可编制统一标准通用规程。

4）重点设备，高精度、大重型及稀有关键数控机床，必须单独编制操作维护规程，并用醒目的标识牌、板张贴显示在机床附近，要求操作工特别注意，严格遵守。

2. 操作维护规程的基本内容

1）班前清理工作场地，按日常检查卡规定项目检查各操作手柄、控制装置是否处于停机位置，安全防护装置是否完整牢靠，查看电源是否正常，并做好点检记录。

2）查看润滑、液压装置的油质、油量，按润滑图表规定加油，保持油液清洁，油路畅通，润滑良好。

3）确认各部位正常无误后，方可空车起动设备。先空车低速运转3~5min，查看各部位运转正常，润滑良好，方可进行工作。不得超负荷超规范使用。

4）工件必须装夹牢固，禁止在机床上敲击夹紧工件。

5）合理调整各部位行程挡块，定位正确紧固。

6）操纵变速装置必须切实转换到固定位置，使其啮合正常。要停机变速时，不得用反转制动变速。

7）数控机床运转中要经常注意各部位情况，如有异常，应立即停机处理。

8）测量工件、更换工装、拆卸工件都必须停机进行，离开机床时必须切断电源。

9）数控机床的基准面、导轨、滑动面要注意保护，保持清洁，防止损伤。

10）经常保持润滑及液压系统清洁。盖好箱盖，不允许有水、尘、铁屑等污物进入油箱及电器装置。

11）工作完毕和下班前应清扫机床设备，保持清洁，将操作手柄、按钮等置于非工作位置，切断电源，办好交接班手续。

各类数控机床在制定操作维护规程时，除上述基本内容外，还应针对各机床本身特点、操作方法、安全要求、特殊注意事项等列出具体要求，便于操作人员遵照执行。

（三）数控机床维护的主要内容

（1）保持良好的润滑状态　定期检查清洗润滑系统，添加或更换油脂、油液，使丝杠和导轨等运动部件始终保持良好的润滑状态，降低机械磨损速度。

（2）定期检查液压、气压系统　对液压系统定期进行油质化验并更换液压油，并定期对润滑、液压和气压系统的过滤器或过滤网进行清洗或更换，对于气压系统，还要注意及时对分水排水器放水。

（3）尽量少开电气控制柜门　加工车间漂浮的灰尘、油雾和金属粉末等落在电气柜上容易造成元器件间绝缘电阻下降，导致出现故障，甚至会使元器件或印制电路板损坏。对于主轴控制系统安装在强电柜中的情况，强电柜门关闭不严、密封不良是使电气元器件损坏、主轴控制失灵的原因之一。因此，除定期维护和维修外，平时应尽量少开电气控制柜门。

（4）定期对直流电动机进行电刷和换向器检查、清洗和更换　定期对直流电动机进行电刷和换向器检查，用白布蘸取酒精清洗，若表面粗糙，要用细金相砂纸修理、清洗和更换。

（5）超程限位试验　适时对各坐标轴进行超程限位试验。

（6）定期检查电气部件　检查各插头、插座、电缆和继电器的触点是否接触良好，检查各印制电路板是否干净。伺服电源变压器、各电动机绝缘电阻应在1MΩ以上。

(7) 数控柜和电气柜的散热通风系统维护 应经常检查数控柜、电气柜的冷却风扇工作是否正常、风道过滤网是否堵塞。一般情况下不允许开电柜门。

(8) 长期不用的数控机床的维护 数控系统处于长期闲置的情况下，要经常给系统通电，应坚持每周至少通电一次，在机床锁住不动的情况下，让系统空运行。系统通电可利用电器本身的发热来驱散电气柜内的潮气，保证电器性能的稳定可靠。实践证明，在空气湿度较大的地区，经常通电是降低故障的一个有效措施。

(9) 定期更换存储器用的电池 数控系统存储参数用的存储器件是 CMOS 器件，其存储内容在数控系统断电期间靠电池支持供电，当电池电压下降至一定值时就会造成参数丢失。因此，要定期检查电池电压，当该电压下降至限定值或出现电池电压报警时，应及时更换电池。需要注意的是，一般情况下，即使电池尚未消耗完，也应每年更换一次，以确保系统能正常工作，还可以防止存储参数的丢失。电池更换应在 CNC 系统通电状态下进行。

(10) 经常监视 CNC 装置用的电网电压 通常，数控系统允许的电网电压波动范围在额定值的 10% ~15% 之间，如果超出此范围，轻则会使数控系统不能稳定工作，重则会造成重要电子部件的损坏。因此，要经常注意电网电压的波动。对于电网质量比较恶劣的地区，应及时配备数控系统专用的交流稳压电源装置，这将会使故障率有比较明显的降低。

(11) 定期进行机床水平和机械精度校正 机床运行一段时间后，机床水平和机械精度往往会发生变化，因此应定期校正。校正方法有两种：一是通过系统参数补偿，如丝杠螺母反向间隙补偿、螺距误差补偿和参考点校正等；二是通过调整和预紧方法消除间隙，恢复精度。

(12) 提高利用率 数控机床如果较长时间闲置不用，当需要使用时，机床的各运动环节会由于油脂凝固、灰尘甚至生锈而影响其静、动态传动性能，降低机床精度，油路系统的堵塞更是一大烦事。从电气方面来看，由于一台数控机床的整个电气控制系统硬件是由数以万计的电子元器件组成的，它们的性能和寿命具有很大的离散性，从宏观来看分三个阶段：在一年之内基本上处于所谓的“磨合”阶段，在该阶段故障率呈下降趋势，如果在这期间不断开动机床则会较快完成“磨合”任务，而且也可充分利用一年的保修期，若有难以解决的问题出现还可以得到厂家的免费维修与维护；第二阶段为有效寿命阶段，也就是充分发挥效能的阶段，在合理的使用和良好的日常维护保养条件下，机床正常运转至少可在 5 年以上；第三阶段为系统寿命衰老阶段，电气硬件故障会逐渐增多。数控系统的使用寿命平均在 8 ~10 年。

因此，在没有加工任务的一段时间内，最好在较低速度下空运行机床，至少也要经常给数控系统通电，甚至每天都应通电。

(13) 充足的电气备件 当电气元件的损坏引起机床故障时，为避免由于购买电气元件的周期过长而影响机床正常恢复的情况出现，应为数控机床准备一定数量的备件储存。另外，在某些故障的维修过程中，有时需要采用备件替换法辅助排除故障，因此足够的备件储存还可以缩短设备的停机待修时间。

由于数控机床种类繁多，各类数控机床因其功能、结构及系统的不同，各具有不同的特性，其维护、保养的内容和要求也各不相同，应根据机床的种类、型号及实际使用情况，并参照机床使用说明书要求，制定和建立必要的定期、定级保养制度。

数控车床的定期维护内容如表 8-1 所示。

表 8-1 数控车床的定期维护内容

序号	周期	检查位置	维护内容
1	每天	X、Z 轴导轨	检查两导轨的润滑油量，刮屑器是否有效，清扫导轨上的切屑
2	每天	润滑系统	检查润滑泵运行情况、油池液位及油路是否畅通
3	每天	冷却系统	检查切削液泵运行情况，疏通过滤网，检查液位并及时补充
4	每天	电柜箱通风、散热装置	检查电气柜冷却风扇工作是否正常、风道过滤网是否堵塞，检查电柜内温度
5	每天	主轴驱动带	检查带松紧情况，确保带上无油，松紧适当
6	每天	液压系统	检查液压泵有无异常噪声、工作油面高度是否合适、压力表指示是否正常、管路及各接头有无泄露、油温是否正常
7	每月	导轨滑板间隙	检查导轨滑板间隙，调整镶条使间隙合适，检查压板紧固螺钉是否松动
8	每天	各种防护装置	导轨和机床防护罩等应无松动和漏水
9	每天	管路系统	检查液压和气压管路等连接处密封是否完好
10	每天	安全装置	检查急停按钮、限位开关及安全罩是否有效
11	每周	电气柜进气过滤网	清洗电气柜进气过滤网
12	每月	直流电动机电刷	检查电刷的磨损情况，如严重磨损或长度不到原来的一半，则更换
13	每月	过滤器	检查并清洗过滤器
14	半年	滚珠丝杠螺母副	清洗丝杠上旧的润滑脂，涂上新油脂
15	半年	液压油路	清洗溢流阀、减压阀、过滤器和油箱，更换过滤液压油
16	半年	主传动系统	检查主轴运动精度，必要时调整主轴预紧，检查主轴泄漏情况
17	半年	滚珠丝杠	检查滚珠丝杠螺母间隙，必要时进行补偿，检查丝杠润滑及密封装置，确保完好
18	定期	机床水平及精度检测	调整水平，修刮导轨等运动件，通过修改参数设定进行精度恢复

数控铣床的定期维护内容如表 8-2 所示。

表 8-2 数控铣床的定期维护内容

序号	周期	检查位置	维护内容
1	每天	导轨润滑站	检查油标、油量，及时添加润滑油，检查润滑油泵能否间歇定时泵油，确保油路畅通无阻
2	每天	X、Y、Z 轴及各回转轴的导轨	清除切屑及脏物，检查导轨油量是否充分、刮屑器是否有效、导轨面有无划伤损坏
3	每天	压缩空气气源	检查气动控制系统压力，应在正常范围内
4	每天	气源自动分水滤气器、空气干燥器	及时清理分水器中滤出的水分，保证自动空气干燥器工作正常
5	每天	机床液压系统	（1）液压箱清洁，油量充足 （2）调整压力表 （3）清洗液压泵、滤油网，确保液压泵无异常噪声，检查系统压力及压力表指示是否正常、管路及各接头无泄漏、油面高度是否正常

（续）

序号	周期	检查位置	维护内容
6	每天	主轴箱液压平衡系统	检查平衡压力指示是否正常、快速移动时平衡工作是否正常
7	每天	电气柜通风散热装置	检查电气柜冷却风扇工作是否正常、风道过滤网有无堵塞
8	每天	各种安全防护装置	导轨、机床防护罩等应无松动、漏水；检查急停按钮、限位开关及返参是否正常
9	每天	主轴夹紧装置	检查主轴内锥压缩空气的吹屑效果，确保清洁，检查主轴准停装置，确保准停角度一致
10	每天	液压、气压、电压	检查液压、气压和电压是否正常
11	每周	电气柜进气过滤网	清洗电气柜进气过滤网
12	半年	滚珠丝杠螺母副	清洗丝杠上旧的润滑脂，涂上新润滑脂
13	半年	液压油路	清洗溢流阀、减压阀、过滤器和油箱，更换过滤液压油
14	半年	主轴润滑恒温油箱	清洗过滤器，更换润滑油
15	每年	检查、更换直流伺服电动机电刷	检查换向器表面、吹净炭粉，去除毛刺，更换长度过短的电刷，磨合后才能使用
16	每年	润滑油泵、过滤器	清理润滑油池，更换过滤器
17	不定期	导轨上镶条与压板、丝杠	调整镶条、丝杠螺母间隙
18	不定期	切削液箱	检查液面高度，切削液太脏时需要更换，清理切削液箱，经常清洗过滤器
19	不定期	清理油池	及时清洗油池
20	不定期	调整主轴驱动带松紧	按机床说明书调整
21	不定期	电气系统	（1）擦拭电动机，箱外无灰尘、油垢 （2）各接触点良好，各插接件不松动、不漏电 （3）箱内整洁、无杂物
22	定期	机床水平及精度检测	调整水平，修刮导轨等运动件，通过修改参数设定进行精度恢复

加工中心的定期维护内容如表8-3所示。

表8-3　加工中心的定期维护内容

序号	周期	检查位置	维护内容
1	每天	导轨润滑站	检查油标、油量，及时添加润滑油，检查润滑油泵能否间歇定时泵油，确保油路畅通无阻
2	每天	X、Y、Z轴及各回转轴的导轨	清除切屑及脏物，检查导轨油量是否充分、刮屑器是否有效、导轨面有无划伤损坏
3	每天	压缩空气气源	检查气动控制系统压力，应在正常范围内
4	每天	机床进气口的空气干燥器	及时清理分水器中滤出的水分，保证自动空气干燥器工作正常
5	每天	主轴润滑恒温箱	检查油温、油量是否正常，确保润滑工作正常，必要时进行调节

（续）

序号	周期	检查位置	维护内容
6	每天	机床液压系统	（1）液压箱清洁，油量充足 （2）调整压力表 （3）清洗液压泵、滤油网，确保液压泵无异常噪声，检查系统压力及压力表指示是否正常、管路及各接头无泄漏、油面高度是否正常
7	每天	主轴箱液压平衡系统	检查平衡压力指示是否正常、快速移动时平衡工作是否正常
8	每天	电气柜通风散热装置	检查电气柜冷却风扇工作是否正常、风道过滤网有无堵塞
9	每天	各种安全防护装置	导轨、机床防护罩等应无松动、漏水；检查急停按钮、限位开关及返参是否正常
10	每天	主轴夹紧装置	检查主轴内锥压缩空气的吹屑效果，确保清洁，检查主轴准停装置，确保准停角度一致
11	每天	液压、气压、电压	检查液压、气压和电压是否正常
12	每周	电气柜进气过滤网	清洗电气柜进气过滤网
13	半年	滚珠丝杠螺母副	清洗丝杠上旧的润滑脂，涂上新润滑脂
14	半年	液压油路	清洗溢流阀、减压阀、过滤器和油箱，更换过滤液压油
15	半年	主轴润滑恒温油箱	清洗过滤器，更换润滑油
16	每年	检查、更换直流伺服电动机电刷	检查换向器表面、吹净炭粉，去除毛刺，更换长度过短的电刷，磨合后才能使用
17	每年	润滑油泵、过滤器	清理润滑油池，更换过滤器
18	不定期	导轨上镶条与压板、丝杠	调整镶条、丝杠螺母间隙
19	不定期	切削液箱	检查液面高度，切削液太脏时需要更换，清理切削液箱，经常清洗过滤器
20	不定期	清理油池	及时清洗油池
21	不定期	排屑器	经常清理切屑，检查有无卡住
22	不定期	调整主轴驱动带松紧	按机床说明书调整
23	不定期	换刀装置	检查换刀装置动作的正确性和可靠性，调整抱刀夹紧力及间隙
24	不定期	各行程开关、接近开关	清理接近开关的污垢、检查其牢固性
25	定期	机床水平及精度检测	调整水平，修刮导轨等运动件，通过修改参数设定进行精度恢复

【技能训练】

（1）实训地点：数控实训中心及相关工厂的数控加工车间。

（2）实训内容：

1）阅读所使用机床的使用说明书，掌握机床的操作规程与维护保养内容与操作方法。

2）选用正确的工具，对所使用机床的各部位进行维护和保养，填写维护日志，并检查机床各功能。

【总结与提高】

（1）数控机床维护的基本要求有哪些？

（2）请列举数控机床日常维护的主要内容。

（3）请列举自己所操作机床需要定期维护的内容。

任务8.2　数控机床的精度检验与误差补偿

【知识目标】

掌握数控机床精度的概念和精度测试与误差补偿的原理。

【技能目标】

熟悉并掌握数控机床精度测试与误差补偿的基本操作方法。

【任务描述】

通过使用相关工具与设备对机床位置精度进行测试与误差补偿，掌握数控机床精度检验与补偿的基本原理。

【知识链接】

数控机床加工的高精度最终是依靠机床本身的精度来保证的。数控机床精度包括几何精度、定位精度和切削精度。另一方面，数控机床各项性能的好坏及数控功能能否正常发挥，将直接影响到机床的正常使用。因此，数控机床精度和性能的检验对初始使用的数控机床及维修调整后机床技术指标的恢复是很重要的。

（一）数控机床精度的检验

1. 几何精度的检验

几何精度检验又称静态精度检验，是综合反映机床关键零部件经组装后的综合几何形状误差。数控机床的几何精度的检验工具和检验方法类似于普通机床，但检验要求更高。

几何精度检测必须在地基完全稳定、地脚螺栓处于压紧状态下，并按照GB/T 17421.1—1998《机床检验通则 第1部分 在无负荷或精加工条件下机床的几何精度》有关条文安装调试好机床以后进行。考虑到地基可能随时间而变化，一般要求机床使用半年后，再复校一次几何精度。在几何精度检验时应注意测量方法及测量工具应用不当所引起的误差。在检验时，应按国家标准规定，即机床接通电源后，在预热状态下，机床各坐标轴往复运动几次，主轴按中等的转速运转10多分钟后进行。

目前，国内检验机床几何精度常用的检测工具有精密水平仪、精密方箱、直角尺、平尺、平行光管、千分表、测微仪、高精度检验棒等。检测工具的精度必须比所测的几何精度高一个等级，否则测量的结果将是不可信的。每项几何精度的具体检验方法可照GB/T 17421.1—1998、GB/T 16462.1—2007《数控车床和车削中心检验条件》中的第1部分、JB/T 8771.1～7—1998《加工中心检验条件》等有关标准的要求进行，也可按机床出厂时的几何精度检验项目要求进行。附录C给出卧式车床几何精度检验项目，附录D给出加工中心几何精度检验项目。

机床几何精度的检验必须在机床精调后依次完成，不允许调整一项检验一项，因为几何精度有些项目是相互关联、相互影响的。

2. 定位精度的检验

数控机床定位精度，是指机床各坐标轴在数控装置控制下运动所能达到的位置精度。数控机床的定位精度又可以理解为机床的运动精度。普通机床由手动进给，定位精度主要决定于读数误差，而数控机床的移动是靠数字程序指令实现的，故定位精度决定于数控系统和机械传动误差。机床各运动部件的运动是在数控装置的控制下完成的，各运动部件在程序指令控制下所能达到的精度，直接反映加工零件所能达到的精度。所以定位精度是一项很重要的检验内容。

定位精度主要检验以下内容：

1）各直线运动轴的定位精度和重复定位精度。

2）直线运动各轴机械原点的复归精度。

3）直线运动各轴的反向误差。

4）回转运动（回转工作台）的定位精度和重复定位精度。

5）回转运动的反向误差。

6）回转轴原点的复归精度。

3. 切削精度的检验

机床的切削精度，又称动态精度，是一项综合精度，它不仅反映了机床的几何精度和定位精度，同时还包括了工件的材料、环境温度、刀具性能以及切削条件等各种因素造成的误差和计量误差。为了反映机床的真实精度，要尽量排除其他因素的影响。切削试件时可参照GB/T 17421.1—1998有关条文的要求进行，或按机床厂规定的条件，如试件材料、刀具技术要求、主轴转速、背吃刀量、进给速度、环境温度以及切削前的机床空运转时间等要求进行。切削精度检验可分单项加工精度检验和加工一个标准的综合性试件精度检验两种。

（二）数控机床位置精度的测试与补偿

1. 进给传动误差

数控机床进给传动装置一般由电动机通过联轴器带动滚珠丝杠旋转，由滚珠丝杠螺母机构将回转运动转换为直线运动。

（1）进给机构中的滚珠丝杠螺母机构的工作原理　滚珠丝杠螺母机构如图8-1所示。在丝杠和螺母上各加工有圆弧形螺旋槽，将它们套装起来形成螺母旋转副。此时，圆弧形螺旋槽即形成滚珠的螺旋形滚道。在滚道内装满滚珠，当丝杠相对螺母旋转时，丝杠的旋转面

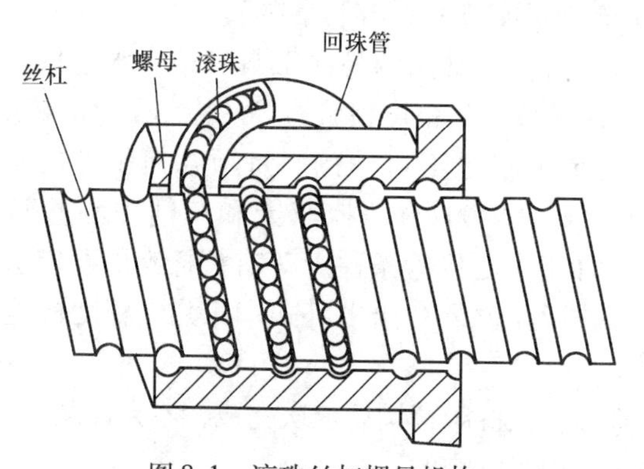

图8-1　滚珠丝杠螺母机构

通过滚珠推动螺母轴向移动，同时滚珠沿螺旋形滚道滚动，使丝杠和螺母之间的滑动摩擦转化为滚珠与丝杠、螺母之间的滚动摩擦。螺母螺旋槽的两端用回珠管连接起来，使滚珠能够从一端重新回到另一端，构成一个闭合的循环回路。

（2）进给传动误差　由于滚珠丝杠副（滚珠丝杠螺母机构）在加工和安装过程中存在误差，因此滚珠丝杠副将回转运动转换为直线运动时存在以下两种误差。

1）行程偏差（螺距误差），即有效行程内的平均行程偏差。例如，P3 滚珠丝杠的行程偏差为 0.012/300mm。

2）反向间隙，即丝杠和螺母无相对转动时，丝杠和螺母之间的最大窜动。由于螺母结构本身的游隙以及其受轴向载荷后的弹性变形，滚珠丝杠螺母机构存在轴向间隙。该轴向间隙在丝杠反向转动时表现为丝杠转动 α 角，而螺母未移动，形成了反向间隙。为了保证丝杠和螺母之间的灵活运动，必须有一定的反向间隙。但反向间隙过大将严重影响机床精度。因此，数控机床进给系统所使用的滚珠丝杠副必须有可靠的轴向间隙调节机构。

（3）电动机与丝杠的连接及传动方式　电动机与丝杠间常用的连接及传动方式有以下三种。

1）直联，即用联轴器将电动机轴和丝杠沿轴线连接起来，其传动比为 1:1。该连接方式传动时无间隙。

2）同步带传动，即将同步带轮固定在电动机轴和丝杠上，用同步带传递转矩。该传动方式的传动比由同步带轮齿数比确定。该连接方式传动平稳，但有传动间隙。

3）齿轮传动，即电动机通过齿轮或齿轮箱将转矩传到丝杠，传动比可根据需要确定。该传动方式传递的转矩大，但有传动间隙。同步带传动、齿轮传动中的间隙是产生数控机床反向间隙的原因之一。

2. 数控机床软件补偿原理

数控机床的位置误差补偿功能是提高数控机床加工精度的一项重要功能。影响机床加工精度的进给传动元件——丝杠，经过切削加工或多或少会存在误差。另外，安装丝杠时丝杠螺母、支承轴承都会存在安装间隙，这些因素都会直接影响机床的加工精度。数控系统利用其自身的补偿控制功能可以主动调整其进给位置，从而减少或消除误差，实现高精度加工。

误差补偿原理如下所述。

（1）丝杠螺距误差补偿原理　数控机床软件补偿的基本原理是在机床坐标系中，在无补偿的条件下，在轴线测量行程内将测量行程等分为若干段，测量出各目标位置 P_i 的平均位置偏差 $\overline{x_i}\uparrow$，把平均位置偏差反向叠加到数控系统的插补指令上，如图 8-2 所示。指令要求沿 X 轴运动到目标位置 P_i，目标实际位置为 P_{ij}，该点的平均位置偏差为 $\overline{x_i}\uparrow$；将该值输入系统，则 CNC 系统在计算时自动将目标位置 P_i 的平均位置偏差 $\overline{x}\uparrow$ 叠加到插补指令上，实际运动位置为 $P_{ij}=P_i+\overline{x_i}\uparrow$，使误差部分抵消，实现误差的补偿。螺距误差可进行单向和双向补偿。

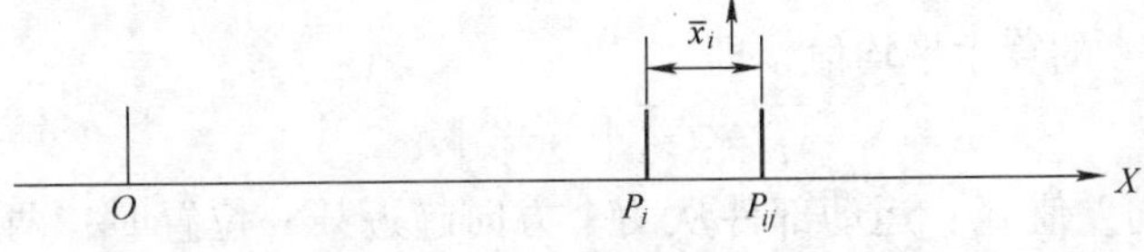

图 8-2　丝杠螺距误差补偿原理

（2）反向间隙补偿原理　反向间隙补偿又称为齿隙补偿。机械传动链在改变转向时，由于反向间隙的存在，会引起伺服电动机的空转，而无工作台的实际运动，又称失动。反向间隙补偿原理是在无补偿的条件下，在轴线测量行程内将测量行程等分为若干段，测量出各目标位置 P_i 的平均反向差值$\overline{B}$，作为机床的补偿参数输入系统。CNC 系统在控制工作台运动时，先自动让工作台按$\overline{B}$值反向运动，然后按指令动作。如图 8-3 所示，若要求工作台正向移动到 O 点，然后反向移动到 P_i 点，则反向运动时，电动机（丝杠）先反向移动$\overline{B}$，后移动到 P_i；该过程 CNC 系统实际指令运动值 L 为 $L=P_i+\overline{B}$。

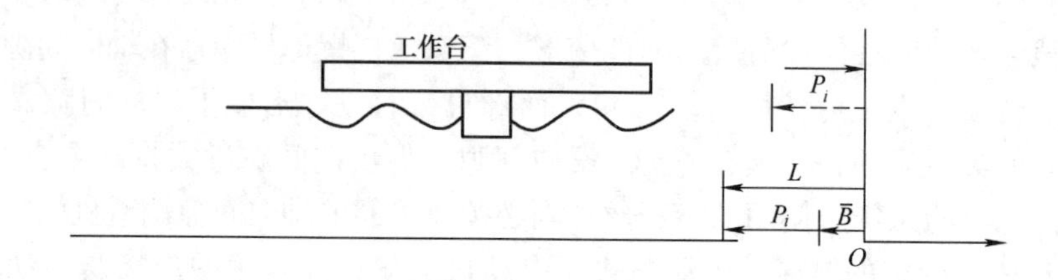

图 8-3　反向间隙补偿原理

反向间隙补偿在坐标轴处于任何方式时均有效。在系统进行了双向螺距补偿时，双向螺距补偿的值已经包含了反向间隙，因此，此时不需设置反向间隙的补偿值。

3. 数控机床定位精度的测量方法及工具

（1）数控机床定位精度常用的测量方法及评定标准

1）定位精度和重复定位精度的确定（国标 GB/T 17421.2—2000）。

目标位置 P_i：运动部件编程时要达到的位置，下标 i 表示沿轴线选择的目标位置中的特定位置。

实际位置 P_{ij}（$i=0, \cdots, m, j=1, \cdots, n$）：运动部件第 j 次向第 i 个目标位置趋近时，实际测得的到达位置。

位置偏差 x_{ij}：运动部件到达的实际位置与其目标位置之差，$x_{ij}=P_{ij}-P_i$。

单向趋近：运动部件以相同的方向沿轴线（指直线运动）或绕轴线（指旋转运动）趋近某目标位置的一系列测量。符号"↑"表示从正向趋近所得参数，符号"↓"表示从负向趋近所得参数，如 $x_{ij}\uparrow$、$x_{ij}\downarrow$。

双向趋近：运动部件从两个方向沿轴线或绕轴线趋近某一目标位置的一系列测量。

某一位置的单向平均位置偏差$\overline{x_i}\uparrow$（或$\overline{x_i}\downarrow$）：运动部件 n 次单向趋近某一位置 P_i 所得的位置偏差的算术平均值，即

$$\overline{x_i}\uparrow=\frac{1}{n}\sum_{j=1}^{n}x_{ij}\uparrow, \quad \overline{x_i}\downarrow=\frac{1}{n}\sum_{j=1}^{n}x_{ij}\downarrow$$

某一位置的双向平均位置偏差$\overline{x_i}$：运动部件从两个方向趋近某一位置 P_i 所得的单向平均位置偏差$\overline{x_i}\uparrow$和$\overline{x_i}\downarrow$的算术平均值，即

$$\overline{x_i}=(\overline{x_i}\uparrow+\overline{x_i}\downarrow)/2$$

某一位置的反向差值 B_i：运动部件从两个方向趋近某一位置时，两单向平均位置偏差之差值，即

$$B_i = \overline{x_i}\uparrow - \overline{x_i}\downarrow$$

轴线反向差值 B 和轴线平均反向差值 $\overline{B}$：运动部件沿轴线或绕轴线的各目标位置的反向差值的绝对值 $|B_i|$ 中的最大值即为轴线反向差值 B，沿轴线或绕轴线的各目标位置的反向差值的 B_i 的算术平均值即为轴线平均反向差值 $\overline{B}$，即

$$B = \max(|B_i|),\ \overline{B} = \frac{1}{m}\sum_{i=1}^{m} B_i$$

在某一位置的单向定位标准不确定度的估算值 $S_i\uparrow$ 或 $S_i\downarrow$：通过对某一位置 P_i 的 n 次单向趋近所获得的位置偏差标准不确定度的估算值，即

$$S_i\uparrow = \sqrt{\frac{1}{n-1}\sum_{j=1}^{n}(x_{ij}\uparrow - \overline{x_i}\uparrow)^2},\ S_i\downarrow = \sqrt{\frac{1}{n-1}\sum_{j=1}^{n}(x_{ij}\downarrow - \overline{x_i}\downarrow)^2}$$

在某一位置的单向重复定位精度 $R_i\uparrow$（或 $R_i\downarrow$）及双向重复定位精度 R_i，则有

$$R_i\uparrow = 4S_i\uparrow,\ R_i\downarrow = 4S_i\downarrow$$

$$R_i = \max(2S_i\uparrow + 2S_i\downarrow + |B_i|,\ R_i\uparrow,\ R_i\downarrow)$$

轴线双向重复定位精度 R，则有

$$R = \max\ [R_i]$$

轴线双向定位精度 A：由双向定位系统偏差和双向定位标准不确定度估算值的2倍的组合来确定的范围，即

$$A = \max(\overline{x_i}\uparrow + 2S_i\uparrow,\ \overline{x_i}\downarrow + 2S_i\downarrow) - \min(\overline{x_i}\uparrow - 2S_i\uparrow,\ \overline{x_i}\downarrow + 2S_i\downarrow)$$

2）定位精度和重复定位精度的确定（日本标准 JIS B 6201）。

定位精度 A：在测量行程范围内测5点，取一次测量中最大位置偏差与最小位置偏差之差的一半的值，加正负号（±）作为该轴的定位精度，即

$$A = \pm\frac{1}{2}\{\max[\max(\overline{x_i}\uparrow) - \min(\overline{x_i}\uparrow),\ \max(\overline{x_i}\downarrow) - \min(\overline{x_i})\downarrow]\}$$

重复定位精度 R：在测量行程范围内任取3点，在每点重复5次，取每点最大值与最小值之差除2，即

$$R = \frac{1}{2}\ \{\max\ [\max\ (x_i)\ - \min\ (x_i)]\}$$

（2）定位精度测量工具和方法　测量定位精度和重复定位精度的仪器是激光干涉仪、线纹尺、步距规。用步距规测量定位精度时因操作简单而在批量生产中被广泛采用。无论采用哪种测量仪器，其在全行程上的量点数不应少于5点。测量间距按下式确定

$$P_i = iP + k$$

式中　P——测量间距；

k——在各目标位置时取不同的值，以获得全测量行程上各目标位置的不均匀间隔，从而保证周期误差被充分采样。

步距规的结构如图8-4所示。尺寸 P_1、P_2、…、P_i 按100mm间距设计，加工后测量出的实际尺寸作为定位精度检测时的目标位置坐标（测量基准）。工作台标准检验循环图如图8-5所示。

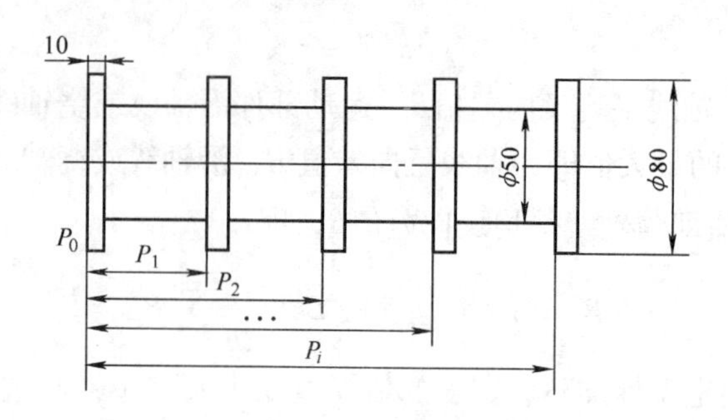

图 8-4 步距规结构

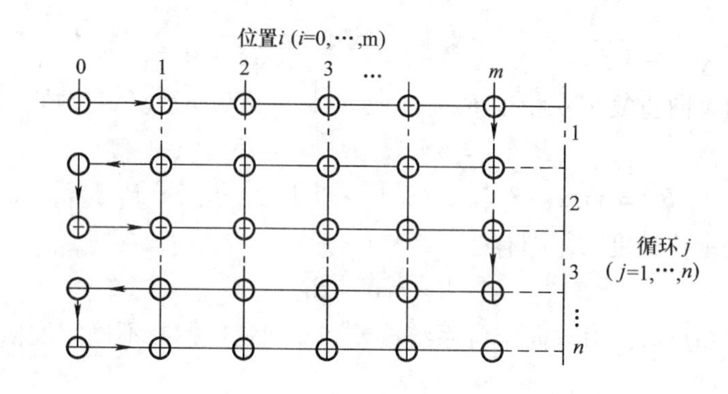

图 8-5 标准检验循环图

【技能训练】

实训项目 Z 轴的螺距误差补偿

1. 实训地点：数控实训中心及相关工厂的数控加工车间。

2. 实训内容：Z 轴的螺距误差补偿实验。

3. 实训设备：华中数控 HED—21S 型数控装置综合实训台。

4. 实训步骤

1）首先了解螺距误差补偿原理，掌握螺距误差补偿的操作步骤和方法。

2）然后进行丝杠误差的测量、补偿。

实训台的 Z 轴装有光栅，利用光栅可以较精确地测出工作台移动的实际位置。比较一下系统的指令值和光栅的读数值，得出偏差值，将此偏差值存入系统对应位置的补偿表内，即完成误差补偿。系统最大可提供 128 个补偿点。

（1）补偿步骤

1）首先在系统中安装光栅，并正确设置参数。注意：一定要将轴参数的定位误差与跟踪误差设置为 0，然后通过参数菜单进入轴补偿参数功能，将参数表内原补偿值清零。

2）系统重新回零，以便使工作台运行在一个完全没有经过参数补偿的状态。

3）编辑运行下面的测量程序：

```
%1010
G92 X0 Y0 Z0
```

```
WHILE [TRUE]
G01 Z5 F300
Z0
G04 P4
Z-30            反向补偿间隔测量间距为30mm
G04 P4          延时，读数并记录
Z-60
G04 P4
Z-90
G04 P4
Z-120
G04 P4
Z-150
G04 P4
Z-160
Z-150
G04 P4
Z-120           正向补偿间隔测量间距为30mm
G04 P4          延时，读数并记录
Z-90
G04 P4
Z-60
G04 P4
Z-30
G04 P4
Z0
G04 P4
Z5
ENDW
M02
```

4）误差的测量与计算。

将补偿前的测量结果存入表8-4，并绘制螺距误差曲线，如图8-6所示。

表8-4 补偿前的测量结果

实验数据	检测结果						
被测点位置	5	4	3	2	1	0	
指令坐标值/mm	0	-30	-60	-90	-120	-150	
光栅反馈坐标值/mm							
负向移动实际坐标值/mm							

（续）

实验数据	检 测 结 果
正向移动实际坐标值/mm	
负向误差/μm	
正向误差/μm	

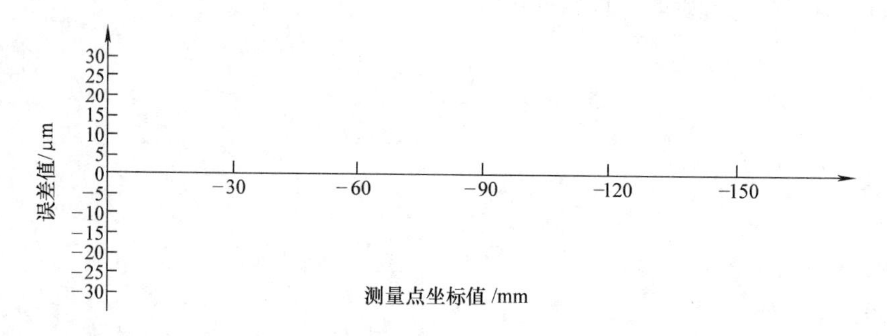

图 8-6　螺距误差曲线图（一）

在表 8-4 中，可以看到：

① 误差值 = 指令机床坐标值减去实际机床坐标值。

② 测试点从机床负向最远点按 0、1、2、3、4、5 排列。

③ 负向移动实际坐标值及正向移动实际坐标值可以通过光栅的实际读数得到。

根据所测误差，绘制 Z 轴螺距误差曲线图。

（2）单向螺距补偿　采用单向螺距补偿，系统参数中的轴补偿参数（一）修改如表 8-5 所示。

表 8-5　轴补偿参数（一）

参数名称	数 值	参数名称	数值
螺距补偿类型	1	参考点偏差号	5
补偿点数	6	补偿间隔/μm	30000

将已测出的 Z 轴负向移动的误差值分别输入到轴补偿参数中的偏差值（内部脉冲当量）[0]、[1]、[2]、[3]、[4]、[5] 中，按照被测点位置的排列顺序 0、1、2、3、4、5 输入。

输入完成后，重新起动系统，回零。再次运行检测程序，观察测量结果，比较误差值有无变化。将补偿后的测量结果（一）存入表 8-6，并绘制螺距误差曲线图，如图 8-7 所示。

表 8-6　补偿后的测量结果（一）

实验数据	检 测 结 果					
被测点位置	5	4	3	2	1	0
指令坐标值/mm	0	-30	-60	-90	-120	-150
光栅反馈坐标值/mm						
负向移动实际坐标值/mm						

（续）

实验数据	检 测 结 果
正向移动实际坐标值/mm	
负向误差/μm	
正向误差/μm	

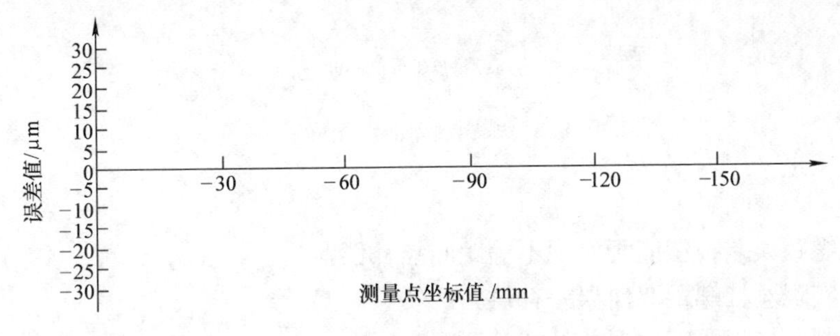

图8-7 螺距误差曲线图（二）

（3）双向螺距补偿 采用双向螺距补偿，系统参数中的轴补偿参数（二）修改如表8-7所示。

表8-7 轴补偿参数（二）

参数名称	数 值	参数名称	数值
螺距补偿类型	2	参考点偏差号	5
补偿点数	6	补偿间隔/μm	30000

将已测出的Z轴正向移动的误差值分别输入到轴补偿参数中的偏差值（内部脉冲当量）[0]、[1]、[2]、[3]、[4]、[5] 中，按照被测点位置的排列顺序0、1、2、3、4、5输入。

将已测出的Z轴负向移动的误差值分别输入到轴补偿参数中的偏差值（内部脉冲当量）[6]、[7]、[8]、[9]、[10]、[11] 中，按照被测点位置的排列顺序0、1、2、3、4、5输入。

输入完成后，重新起动系统，回零。再次运行检测程序，观察测量结果，比较误差值有无变化。将补偿后的测量结果（二）存入表8-8，并绘制螺距误差曲线图，如图8-8所示。

表8-8 补偿后的测量结果（二）

实验数据	检 测 结 果					
被测点位置	5	4	3	2	1	0
指令坐标值/mm	0	−30	−60	−90	−120	−150
光栅反馈坐标值/mm						
负向移动实际坐标值/mm						
正向移动实际坐标值/mm						
负向误差/μm						
正向误差/μm						

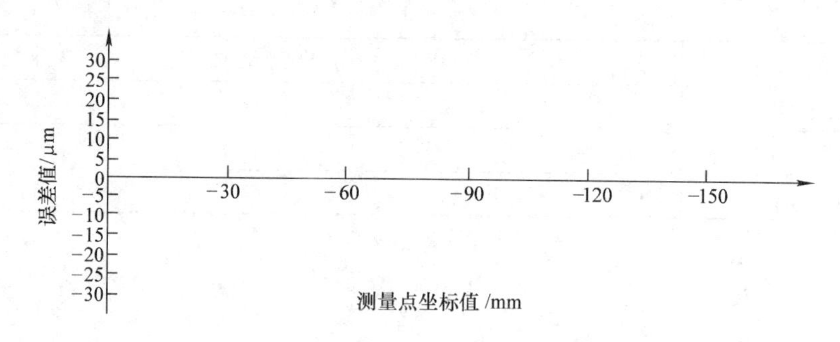

图 8-8 螺距误差曲线图（三）

【总结与提高】

（1）丝杠螺距误差补偿能否实现不等距间隔补偿?

（2）如何实现丝杠螺距双向误差补偿?

（3）请编制丝杠螺距双向误差补偿检测程序。

任务 8.3 数控机床的电气维护与日常保养

【知识目标】

掌握数控机床电气系统的安全维护和操作维护的基本要求和方法。

【技能目标】

熟悉并掌握数控机床电气系统的安全维护和操作维护的具体方法。

【任务描述】

通过数控机床电气系统的使用要求和维护内容的描述，认识预防性检修的重要性，掌握数控机床电气系统日常预防性检修的工作内容及正确的工作方法。

【知识链接】

机床电气系统的安全稳定和可靠工作是保证设备正常运转的基础，特别是对于技术含量较高的数控机床系统。数控机床是综合了微电子、自动控制、精密测量和新型的机床电器及电路设计为一体的自动化设备，其安全操作和科学维护，必将带来巨大的经济效益。因此，必须根据机床设备的故障规律和特点，进行合理的操作和科学的维护，才能保证设备性能的充分发挥。

（一）机床电气部件的安全维护与保养

首先，在机床设备使用初期，操作者由于对机床的性能不熟悉、技术不熟练或使用不当，经常会发生各种故障，造成停机事故的发生；其次，在保修期内，由于使用环境、频度和部分元器件的稳定性等原因，也会造成停机事故；此外，在正常服役期内的元件老化和器件损坏，也势必影响设备的正常工作。事实上，不管多高价值、多么先进的机床设备，在生产和工作期间，都难免会发生各种停工故障。近年来，国内机床设备的开动率仅能达到20%～30%（平均），与国外平均达到60%～80%的水平差距还很大，其中一个很重要的原因就是机床电气部件的维护工作跟不上。国内的一些数控机床出了故障后修理周期少则一个星期到一个月，多的达到3个月到半年。因此，必须努力不断提高工作人员的技术水平，重视机床电气系统的安全操作和使用维护，才能有效减少故障，提高机床设备的使用效率。操作人员在操作、使用机床设备之前，应该详细阅读有关操作说明书，了解所用设备的性能，熟练掌握机床控制面板上各个开关的作用，并严格按照操作规程进行操作。

1. 熟悉机床的加工性能

要熟悉诸如机械原点、各轴行程、夹具和工件安放位置、工作坐标系、换刀空间、主轴转速和定位范围等机床的加工性能，防止越限使用。

2. 熟悉机床设备的操作规程

在使用过程中要严格遵守操作规程，注意做好以下事项。

1）操作者必须熟悉机床的性能、结构、传动原理及控制操作，严禁超性能使用。

2）开机工作前，应按规定对机床进行如下项目的检查：电气控制是否正常；各开关、手柄位置是否在规定位置上；润滑油路是否畅通，油质是否良好，并按规定加好润滑油；注意液压或气压系统的调整，检查总系统的工作压力必须在额定范围等。

3）开机时应低速运转3~5 min，查看各部分运转是否正常。

4）加工工件前，必须进行加工模拟或试运行，同时严格检查调整加工原点、刀具参数、加工参数、运动轨迹等。

5）工作中发生不正常现象或故障时，应立即停机排除，或通知维修人员检修。

6）工作完毕后，应及时清扫机床，并将机床恢复到原始状态，各开关、手柄放于非工作位置，切断电源，并认真执行交接班制度。

此外，还要注意按动按键时用力应适度，不得用力拍打键盘、按键和显示屏，禁止敲打中心架、顶尖、刀架、导轨、主轴和机械手等部件。

3. 数控机床通电后的检查

数控机床通电后有必要进行以下检查：

1）检查数控装置中各个风扇是否正常运转。

2）用手动低速移动各坐标轴，观察机床移动方向显示是否正确。

3）让各轴碰到各个方向的超程开关，用以检查超程限位是否有效，数控装置是否在超程时发出报警。

4）进行几次返回机床基准点的动作，用来检查机床是否有返回基准点的功能，每次返回基准点的位置是否完全一致。

5）最好按照使用说明书，用自编的简单程序检查数控系统的主要功能是否完好，如定位、直线插补、圆弧插补、自动加/减速、辅助功能和宏程序等。

（二）机床电气部件维护的基本概念

1. 维护必备的基本条件

机床设备具备集机、电、气、液等技术于一体的特点，因此要求维修人员的技术知识面也比较广。特别是数控设备的广泛采用，不但要求维护人员要有机械、加工工艺及液压气动等方面的知识，而且还要具备计算机、自动控制、驱动及测量技术等知识，这样才能全面地了解、掌握数控机床，及时搞好维修。所以作为用户单位要搞好机床维护工作，首要条件是培养能进行维修工作的人员。对维修人员知识面的要求是能够对各专业的知识做到融会贯通，而对每项子技术的要求不必太深入。因为对专业的要求不可能面面俱到，对用户来说，侧重于现场维修，重点往往是尽快找到故障原因，替换下出了故障的元器件，使机床尽快再投入生产运行，至于出了故障的元器件一般都找专业维修点进行修理。例如一台机床运行中突然停机，并发出伺服报警信号，这时对维修人员来说是尽快找到报警的原因，到底是哪一个可控轴的电动机、伺服单元板或位置检测反馈元件损坏，然后及时换上新的，使机器尽快投入工作。用户这时关心的只是这个元器件损坏的原因，以利于机床的使用和维修。修理这类器件所需的条件和设备，一般用户是无法具备的，只能依赖专业维修服务点。

对每台需维修的机床要有足够、齐全的资料，如机床操作说明书、程序编制手册、数控系统维修手册、机床结构图册、机床电气说明书、机床接线图、机床的 PLC 程序控制梯形图、机床配套使用的检测元件、伺服驱动元件（如伺服电动机、光栅）的使用说明书。维修人员要了解这些资料，以便在维修过程中及时详细查阅有关资料。

2. 衡量机床设备工作和维修水平的一些指标

一台自动化的机床在用户看来，总是希望它正常工作时间越长越好，开动率越高越好。从定量方面来评价，对数控设备也可以建立定量的评价指标。

所谓可靠性是指在规定的条件下（环境温度、使用条件及使用方法等）数控机床维持无故障工作的时间。常用的衡量指标有下述几种。

（1）平均无故障时间（MTBF） 平均无故障时间指一台设备在一个比较长时间使用过程中，两次故障间隔的平均时间，即在机床有效工作寿命范围内的总工作时间和总故障次数之比。平均无故障时间主要是指机床稳定工作阶段，机床早期调试时故障多发期和晚期即将报废前故障多发期应除外。

（2）平均修复时间（MTTR） 平均修复时间指机床从发现故障开始直至能正常使用之间所花费的平均修复时间。显然，要求这段时间越短越好。影响这段时间长短的主要因素是：高质量的机床本身能否做到很少出大故障，用户平时能否正确使用机床，是否有一支高水平的维修队伍，能否在很短时间内排除故障，制造厂家及专业维修服务点能否提供及时的售后技术服务，易损备件的提供能否充分及时等。

（3）有效度（A） 这是从可靠性和可维修度对机床的正常工作概率进行综合评价的指标。它是指一台可维修的机床，在某一段时间内，维持其性能的概率，即

$$A = MTBF/(MTBF + MTTR)$$

有效度 A 肯定是小于 1 的数，机床的平均修复时间 MTTR 越少，A 就越接近 1，机床性能就越好。

机床电器的维修实质上是包含维护和修理两个部分，这两个部分是有机联系并相辅相成的。良好的日常维修（或称为预防性维修）可使机床正常工作时间大大延长，加长了平均无故障时间。良好的维护可以节省许多维修时间，一旦出现了故障就要尽快排除，以便缩短平均修复时间，使有效度 A 接近 1。当然这些指标最根本的前提是要有一台品质优良的设备，如果设备质量不好，经常停机，上述几项指标都无从谈起。

此外，有关数控机床的可靠性，有人认为主要与数控系统有关，所以数控系统的可靠性是影响数控机床稳定运行的主要问题。数控机床发展的初级阶段曾出现过这个问题，但从当今世界的数控机床普遍技术水平来看，由于计算机制造技术的迅速发展，机床配套用的数控系统基本上都采用了高速微处理器及大规模或超大规模集成电路，数控系统本身工作可靠性已提到很高的水平，如有的数控系统平均无故障运行时间已达到 2 万 h 以上，这和一台机床达到的平均无故障时间相差一个数量级以上。因此在加工中心这一类数控机床上，大部分故

障是由数控系统之外的因素引起的，有些是综合因素所造成。故障报警又往往从数控系统的自诊断或机床 PLC 诊断报警中显示出来，因此在修理机床电器设备时要讲究综合分析判断、综合治理，修理人员一定要扩大视野，从多方面因素来综合考虑。

(三) 电气设备日常维护的主要工作内容

针对数控机床电气设备产生的故障，有效预防各种事故的发生，应注重电气设备的经常维护。主要的日常维护工作内容一般包括三个方面。

1. 整机设备的维护

1）机床加工时，金属碎屑和油垢容易积入机床内部，造成短路、接地或接触不良等故障。所以，应该注意经常清除切屑，擦干油垢，保持设备整洁。

2）在高温和梅雨的季节注意对设备的检查。

3）经常检查设备的电气接地或接零是否可靠。

4）经常检查保护导线的软管和接头是否损坏，特别注意在电气柜、按钮盒、操纵台和电动机等处的接头是否完好，是否松动，及时拧紧紧固接线的螺钉。

5）日常的维护工作中，要做到“四勤”。

勤巡视：经常观察有没有金属屑、油污和水滴等落入电气设备内部，观察有没有跳火、冒烟和变色等反常现象。观察电气设备的电器和接线有无松动的地方，电气箱、柜的门是否关好。

勤听：经常听一下电动机转动的声音是否正常，各电器动作时响声是否正常。

勤闻：经常闻闻电气设备有没有烧焦等不正常的异味。

勤摸：经常用手背摸一下电动机或变压器等有没有过热现象。有异常现象时应立即停机检查和修理。

2. 异步电动机的日常维护

1）经常检查电动机的绝缘电阻，三相380V 电动机的绝缘电阻一般不小于0.5MΩ，否则应进行烘干或浸漆等。

2）应经常保持清洁，不允许有金属屑、油污和水滴等进入电动机的内部。如果发现有杂物落入内部，可用压缩空气吹干净。

3）用钳形电流表经常检查是否过载，三相电流是否一致。经常检查三相电压是否平衡。

4）检查电动机的接地装置是否牢靠。

5）注意电动机的起动是否灵活，运转中有没有不正常的摩擦声、尖叫声和其他杂声。

6）检查电动机的温升有没有过高。

7）检查轴承有没有过热和漏油现象。轴承的润滑油脂一般在一年左右应进行清洗和更换。

8）检查电动机的通风是否良好。

3. 电气部件的日常维护

各种电气部件的日常维护应严格遵守相关电器的维护保养要求，并要注意在维护时，不得随意改变热继电器、过电流继电器和断路器的保护定值。更换熔断器的熔丝时必须按要求选配，不得选得过大或过小。

（四）日常的预防性维护和保养工作原则

1. 做好使用人员的技术培训

一台机床的本身质量固然重要，但在用户单位拥有一套技术素质过硬的职工队伍，也是用好机床的基本条件。因此应该在订购机床设备的同时，就考虑为机床配置经过专门技术培训的工艺编程、操作和维修的人员。切忌不熟悉机床的人上机操作，这种情况下常会出现不必要的操作不当引起的机床电器故障。通常新用户首次使用或由不熟练的工人操作时，使用的第一年中，有三分之一到一半的故障是由操作不当和电器损伤引起的。所以人员培训是使用数控机床设备的必备条件。

2. 做好数控机床电气部件的日常保养

每台数控机床在工作一段时间以后，一些电器、元件总要陆续发生损坏。为了延长工作寿命和正常机械磨损周期，防止意外恶性事故发生，争取数控机床能在较长时间内正常工作，必须对数控机床电气系统进行日常的保养。对机床电气部件的维护保养要求，在该机床说明书上都有明确规定，无论是控制还是驱动部分，都应重点定时检查。设备的维护，是保持设备处于良好状态、延长使用寿命、减少停工损失和维修费用、降低生产成本、保证生产质量、提高生产效率所必须进行的日常工作。

（1）数控机床电气维护的基本要求

1）完整性　数控机床电气系统的主要备用元器件、控制电路板等应配备齐全，维护工具一应俱全。

2）洁净性　数控机床电控箱内外要保持整洁，通风循环畅通、无积灰，各主要部位不受漏油、漏水的威胁。

3）安全性　严格实行定人定机和交接班制度；遵守操作维护规程，合理使用，精心维护，监测异常；各种安全防护装置齐全可靠，控制系统正常，接地系统正常，接地良好，无电气事故隐患。

（2）数控机床电气维护的主要内容

1）选择合理的使用环境。数控机床电气系统的使用环境（如温度、湿度、振动、电源电压、电源频率、电源干扰等），会直接影响机床的正常运转，所以应严格按机床说明书的要求进行安装。例如机床对电网供电要求不仅满足于所需总容量的要求，而且电压波动最好在5%以内，绝对不能超过10%，否则必然以损害元器件为代价。如环境太潮湿时，很容易造成电缆插接头、印制电路板插接件的锈蚀，造成接触不良以及控制失灵等。

2）在生产车间尽量少开数控机床电气柜门。因为机械加工车间的空气中一般都含有飘浮的灰尘、油雾和金属粉末，一旦落到印制电路板或电子组件上，容易造成器件间绝缘电阻下降，从而发生故障，甚至使器件和印制电路板损坏。有些机床的主轴电动机控制单元、伺服电动机的伺服单元安装在强电柜中，强电柜一般都由机床厂制造，因而对电柜密封要求不够重视或机床操作者为了检查方便在机床工作时不关紧电柜门，常会导致大量灰尘涌入，这是元器件损害、控制单元失灵的一个重要原因。

3）定时清理电控装置的散热通风系统。对于数控系统，应该每天检查一次各风扇工作是否正常；视工作环境的状况，每半年或每季度检查一次过滤通风道是否有堵塞现象。如过滤网上灰尘积聚过多，应及时处理，否则将导致数控装置内温度过高（一般不允许超过55～60℃），使系统不能可靠地工作，甚至发生过热报警。

4）定期检查和更换直流电动机电刷。直流电动机电刷的过度磨损，将会影响电动机的性能，甚至造成电动机的损坏。为此，应对电动机电刷进行定期检查和更换。检查周期随机床的电器使用频率而异，一般为每半年或一年检查一次。

5）经常监视数控单元的电网电压。

6）定期更换数据存储器的电池。数据存储器如采用 CMOS RAM 器件，为了在数控系统不通电期间能保持存储的内容，设有可充电电池维持电路。在正常电源不供电时，则改由电池供电维持 CMOS RAM 的信息。在一般情况下即使电池尚未失效，也应每年更换一次，以便确保系统能正常工作。电池的更换应在数控装置通电状态下进行。

7）CNC 数控系统长期不用时的维护。为了提高系统的利用率和减少系统的故障率，数控机床长期闲置不用是不可取的。若 CNC 系统处在长期闲置的情况下，也要经常给系统通电，特别是在环境湿度较大的雨季更是如此。在机床锁住不动的情况下，让系统空运行，利用电器本身的发热来驱散数控装置内的潮气，保证电子部件性能的稳定可靠。实践表明，在空气湿度较大的地区，经常通电是降低故障率的一个有效措施。

如果数控机床采用直流电动机驱动，应将电刷从直流电动机中取出，以免由于化学腐蚀作用，使换向器表面腐蚀，造成换向性能恶化。

8）备用印制电路板的维护。印制电路板长期不用是很容易出故障的。因此对于已购置的备用印制电路板应定期装到 CNC 装置上通电一段时间，以防损坏。

【技能训练】

（1）实训地点：数控实训中心及相关工厂的数控加工车间。

（2）实训内容：

1）阅读相关数控机床的电气系统使用说明书，掌握机床的操作规程与维护保养内容与操作方法。

2）选用正确的工具，对所使用数控设备的各电气部位进行日常维护和保养训练，填写维护日志，并检查机床电控部分各项功能是否完备。

【总结与提高】

（1）如何做好数控机床电气部件的预防性维护和检修？

（2）请列举数控机床电气设备日常维护的主要内容。

（3）解释并说明衡量机床设备工作和维修水平的主要指标是什么。

（4）数控机床设备的电气维护有哪些工作原则？

附　　录

附录 A　数控装置与数控机床电气设备之间的接口

数控机床“接口”是指数控装置与机床及机床电气设备之间的电气连接部分。

1. 接口规范

根据国际标准《ISO 4336—1981（E）机床数字控制——数控装置与数控机床电气设备之间的接口规范》的规定，接口分为四类，如图 A-1 所示。

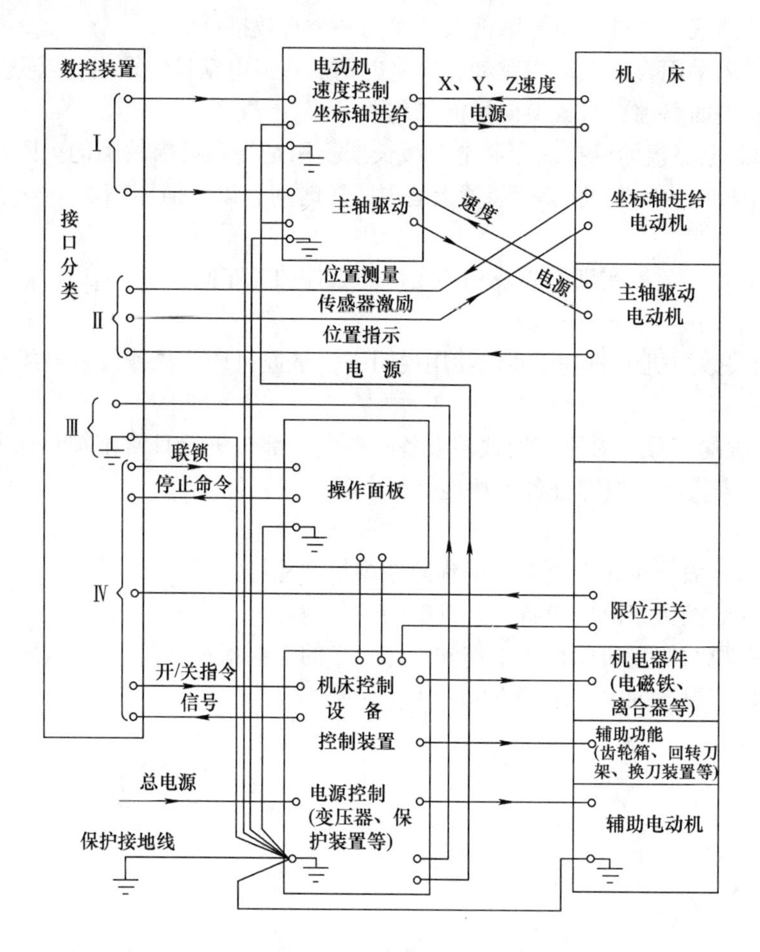

图 A-1　数控装置、数控设备和机床间的连接

第Ⅰ类：与驱动命令有关的连接电路，主要是指坐标轴进给驱动和主轴驱动的连接电路。

第Ⅱ类：数控装置与测量系统和测量传感器之间的连接电路。

第Ⅲ类：电源及保护电路。

第Ⅳ类：开/关信号和代码信号连接电路。

第Ⅰ类和第Ⅱ类接口传送的信息是数控装置与伺服驱动单元、伺服电动机、位置检测和速度检测之间的控制信息及反馈信息，它们属于数字控制及伺服控制。

第Ⅲ类电源及保护电路由数控机床强电电路中的电源控制电路构成。强电电路由电源变压器、控制变压器、各种断路器、保护开关、接触器、熔断器等连接而成，以便为辅助交流电动机（如切削液泵电动机、润滑泵电动机等）、电磁铁、离合器、电磁阀等功率执行元件供电。强电电路不能与低压下工作的控制电路或弱电电路直接连接，只能通过断路器、中间继电器等器件转换成在直流低电压下工作的触点开关动作，成为继电器逻辑电路和 PLC 可接收的电信号，反之亦然。

第Ⅳ类开/关信号和代码信号是数控装置与外部传送的输入/输出控制信号。当数控机床不带 PLC 时，这些信号直接在数控装置和机床间传送；当数控装置带有 PLC 时，这些信号除极少数的高速信号外，均通过 PLC 传送。

2. 接口任务

对数控装置而言，由机床向数控装置传送的信号称为输入信号；由数控装置向机床传送的信号称为输出信号。输入/输出信号的类型有：直流数字输入信号、直流数字输出信号、直流模拟输入信号、直流模拟输出信号、交流输入信号、交流输出信号。

直流模拟信号用于进给坐标轴和主轴的伺服控制，或用于其他接收、发送模拟量信号的设备；交流信号用于直接控制功率执行器件。接收或发送直流模拟信号和交流信号需要专门的接口电路。

直流数字输入接口用于接收机床操作面板上各开关、按钮信号及机床上各种限位开关信号，可分为以触点输入的接收电路和以电压输入的接收电路；直流数字输出接口将机床各种工作状态送到机床操作面板上用指示灯显示出来，把控制机床动作的信号送到强电箱，有继电器输出电路和无触点输出电路。直流数字输入/输出信号在数控装置和机床之间的传送通过接口寄存器进行。机床上各种 I/O 信号均在寄存器中占有某一位，该位的状态是二进制的“0”或“1”，分别表示开、关或继电器处于“断开”“接通”状态。数控装置中的 CPU 定时从输入接口寄存器回收状态，并由软件进行相应处理，同时，又向输出接口输出各种控制命令，控制强电电路的动作。

接口电路的主要任务是：

1）进行电平转换和功率放大。由于数控装置内是 TTL 电平，要控制的设备或电路不一定是 TTL 电平，因此要进行电平转换和功率放大。

2）防止干扰引起的误动作。使用光隔离器、脉冲变压器或继电器，使数控装置和机床之间的信号在电气上加以隔离。

3）采用模拟量传输时，在数控装置和机床电气设备之间要接入 D－A 和 A－D 转换电路。

4）信号在传输过程中，由于衰减、噪声和反射等影响，会发生畸变，为此要根据信号类别及传输线质量，采取一定的屏蔽措施并限制信号的传输距离。

附录 B 华中数控系统综合实训台相关电路图

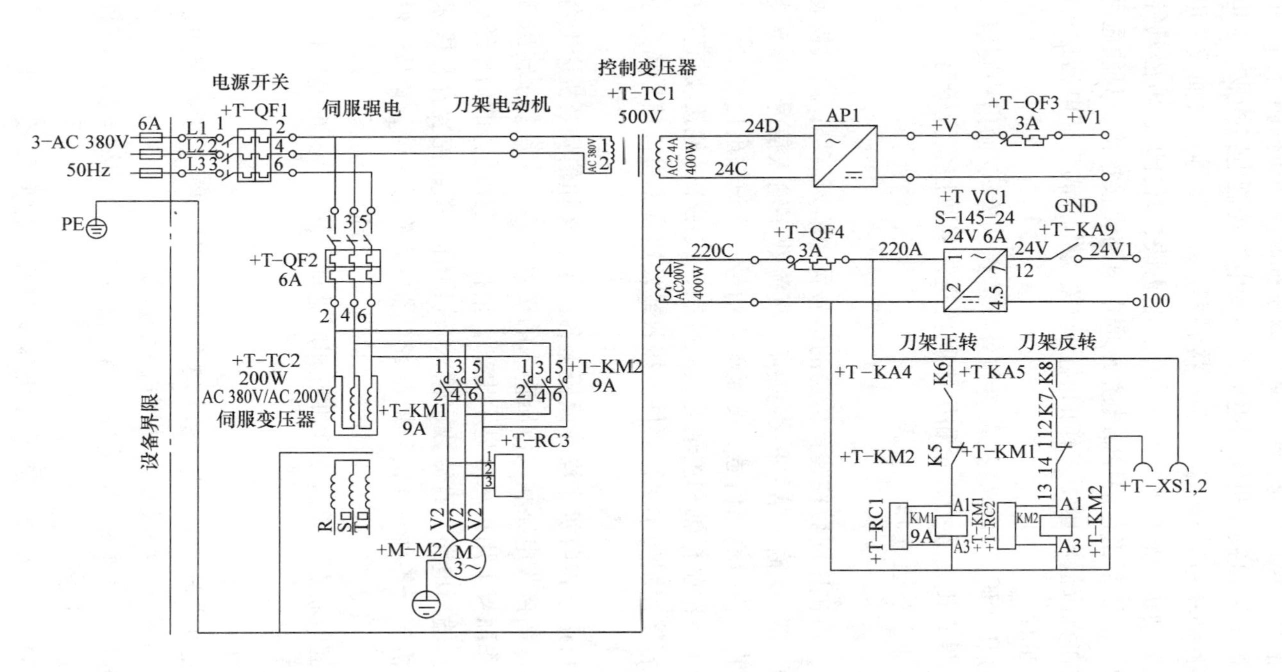

图 B-1 数控系统综合实训台电源电路图

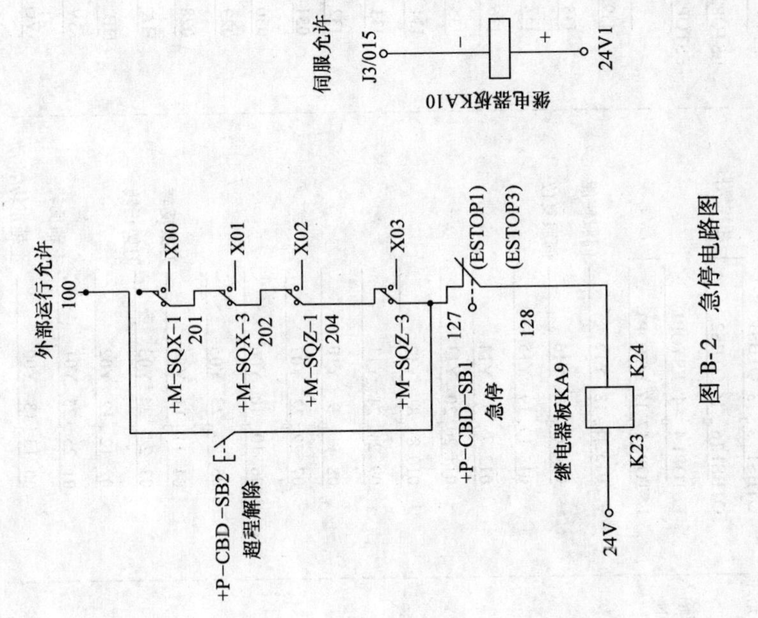
外部运行允许
100
X00
X01
X02
X03
+M−SQX−1
201
+M−SQX−3
202
+M−SQZ−1
204
+M−SQZ−3
127
(ESTOP1)
(ESTOP3)
128
+P−CBD−SB2
超程解除
+P−CBD−SB1
急停
继电器板KA9
24V
K23
K24
伺服允许
J3/015
继电器板KA10
24V1

图 B-2 急停电路图

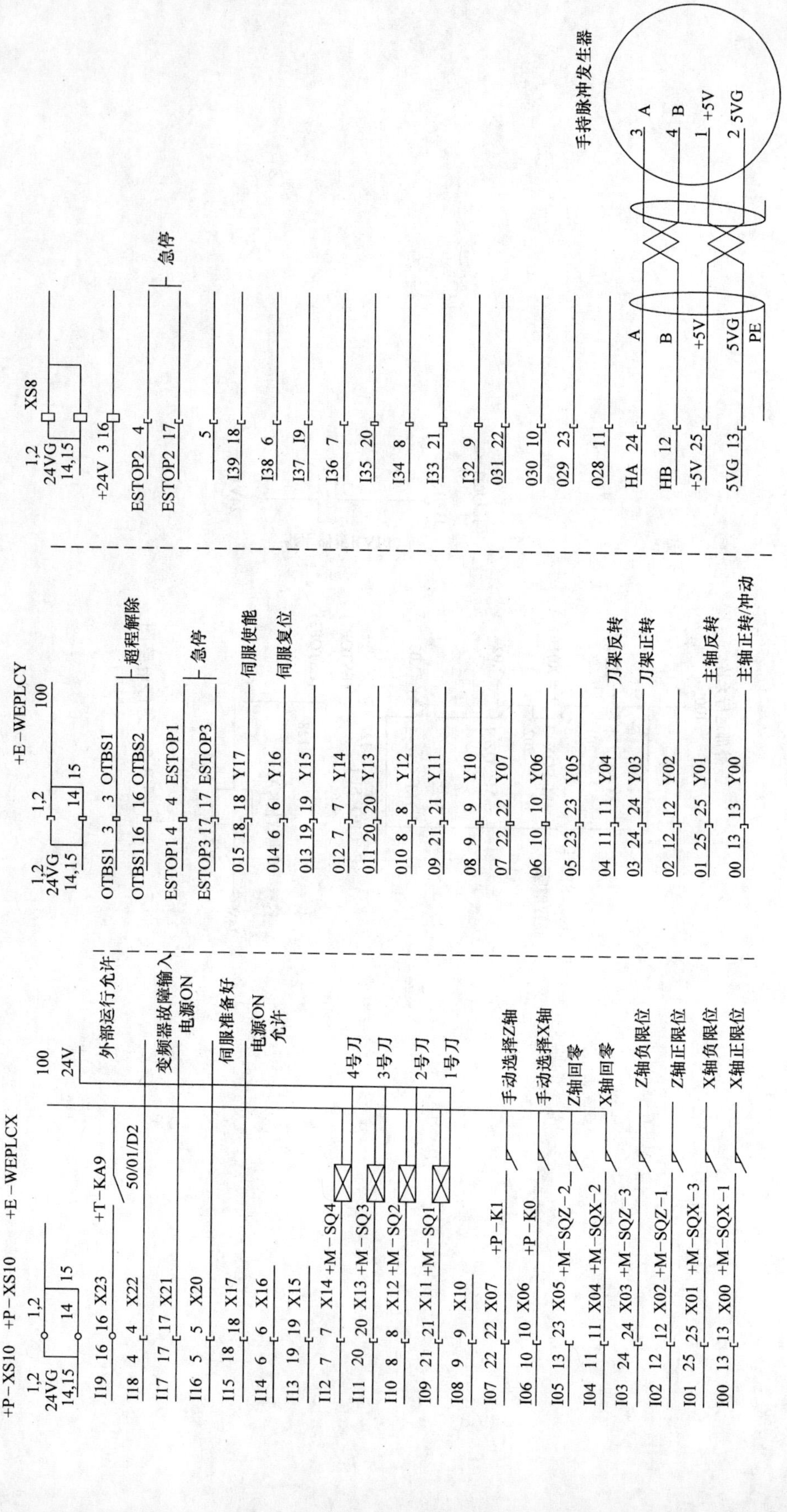

+P−XS10 +P−XS10 +E−WEPLCX

1,2 24VG 14,15 14 15

I19 16 16 X23 +T−KA9 50/01/D2 外部运行允许

I18 4 4 X22 变频器故障输入

I17 17 17 X21 电源ON

I16 5 5 X20

I15 18 18 X17 伺服准备好

I14 6 6 X16 电源ON允许

I13 19 19 X15

I12 7 7 X14 +M−SQ4 4号刀

I11 20 20 X13 +M−SQ3 3号刀

I10 8 8 X12 +M−SQ2 2号刀

I09 21 21 X11 +M−SQ1 1号刀

I08 9 9 X10

I07 22 22 X07 +P−K1 手动选择Z轴

I06 10 10 X06 +P−K0 手动选择X轴

I05 13 23 X05 +M−SQZ−2 Z轴回零

I04 11 11 X04 +M−SQX−2 X轴回零

I03 24 24 X03 +M−SQZ−3 Z轴负限位

I02 12 12 X02 +M−SQZ−1 Z轴正限位

I01 25 25 X01 +M−SQX−3 X轴负限位

I00 13 13 X00 +M−SQX−1 X轴正限位

100 24V

+E−WEPLCY

1,2 24VG 14,15 1,2 14 15 100

OTBS1 3 3 OTBS1 超程解除

OTBS1 16 16 OTBS2

ESTOP1 4 4 ESTOP1 急停

ESTOP3 17 17 ESTOP3

O15 18 18 Y17 伺服使能

O14 6 6 Y16 伺服复位

O13 19 19 Y15

O12 7 7 Y14

O11 20 20 Y13

O10 8 8 Y12

O9 21 21 Y11

O8 9 9 Y10

O7 22 22 Y07

O6 10 10 Y06

O5 23 23 Y05

O4 11 11 Y04 刀架反转

O3 24 24 Y03 刀架正转

O2 12 12 Y02

O1 25 25 Y01 主轴反转

O0 13 13 Y00 主轴正转/冲动

XS8

1,2 24VG 14,15

+24V 3 16

ESTOP2 4

ESTOP2 17 急停

5

I39 18

I38 6

I37 19

I36 7

I35 20

I34 8

I33 21

I32 9

O31 22

O30 10

O29 23

O28 11

HA 24 A

HB 12 B

+5V 25 +5V

5VG 13 5VG

PE

手持脉冲发生器

3 A

4 B

1 +5V

2 5VG

图 B-3 PLC输入/输出电路图

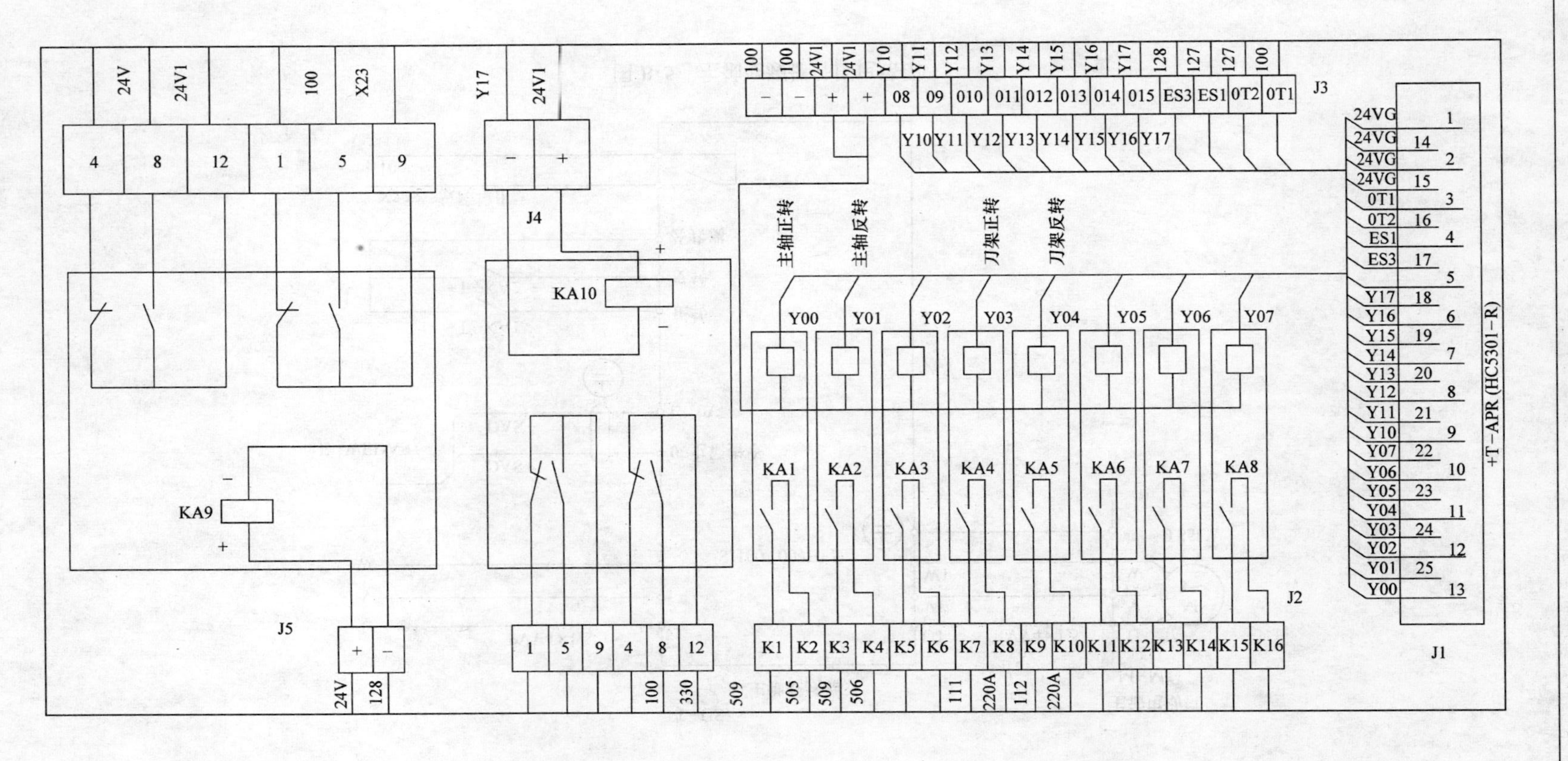
+T−APR (HC5301−R)
J1
J2
J3
J4
J5
24VG
0T1
0T2
ES1
ES3
Y00
Y01
Y02
Y03
Y04
Y05
Y06
Y07
Y10
Y11
Y12
Y13
Y14
Y15
Y16
Y17
主轴正转
主轴反转
刀架正转
刀架反转
KA1
KA2
KA3
KA4
KA5
KA6
KA7
KA8
KA9
KA10
K1
K2
K3
K4
K5
K6
K7
K8
K9
K10
K11
K12
K13
K14
K15
K16
24V
24V1
X23
100
127
128
220A
111
112
505
506
509
330

图 B-4 直流控制端子图

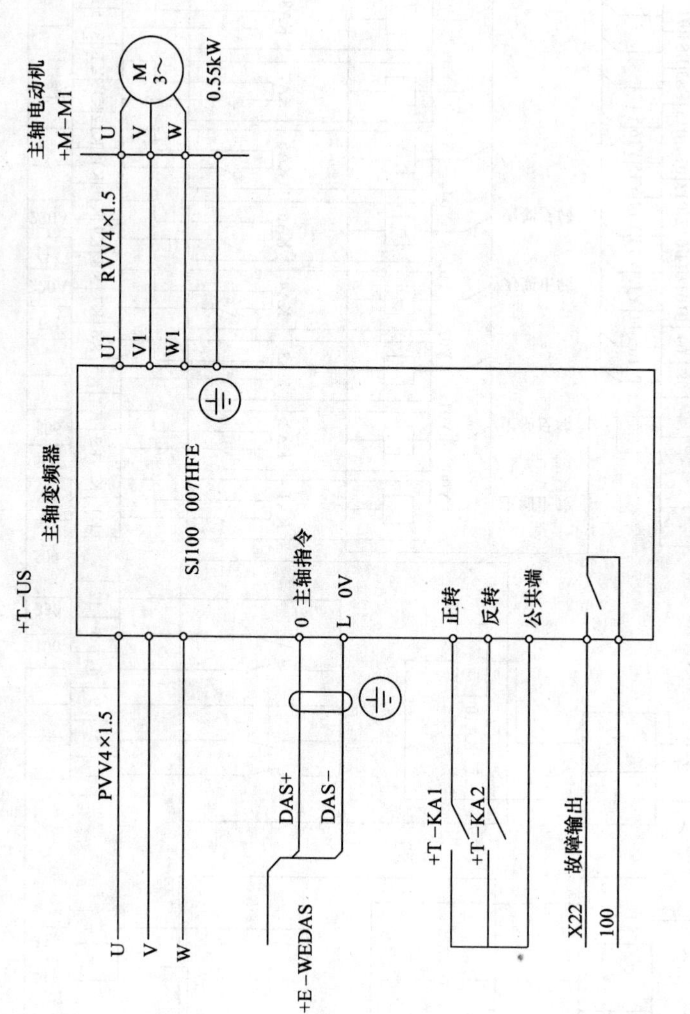

图 B-5 主轴变频器外围电路图

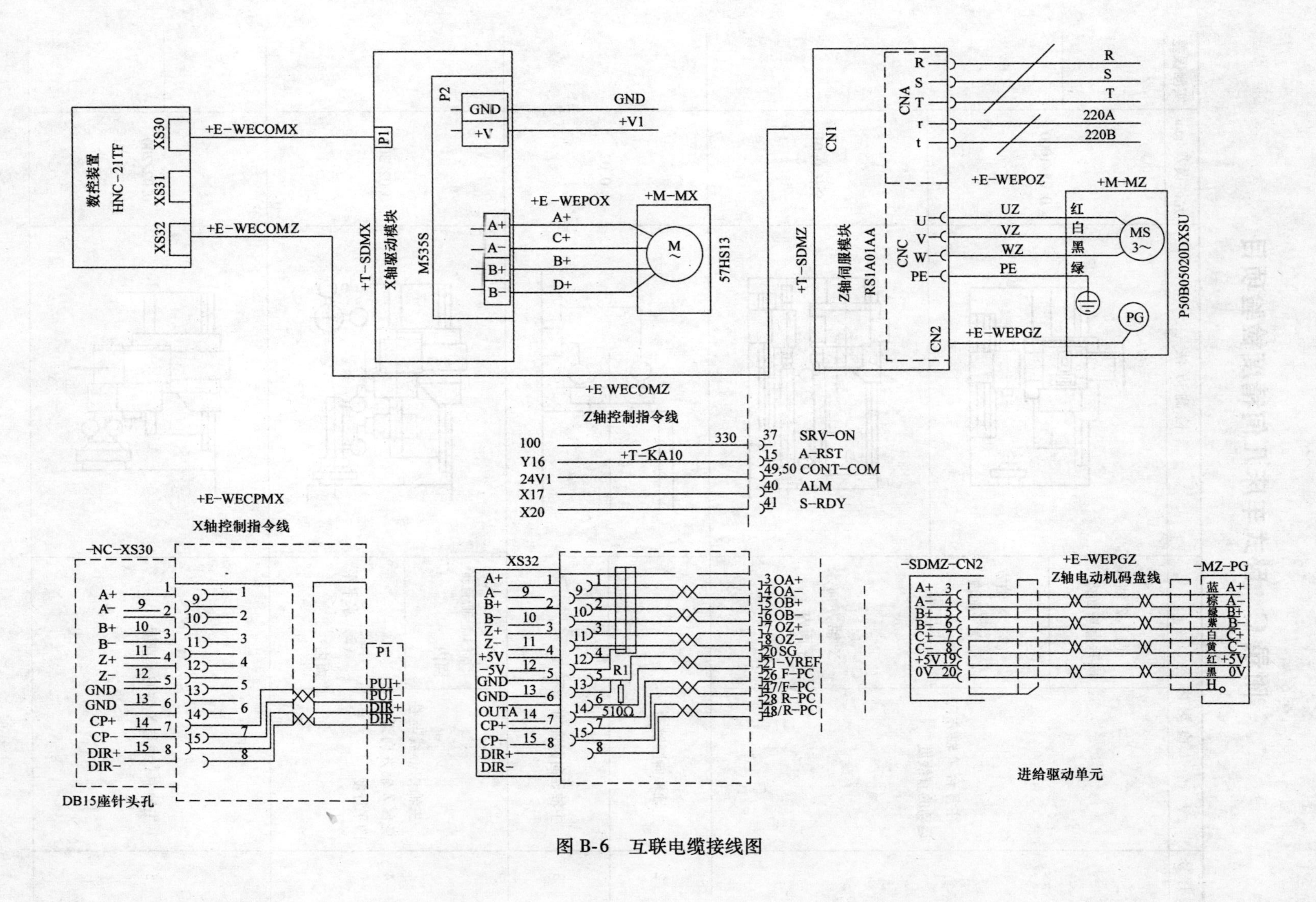

数控装置
HNC-21TF
XS30
XS31
XS32
+E-WECOMX
+E-WECOMZ
P1
+T-SDMX
X轴驱动模块
M535S
P2
GND
+V
GND
+V1
+E-WEPOX
A+
C+
B+
D+
A-
B-
+M-MX
M
57HS13
+T-SDMZ
CN1
Z轴伺服模块
RS1A01AA
CNA
R
S
T
r
t
220A
220B
+E-WEPOZ
CNC
U
V
W
PE
UZ
VZ
WZ
+M-MZ
红
白
黑
绿
MS 3~
PG
P50B05020DXSU
CN2
+E-WEPGZ
+E WECOMZ
Z轴控制指令线
100
Y16
24V1
X17
X20
+T-KA10
330
37 SRV-ON
15 A-RST
49,50 CONT-COM
40 ALM
41 S-RDY
+E-WECPMX
X轴控制指令线
-NC-XS30
CP+
CP-
DIR+
DIR-
PUI+
PUI-
DB15座针头孔
OUTA
+5V
-5V
R1
510Ω
3 OA+
4 OA-
5 OB+
6 OB-
7 OZ+
8 OZ-
20 SG
51-VREF
26 F-PC
47/F-PC
28 R-PC
48/R-PC
-SDMZ-CN2
Z轴电动机码盘线
-MZ-PG
蓝
棕
紫
黄
0V
进给驱动单元

图 B-6 互联电缆接线图

附录C 卧式车床几何精度检验项目

序号	检测内容		检测方法	允许误差/mm	实测误差
1	往复台Z轴方向运动的直线度	(1) Z轴方向垂直平面内	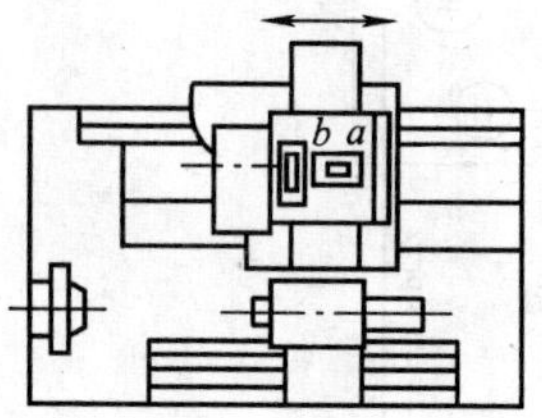	0.05/1000	
		(2) X轴方向垂直平面内			
		X轴方向水平平面内	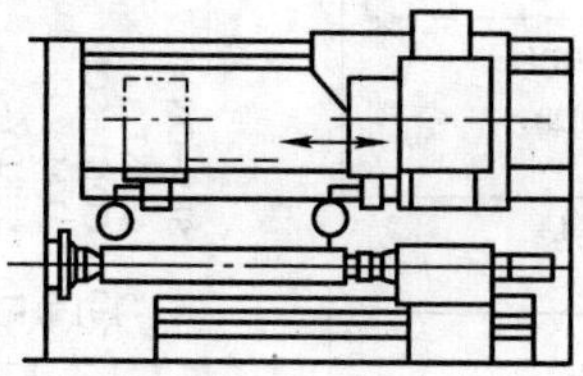	全长0.01	
2	主轴轴向圆跳动		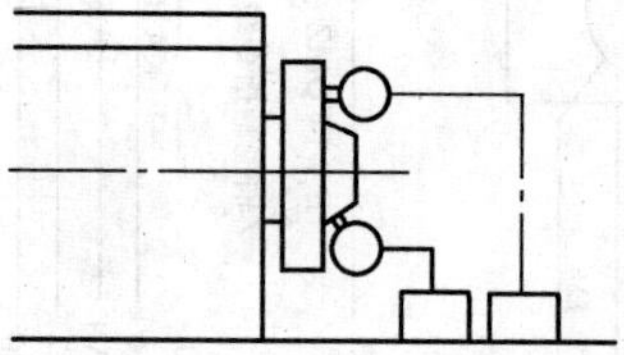	0.02	
3	主轴径向圆跳动				
4	主轴中心线与往复台Z轴方向运动的平行度	(1) 垂直平面内	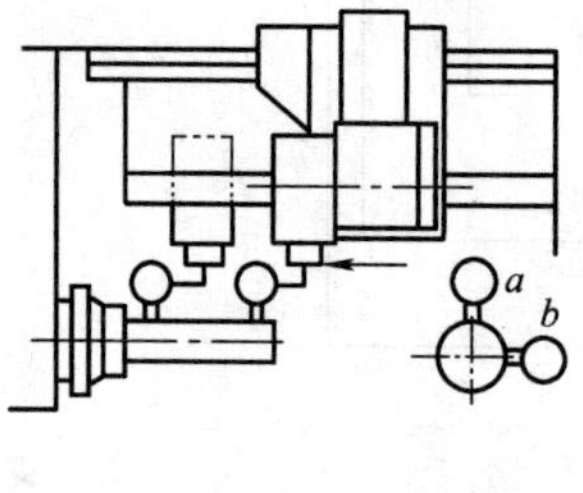	0.02/300	
		(2) 水平平面内			
5	主轴中心线与X轴的垂直度		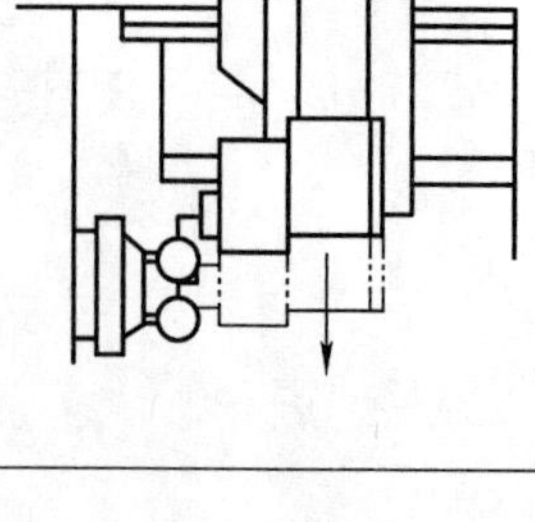	0.02/200	

（续）

序号	检测内容		检测方法	允许误差/mm	实测误差
6	主轴中心线与刀具中心线的偏离程度	（1）垂直平面内	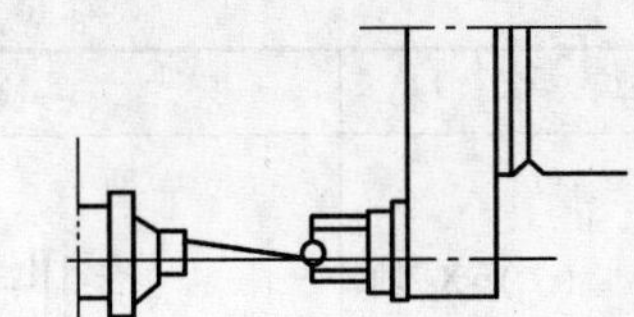	0.05	
		（2）水平平面内	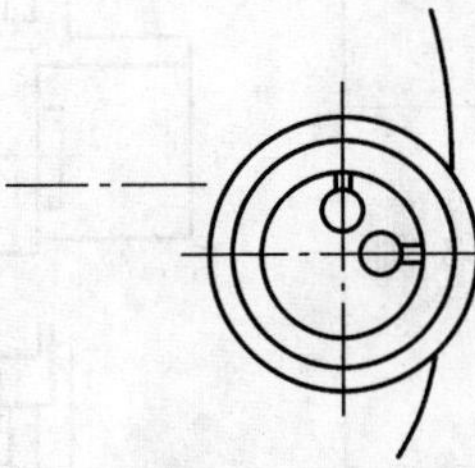		
7	床身导轨的平行度	（1）山形外侧 （2）山形内侧	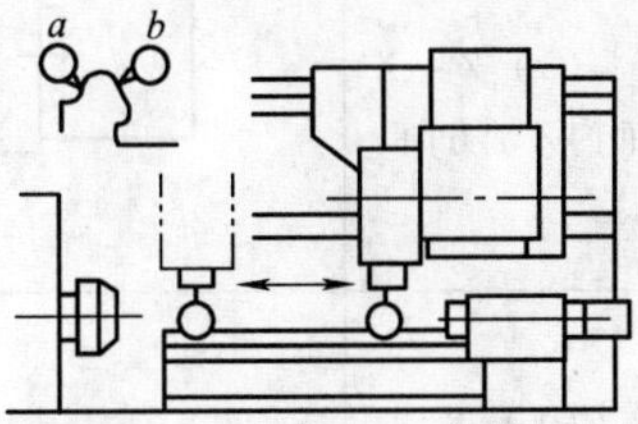	0.02	
8	往复台Z轴方向运动与尾座中心线的平行度		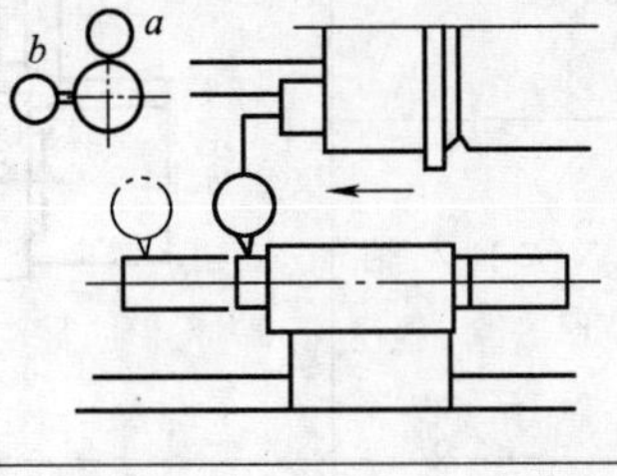	0.02/100 0.01/100	
9	主轴与尾座中心线之间的高度偏差		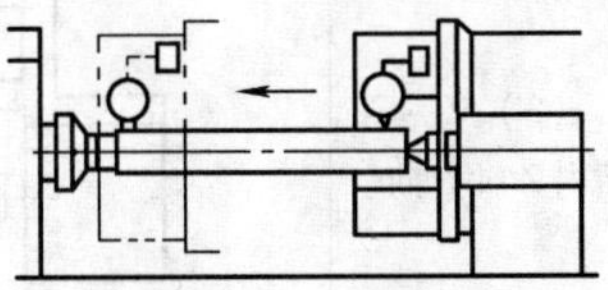	0.03	
10	尾座回转径向圆跳动		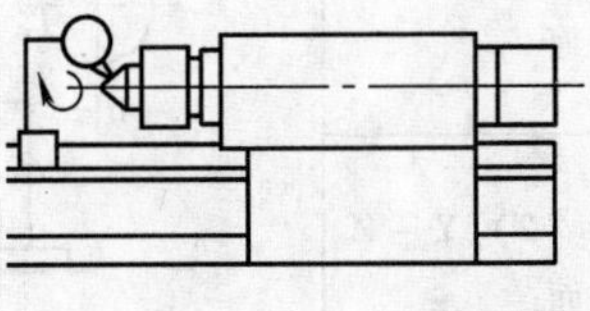	0.02	

附录D 加工中心几何精度检验项目

序号	检测内容		检测方法	允许误差/mm	实测误差
1	主轴箱沿Z轴方向移动的直线度	(1) X轴方向	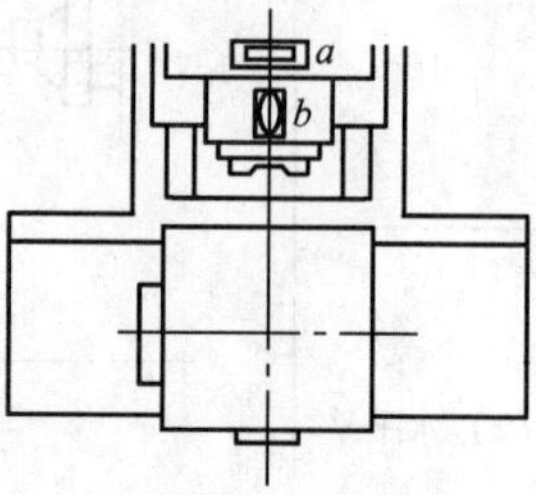	0.04/1000	
		(2) Z轴方向			
		(3) Z-X面内Z轴方向	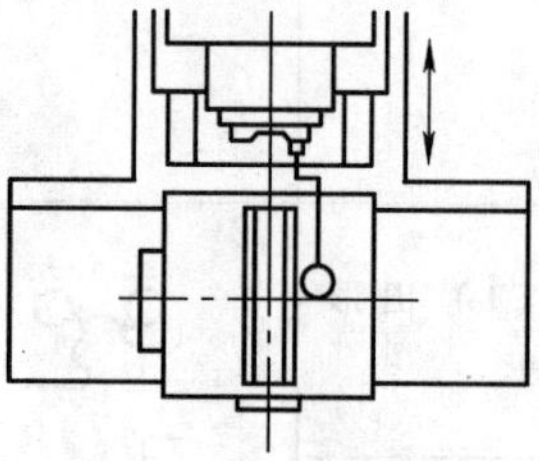	0.01/500	
2	工作台沿X轴方向移动的直线度	(1) X轴方向	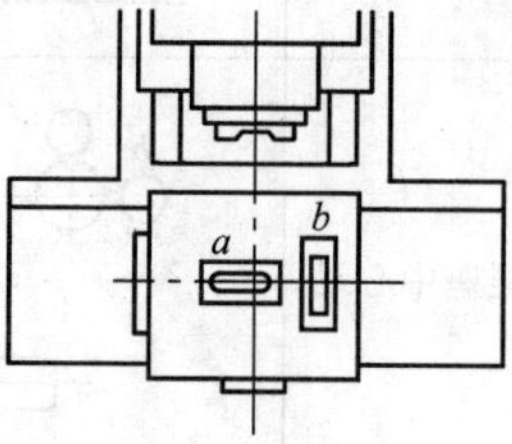	0.04/1000	
		(2) Z轴方向			
		(3) Z-X面内Z轴方向	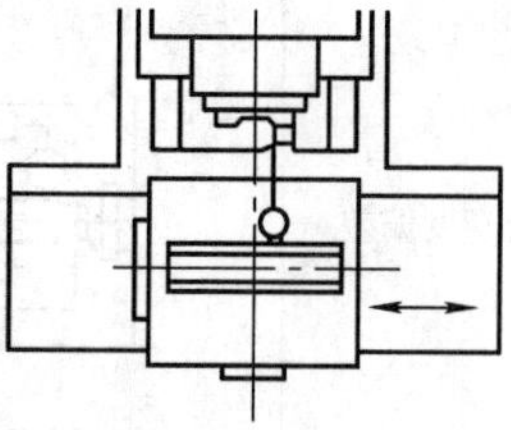	0.01/500	
3	主轴箱沿Y轴方向移动的直线度	(1) X-Y平面	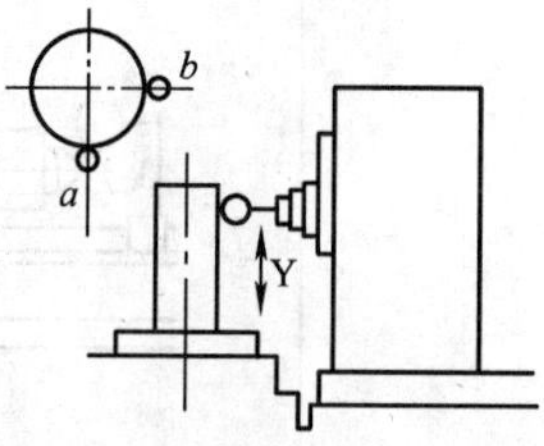	0.01/500	
		(2) Y-Z平面			

（续）

序号	检测内容		检测方法	允许误差/mm	实测误差
4	工作面表面的直线度	X方向		0.015/500	
		Z方向			
5	X轴移动工作台面的平行度			0.02/500	
6	Z轴移动工作台面的平行度			0.02/500	
7	X轴移动时工作台边界与定位器基准面的平行度			0.015/500	

（续）

序号	检测内容		检测方法	允许误差/mm	实测误差
8	各坐标轴之间的垂直度	X轴和Y轴	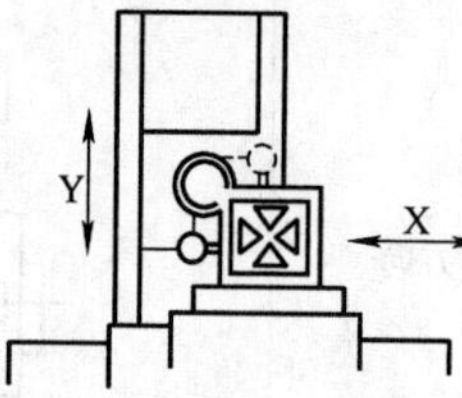	0.015/300	
		Y轴和Z轴	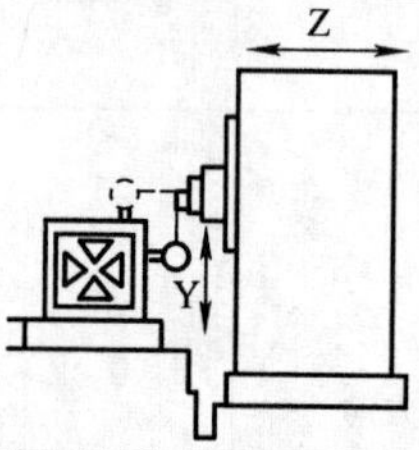	0.015/300	
		X轴和Z轴	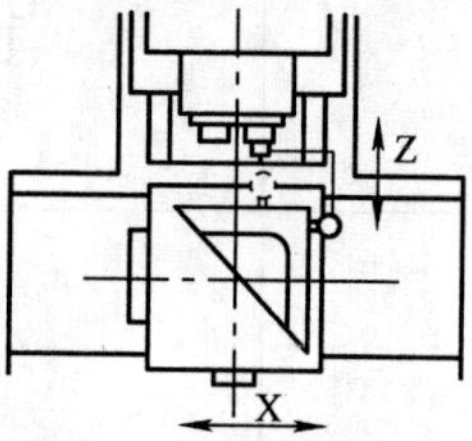	0.015/300	
9	回转工作台表面的振动		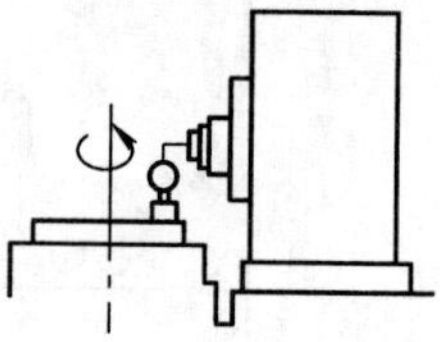	0.02/500	
10	主轴轴向圆跳动		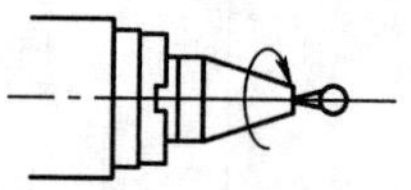	0.005	
11	主轴孔径向圆跳动	(1) 靠主轴端	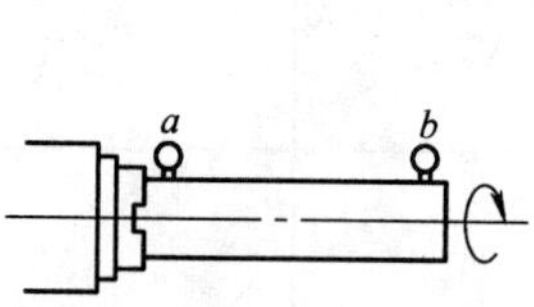	0.01	
		(2) 离主轴端300mm处		0.02	
12	主轴中心线对工作台面的平行度	(1) Y-Z平面内	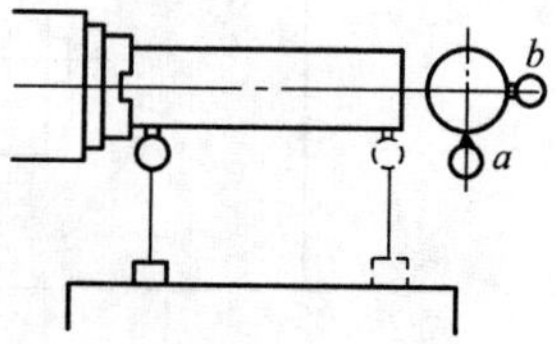	0.015/300	
		(2) X-Z平面内			

（续）

序号	检测内容		检测方法	允许误差/mm	实测误差
13	回转工作台回转90°的垂直度		X	0.01	
14	回转工作台中心线到边界定位器基准面之间的距离精度	工作台A	A B	±0.02	
		工作台B			
15	交换工作台的重复交换定位精度	X轴方向	Z X Y X	0.01	
		Y轴方向			
		Z轴方向			
16	各交换工作台的等高度		Y X	0.02	
17	分度回转工作台的分度精度			10″	

附录E　常用电气技术图形符号新旧对照表

名称		新标准 图形符号	新标准 文字符号	旧标准 图形符号	旧标准 文字符号
一般三极电源开关			Q		K
低压断路器			QF		UZ
继电器	常开触头		相应继电器符号		相应继电器符号
继电器	常闭触头		相应继电器符号		相应继电器符号
继电器	欠电流继电器线圈		KUC	与新标准相同	QU
万能转换开关			SA	与新标准相同	HK
制动电磁铁			YA		DT
电磁离合器			YC		CH
电位器			RP	与新标准相同	W
桥式整流装置			VC		ZL
照明灯			EL		ZD
信号灯			HL		XD
电阻器			R		R

名称		新标准 图形符号	新标准 文字符号	旧标准 图形符号	旧标准 文字符号
位置开关	常开触头		SQ		XK
位置开关	常闭触头		SQ		XK
位置开关	复合触头		SQ		XK
插接器			X		CZ
电磁铁			YA		DT
电磁吸盘			YH		DX
串励直流电动机			M		ZD
并励直流电动机			M		ZD
他励直流电动机			M		ZD
复励直流电动机			M		ZD
直流发电机			G		ZF
三相笼型异步电动机			M		D

（续）

名称		新标准		旧标准	
		图形符号	文字符号	图形符号	文字符号
熔断器			FU		RD
按钮	起动				QA
	停止		SB		TA
	复合				AN
接触器	线圈				
	主触头				
	常开辅助触头		KM		C
	常闭辅助触头				
速度继电器	常开触头	n		n>	
	常闭触头	n	KS	n>	SDJ

名称		新标准		旧标准	
		图形符号	文字符号	图形符号	文字符号
时间继电器	线圈				
	延时闭合常开触点				
	延时断开常闭触点		KT		SJ
	延时闭合常闭触点				
	延时断开常开触点				
热继电器	热元件		FR		RJ
	常闭触点				
继电器	中间继电器线圈		KA		ZJ
	欠电压继电器线圈	U<	KUV		QYJ
	过电流继电器线圈	I>	KOC		GLJ

附录 F 常用电气技术文字符号新旧对照表

名称	旧符号	新符号		名称	旧符号	新符号		名称	旧符号	新符号	
		单字母	双字母			单字母	双字母			单字母	双字母
发电机	F	G		刀开关	DK	Q	QK	照明灯	ZD	E	EL
直流发电机	ZF	G	GD	控制开关	KK	S	SA	指示灯	SD	H	HL
交流发电机	JF	G	GA	行程开关	CK	S	ST	蓄电池	XDC	G	GB
同步发电机	TF	G	GS	限位开关	XK	S	SQ	光电池	GDC	B	
异步发电机	YF	G	GA	微动开关	WK	S	SM	晶体管	BG	B	
永磁发电机	YCF	G	GM	脚踏开关	TK	S	SF	电子管	G	B	VE
水轮发电机	SLF	G	GH	按钮	AN	S	SB	调节器	T	A	
汽轮发电机	QLF	G	GT	接近开关	JK	S	SP	放大器	FD	A	
励磁机	L	G	GE	继电器	J	K		晶体管放大器	BF	A	AD
电动机	D	M		电压继电器	YJ	K	KV	电子管放大器	GF	A	AV
直流电动机	ZD	M	MD	电流继电器	IJ	K	KA	磁放大器	CF	A	AM
交流电动机	JD	M	MA	时间继电器	SJ	K	KT	变换器	BH	B	
同步电动机	TD	M	MS	频率继电器	PJ	K	KF	压力变换器	YB	B	BP
异步电动机	YD	M	MA	压力继电器	YLJ	K	KP	位置变换器	WZB	B	BQ
笼形电动机	LD	M	MC	控制继电器	KJ	K	KC	温度变换器	WDB	B	BT
绕组	Q	W		信号继电器	划	K	KS	速度变换器	SDB	B	BV
电枢绕组	SQ	W	WA	接地继电器	JDJ	K	KE	自整角机	ZZJ	B	
定子绕组	DQ	W	WS	接触器	C	K	KM	测速发电机	CSF	B	BR
转子绕组	ZQ	W	WR	电磁铁	DT	Y	YA	送话器	S	B	
励磁绕组	LQ	W	WE	制动电磁铁	ZDT	Y	YB	受话器	SH	B	
控制绕组	KQ	W	WC	牵引电磁铁	QYT	Y	YT	拾声器	SS	B	
变压器	B	T		起重电磁铁	QZT	Y	YL	扬声器	Y	B	
电力变压器	LB	T	TM	电磁离合器	CLH	Y	YC	耳机	EJ	B	
控制变压器	KB	T	TC	电阻器	R	R		天线	TX	W	
升压变压器	SB	T	TU	变阻器	R	R		接线柱	JX	X	
降压变压器	JB	T	TD	电位器	W	R	RP	连接片	LP	X	XB
自耦变压器	OB	T	TA	起动电阻器	QR	R	RS	插头	CT	X	XP
整流变压器	ZB	T	TR	制动电阻器	ZDR	R	RB	插座	CZ	X	XS
电炉变压器	LB	T	TF	频敏电阻器	PR	R	RF	测量仪表	CB	P	
稳压器	WY	T	TS	附加电阻器	FR	R	RA	高	G	H	G
互感器	H	T		电容器	C	C		低	D	L	D
电流互感器	LH	T	TA	电感器	L	L		升	S	U	S
电压互感器	YH	T	TV	电抗器	DK	L	LS	降	J	D	J
整流器	ZL	U		起动电抗器	QK	L		主	Z	M	Z
变流器	BL	U		感应线圈	GQ	L		辅	F	AUX	F
逆变器	NB	U		电线	DX	W		中	Z	M	Z
变频器	BP	U		电缆	DL	W		正	Z	FW	Z
断路器	DL	Q	QF	母线	M	W		反	F	R	F
隔离开关	GK	Q	QS	避雷针	SL	F		红	H	RD	H
转换开关	HK	Q	QC	熔断器	RD	F	FU	绿	L	GN	L
								黄	U	YE	U

附录 G　常用电气技术辅助文字符号新旧对照表

名称	新符号	旧符号		名称	新符号	旧符号	
		单组合	多组合			单组合	多组合
白	WH	B	B	附加	ADD	F	F
蓝	BL	A	A	异步	ASY	Y	Y
直流	DC	ZL	Z	同步	SYN	T	T
交流	AC	JL	J	自动	A，AUT	Z	Z
电压	V	Y	Y	手动	M，MAN	S	S
电流	A	L	L	启动	ST	Q	Q
时间	T	S	S	停止	STP	T	T
闭合	ON	BH	B	控制	C	K	K
断开	OFF	DK	D	信号	S	X	X

参考文献

[1] 陈晓华，等. 电气图形符号新标准应用简明手册［M］. 南昌：江西科学技术出版社，1993.
[2] 李峻勤，等. 数控机床及其使用与维修［M］. 北京：国防工业出版社，2000.
[3] 王贵成. 数控机床故障诊断技术［M］. 北京：化学工业出版社，2005.
[4] 许翏. 电机与电气控制技术［M］. 北京：机械工业出版社，2005.
[5] 廖兆荣. 数控机床电气控制［M］. 北京：高等教育出版社，2006.
[6] 徐慧，等. 数控机床电气及 PLC 控制技术［M］. 北京：国防工业出版社，2006.
[7] 宋运伟. 机床电气控制［M］. 天津：天津大学出版社，2008.